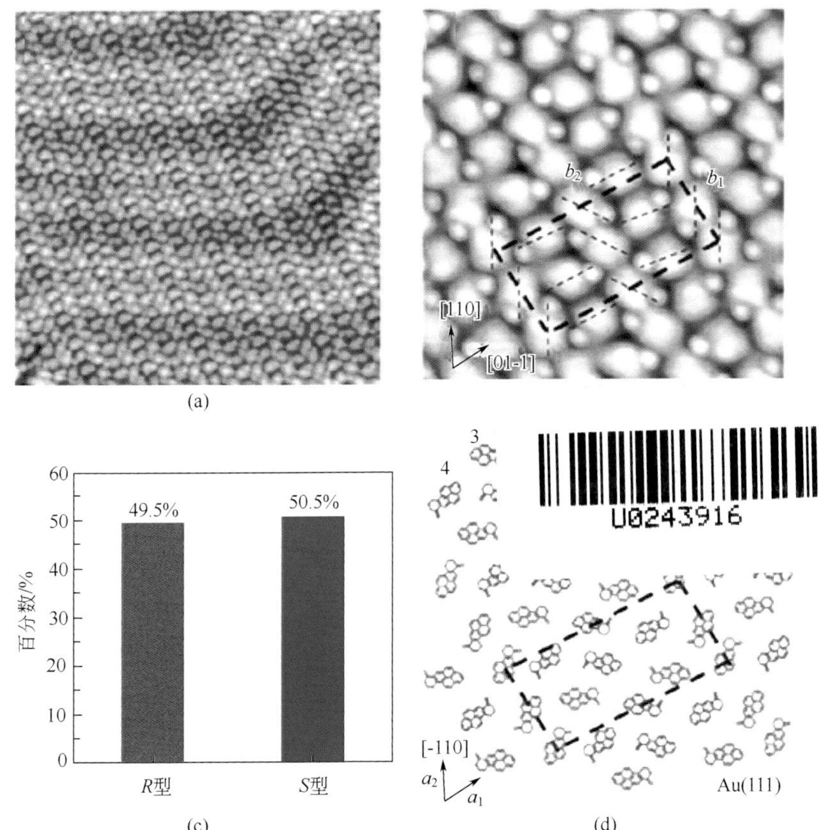

图 1-32 （a）在 Au（111）面上沉积的单层二氢苯并芘外消旋体结构 STM 图像（VTip=0.5V，I=80pA，T=77K，30nm×30nm）；（b）图（a）的放大图；（c）自组装单层二氢苯并芘中的 R 型与 S 型所占比例；（d）图（b）中四种不同的独立分子周期性排列的模式

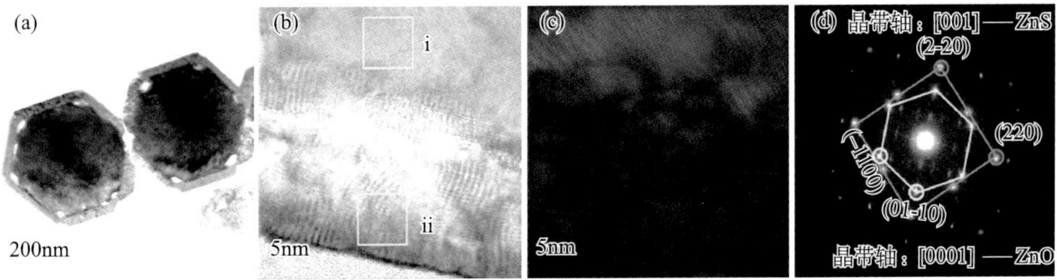

图 2-22 （a）ZnO/ZnS 核壳结构纳米棒的横截面明场像；（b）横截面的 HRTEM；（c）重建彩色图像；（d）FFT 图像 [19]

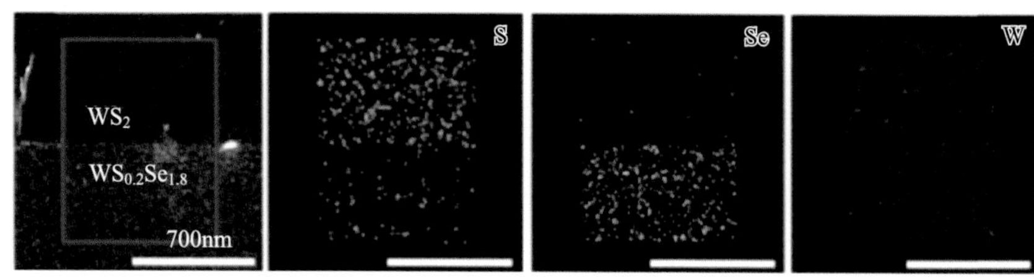

图 2-29 异质结 $WS_2/WS_{0.2}Se_{1.8}$ 的空间元素分布 [29]

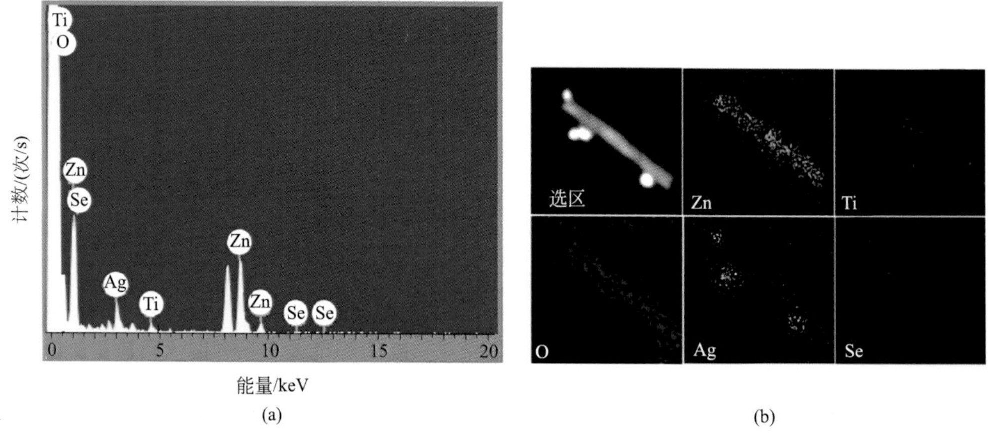

图 2-30 沉积在氧化锡（FTO）衬底上的 $ZnO/TiO_2/Ag_2Se$（600）的（a）EDX 谱和（b）选区的元素分布 [30]

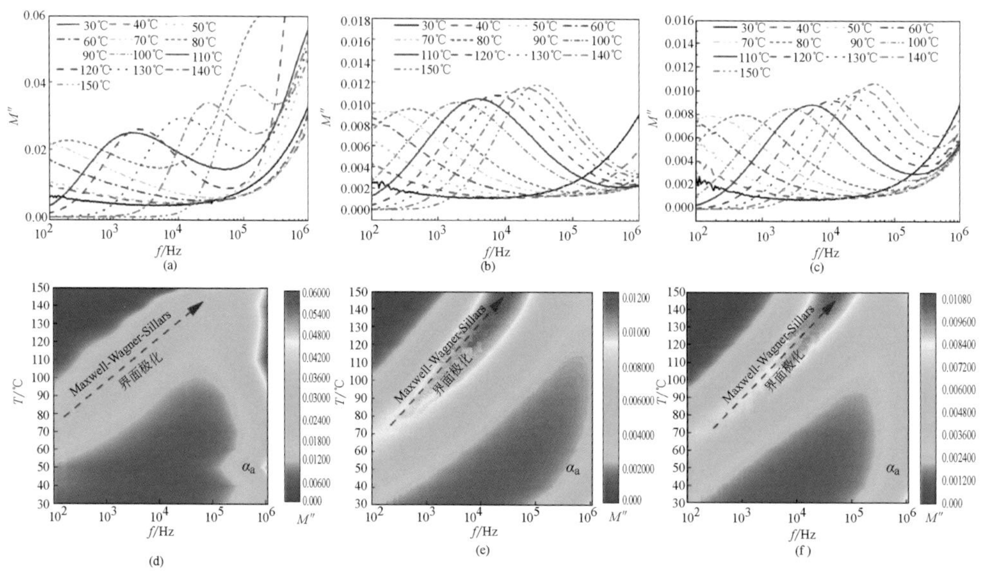

图 7-8 PVDF/Ag 复合材料的界面极化弛豫特征曲线 [7]

凝聚态物质性能测试与数据分析

何琴玉　叶飞　曾敏　等编著

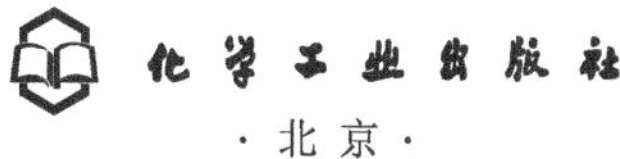

·北京·

内容简介

《凝聚态物质性能测试与数据分析》以通俗易懂的方式系统阐述了凝聚态物质性能测试原理和材料性能影响因素，重点以前沿热点材料的相关性能测试数据作为研究对象，通过实例讲述如何借助传统和新兴测试技术得到材料的相关信息，以及如何通过设计实验来验证材料的性能机制。本书几乎涉及材料性能测试的所有方面，包括材料微结构、成分、相结构、微观化学环境、化学变化时的动态监测、晶格振动、宏观输运性能、载流子寿命、氧缺位等，培养读者分析数据和设计实验的能力。

本书可以作为高等院校凝聚态物理、材料物理等相关专业本科生（部分内容）、研究生的教材，也可供相关领域研究人员参阅。

图书在版编目（CIP）数据

凝聚态物质性能测试与数据分析/何琴玉等编著.—北京：化学工业出版社，2022.10（2024.4重印）

ISBN 978-7-122-41944-6

Ⅰ.①凝… Ⅱ.①何… Ⅲ.①物质-凝聚态-研究 Ⅳ.①O552.6

中国版本图书馆CIP数据核字（2022）第137117号

责任编辑：成荣霞　　文字编辑：张瑞霞

责任校对：李雨晴　　装帧设计：王晓宇

出版发行：化学工业出版社（北京市东城区青年湖南街13号　邮政编码100011）

印　　装：北京科印技术咨询服务有限公司数码印刷分部

710mm×1000mm　1/16　印张23¼　彩插1　字数443千字　2024年4月北京第1版第4次印刷

购书咨询：010-64518888　　售后服务：010-64518899

网　　址：http://www.cip.com.cn

凡购买本书，如有缺损质量问题，本社销售中心负责调换。

定　　价：128.00元

前言

随着科学技术的发展，凝聚态物质（材料），尤其是先进半导体功能材料的各种性能测试与分析在如下几个方面起关键作用：了解材料性能与相应的机制，改进材料性能，设计材料新性能以满足工业发展需要等。

目前有关材料性能测试技术的书籍大都是详细讲解测试设备的结构与测试原理，但没有深入介绍如何从测试数据中得到关于材料的有用信息，也没有介绍如何通过测试设计来印证对某些机制的猜测等。另外，近年来随着材料的迅猛发展，需要测试材料的很多新性能。故需要介绍现有仪器开发的新应用以及新仪器。本书尝试以通俗易懂的方式介绍测试原理和影响材料性能的相关因素；并以前沿热点材料的相关性能测试数据作为研究对象，利用实例阐述如何通过传统和新兴测试技术得到材料的相关信息，引导读者通过分析测试实例，学会设计测试实验来验证对材料相关性能机制的猜测。书中数据分析例子需要很多知识的综合，包括专业基础知识和前沿专业知识。在此过程中，读者能够温习已学知识，查找资料学习新知识，从而培养综合运用已学专业知识的能力。

本书内容涵盖当前热点研究领域涉及的绝大多数性能测试，包括材料微结构、成分、相结构、微观化学环境及变化、能带结构、晶格振动、宏观输运性能、载流子寿命、氧缺位等相关性能与相关物理量的测试。

本书的特色有如下几点：

（1）本书内容是针对培养读者分析数据和设计测试实验的综合能力而设计的，包括专业基础知识和前沿专业知识、知识的综合运用能力、各种测试技术的比较和取舍能力。

（2）本书兼具工具书的功能。本书在介绍数据分析方法时，给出了数据分析需要的相关资料或者其相关资料索引，比如红外图谱库等。同时本书将同一类的测试安排在一起，便于读者根据自己的需求和各种同类测试的优缺点选择合适的测试技术。

（3）书中的数据实例具有新颖性，包含新材料、新应用，或者新的测试实验设计等。

本书适合作为高等院校本科生和研究生的教材，也可供相关专业技术人员和科研人员参阅。书中还为读者提供了相关测试技术需要的数据处理软件名称。

由于编著者的水平有限以及研究领域的局限，书中不足之处在所难免，更希望读者能提出宝贵意见。

在本书的编写过程中，何琴玉教授负责了第 1 章（除 1.1.4、1.3 节外）、第 2 章（除 2.1.3、2.1.4 外）、第 3 章、第 4 章、第 5 章、第 8 章的编著以及本书的统稿和核校；叶飞教授完成了 1.1.4、2.1.3、2.1.4 节的编写；曾敏教授完成了第 7 章的编著工作；侯志鹏副教授完成了第 6 章的编著工作；陈福明研究员完成了 1.3 节的编写；王韶峰博士完成了热重内容的初稿，高进伟老师撰写了扫描电镜部分内容的初稿；章建高老师撰写了一节内容的初稿；何琴玉教授的研究生何俊峰、矫达一、胡舒停、伦永坤、刘绍莹、梁煜珩、翟旺健、刘彬和范智利撰写了部分节的初稿。另外，广东省材料科学与工程教学指导委员会、华南师范大学物理与电信工程学院、化学工业出版社对本书的编著与出版给予了大力支持。

感谢以上老师、机构和学生的辛勤付出和支持！

编著者

目录

第 8 章 材料变化的热力学与动力学过程监测以及数据分析 333

第 1 章

材料结构测试与数据分析

材料的性质与材料的体内微结构以及表面微结构密切相关。现代材料分析方法中观察材料的微结构主要通过电子显微镜技术、扫描探针显微镜技术和原子力显微镜技术来实现。由于材料的吸附能力与材料的表面微结构密切相关，材料表面越粗糙，材料颗粒越小，材料的吸附能力越强。故材料的吸附能力也能间接反映材料的表面微结构特征。材料的吸附能力常常用比表面积衡量。因而本章着重介绍微结构测试与比表面积测试的原理和相关的实例数据分析。

1.1 电子显微镜技术

1.1.1 电子显微镜技术简介

电子显微镜技术是将一定能量的电子作用在材料上，在受到材料的作用后这些电子带着材料的结构特征从材料中射出，然后被类似光学显微镜的设备放大，处理这些电子信号就可以得到反映材料结构特征的图像，这样就将材料中微小、肉眼不可见的形貌细节放大成肉眼可见的形貌。电子显微术的应用建立在光学显微镜的基础之上，但分辨率比光学显微镜大 1000 倍以上。光学显微镜的分辨率为 0.2μm，透射电子显微镜的分辨率为 0.2nm。

1.1.2 电子显微镜技术的测试原理

由于电子显微镜技术的测试原理与光学显微镜的原理类似，故在介绍电子显微术的原理之前，先介绍光学显微镜的原理。

(1) **光学显微镜的原理**

光学显微镜是利用凸透镜的放大成像原理，将肉眼不能分辨的微小物体放大到肉眼能分辨的尺寸。如图 1-1 所示，一般光学显微镜由两个焦距不同的凸透镜——目镜和物镜组成，物镜的凸透镜焦距 f_1 小于目镜凸透镜焦距 f_2。凸透镜具有汇聚光线的效果，且根据 $AB \parallel A_1B_1$，有 $\frac{AB}{A_1B_1}=\frac{f_1}{f_2}$。由于 $f_2>f_1$，故物体 AB 经物镜成放大倒立的实像 A_1B_1。调整目镜和物镜的距离，使 A_1B_1 位于目镜物方焦距的内侧，这样经目镜后成放大的虚像（A_2B_2）。放大倍数 $M=\left({A_1B_1}/{AB}\right)\times\left({A_2B_2}/{A_1B_1}\right)={A_2B_2}/{AB}$。

从图 1-1 中可以看出，AB 尺寸一定（物体是一定的）时，观察到的像 A_2B_2 变大的实质是张角 α 放大了。用角放大率 M_α 表示它们的放大本领。因同一件物体对眼睛的张角与物体离眼睛的距离有关，所以一般规定像离眼睛距离为 25cm（明视距离）处的放大率为仪器的放大率。显微镜观察物体时通常视角甚小，因此视角之比可用其正切之比代替。

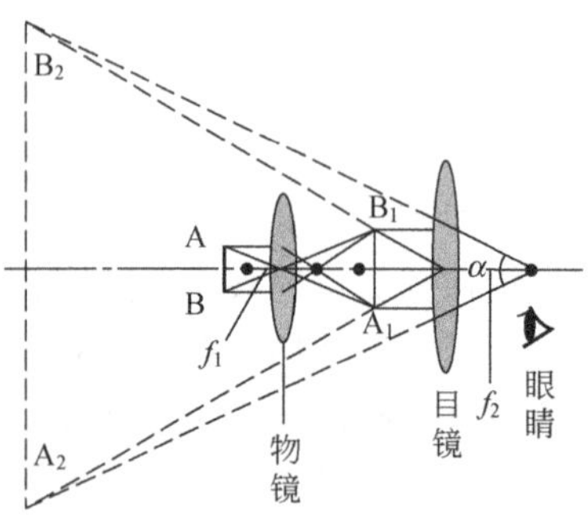

图 1-1　光学显微镜放大原理示意

(2) **电子显微镜放大原理**

电子具有波动性，而材料中原子的排列犹如光栅。若在垂直于一束电子束的运动方向加上磁场，可以使运动的电子束产生聚焦，如同光经过凸透镜一般。故电子实际上和光一样能产生衍射、聚焦、反射、散射、透射与吸收，电子束经过这些材料后无论是反射、散射、衍射、透射还是吸收，都会带有所经过材料的原子排列特征和其他特征（如原子序数、原子成分等）的痕迹，用适当的方法将这些痕迹做一定程度的还原，就可以得到与这些痕迹相关的信息，比如材料的原子排列特征、原子的成分等。

电子显微镜就是根据类似光学显微镜的原理，还原电子束经过材料后的信息，使物质的细微结构在非常高的放大倍数下成像的仪器。不同的是仪器组成结构有差别，具体来说是用电子束和电子透镜代替光束和光学透镜，且信号处理和收集方式有所不同。以扫描电子显微镜（scanning electron microscope，SEM）为例，如图 1-2 所示，由电子光学系统（镜筒）、信号收集处理系统（图中的探测器系统）、图像显示和记录系统、真空装置和电源柜系统组成［图 1-2（b）］。

电子显微镜按结构和用途可分为透射式电子显微镜（TEM）、扫描式电子显微镜（SEM）、反射式电子显微镜和发射式电子显微镜等。透射式电子显微镜（transmission electron microscope，TEM）常用于观察分散后尺寸在微米级以下颗粒的微结构；SEM 主要用于观察固体表面的形貌，也能与 X 射线衍射仪或电子能谱仪相结合，构成电子微探针，用于物质成分分析；发射式电子显微镜（emission electron microscope，EEM）用于自发射电子表面的研究。

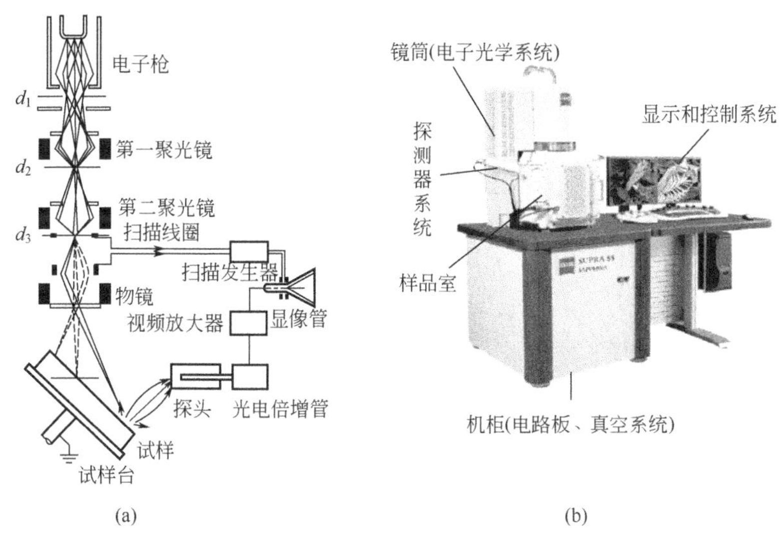

图 1-2　SEM 的（a）结构示意图与（b）设备外观

近年来，随着纳米技术的发展，对这些电子显微镜的分辨率等性能提出了更高的要求。发展到今天，有如下高分辨率的电子显微镜：高分辨扫描电子显微镜（high-resolution scanning electron microscope，HRSEM）、场发射扫描电子显微镜（field emission scanning electron microscope，FESEM）、扫描隧道显微镜（scanning tunneling microscope，STM）、高分辨透射电子显微镜（high-resolution transimission electron microscope，HRTEM）、扫描透射电子显微镜（scanning transmission electron microscope，STEM）。这些显微镜的测试方法在测试面积、测试分辨率和应用等方面有一些差别。下文逐一加以介绍。

1.1.3　扫描电子显微镜

这一节介绍 SEM、HRSEM、FESEM 这几种电子显微镜的原理、优缺点、应用范围和实例数据分析。

SEM 利用聚焦很窄的高能电子束（1～30keV）来扫描样品表面，通过光束与固体表面物质间的相互作用，来激发固体物质表面物理信息，达到对物质表面的微观形貌表征的目的。这些信息强度与材料表面微区特征、原子序数、化学成分、晶体结构或者位相等差异有关。这些差异引起的强度差异会导致阴极射线荧光屏上不同区域亮度有差异。这种差异就是**衬度**，空间上这种明暗就形成了 SEM 图像。

新式的扫描电子显微镜的分辨率可以达到 1nm，放大倍数可以达到 30 万倍及以上，连续可调；并且景深大，视野大，成像立体效果好。扫描电子显微镜几乎能观察所有固体物质的微观形貌。此外，扫描电子显微镜和其他分析仪器相结合，可以做到在观察微观形貌的同时进行物质微区成分分析。因此扫描电子显微镜在科学研究领域具有重大作用。

SEM 是基于电子束与物质间的相互作用来激发出电子或者射线，这些电子或者射线携带物质的各种物理信息。激发出的电子或者射线的能量不同，携带出的信息也不同，如图 1-3 所示。能量激发出物质的粒子具有如下形式：①二次电子。入射电子使样品原子激发所产生的电子，它们的能量很低，一般小于 50eV。只有 10nm 左右的深度范围的二次电子才能逸出样品表面而被检测。②背散射电子。一部分入射电子因与样品原子碰撞而改变运动方向，经多次碰撞又由样品表面散射出来，称之为背散射电子，其能量接近入射电子的能量。③特征 X 射线。样品原子的内层电子被激发后所产生的 X 射线。④俄歇电子。样品原子的内层电子被激发后所产生的电子。⑤吸收电子。一部分入射电子在与样品原子碰撞过程中，将能量全部释放给样品，从而成为样品中的自由电子，称之为吸收电子。⑥荧光。样品原子的外层电子被激发后产生的可见光或红外光。⑦感生电动势。入射电子照射样品 p-n 结时产生的电动势（或电流）[1-4]。

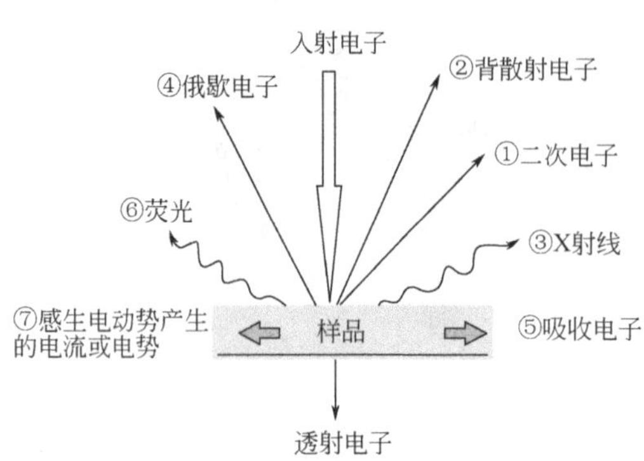

图 1-3　电子束轰击样品表面时产生的各种电子和射线

SEM 主要有二次电子形成的形貌衬度像和背散射电子形成的成分衬度像。

（1）二次电子像

二次电子（secondary electron，SSE）是由入射电子与核外松散的被束缚的外层电子（主要是价电子）之间发生非弹性散射的结果[5]。入射电子将能量给了松散的外层电子，使其获得一定能量而脱离原有的轨道。若这些二次电子是在紧靠表面的地方产生，且其能量比表面势能（2～6eV）大，则二次电子有很大的可能性从表面逃逸出来，从而被仪器探测到。这些二次电子由于能量低，在固体中的平均自由程为 10～100nm。这种二次电子信号被用来作为扫描电子显微镜主要观察分析对象[6-8]，以探测样品表面 10nm 层厚的形貌。

二次电子形成的衬度主要由入射电子束与试样表面法线的夹角决定。夹角越大的面，发射的二次电子越多；反之越少。另外，二次电子的衬度还与表面的光滑程度有关，试样表面若光滑，则不形成衬度；试样的棱边、尖峰等处产生的二次电子较多，相应的二次电子像较亮；而平台、凹坑处射出的二次电子较少，相应的二次电子像较暗。对于表面有一定形貌的样品，其棱边、尖峰、平台、凹坑等特征造成衬度不同，由此勾勒出材料表面的形貌特征。二次电子图像特别适合于观察起伏较大的样品的表面。二次电子成像也受表面电势的影响[9]。如果想用二次电子图像观察多晶薄膜，则需要将薄膜做稍稍的腐蚀，让晶界有起伏，才可以观察到。但这样已经破坏了薄膜原来的模样，当然至少可以看到颗粒尺寸。

图 1-4（a）～（c）分别是 x=0、x=0.035、x=0.025 的 $CH_3NH_3PbI_{3-x}(SCN)_x$ 钙钛矿层的 SEM 二次电子成像，图中的标尺为 400nm[10]。从图中可以看出，用不同量的 SCN^- 取代 I^- 引起 $CH_3NH_3PbI_3$ 颗粒尺寸的变化。SCN^- 含量越多，颗粒越大。x=0.025 时，颗粒的平均尺寸约 50nm；x=0.035 时，颗粒的平均尺寸约 60nm。除此之外，对比图 1-4（b）、（c）可以看出，图 1-4（c）中的 $CH_3NH_3PbI_{3-x}(SCN)_x$ 颗粒起伏较图 1-4（b）中的 $CH_3NH_3PbI_{3-x}(SCN)_x$ 颗粒起伏大，故看起来更清晰。

(a) 基础样品(x=0)

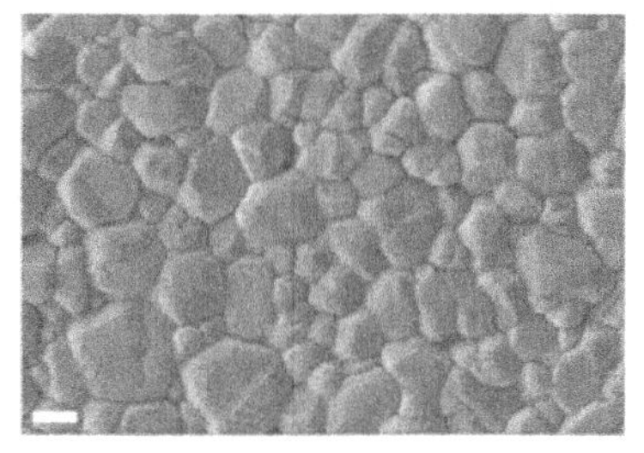

(b) 添加3.5%KSCN后制备的钙钛矿层(x=0.035)

(c) 添加2.5%NaSCN后制备的钙钛矿层(x=0.025)

图 1-4　$CH_3NH_3PbI_{3-x}(SCN)_x$ 钙钛矿层的 SEM 图

（2）背散射电子像

背散射电子（又称反向散射电子，backscattered electrons，BSE）主要是由经典的弹性散射产生的。所谓弹性散射，就是在散射过程中，入射电子仅仅改变了运动的方向，因而可以忽略它在碰撞过程中的能量损失。故可以认为背散射电子在这种碰撞过程中严格遵守经典的能量守恒定律[11]。背散射电子具有能量高的特点，从 50eV 到接近入射电子能量，穿透能力比二次电子强很多，可以从样品中较深的区域（微米级）逸出。进一步分析可以发现，这种弹性反射又可分为以下两种情况：

① 卢瑟福散射（Rutherlord）。入射电子被固体中原子核的库仑电场散射，仅仅一次单散射就使入射电子的方向发生很大的偏离，甚至超过 90°，进而使电子能逸出表面，形成反向散射电子。

② 多重散射。入射电子方向发生大变化的效果不是一次达到，而是入射电子经过一系列小角度散射后，方向最终发生很大的改变，使其返回到表面而逸出样品，形成背散射电子。其中每次散射角度小的可能原因是：入射电子在通过原子时，核被核外电子屏蔽，只受到对核起屏蔽作用的核外电子云的静电排斥作用，此时作用力小，因而偏转小。

背散射电子形貌衬度有如下特点：

a. 用背散射电子信号进行形貌分析时，其分辨率要比二次电子低，因为背散射电子是在一个较大的作用体积内被入射电子激发出来的，成像单元变大，造成分辨率降低。

b. 背散射电子的能量很高，它们以直线轨迹逸出样品表面，对于背向检测器的样品表面部分，因检测器无法收集到背散射电子而变成一片阴影，因此在图像上显示出很强的衬度，以致失去细节的层次，不利于分析。相比之下，用二次电子信号作形貌分析时，可以在检测器收集栅上加一正电压（一般为 250～500V），来吸引能量较低的二次电子，使它们以弧形路线进入检测器，这样在样品表面某些背向检测器或凹坑等部位上逸出的二次电子也能对成像有所贡献，增加了图像层次，使细节更清楚。

c. 在原子序数 $Z<40$ 的范围内，背散射电子的产额对原子序数十分敏感。背散射电子的发射系数随原子序数的增加而增加。因此，背散射电子主要利用原子序数造成的衬度变化直观地对各种金属和合金进行定性成分分析。这种由于原子序数不同造成的衬度叫作 Z 衬度。样品背散射电子图像中，元素越重，图像越亮；元素越轻，图像越暗。如果知道某个背散射电子图像中的元素类型，其实在图像中基本能区分哪个点是哪种元素原子。重元素区域相对于图像上是亮区，而轻元素区域则为暗区。进行精度较高的分析时，须事先对亮区进行元素标定，再区分哪个位置上的点为哪种元素原子。利用原子序数衬度分析晶界上或晶粒内部不同种类的析出相是十分有效的。

总之，与二次电子成像相比，背散射成像的分辨率更低，主要应用于样品表面成分分布观察，是成分衬度；二次电子成像是形貌衬度，但也反映表面电势的分布变化。图 1-5（a）、（b）分别是同样的浮雕结构的二次电子成像和背散射成像[12]。浮雕结构上有少量污染物，改变了浮雕表面的电势。故在（a）图中二次电子成像将浮雕表面污点反映出来，而（b）图中只反映成分的分布，少量污染物没反映出来。

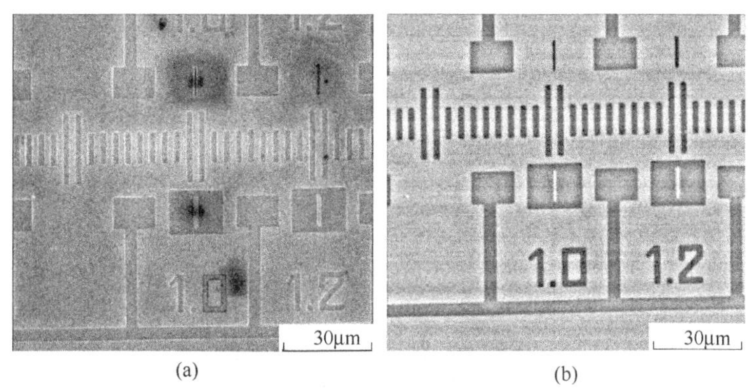

(a)　(b)

图 1-5　同样的浮雕结构的（a）二次电子成像和（b）背散射成像

由于背散射电子以直线轨迹运动，因而形成图像反差的因素，除倾斜、成分、边缘效应与二次电子图像相似外，还有明显的阻挡效应。当样品局部表面背向检测器倾斜，超过一定角度时，背散射电子被倾斜面阻挡。样品表面一定范围内的背散射电子不能被检测，形成无信号的暗区，相当于从检测器方向定向照明的阴影。由于它的阴影效果，通常背散射电子不适于观察表面起伏很大的样品，但在观察浅沟槽表面的样品时，反而加强了立体效果，如图 1-5（b）所示。

1.1.3.1　高分辨扫描电子显微镜

扫描电子显微镜（SEM）通常提供的拓扑信息分辨率只能达到纳米级。SEM 分辨率定义为能够清楚地分辨试样上最小细节的能力，通常以清楚地分辨二次电子图像上两个点或者两个细节之间的距离表示。近年来，在 SEM 的基础上发展了一种高分辨率的扫描电子显微镜（HRSEM），利用它可以直接获得原子分辨率的 Z 衬度像，结合 X 射线能谱和电子能量损失谱（EELS），还可在亚埃尺度上对材料的原子和电子结构进行分析。

（1）HRSEM 分辨率比普通 SEM 高的原理

HRSEM 的成像原理和结构与普通 SEM 基本一致，差别在于 HRSEM 通过技术手段提高了成像分辨率。如减小聚焦距离来提高分辨率；或者使用复合检测器，允许同时显示电子和背散射成像，可以以三维立体形态观察物质结构；或者采用独特操作方式减少电荷假象和边缘效应等。

HRSEM 将 SEM 的分辨率延伸到原子尺度，并同时提供原子的表面信息和原子整体信息的高清图像，通过二次电子扫描，保留传统扫描电子显微镜的大部分表面灵敏度。

（2）HRSEM 数据实例分析

HRSEM 的分析同样比较简单，可以直观观察其形貌。另外，根据图中的标尺长度 L，测量目标物尺寸是标尺尺寸的多少倍 N（N 为正数，可以是分数、小数和整数），则目标物尺寸为 $L×N$，单位为 L 的单位。

图 1-6 给出了经过退火以后的 COK-12［(a)、(b)］与 COK-12/TiO_2［(c)、(d)］的不同分辨率的 HRSEM 图片。这种 HRSEM 细节非常清晰，质量非常高。图 1-6 中材料基本为平板状。从（a）图预测平板厚度约为：2μm×（3/30）=0.2μm；从（b）图预测平板厚度约为：300nm×0.65=195nm。高、低倍 HRSEM 图片中估计的尺寸较接近。当然，从高分辨率的像中估计的尺寸会比低分辨率像中估计的尺寸精确度要高一些。

图 1-6　经过退火以后的 COK-12［(a)、(b)］与 COK-12/TiO_2［(c)、(d)］的不同分辨率 HRSEM 图片

HRSEM 照片的清晰度还和使用时所加电压和偏压有关。图 1-7 是 Au@TiO_2 的 HRSEM 照片[13]。如图 1-7 所示，从图（a）到图（f），加载了不同的着陆能和偏压。很显然，大着陆能和分段偏差压的加载能改善 HRSEM 的图片质量。

1.1.3.2　场发射扫描电子显微镜

场发射扫描电子显微镜（FESEM）是用场发射枪作为电子源的 SEM，是电子显微镜的一种。场发射枪的电子束比 LaB6（CeB6）的电子束亮度高 100 倍，比钨灯丝高 10000 倍，是一个高性能的电子光源。该仪器具有超高分辨率，能够做各种样品表面形貌的二次电子图像、反射电子图像的观察及图像处理，具有很高的分辨率（目前最高 0.4nm）[14,15]。喷金和喷碳是为了增加样品表面的导电性，但 FESEM 的样品最好不喷金或喷碳，为的是能看到如图 1-8 所示最接近原始形貌的图片。由于有高亮度的特点，对于不导电的样品可以把电压降低，或者使用电子束减速模式等新技术，同样能得到质量很高的电镜图。同时，该仪器具有高性能 X 射线能谱仪，可以同时进行样品表层微区点、线、面元素的定性、半定量及定量分析，具有形貌、化学组分综合分析的能力。

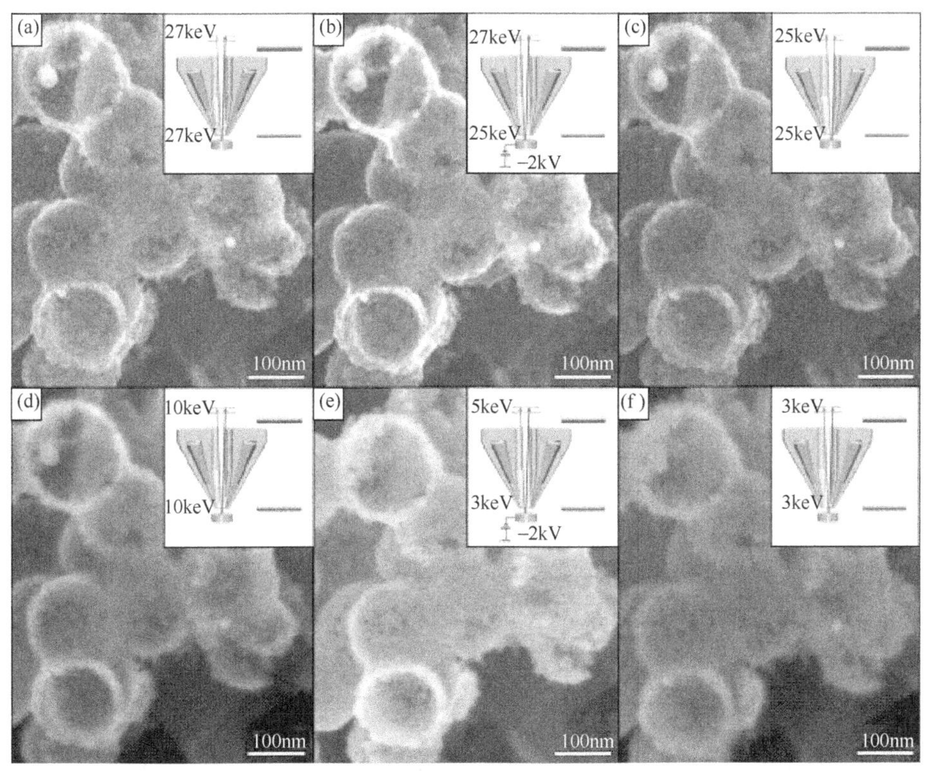

图 1-7　Au@TiO_2 的 HRSEM 照片

（a）27keV 着陆能；（b）27keV 着陆能（25keV 着陆能和 2kV 分段偏差压）；（c）25keV 着陆能；（d）10kV 着陆能；（e）2kV 着陆能，分段偏差压 3keV；（f）3keV 着陆能，无分段偏差压

（1）FESEM 具有高分辨率的原理

由于它采用的技术能使电子束的束斑很细（最细甚至在 0.5nm 以下），所以具有超高分辨率，能够做各种样品表面形貌的二次电子像、反射电子像观察及图像处理，具有很高的分辨率（目前最高 0.4nm）。

场发射扫描电子显微镜有如下特点：

① 具有很高的分辨率（目前最高 0.4nm），分辨率甚至比 HRSEM 的还大；

② 有很大的景深，视野大，成像富有立体感，可直接观察各种试样凹凸不平表面的细微结构；

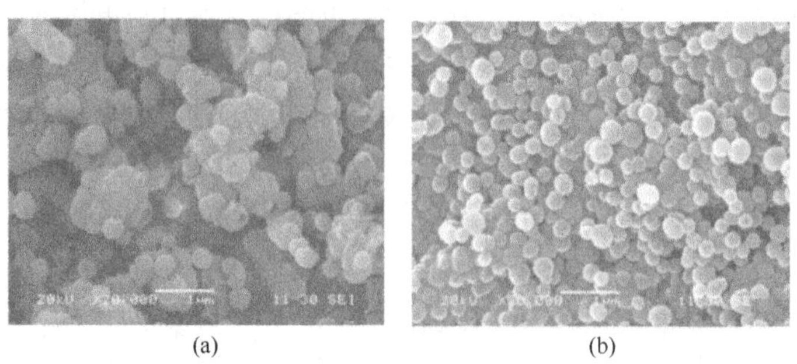

(a)　　(b)

图 1-8　介孔二氧化硅的 FESEM 图片[16]

③ 试样制备简单，目前的扫描电镜都配有 X 射线能谱仪装置，这样可以同时进行显微组织形貌的观察和微区成分分析。

（2）FESEM 实例数据分析

和分析 SEM 与 HRSEM 的方法一样，FESEM 的分析也很简单、直观。这里不再赘述。

图 1-9 显示了在不同温度处理 CFF（碳纤维织物）/MnO_2 复合物的 FESEM 图像[17]。该图质量非常好。从该图能清晰地看出温度处理对 MnO_2 在 CFF 上生长的影响。

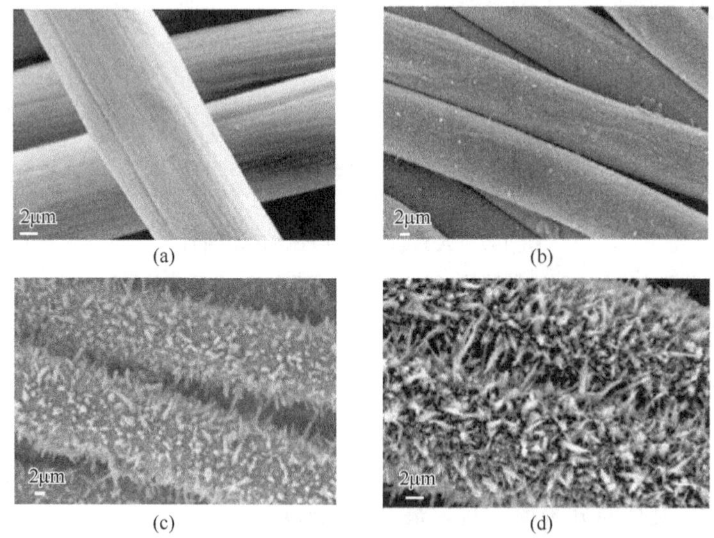

(a)　　(b)

(c)　　(d)

图 1-9　在不同温度处理 CFF/MnO_2 复合物的 FESEM 图像

图 1-10 是 TiO_2 纳米管和 Au/Ag 负载的 TiO_2 纳米管的 FESEM 与能量色散 X 射线光谱（energy dispersive X-Ray spectroscopy，EDX）结果[18]。从其 FESEM 图片上可以清晰地看出负载的贵金属颗粒，EDX 证实了 TiO_2 纳米管上负载贵金属的存在。

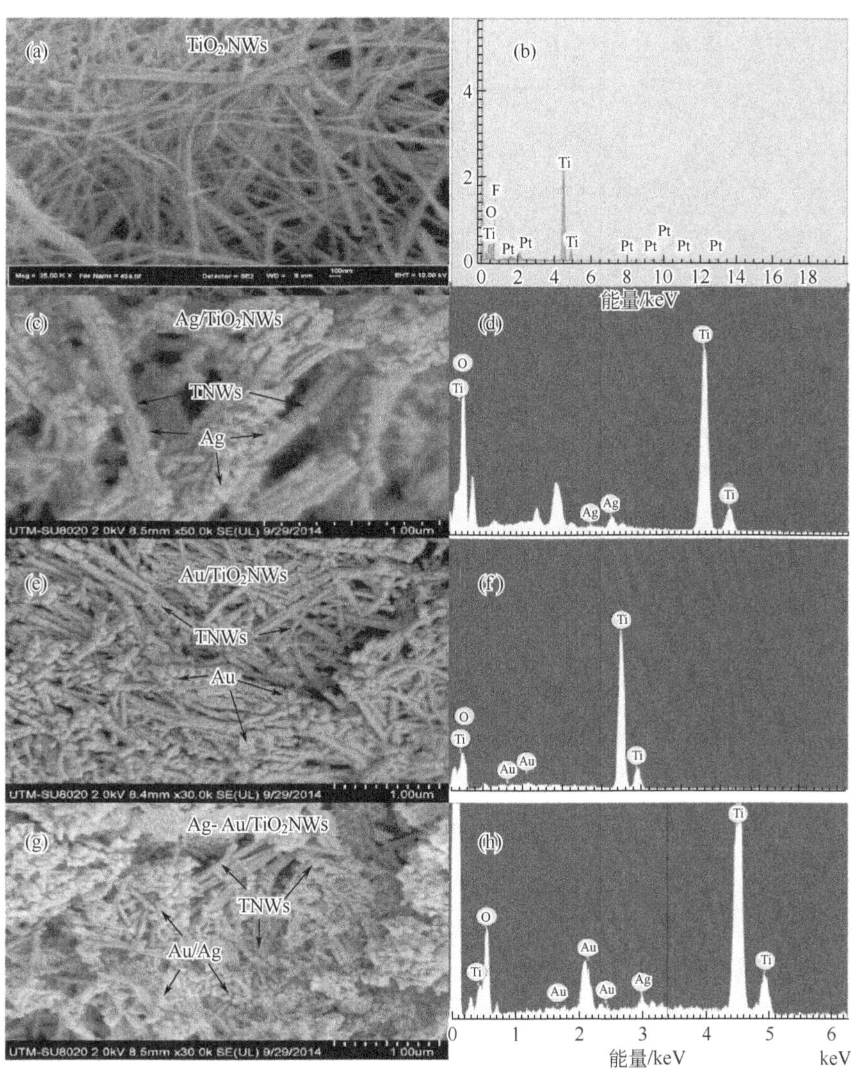

图 1-10　TiO_2 和 Au/Ag 负载的 TiO_2 纳米管（Au-Ag/TiO_2 NWs）的 FESEM 与 EDX 分析

（a）TiO_2 纳米管（TNWs）的 FESEM；（b）TNWs 的 EDX；（c）Ag 负载的 TiO_2 纳米管（Ag/TiO_2 NWs）的 FESEM；（d）Ag/TiO_2 NWs 的 EDX；（e）Au 负载的 TiO_2 纳米管（Au/TiO_2 NWs）的 FESEM；（f）Au/TiO_2 NWs 的 EDX；（g）Ag-Au 负载的 TiO_2 纳米管的 FESEM；（h）Ag-Au 负载的 TiO_2 纳米管的 EDX

图 1-11 分别是 Ag_3PO_4、20% $AgBr/Ag_3PO_4$、40% $AgBr/Ag_3PO_4$和 60% $AgBr/Ag_3PO_4$的 FESEM 图片和 EDX 谱[19]。

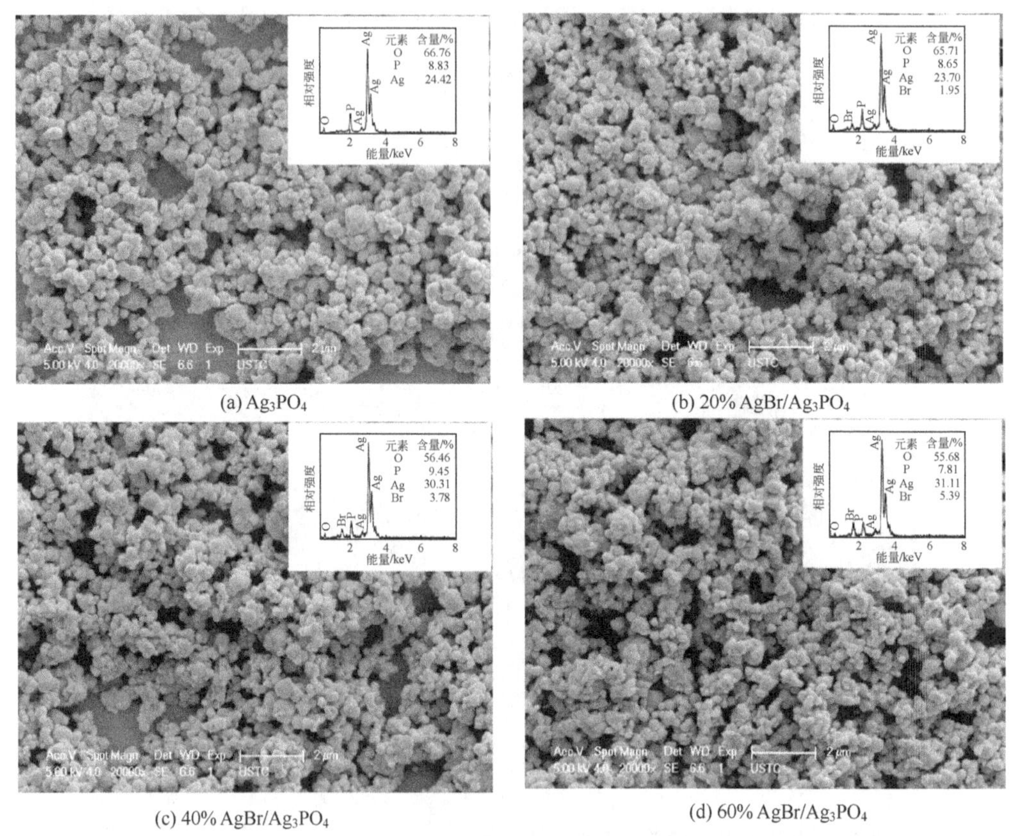

(a) Ag_3PO_4　(b) 20% $AgBr/Ag_3PO_4$

(c) 40% $AgBr/Ag_3PO_4$　(d) 60% $AgBr/Ag_3PO_4$

图 1-11　FESEM 图片和 EDX 谱

1.1.4　透射电子显微镜

1.1.4.1　成像原理

透射电子显微镜（TEM）是使用电子来展示固态材料内部或表面的显微镜。其成像原理也与光学显微镜相似。图 1-12 给出了光学显微镜、SEM、TEM 的结构对比示意图。如图 1-12 所示，与 SEM 相比，TEM 成像的主要区别在于：透射电镜的样品在电子束中间，电子源在样品上方发射电子，经过聚光镜，然后穿透样品，由后续的电磁透镜继续放大电子光束，最后投影在荧光屏幕上；扫描电镜的样品在电子束末端，电子源在样品上方发射的电子束经过几级电磁透镜缩小，到达样品。而且后续的信号探测处理系统的结构也不同，但从基本物理原理上讲无实质性差别。

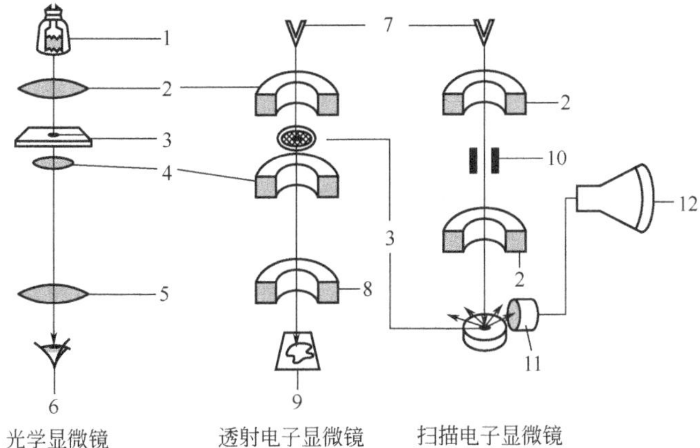

图 1-12 光学显微镜、透射电子显微镜与扫描电子显微镜工作原理对比示意图

1—灯；2—聚光镜；3—样品；4—物镜；5—目镜；6—直接可观察图像；7—加热灯丝（电子源）；8—投影镜；9—荧光屏；10—光束偏转器；11—检测器；12—屏幕上的像

TEM 是基于样品结构（密度、厚度）的不均匀性导致不同结构处透射后电子的影像的不均匀性，从而形成有衬度的影像。TEM 的分辨率可达 0.1～0.2nm，放大倍数为几万～百万倍。因此，使用 TEM 可以观察样品的精细结构，甚至可以观察仅仅一列原子的结构。要注意的是，由于电子束的穿透力很弱，因此用于电镜的标本须制成厚度约 50nm 的超薄切片。这种切片需要用超薄切片机（ultramicrotome）制作。TEM 在物理学和生物学相关的许多科学领域都是重要的分析方法，如癌症研究、病毒学、材料科学、纳米技术以及半导体研究等。

透射电镜按照分辨率的高低分为透射电子显微镜（TEM）和高分辨透射电子显微镜（HRTEM），原理和结构基本相同。HRTEM 将 TEM 中的某些部件改善后提高了其分辨率。目前使用的透射电镜大都是 HRTEM，其分辨率可达 0.2nm。本节只介绍 HRTEM 的相关内容。

上面提到的由强度不均匀引起的电子图像称为衬度像。TEM 的衬度主要来源于四种衬度：质厚衬度、衍射衬度、相位衬度和原子序数衬度：①质量-厚度衬度（简称质厚衬度），是由于材料的不同微区之间存在质量、厚度差异造成的透射束强度的差异而形成的衬度。它对非晶材料、复型样品和第二相观察非常重要。②衍射衬度（简称衍衬），是由于试样各部分满足 Bragg 条件的程度不同以及结构振幅不同而产生，因而主要用于研究晶体材料，是样品内不同位置晶体学特征的直接反映。比如晶体结构发生变化，或者由于缺陷使晶格取向发生变化，则呈现出衬度。故衍射衬度适合研究晶体缺陷，比如刃位错、螺位错等。③相位衬度是用于观察试样厚度小于 100nm 的小原子及其排列状况。让多束衍射电子束穿过物镜光阑彼此相干成像，像的可分辨细节取决于入射波被试样散射引起的相位变化和物球镜差、散焦引起的附加相位差的选择。④原子序数衬度，是基于扫描透射电子扫描术（scanning transmission electron microscope，STEM）的成像技术。用电子束扫描，用环形暗场探测器探测信号。当精细聚焦电子束（<0.2nm）扫描样品时，逐一照射每个原子柱，在环形探测器上产生受原子序数影响的强度变化图，从而提供原子分辨水平的图像。后面会详细讲解，这里不深入讨论。

以上四种衬度是人为选择的成像方式，是根据它们的形成机制，将电子束与试样作用离开试样的下表面后，选择合适的操作方式形成图像的过程。在研究过程中它们相辅相成，互相补充；在不同层次上为人们提供不同尺寸的结构信息。可以根据样品的情况以及需要的信息选择相对合适的衬度模式。

1.1.4.2 透射电镜实例数据分析

人们通常利用质厚衬度和衍射衬度与其他方法结合，进行如下研究：

（1）利用质厚衬度观察样品形貌和相分布

图1-13是用质量-厚度衬度成像的由沉淀法和浸渍法制备的Pt-CeO_2/C催化剂的形貌。TEM图像清晰地显示出：Pt颗粒主要分布在氧化铈上，它们位于氧化铈的表面或嵌入CeO_2中。

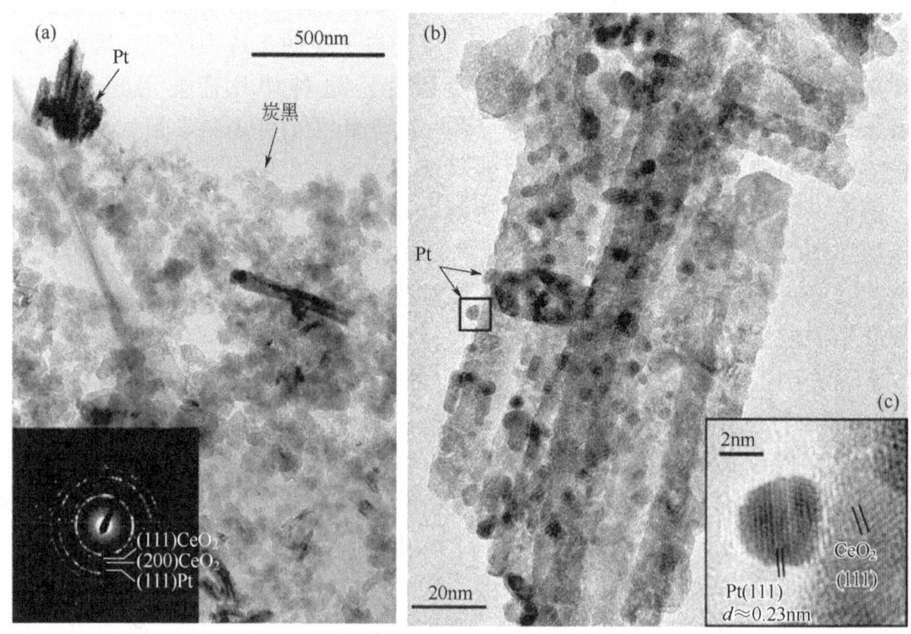

图1-13　Pt-CeO_2/C的TEM和选区电子衍射（SAED）花样

（a）分布在炭黑颗粒之间的棒状CeO_2；（b）Pt颗粒分布在CeO_2颗粒上；

（c）Pt和CeO_2的晶格图像[20]

在利用浸渍法合成 Pt-CeO_2/C 催化剂的过程中，由于 Pt 与氧化铈的相互作用，氧化铈的形貌会有很大的变化。如图 1-14 所示的 TEM 图像，制备的 CeO_2 颗粒为棒状，直径约为 20～30nm，长度为几百个纳米。在 3%（质量分数）Pt-CeO_2/C 样品中，CeO_2 保持长条形状；当 Pt 含量增大到 10%时，CeO_2 形成块状颗粒；随着 Pt 含量增加，块状颗粒逐渐增加，当 Pt 含量为 30%（质量分数）时，所有颗粒形态均为块状。

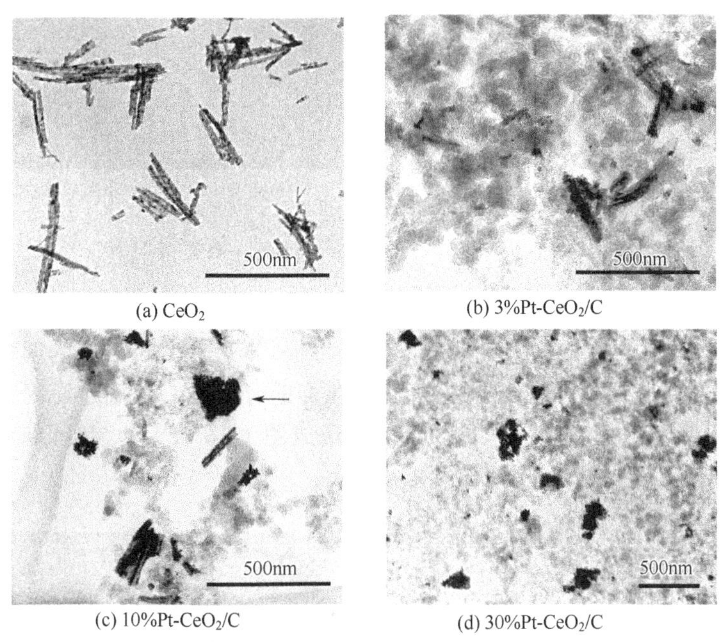

(a) CeO_2　(b) 3%Pt-CeO_2/C　(c) 10%Pt-CeO_2/C　(d) 30%Pt-CeO_2/C

图 1-14　（a）CeO_2、（b）3%Pt-CeO_2/C、（c）10%Pt-CeO_2/C、（d）30%Pt-CeO_2/C 催化剂的 TEM 图像[20]

这些复合材料用质量-厚度衬度模式做 TEM 观察是比较合适的，能很好地反映多相之间的衬度，便于辨别出不同的相。

（2）利用衍射衬度分析晶粒和相分布

如果使用物镜光阑，让透射束通过物镜光阑，可以得到明场像；用物镜光阑选择某个衍射斑，可以得到暗场像。明场像和暗场像中的衬度特征是互补的。在暗场像中，对应于所选择衍射斑的晶粒或相会显示较明亮的衬度，从而可以用于分析晶粒和相的分布。

图 1-15 中显示了采用共沉淀法制备的 Tb 掺杂的氧化铈（CeO_2）纳米粉形貌[21]。CeO_2 具有面心立方萤石结构。当掺杂含量较高时，衍射花样中会出现额外的衍射斑。当选用额外衍射斑成像时，如用箭头 2 所指的衍射斑，在暗场像中可以看到某些颗粒显示了明亮的衬度，说明这些颗粒具有与萤石结构不同的晶体结构。经过其他分析方法，如 XRD（X 射线衍射）、HRTEM 等的进一步分析，可以确认这

些颗粒的结构与 Tb_2O_3 相同，具有空间群 $Ia\overline{3}$ 结构。

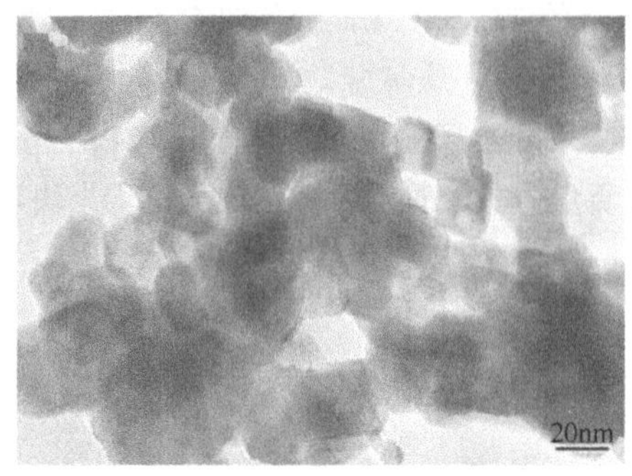

(a) 明场像

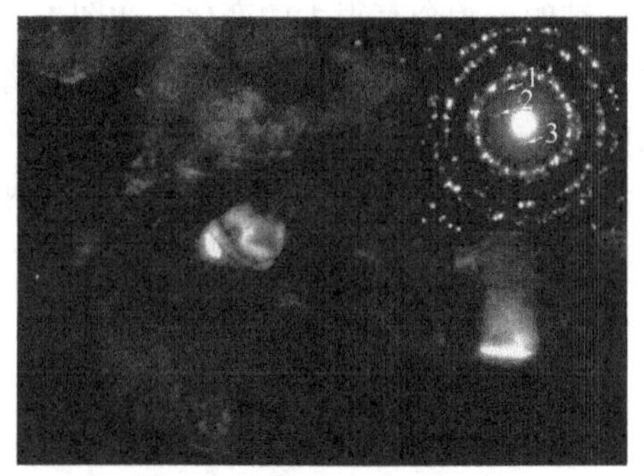

(b) 用箭头2所指的衍射斑形成的暗场像

图 1-15 Tb 掺杂的氧化铈（CeO_2）纳米粉形貌

Ti 合金中的第二相形貌、含量和分布与热处理工艺密切相关。图 1-16 显示了 Ti-3Al-5Mo-4.5V 合金在淬火时形成的组织特征[22]。图 1-16（a）为明场图像，可以看到晶粒中的第二相。通过对电子衍射花样的分析，可以确定组织包括 β 相、ω 相和 α″马氏体。用 α″马氏体相的衍射斑形成图 1-16（c）的 TEM 暗场像，可以清晰鉴别淬火工艺形成的 α″马氏体板条。

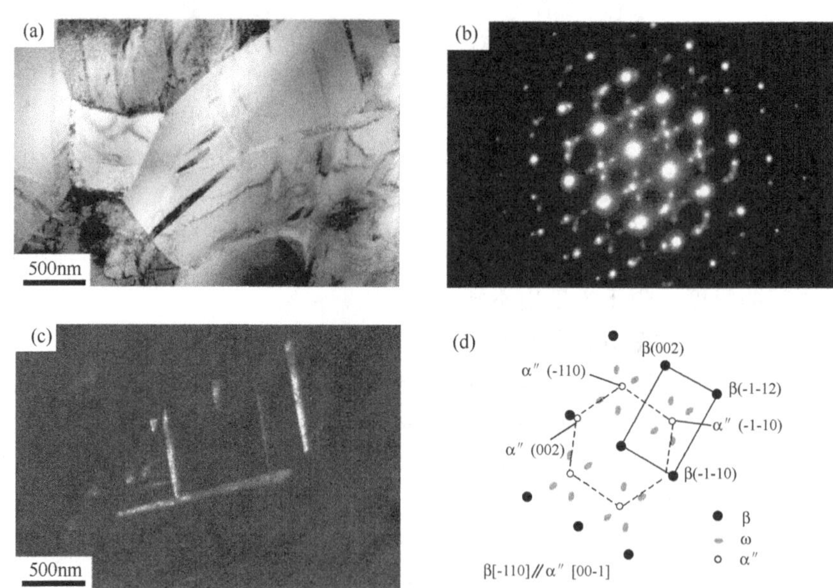

图 1-16 Ti-3Al-5Mo-4.5V 合金淬火样品的 TEM 图像

（a）明场像；（b）选区电子衍射花样；（c）应用 α″马氏体衍射斑获得的暗场像；（d）衍射花样示意图[22]

（3）利用衍射衬度观察和分析晶体缺陷

衍射衬度是由于晶体不同部位满足布拉格衍射条件的程度差异而引起的衬度。晶粒的取向差、缺陷都可以形成衍射衬度。当利用某个衍射斑成像并观察位错时，如果满足 gb=0 的条件（g 为衍射斑的指数，b 为柏式矢量），则位错不可见，即位错消光。利用这个判据，选用多个衍射斑成像，可以确定位错的柏式矢量。

通过衍射衬度观察材料中的缺陷特征，可以理解材料的变形行为。图 1-17 显示了 TiB_2/Al 复合材料在高速冲击变形后形成的位错特征[23]。当观察方向平行于位错线方向时［图 1-17（a）］，位错为黑色的点，位错墙两侧的晶粒衬度也略有差异，说明位错墙的出现使晶粒取向发生变化。当观察方向垂直于位错线方向时［图 1-17（b）］，可以看到平行的位错墙特征，晶粒取向变化导致的衬度变化更加明显。图像中的位错分布在表面，在冲击变形过程中，位错沿滑移面移动，并排列成位错墙，从而形成亚晶界。

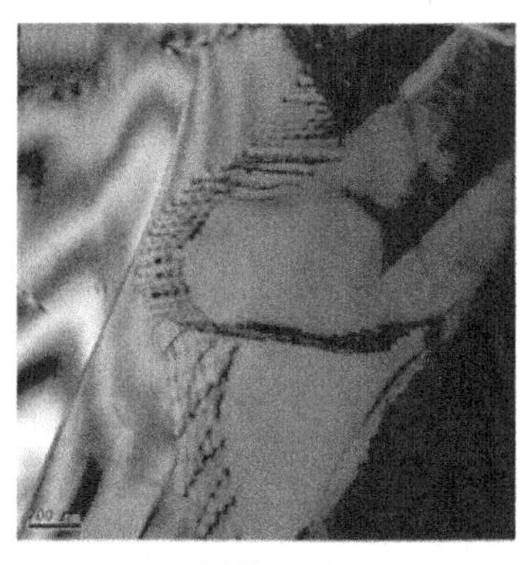

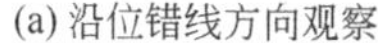

(a) 沿位错线方向观察

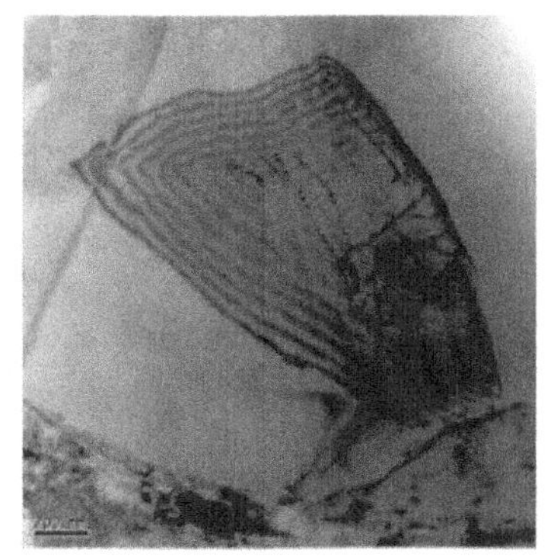

(b) 垂直于位错线方向

图 1-17　冲击后样品中 TiB_2 颗粒的位错墙结构

Ti 合金中，α 相是最重要的第二相，其形貌和分布对合金的性质，特别是力学性质，有至关重要的影响，而界面结构是决定第二相形貌的关键因素。图 1-18 为 Ti-Cr 合金中 α 相和 β 相之间界面结构的暗场像[21]。当选用（$\bar{1}01$）成像时，位错完全不显示衬度，而用（101）或（200）成像时，位错清晰可见。用同样的方法可以获得更多衍射斑形成的暗场像，最终可以确定柏式矢量为$[1\bar{1}1]/2$（表达在 β 相中）。

图 1-19 中显示了利用衍射衬度分析界面位错结构的另一个示例[24]。在铁基合金中，通常的 fcc 相与 bcc 相之间的相变是从 fcc 相形成 bcc 相。然而在双相不锈钢中，相变方向是在 bcc 铁素体中形成 fcc 奥氏体沉淀相。较高的转变温度和相变的方向会使沉淀相的界面结构和沉淀相析出行为发生变化。图 1-19 为 fcc 沉淀相在 bcc 相中析出时的一系列暗场像，由不同的 fcc 相的衍射斑形成，可以看到位错的衬度在 $\boldsymbol{g}$ =（200）和 $\boldsymbol{g}$ =（$1\bar{1}1$）时很强，而在 $\boldsymbol{g}$ =（$\bar{1}11$）和 $\boldsymbol{g}$ =（$11\bar{1}$）

时很弱。综合这些结果可以确定柏式矢量为[101]/2（表达在 fcc 相中）。

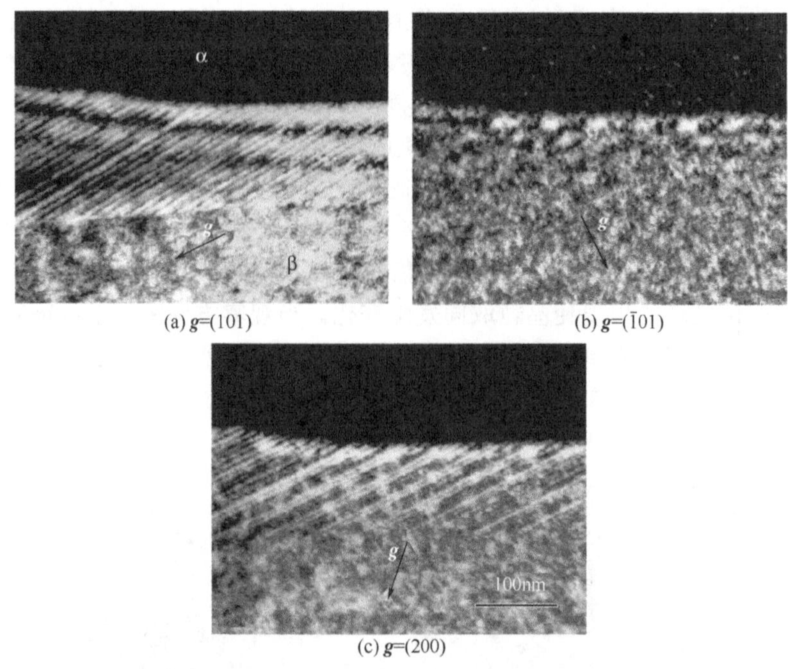

(a) g=(101)　　(b) g=($\bar{1}$01)

(c) g=(200)

图 1-18　Ti-Cr 合金中 α 相和 β 相之间界面结构的暗场像

由不同的 β 相的衍射斑形成，衍射斑对应倒易矢量记为 $\boldsymbol{g}$

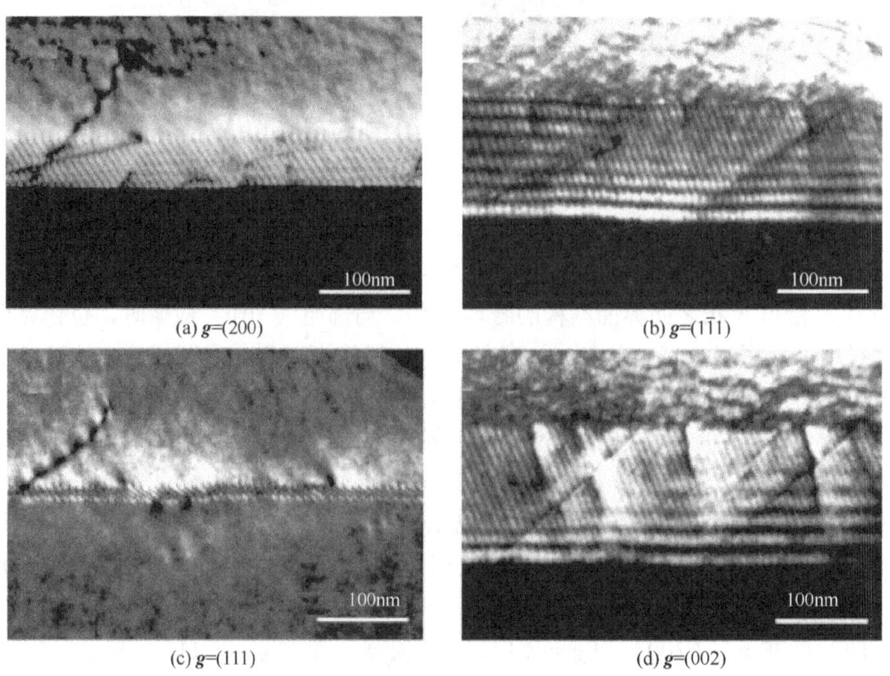

(a) g=(200)　　(b) g=(1$\bar{1}$1)

(c) g=(111)　　(d) g=(002)

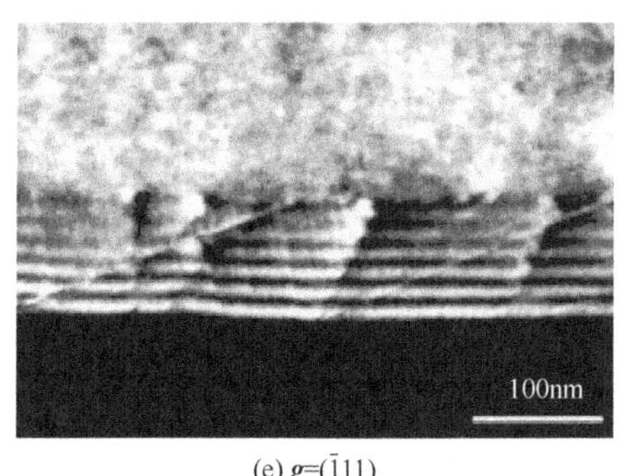

(e) $g=(\bar{1}11)$

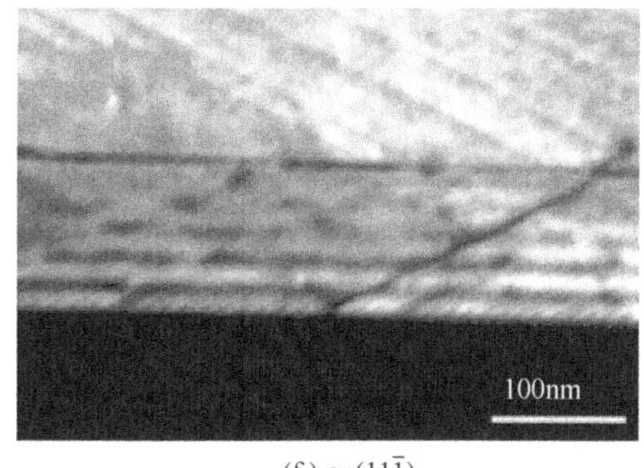

(f) $g=(11\bar{1})$

图 1-19　双相不锈钢中 bcc 铁素体基体和 fcc 奥氏体沉淀相之间界面结构的暗场像

1.1.5　高分辨扫描透射电子显微镜

由于透射电镜的加速电压（一般为 120～200kV）较高，对有机高分子、生物等软材料样品的穿透能力强，形成的透射像衬度低；而扫描电镜的加速电压（一般用 10～30kV）较低，因此人们开发了让低压汇聚电子束在样品上扫描单个原子（扫描电镜的特点）成透射像的电镜——扫描透射电子显微镜（STEM）。应用 STEM 模式成透射像，大大提高了像的衬度。

目前高分辨 STEM 已经成为最为流行和广泛应用的电子显微表征手段和测试方法。相比于传统的高分辨相位衬度成像技术，高分辨 STEM 可提供具有更高分辨率、对化学成分敏感以及可直接解释的图像，因而被广泛应用于从原子尺度研究材料的微观结构及成分。其中高角环形暗场像（high-angle annular dark-field imaging，HAADF-STEM，*Z* 衬度像）为非相干高分辨像，图像衬度不会随着样品的厚度及物镜聚焦的改变而发生明显的变化，像中亮点能反映真实的原子或原子对，且像点的强度与原子序数的平方成正比，因而可以获得原子分辨率的化学成分信息[25]。近年来，随着球差校正技术的发展，扫描透射电镜的分辨率及探测敏感度进一步提高，分辨率达到亚埃尺度，使得单个原子的成像成为可能。此外，配备先进能谱仪及电子能量损失谱的电镜在获得原子分辨率 *Z* 衬度像的同时，还可以获得原子分辨率的元素分布图及单个原子列的电子能量损失谱。因而我们可以在一次实验中同时获得原子分辨率的晶体结构、成分和电子结构信息，为解决许多材料科学中的疑难问题（如催化剂、陶瓷材料、复杂氧化物界面、晶界等）提供新的视野。目前商业化的场发射扫描透射电子显微镜，不仅可以得到高分辨的 *Z* 衬度像和原子分辨率的能量损失谱，而且其他各种普通透射电子显微术（如衍射成像、普通高分辨相位衬度像、选区电子衍射、汇聚电子衍射、微区成分分析等）均可以在一次实验中完成，因而高分辨扫描透射电子显微术将在材料科学、化学、物理等学科中发挥更加重要的作用。

1.1.5.1 STEM的工作原理

扫描透射成像不同于一般的平行电子束透射电子显微成像，它是利用汇聚电子束在样品上扫描形成的。如图 1-20 所示[25]，场发射电子枪发射的相干电子经过汇聚镜、物镜前场及光阑，汇聚成原子尺度的电子束斑。通过线圈控制电子束斑，逐点在样品上进行光栅扫描。在扫描每一个点的同时，放在样品下方且具有一定内环孔径的环形探测器同步接收高角散射的电子，对应于每个扫描位置的环形探测器把接收到的信号转换为电流强度，显示于荧光屏或计算机屏幕上，因此样品上扫描的每一点与产生的像点一一对应。连续扫描样品的一个区域，便形成扫描透射像（STEM）。

在入射电子束与样品发生相互作用时，会使电子产生弹性散射和非弹性散射，导致入射电子的方向和能量发生改变，因而在样品下方的不同位置将会接收到不同的信号。对不同的信号进行处理，获得不同的模式像和材料信息。如图 1-21 所示，在 θ_3 范围内，接收到的信号主要是透射电子束和部分散射电子，利用轴向明场探测器可以获得环形明场像（annular bright field image，ABF）。ABF 像类似于 TEM 明场像，可以形成 TEM 明场像中各种衬度的像，如弱束像、相位衬度像、晶格像。θ_3 越小，形成的像与 TEM 明场像越接近。在 θ_2 范围内，接收的信号主要为布拉格散射的电子，此时得到的图像为环形暗场像（annular dark field image，ADF）。在同样成像条件下，ADF 像相对于 ABF 像受像差影响小，

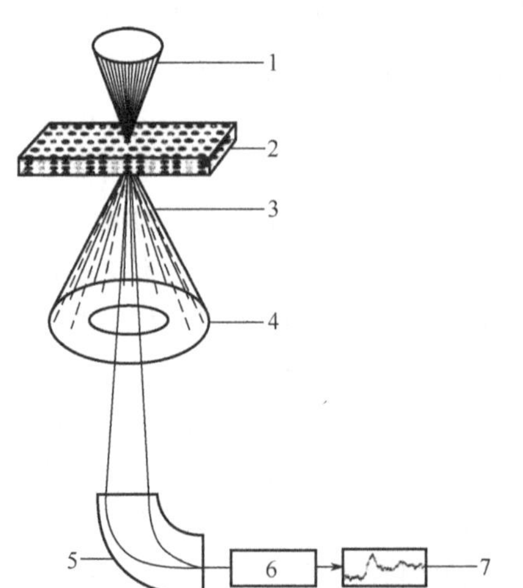

图 1-20 STEM 工作原理示意

1—0.22nm 入射电子束；2—样品横截面；3—高角散射；4—环形探测器；5—EEL 谱仪；6—明场/CCD 探测器；7—显示屏幕

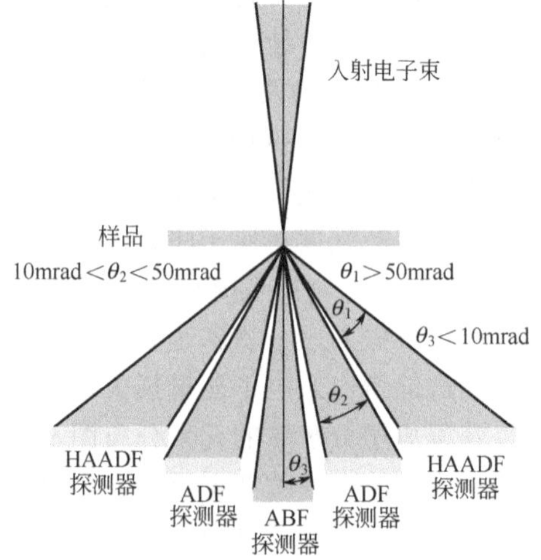

图 1-21 STEM 中探测器分布示意图

衬度好，但 ABF 像分辨率更高；若环形探测器接收角度进一步加大，如在 θ_1 范围内，接收到的信号主要是高角度非相干散射电子，此时得到的像为高角环形暗场像（HAADF，Z 衬度像）。这种方法称为高角度环形暗场，或者称为 HAADF Z 衬度方法。

Z 衬度像利用高角散射电子形成非干像，是原子列投影的直接成像，其分辨率主要取决于电子束斑的尺寸，因而它比相干像具有更高的分辨率。Z 衬度像随试样厚度和物镜聚焦不会有很大变化，不会出现衬度反转，所以像中的亮点总是对应原子列的位置。而 HAADF 探测器得到的像点强度正比于原子序数的平方，因而也被称为 Z 衬度像。这使我们能够凭借像点的强度来区分不同元素的原子，由此得到原子分辨率的化学成分信息。像的解释简明直接，一般不需要复杂烦琐的计算机模拟，因而 Z 衬度像尤其适合于材料中杂质及界面的研究。

STEM 中除了通过环形探测器接收散射电子的信号成像，还可以通过后置的电子能量损失谱仪检测非弹性散射电子信号，得到电子能量损失谱（EELS），分析样品的化学成分和电子结构。此外，还可以通过在镜筒中样品上方区域安置 X 射线能谱探测器进行微区元素分析。因此，在一次实验中可以同时对样品的化学成分、原子结构、电子结构进行分析。

应用 STEM 观察生物样品时，可以获得质量优于 TEM 观察获得的图像。应用透射电镜观察生物样品时，由于样品的衬度很低，须经过铀、铅等重金属染色才能获得其结构信息，然而染色不仅麻烦而且可能会改变样品的结构。在应用扫描电镜的 STEM 模式观察生物样品时，样品无需染色，直接观察即可获得较高衬度的图像，图 1-22 是应用 STEM 模式观察得到的未染色的生物样品的电镜图，可以看到其纳米尺度的片层结构。

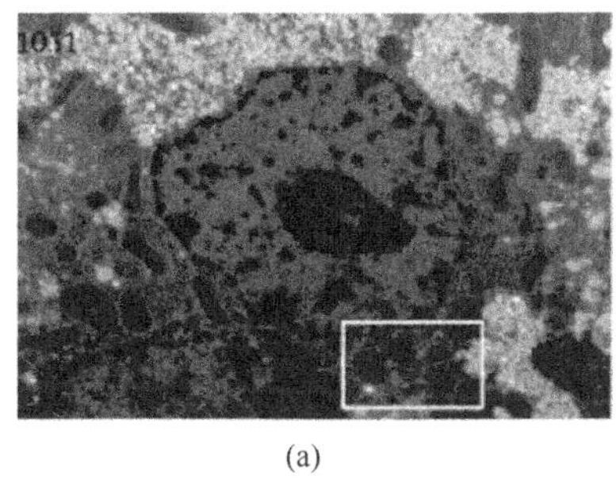

(a)

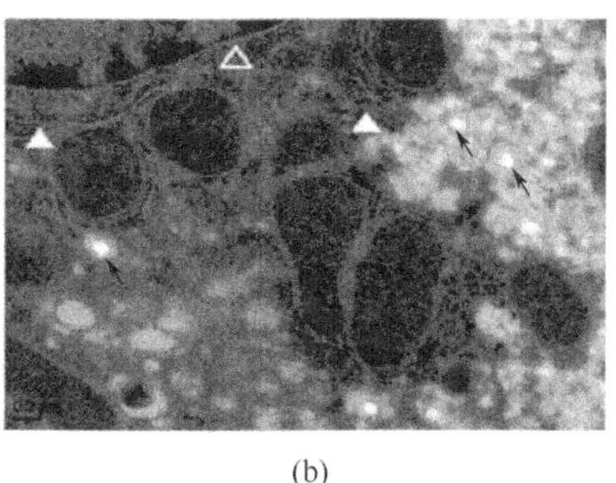

(b)

图 1-22 扫描电镜的 STEM 模式观察未经染色生物样品得到的电镜图[26]

除了可显著提高透射像的衬度外，应用扫描电镜 STEM 成像还有一个优势是可对样品同时成扫描二次电子像和透射电子像，既可以得到同一位置的表面形貌信息又可以得到内部结构信息，避免了在扫描电镜和透射电镜之间转换样品、定位样品的麻烦。图 1-23 所示为应用 STM 观察硼纳米线，从二次电子像可以清楚地观察到纳米线的螺旋结构，从透射电子像可以看出纳米线是实心结构而非空心管结构。

图 1-23　硼纳米线的（a）SEM 像、（b）STEM 的二次电子像和（c）STEM 的透射电子像[27]

如上所述，用透射电子显微镜中被高压加速的电子照射到试样上，入射电子与试样中原子发生多种相互作用。其中弹性散射的电子分布在较大散射角范围，而非弹性散射分布在较小的散射角范围。因此，如果只探测高角度散射角范围其实就是探测被弹性散射的电子。这种方式并未用中心部分的透射电子，电子数量少，所以观测到的是暗场像。除晶体试样产生的布拉格反射外，电子散射是轴对称的，所以为了实现高探测效率，使用了环状探测器。这种方法称为高角度环形暗场，或者称为 HAADF *Z* 衬度方法。

由于高角度环形探测器只接收高角度卢瑟福散射（即库仑散射，因为它涉及的位势是库仑位势）。深度非弹性散射也是一种类似的散射，在 20 世纪 60 年代，常用来探测原子核的内部。其散射截面与原子序数的平方成正比。因此 HAADF 的 Z 衬度像的亮度正比于原子序数的平方（Z^2）。

1.1.5.2　STEM 与 HAADF 实例数据分析

迄今为止，科研工作者们用 HAADF 做了如下工作：

（1）从 HAADF 图像区分不同原子序数的原子

如果试样厚度一定，图中亮的部分表示原子序数大的原子，因此，相的辨认和解释就非常方便。如图 1-24 所示，图 1-24（a）是 $AuAg/AuAgS/AgInS_2$ 复合物的 HAADF 图像。该图像包含两种亮度，灰色区域是 $AgInS_2$，明亮区域是 Au。

图 1-24　（a）$AuAg/AuAgS/AgInS_2$、（b）$WS_2/WS_{0.2}Se_{1.8}$ 和（c）Rh 掺杂的 TiO_2 结合 STEM-HAADF 图像[28]

（2）从 HAADF 图像分辨原子尺度的异质结

图 1-24（b）是 $WS_2/WS_{0.2}Se_{1.8}$ 异质结的 STEM-HAADF 图像。通过这个图像，可以区分 WS_2 和 $WS_{0.2}Se_{1.8}$ 成分的差别。图中有明暗的点，最亮的是原子序数最大的 W，其次暗一些的是原子序数较小的 Se，最暗的是原子序数最小的 S。如图 1-24（b）所示，图像上有一条明显的异质结界线。

（3）从 HAADF 辨认掺杂的元素和外来带入的元素

图 1-24（c）中最亮的像点是掺入 TiO_2 中的 Rh。

(4) 还可以结合 TEM、EDX 来辨认材料中的不同成分核-壳结构

如图 1-25 所示，(a) ～ (e) 分别是 Au（核）-Ag（壳）团簇沉积在 MoS_2 纳米片上材料（用 Ag@AuNCs/f-MoS_2 表示）的典型（a）TEM 照片、(b) EDX 谱（图中标为*号的峰来自于样品架的杂质 Na、Cl 和 Si)、(c) HAADF-STEM 图像、(d) Au 和 Ag 的 EDX 元素分布谱、(e) Au 和 Ag 的 EDX 元素分布谱的叠加[29]。图 1-25（a）TEM 照片说明圆形的 Au（核）-Ag（壳）均匀地分布在片状的功能化 MoS_2 上。分析图 1-25(b)的 EDX 图谱可知：制备样品的成分有 Ag(2.98keV)、Au(2.12keV 和 9.7keV)、Mo(2.29keV)、S(2.30keV)，还有 f-MoS_2 附带的 C(0.27keV)、O(0.52keV) 和 N(0.39keV)。同时可以看出，Ag@AuNCs/f-MoS_2 中富含 Au 和 Ag。从图 1-25（c）中的 HAADF-STEM，同时结合图 1-25（d）和（e）可以看出，最亮的是原子序数最大的 Au，在 Au 核外有灰色的一层应该是原子序数其次的 Ag，且可以看出 f-MoS_2 片上的 Ag@AuNCs 为圆形团簇，Au 核平均直径大小为 3～4nm，而 Ag 壳约 1～2nm 厚。

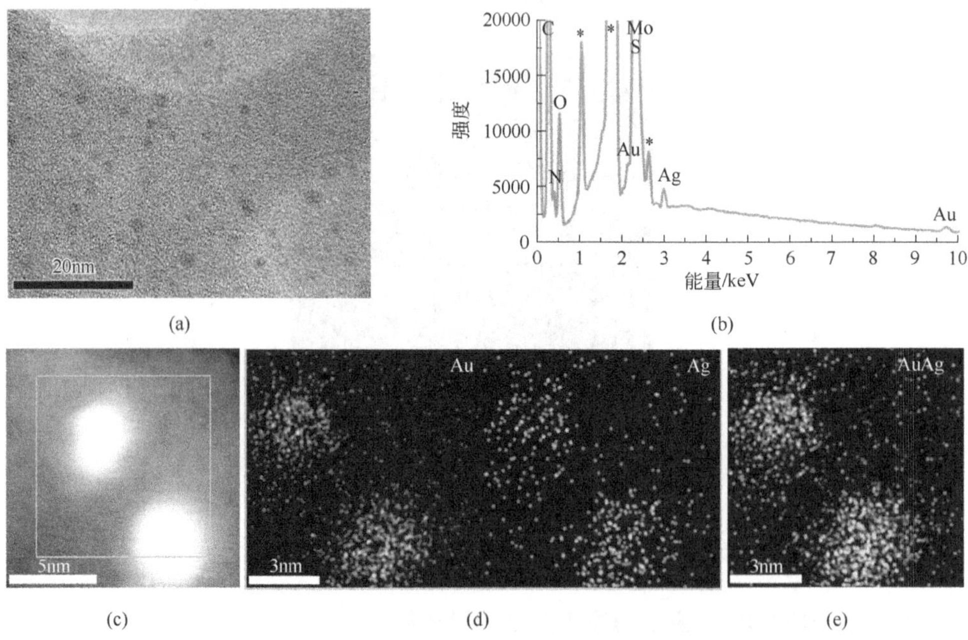

(a) (b)

(c) (d) (e)

图 1-25 Au（核）-Ag（壳）团簇沉积在功能化 MoS_2 纳米片上材料（用 Ag@AuNCs/f-MoS_2 表示）的典型照片及谱图

(5) 利用 HAADF-STEM 还可以观测晶格畸变

图 1-26（a)、(b）所示分别是 300Hz 微波产生等离子体液相制备的氧化钨（WO_3）的低分辨与高分辨 HAADF-STEM 照片，且（b）是（a）中框中部分的放

大图[30]。从（b）中可以看出晶格畸变（是氧缺位，结合其他测试方法得出的结论）。

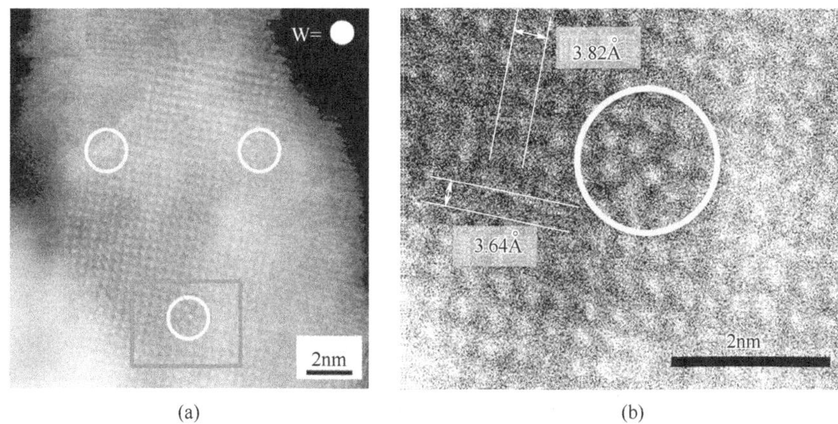

图 1-26　300Hz 微波产生等离子体相制备的氧化钨（WO_3）的（a）低分辨与（b）高分辨 HAADF-STEM 照片

（6）HAADF-STEM 还可以测试晶格常数

图 1-27 所示是一个单独的纳米矩形 SnS 颗粒的 STEM-HAADF 照片[31]。用傅里叶变换（第二章会讲述）将其晶型信息提取出来获得[011]晶向数字衍射图形，从而获得[011]晶向的（011）和（100）面的晶面间距数值。

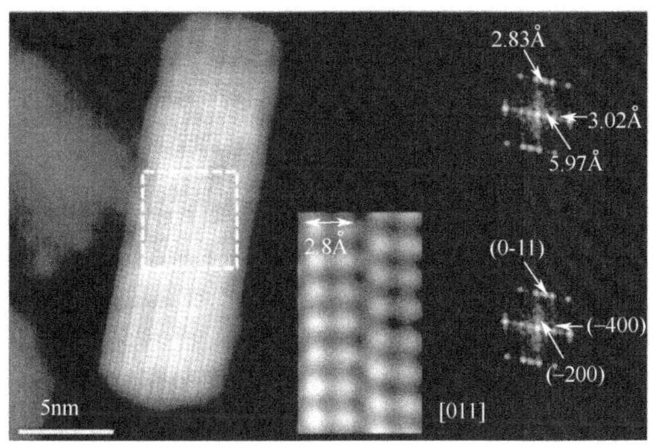

图 1-27　一个单独的纳米矩形 SnS 颗粒的 STEM-HAADF 照片

（7）与 STEM、SEAD、原子力显微镜（AFM）、电子顺磁谱 EPR 测试结合研究空位缺陷和精细结构

图 1-28（a）、（b）是富含 Zn 空位（V_{Zn}）单层 $ZnIn_2S_4$（ZIS）的 HAADF-STEM 低倍与高倍照片，图 1-28（c）是沿着（b）中箭头的强度图，图 1-28（d）是 ZIS

的晶体结构，图 1-28（e）是 SAED 图，图 1-28（f）是 ZIS 的 AFM 照片，图 1-28（g）是 ZIS 相应的剖面高度，图 1-28（h）是富 Zn 和缺 Zn 单层 ZIS 的 EPR 谱。从图 1-28（a）可以看出，整个膜晶格是一个整体；放大的照片［图（b）］告诉我们，样品存在缺位。结合图 1-28（c）可以知道，缺乏的是 Zn 原子，故该缺位是 V_{Zn}。而制备的 ZIS 膜层的晶体结构如图（d）所示。图 1-28（d）所示的 SEAD 显示制备的 ZIS 是单晶。AFM 测试结果［图 1-28（f）］显示膜厚度几乎在 2.46nm 左右，膜厚很均匀（AFM 下一节会讲到）。图 1-28（g）所示的膜厚数值也证明了这一点。EPR［图 1-28（h）］测试结果表明富 V_{Zn} 比缺 V_{Zn} 要多。

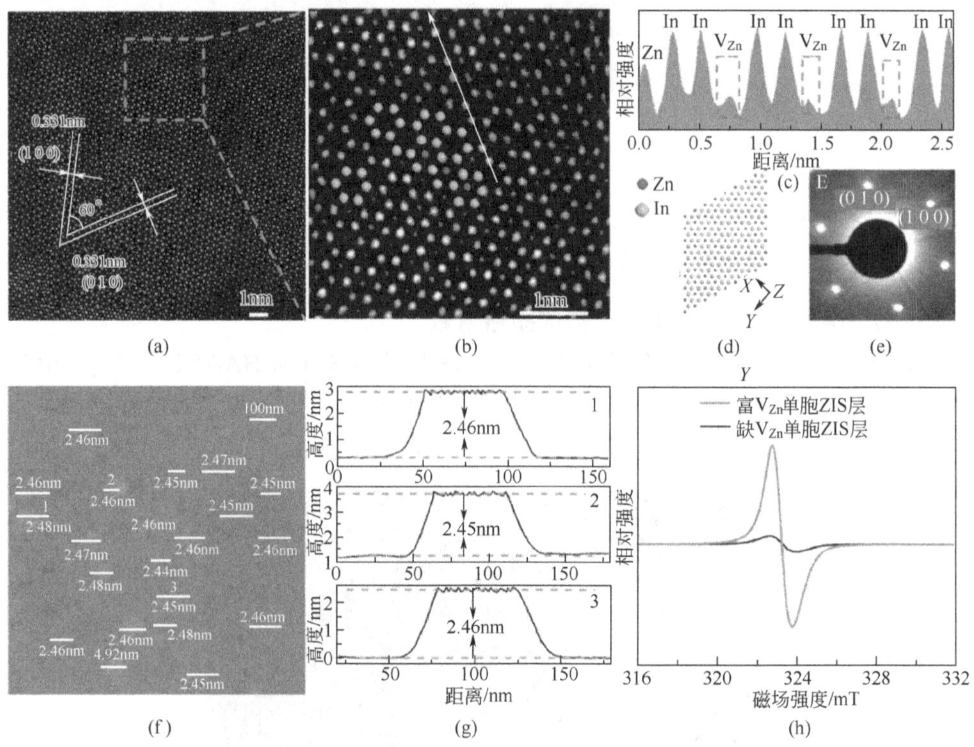

图 1-28　富含 Zn 空位（V_{Zn}）单层 $ZnIn_2S_4$ 的 HAADF-STEM 低倍（a）与高倍（b）照片，（c）沿着（b）中箭头的强度图，（d）晶体结构，（e）SAED 图，（f）AFM 照片，（g）相应的剖面高度，（h）富 Zn 和缺 Zn 单层 ZIS 的 EPR 谱[32]

1.2　扫描探针显微镜技术

随着材料科学和生物学等科学的发展，显微镜技术也从光学显微镜技术发展到电子显微镜技术，再发展到了如今的扫描探针显微镜（scanning probe microscope，SPM），其分辨率越来越高，功能越来越拓展。

SPM 主要用于研究固体物质表面的局域形貌和性质，它具有非常高的空间分辨率；但是由于分辨率高，观察面积小。近一二十年来，SPM 技术在表面物理、薄膜材料和生物科学领域得到广泛应用，并利用 SPM 技术发展了一系列的纳米科技新技术、新方法，比如纳米压印、纳米组装等。

扫描隧道显微镜（scanning tunneling microscope，STM）是 SPM 家族的第一个成员，由瑞士科学家 Gerd Binnig 和 Heinrich Rohrer 于 1981 年发明，开启了观察材料原子和操纵原子的时代，由此获得 1986 年 Nobel 物理学奖。之后，根据类似的工作原理，原子力显微镜（atomic force microscope，AFM）、磁力显微镜（magnetic force microscope，MFM）、静电力显微镜（electrostatic force microscope，EFM）、扫描近场光学显微镜（scanning near-field optical microscope，SNOM）等一系列显微设备相继被发明出来，现在它们被统称为扫描探针显微镜（SPM）。现在扫描探针显微镜已经成为一个庞大的家族，并且还在不停地涌现着新的成员和技术。

本节只介绍 SPM 家族中最重要也最常用的 STM 和 AFM。其余的读者感兴趣可以自己去找资料学习。

如图 1-29 所示，扫描探针显微镜的基本工作原理是利用尖端只有几十纳米的探针与样品表面原子或分子的相互作用（即当探针与样品表面接近至纳米尺度距离时形成的各种相互作用的物理场），通过检测相应的物理量而获得样品表面形貌信息。扫描探针显微镜主要由探针、扫描器、位移传感器、控制器、检测系统和图像系统 6 个功能部分组成。

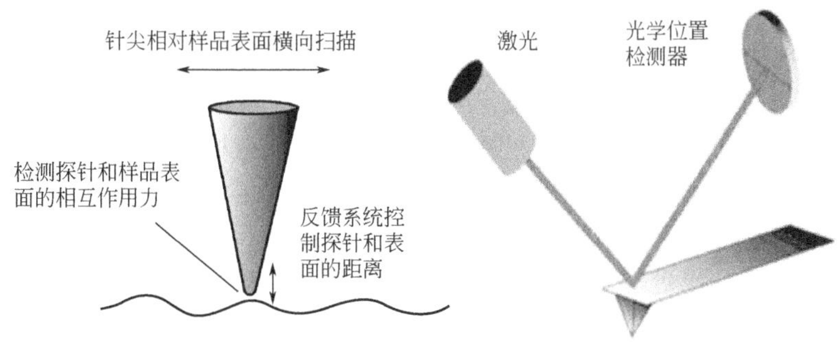

图 1-29 扫描探针显微镜工作原理示意

控制器通过扫描器在竖直方向移动样品以使探针和样品之间的距离（或相互作用的物理量）稳定在某一固定值；同时在 x-y 水平平面移动样品，使探针按照扫描路径扫描样品表面。扫描探针显微镜在稳定探针与样品间距的情况下，检测系统以检测探针与样品之间相互作用的相关物理量作为探测信号；

或者通过调节竖直方向位移来稳定相互作用物理量，此时传感器检测探针与样品之间的距离作为探测信号，图像系统则根据检测信号对样品表面进行成像等处理。

根据所利用的探针与样品之间相互作用物理场的不同，扫描探针显微镜被分为不同系列的显微镜。其中扫描隧道显微镜（STM）和原子力显微镜（AFM）是比较常用的两类扫描探针显微镜。STM 通过检测探针与被测样品之间的隧道电流的大小来检测样品表面结构。AFM 是通过光电位移传感器检测针尖与样品间的相互作用力（既有可能是吸引力，也有可能是排斥力）所引起的微悬臂形变来检测样品表面。由于各种扫描显微镜的工作原理不同，它们得到的结果所反映的样品表面信息也不同。STM 测量的是样品表面的电子分布信息，具有原子级别的分辨率，但仍得不到样品的真结构。而 AFM 探测的是原子之间的相互作用信息，因此可以得到样品表面原子分布的排列信息，即样品的真实结构。但 AFM 测不到可以和理论比较的电子态信息，因此二者各有长短。

1.2.1 扫描隧道显微镜

扫描隧道显微镜（STM）使人类第一次能够实时地观察单个原子在物质表面的排列状态和与表面电子行为有关的物化性质，在表面科学、材料科学、生命科学等领域的研究中有着重大的意义和广泛的应用前景，被国际科学界公认为 20 世纪 80 年代世界十大科技成就之一。

由于 STM 是 SPM 的鼻祖，其他的 SPM 都是在 STM 的基础上发展起来的。故介绍清楚 STM 的信号原理，其他的 SPM 的原理就很好理解了。

1.2.1.1 STM 的物量

STM 测试的物理量为检测探针与被测样品之间的隧道电流。若以金属针尖为一电极，被测固体样品为另一电极，当它们之间的距离小到 1nm 左右时，就会出现隧道效应，电子从一个电极穿过空间势垒到达另一电极形成电流。当原子尺度的针尖在不到 1nm 的高度上扫描样品时，此处电子云重叠，外加一电压（2mV～2V），针尖与样品之间因产生隧道效应而有电子逸出，形成隧道电流，利用此电流作为探测信号加以处理，得到对应于原子特征的形貌。

STM 信号的获取有两种模式：一种是固定探针针尖与样品表面的距离，测量探针沿着样品表面扫描时隧道电流的变化，以此获得样品的表面形态。这种模式叫作恒高模式（保持针尖高度恒定）。另一种是针尖扫描过程中，通过电子反馈回路保持隧道电流不变。为维持恒定的电流，针尖随样品表面的起伏上下移动，从而记录下针尖上下运动的轨迹，即可给出样品表面的形貌。这种模式叫作恒流模式。

恒流模式是 STM 常用的工作模式，而恒高模式仅适于对表面起伏不大的样品进行成像。当样品表面起伏较大时，由于针尖离样品表面非常近，采用恒高模式扫描容易造成针尖与样品表面相撞，导致针尖与样品表面的破坏。

STM 由隧道针尖、三维扫描控制器、减震系统、电子学控制系统、在线扫描控制系统组成。这里不深入讲解。

（1）STM 的优点

① 具有原子级的高分辨率，STM 在平行于样品表面方向上的分辨率分别可达 0.01nm，即可以分辨出单个原子。

② 可实时得到实空间中样品表面的三维图像，既可以研究具有周期性的表面结构，也可以研究不具备周期性的表面结构。还可以用来实时观察表面扩散等动态过程。

③ 可以观察单个原子层的局部表面结构，而不是体相或整个表面的平均性质，因而可直接观察到表面缺陷、表面重构、表面吸附体的形态和位置，以及由吸附体引起的表面重构等。

④ 测试条件不苛刻。可在真空、大气、常温等不同环境下工作，样品甚至可浸在水和其他溶液中，不需要特别的制样技术并且探测过程对样品无损伤。这些特点特别适用于研究生物样品和在不同实验条件下对样品表面的评价，例如对多相催化机理、电化学反应过程中电极表面变化的监测等。

⑤ 配合扫描隧道谱（STS）可以得到有关表面电子结构的信息，例如表面不同层次的态密度、表面电子阱、电荷密度波、表面势垒的变化和能隙结构等。

⑥ 利用 STM 针尖，可实现对原子和分子的移动和操纵，这为纳米科技的全面发展奠定了基础。

（2）STM 的局限性

尽管 STM 有着诸多优点，但由仪器本身的工作方式所造成的局限性也是显而易见的。这主要表现在以下几个方面：

① STM 的恒电流工作模式下，有时它对样品表面微粒之间的某些沟槽不能准确探测，与此相关的分辨率较差。在恒高度工作方式下，从原理上这种局限性会有所改善。但只有采用非常尖锐的探针，其针尖半径远小于粒子之间的距离，才能避免这种缺陷。在观测超细金属微粒扩散时，这一点显得尤为重要。

② STM 基本上只适合导体和半导体材料的观测。

③ 此外，在目前常用的（包括商品）STM 仪器中，一般都没有配备场离子显微镜（FIM），因而针尖形状的不确定性往往会对仪器的分辨率和图像的认证与解释带来许多不确定因素。关于这一点，后面有例子。

1.2.1.2 STM数据实例分析

STM可以用来做很多方面的研究。

① 由于STM具有很高的分辨率，可以清晰地观察非常小的纳米颗粒的形貌。图1-30（a）～（d）分别是PdIn-1、PdIn-2、PdIn-3和PdIn-4的STM图像和颗粒尺寸分布，所采用的STM参数分别为：（0.48nA，2.00V）、（0.41nA，2.00mV）、（0.46nA，1.49V）、（0.47nA，1.99V）[33]，得到颗粒尺寸分布范围为4～6nm。

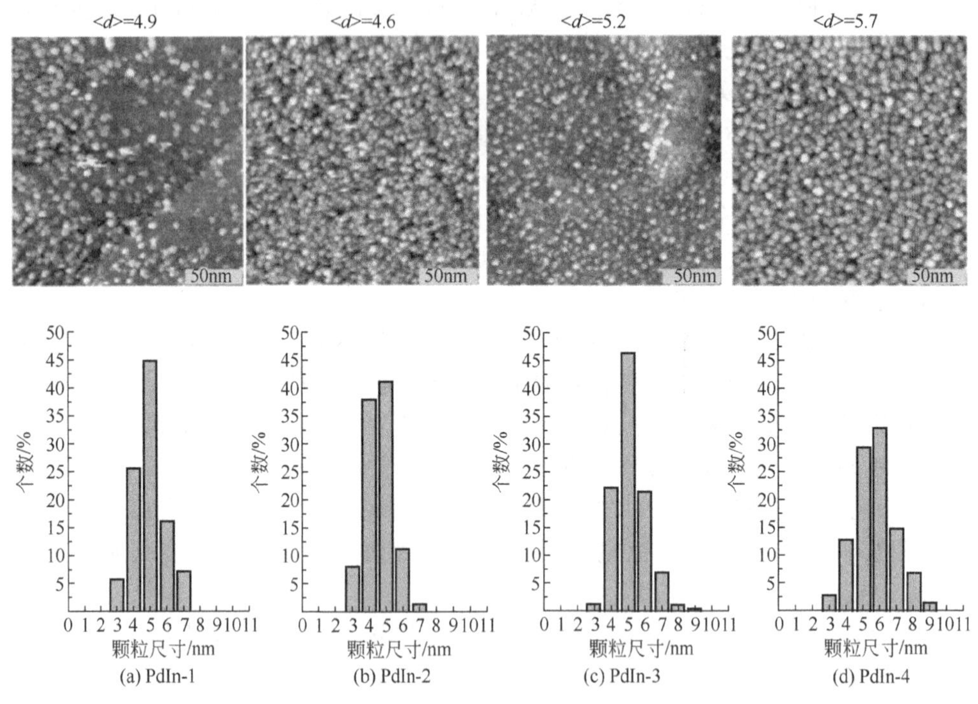

(a) PdIn-1　(b) PdIn-2　(c) PdIn-3　(d) PdIn-4

图1-30　不同样品的STM图像和颗粒尺寸分布

② 可以用STM观察一些动力学过程。图1-31给出了通过STM研究高温时（T=873K）Pt沉积在Ge（001）面上自发形成Pt纳米线的机理。低温时Pt在Ge（001）上的非均匀沉积导致多相共存。仔细观察和对比图1-31中的各个图，会发现Pt沉积在Ge（001）面上时存在沟坎和纳米线，以及一些平台、孔洞等。最主要的是：在沟坎里有一些明亮的纳米线存在，可能意味着这些沟坎是形成纳米线的发源地，这些沟坎里捕获的原子可能就是纳米线的前驱体。这就是高温时Pt沉积在Ge（001）面上自发形成Pt纳米线的可能机理。图（b）和（d）中白色点突显了Ge（001）面上的沟坎。虚线矩形圈出了面上的不同相，P1为孔洞，P2为条纹，P3为平台，P4为沟坎，P5为沟坎里的原子，P6为纳米线。更详尽的分析可以参照文献[34]，这里只说明通过STM图像可以得

到材料生长的动力学过程信息。

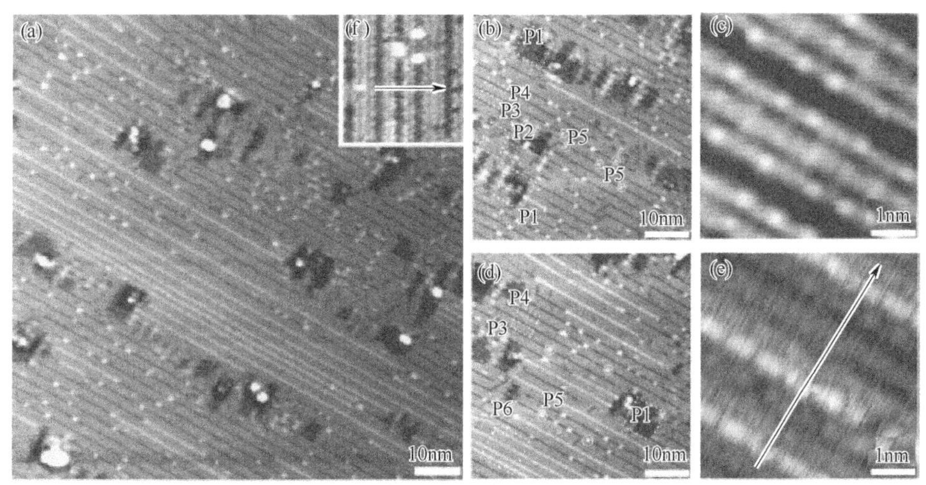

图 1-31　(a) 填充状态的 Pt 沉积在 Ge (001) 面的 STM 图像 (V_s=−1.0V, I_t=200pA, T=77K, 100nm×100nm); 沟坎 (b) 和纳米线 (d) 区域的特写 (V_s=−1.0V, I_t=200pA, T=77K, 50nm×50nm); (c) 沟坎和 (e) 纳米线的高分辨 STM 图像 (V_s=−0.5V, I_t=300pA, T=77K, 5nm×5nm); (f) 有隔开的 1.6nm 和 2.4nm 的沟坎。

③ 监测处理工艺引起的材料的结构变化。如图 1-32 所示为 Au（111）面上沉积的单层二氢苯并芘外消旋体结构。图 1-33 是在 Au（111）面上沉积的单层二氢苯并芘在 150℃退火 60min 后的外消旋体结构 STM 图像。图 1-32（d）中红色代表 *R* 型分子，蓝色代表 *S* 型分子。箭头附近的数字 1～4 标出了这些模式。从图 1-33 中可以看出，150℃退火 60min 后导致在 Au（111）面上沉积的单层二氢苯并芘的螺旋聚集[35]。

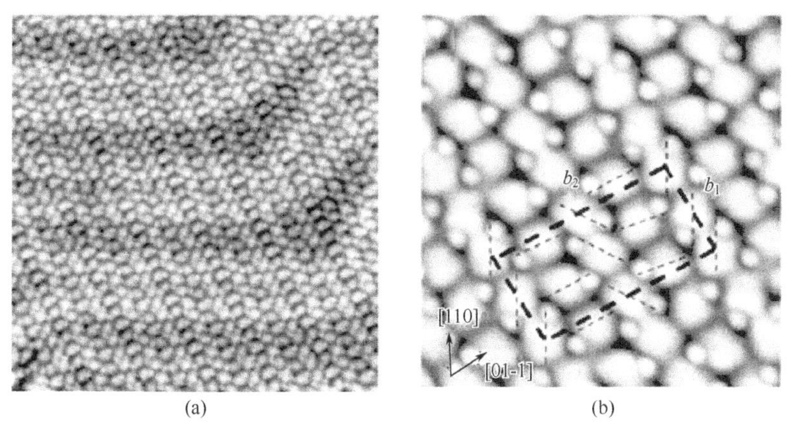

(a)　　　　(b)

图 1-32

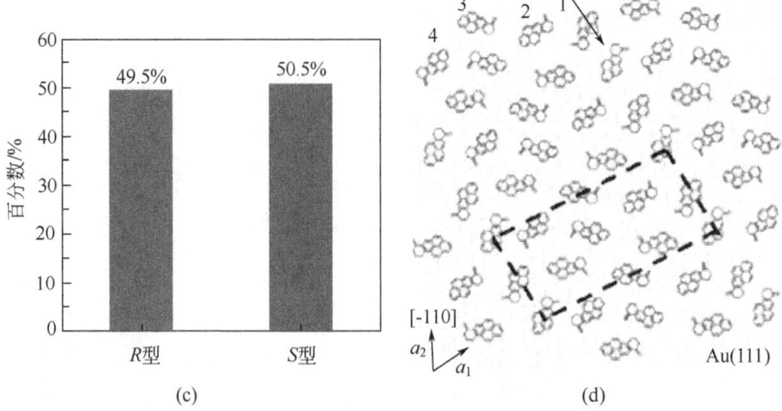

图 1-32 (a)在 Au(111)面上沉积的单层二氢苯并芘外消旋体结构 STM 图像(V_{Tip}=0.5V，I=80pA，T=77K，30nm×30nm)；(b)图(a)的放大图；(c)自组装单层二氢苯并芘中的 R 型与 S 型所占比例；(d)图(b)中四种不同的独立分子周期性排列的模式

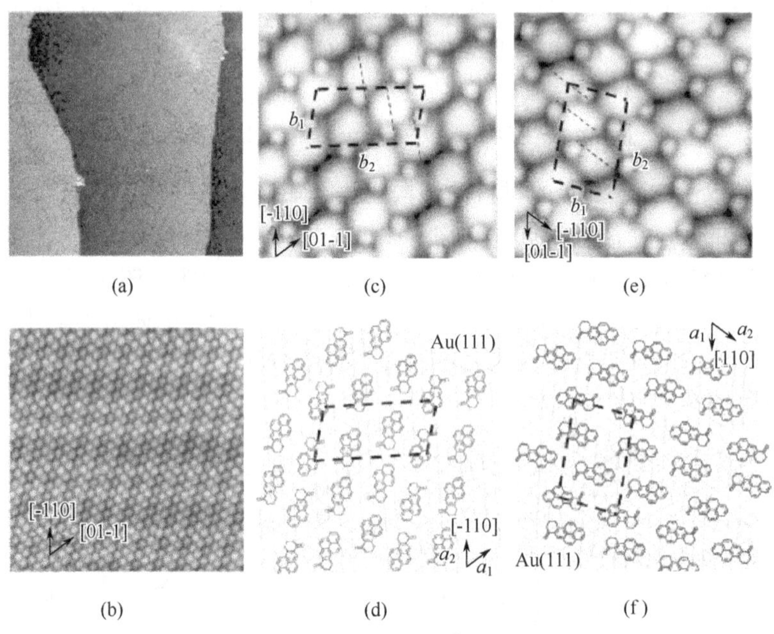

图 1-33 150℃退火导致的螺旋聚集

(a)150℃退火 60min 后，具有明确定义的手性聚集分子畴的大尺寸 STM 图像(测试条件：V_{Tip}=2.0V，I=21pA，T=77K，200nm×200nm)；(b)，(c)图(a)中高度有序 R 型畴的 STM 像放大图[(b)图测试条件为 V_{Tip}=0.8V，I=100pA，30nm×30nm，77K；(c)图测试条件为 V_{Tip}=0.4V，I=150pA，6nm×6nm，77K]；(d)图(c)中 R 型畴相应的堆积结构示意图；(e)S 型畴的 STM 像放大图；(f)相应的分子堆积示意图(测试条件为：V_{Tip}=0.8V，I=120pA，77K，6nm×6nm)

④ 观测材料结构的周期性。图1-34为珍珠类纳米链的STM三维图像[36]。沿轴向的周期为3.3nm，相应的高度涨落为0.3nm。

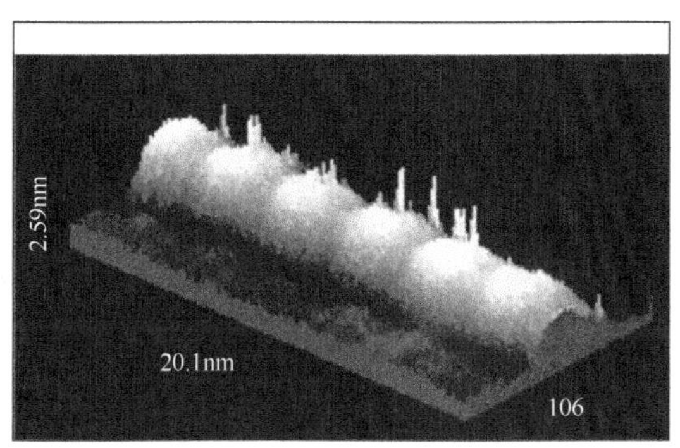

图1-34 珍珠类纳米链的STM三维图像

⑤ 利用STM在原子尺度操作材料。图1-35（a）是Dominik Stoffler课题组通过STM扫描在干净的Si上的Pt膜堆出一个小山丘。图1-35（b）表示小山丘堆积的量随隧穿电压和操控次数的增加而增加。

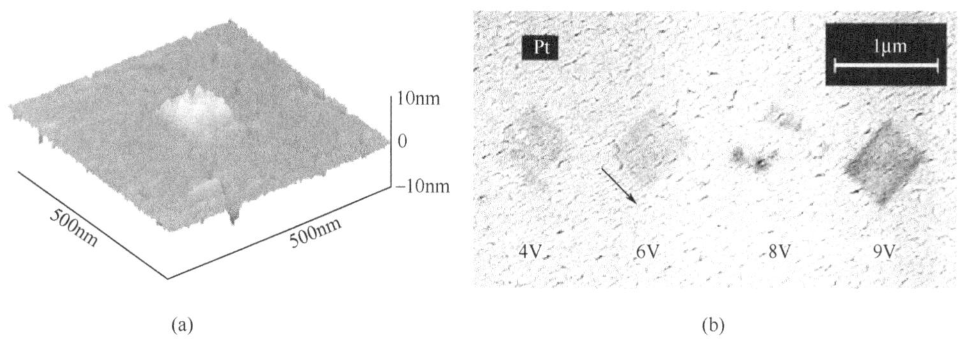

图1-35 （a）通过STM操作，Si上的Pt膜被堆出一个小山丘（UT，8V，IT，0.1nA，500nm×500nm）；（b）10keV的SEM图像

图1-35（b）中四个黑影是用STM操作的Pt膜堆积的小山丘。图中箭头所指是STM探针扫描方向，图中给出的数据是操作时的电压。STM扫描范围为成45°角500nm×500nm（IT=0.2nA）[37]。

⑥ 研究表面原子的电子态。如图1-37所示，A. N. Chaika理论计算了W[100]探针与石墨（0001）表面相互作用情况[图1-36（a）]。同时用STM测量了W[100]探针扫描石墨（0001）表面得到的STM图像[图（1-36（b）]。从图1-36（a）、（b）可以看出，图（b）中STM图像定性地重复了图（a）中理论测试的结果。图1-36（c）理论计算了与W[001]探针原子d轨道关联的PDOS对不同针尖-面距离

的依赖性。图 1-36（d）用 W[001]探针测试石墨表面的 STM（0.7nm×0.7nm）对间隙电阻的依赖性。同样地，STM 测试的结果重复了理论计算的结果。这些实验结果表明，可以通过控制探针针尖到被测物表面的距离来控制表面原子电子态；而且只有间隙电阻小才能分辨出亚原子轨道特性。

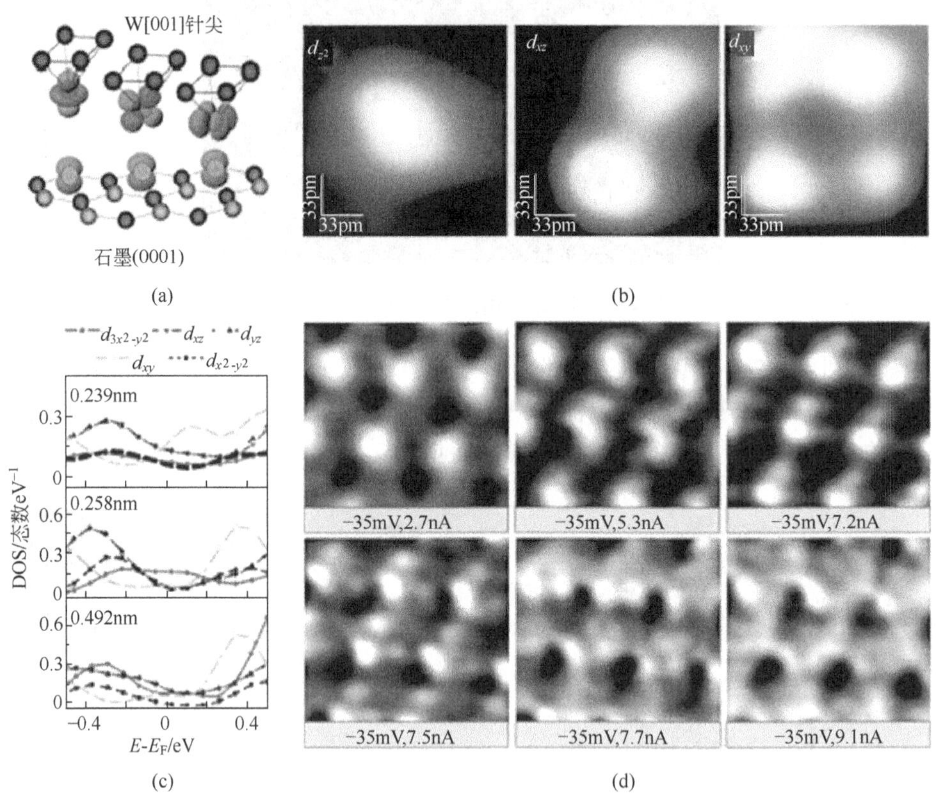

图 1-36（a）W[100]探针与石墨（0001）表面相互作用示意；（b）用（0001）面 HOPG（高取向羟基化石墨）测量的 W 针尖原子电子轨道的 STM 图像［扫描面积：0.17nm×0.17nm；其他测试条件：V=–0.1V，I=0.7nA（左边图）；V=–35mV，I=7.2nA（中间图）；V=–0.1V，I=1.8nA（右边图）］；（c）不同针尖-面距离时，与 W[001]探针原子 d 轨道关联的 PDOS；（d）用 W[001]探针测试石墨表面 STM（0.7nm×0.7nm）对间隙电阻的依赖性（固定样品偏压为 V=–35mV，电流在图中已经标出）

值得注意的是，探针的针尖的参数（大小、形状和化学同一性）对 STM 测试得到的图像和电子态有很大的影响，因为针尖是参与电子隧穿的元件。研究表明[38]：针尖在原子层面的尖锐化将有利于对小晶格常数的 STM 成像，也有利于获得具有有序轨道样品的轨道信息。图 1-37 是高取向热解石墨的蜂窝结构的 STM 图像。图（a）、（b）分别是在多壁碳纳米管针尖被尖锐化前后测试的局域视野 STM

图像。多壁碳纳米管针尖尖锐化之前测得的高取向热解石墨的 STM 图像为三角形格子，而尖锐化后测得的为蜂窝状格子。说明针尖在原子层面的尖锐化将有利于对小晶格常数的 STM 成像。图 1-37（c）、（d）分别给出了大视野下与图（a）、（b）同样的 STM 测试，发现是同样的结果。

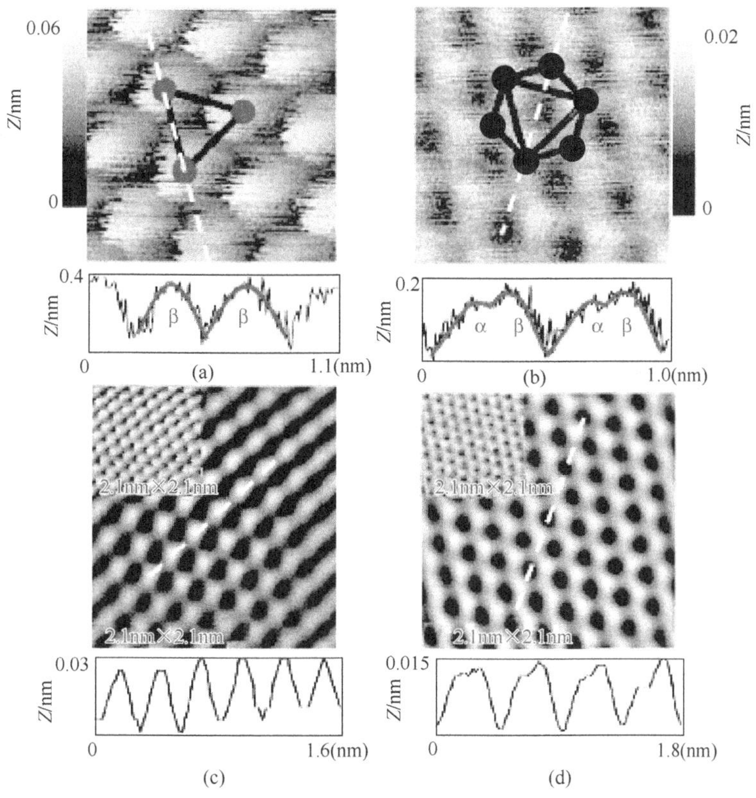

图 1-37　高取向热解石墨的蜂窝结构的 STM 图像

STM 还可以做很多其他的事情。读者可以根据自己的研究领域，设计好实验方案，利用 STM 来达到观测和研究的目的。

1.2.2　原子力显微镜

原子力显微镜（AFM）是继 STM 之后发明的一种具有原子级高分辨的新型仪器，其探针与样品表面原子或分子的相互作用物理量为吸引力或者排斥力。既可以观察导体，也可以观察非导体，从而弥补了 STM 的不足。AFM 是由 IBM 公司苏黎世研究中心的格尔德 • 宾宁于 1985 年发明的，其目的是使非导体也可以采用类似扫描探针显微镜（SPM）的观测方法。原子力显微镜（AFM）与扫描隧道显微镜（STM）最大的差别在于并非利用电子隧穿效应，而是检测原子之间的接触、原子键合、范德华力或卡西米尔效应等来呈现样品的表面特性。同时跟 STM 只能提供二维图像相比，AFM 能提供真正的表面三维图。

AFM 可以在大气和液体环境下对样品表面纳米级区域的形态、纳米结构、链构象等方面进行探测或者操纵，获得纳米颗粒尺寸、孔径、材料表面粗糙度、材料表面缺陷等信息，同时还能做表面结构形貌跟踪（随时间、温度等条件变化）。也可以利用相关处理软件（如 Nanoscope Analysis）对样品的形貌进行丰富的三维模拟显示，使图像更适合于人的直观视觉。结合仪器的各种标准操作模式以及独有的附件，在进行高分辨成像的同时，AFM 还可以用来测量物质和材料表面原子间的作用力，如表面弹性、塑性、硬度、黏着力、摩擦力等性质，也可以获得样品力学、电学、磁学、热力学等各项性能指标。现已广泛应用于半导体、纳米功能材料、生物、化工、食品、医药研究和科研院所各种纳米相关学科的研究实验等领域中，成为纳米科学研究的基本工具。

1.2.2.1 原子力显微镜对物理量的测量原理

AFM 测量的是针尖与原子之间的力，故测量结构对力非常敏感。在 AFM 测试系统中，将一个对微弱力极敏感的微悬臂一端固定，另一端有一微小的针尖，针尖与样品表面轻轻接触，由于针尖尖端原子与样品表面原子间存在极微弱的排斥力，通过在扫描时控制这种力的恒定，带有针尖的微悬臂将对应于针尖与样品表面原子间作用力的等位面而在垂直于样品的表面方向起伏运动。利用光学检测法或隧道电流检测法，可测得微悬臂对应于扫描各点的位置变化，从而可以获得样品表面形貌的信息。

由此，原子力显微镜系统基本上由三个功能部分组成：力探测部分、位置检测部分、处理力和位置信号的反馈部分。如图 1-38 所示的原子力显微镜系统中，针尖、微悬臂和压电扫描部分属于力探测部分，激光、反射镜和光电探测部分属于位置检测部分，反馈控制、显示系统与控制系统组成了整个原子力显微镜的反馈部分。图 1-39 是用 AFM 得到的陶瓷膜表面形貌。

原子力显微镜的类型可分为如下三种。

（1）接触式

利用探针和待测物表面与原子的交互作用力（一定要接触），此作用力（原子间的排斥力）很小，但由于接触面积很小，因此过大的作用力仍会损坏样品，尤其对软性材质，不过较大的作用力可得较佳分辨率，所以选择较适当的作用力便十分重要。由于排斥力对距离非常敏感，所以较易得到原子分辨率。

（2）非接触式

为了解决接触式 AFM 可能破坏样品的缺点，发展了非接触式 AFM，这是利用原子间的长距离吸引力来运作，由于探针和样品没有接触，因此样品没有被破坏的问题，不过此力对距离的变化非常小，所以必须使用调变技术来增加信号/噪声比，分辨率比接触式差一些。在空气中由于样品表面水膜的影响，其分辨率一般只有 55nm，而在超高真空中可得原子分辨率。

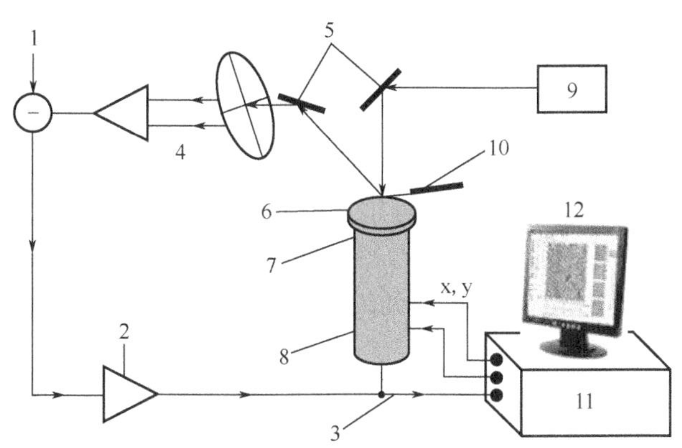

图 1-38　原子力显微镜结构和原理示意

1—设置点；2—反馈控制；3—Z 向电压；4—光电探测；5—反射镜；6—针尖；7—样品；8—压电扫描；9—激光；10—微悬臂；11—控制系统；12—显示系统

（3）轻敲式

对非接触式 AFM 进行改良，将探针和样品表面距离拉近，增大振幅，使探针在振荡至波谷时接触样品。由于样品的表面高低起伏，使振幅发生变化，再利用接触式的回馈控制方式，便能取得高度影像。此模式分辨率介于接触式和非接触式之间，破坏样品的概率大为降低，且不受横向力的干扰。不过对很硬的样品而言，针尖仍可能受损。

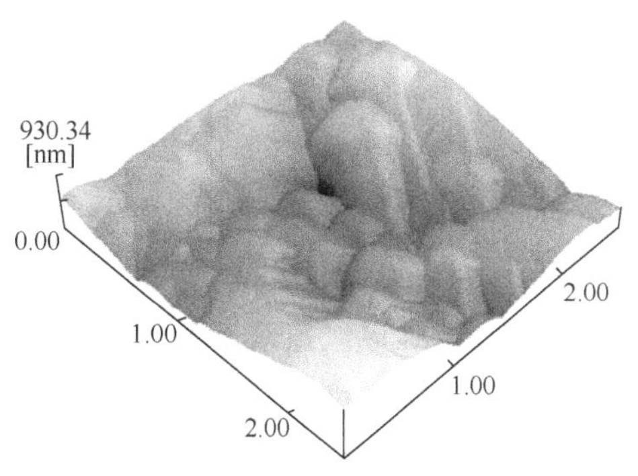

图 1-39　陶瓷膜的 AFM 图像

注意：对于轻敲式 AFM，是通过对比起振信号的相位和针尖与样品体系中采集到的振动信号的相位来进行成像的。因为样品表面局域的起伏变化以及阻尼变化，使得探针经过时振动相位发生对应的变化，最后的相差图反映一个相位的变化剧烈程度。相位图分辨样品表面变化的能力在以上所述三种方式中最高，因为在系统反馈控制开始作用之前，第一时间感应到样品表面变化的就是相位。

作为轻敲模式的一项重要的扩展技术，相位模式通过检测驱动微悬臂探针振动的信号源的相位角与微悬臂探针实际振动的相位角之差（即两者的相移）的变化来成像。引起该相移的因素很多，如样品的组分、硬度、黏弹性质等。因此利用相位模式，可以在纳米尺度上获得样品表面局域性质的组分、硬度、黏弹性质等的综合因素的改变。迄今，相位模式已成为 AFM 的一种重要检测技术。值得注意的是，相位模式作为轻敲模式一项重要的扩展技术，虽然很有用，但单单分析相位模式得到的图像是没有意义的，必须和形貌图相结合，比较分析两个图像才能得到需要的信息。

1.2.2.2 AFM 的数据实例分析

（1）AFM 可以获得比 SEM 清晰很多的样品表面图形

图 1-40（a）、（b）分别是 TiO_2/C 聚合物微球的 SEM 与 AFM[39]。（a）中白色箭头为聚合物裂纹。SEM 图像看不到细节，但 AFM 图像能很清楚地看清微球表面的形貌细节。

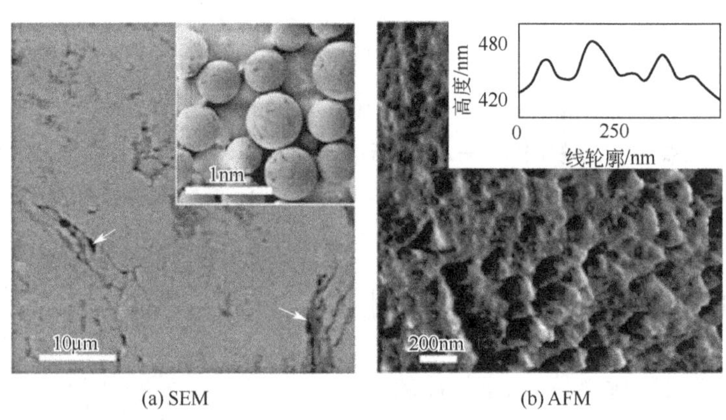

图 1-40　TiO_2/C 聚合物微球的 SEM 和 AFM

（2）AFM 可以直观地显示核-壳结构

图 1-41 是 Ag@TiO_2（Ag 为核，TiO_2 为壳）的 AFM 图像。图中清晰地显示出核壳结构，SEM 无法显示出来。AFM 之所以能显示出来是因为探针的高度的调节是维持探针与材料表面原子力恒定的前提条件。AFM 的这个力是原子种类、表面形貌等的综合作用结果，故能从一定程度反映原子种类，也能反映表面形貌的高度。

（3）从 AFM 图可以通过软件处理算出颗粒表面粗糙度

图 1-42（a）、（b）分别是光催化材料 Dy_2O_3@SiO_2@ZnO 的二维 AFM 与三维 AFM。从图中可以看出，制备的材料为纳米级的球状颗粒[41]。通过软件（如 Gwyddion）分析 AFM 信号可以得出样品颗粒表面在 2μm×2μm 的面积上的粗糙度为 4.98nm，这样的粗糙度有利于材料的光催化性能。

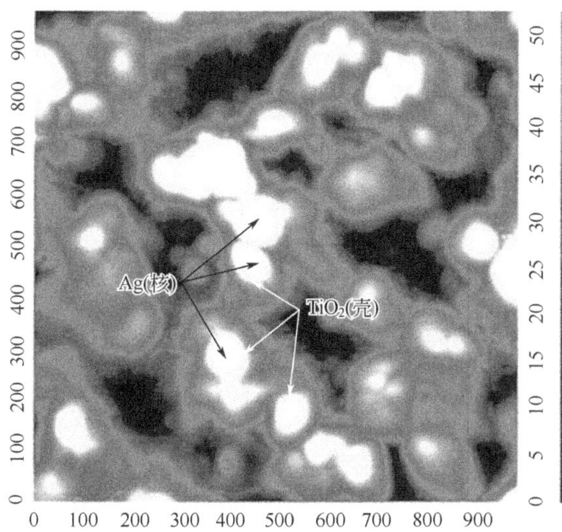

图 1-41 Ag@TiO_2（Ag 为核，TiO_2 为壳）的 AFM 图像[40]

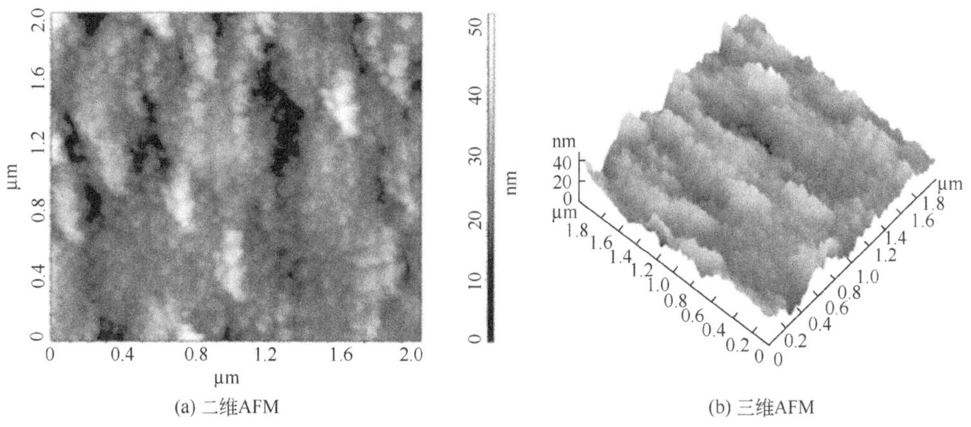

图 1-42 Dy_2O_3@SiO_2@ZnO 的二维 AFM 和三维 AFM

（4）AFM 可以分析材料的某些小区域纳米片的线和面的高度分布

图 1-43（a）是剥离得到的 g-C_3N_4 的 AFM 图［图 1-43（a）］和两个随机纳米片的高度图［图 1-43（b）］。从图（a）中可以看出，剥离的 g-C_3N_4 是薄层结构，而且相互分离。从图（b）中可以看出，膜的厚度约为 1.3～1.6nm。一层 g-C_3N_4 的理论厚度是0.34nm，故这些剥离的g-C_3N_4薄层结构估计由4～5层单层的g-C_3N_4组成。

（5）AFM 既可以观察纳米片厚度，也可以观察颗粒的尺寸

如图 1-44 所示，为了测试 3% AgCl/δ-Bi_2O_3 颗粒的尺寸，将其涂敷在基底上，再沿着横穿要观察的颗粒的某一条线进行 AFM 观察。图 1-44（a）是所得的 AFM

图像，图 1-44（b）为（a）中 1 和 2 的 3 个颗粒的高度分布图。高度突然增加是颗粒存在的结果，故高度突然增加的峰值宽度为颗粒宽度。从图 1-44 可以看出，这些 3%AgCl/δ-Bi_2O_3 颗粒的平均尺寸为 2.7nm。

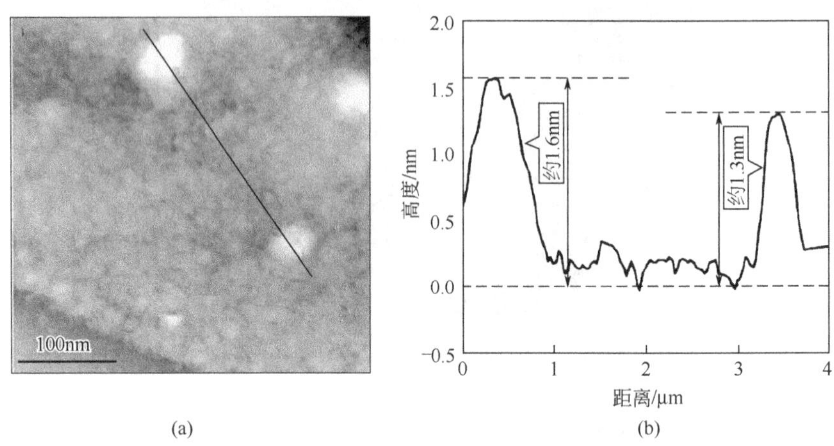

图 1-43 剥离 g-C_3N_4 的 AFM 图和两个随机纳米片的高度图[42]

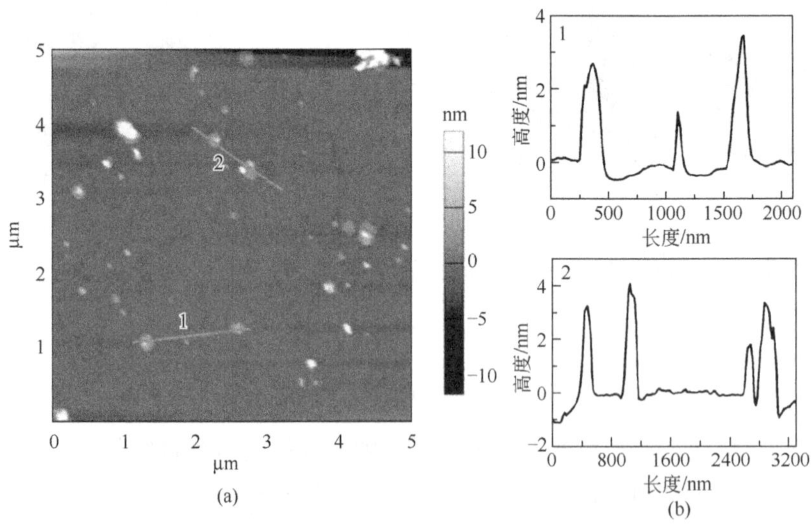

图 1-44 涂敷在基底上的 3%AgCl/δ-Bi_2O_3 颗粒的 AFM 图像和颗粒的高度分布[43]

图 1-45 是三维 AFM 测试获得的各样品相对于基准面的粗糙度平均值 *Ra*。(a) 聚偏二氟乙烯（PVDF）：0.28μm；(b) PVDF-ZnO：0.70μm；(c) PVDF-ZnO/Ag_2CO_3：0.62μm；(d) PVDF-ZnO/Ag_2CO_3/Ag_2O：0.36μm；(e) PVDF-ZnO/Ag_2O：0.36μm[44]。该图是用轻敲式 AFM 测得的。用软件处理轻敲式的 AFM 数据，就可以得到相对于基准面的粗糙度平均值 *Ra*，相对于基准面的粗糙度均方根值 R_q，以及 *Z* 方向

最大值 R_z。

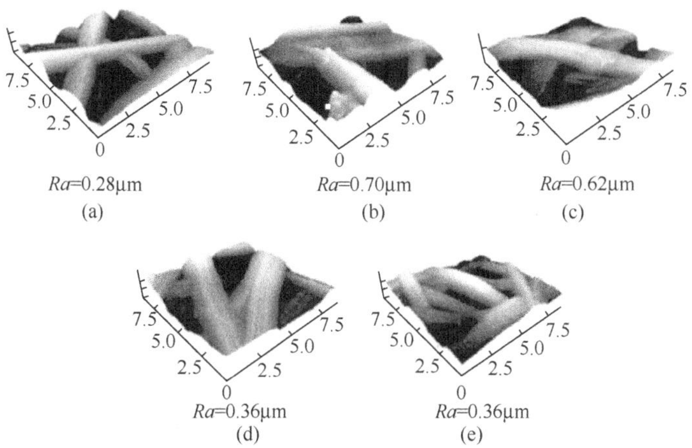

图 1-45　AFM 测试获得的各样品粗糙度相对于基准面的平均值 *Ra*

AFM 常常结合其他一些附件做更多的检测，比如检测化学变化过程，这里不一一阐述，读者感兴趣可以查阅相关资料。

1.3　比表面积的测试与数据分析

1.3.1　比表面积的概念和相关影响因素

比表面积（specific surface area）是指单位质量材料所具有的总面积，标准单位为 m^2/g，包括不规则的外表面和开孔内部的表面积，它受孔径、孔径分布、孔体积（比孔容）、开孔孔隙率（材料中的孔隙体积与材料体积之比）、孔形状等因素的影响。这里的材料通常指的是固体材料，包括块状、片状、粉末、纤维等形状的材料。理想的非孔性材料只有外表面积，如硅酸盐水泥、黏土矿物粉粒等；有空隙和多孔材料则兼具外表面积和内表面积，如石棉纤维、活性炭、硅藻土等。

比表面积大的材料一般都具有某些优异的物理或化学性能，例如较强的物理或化学吸附，具有较大比表面积的电极材料具有良好的能量存储性能。通常用作吸附剂、脱水剂和催化剂的固体物质比表面积较大，比如氧化铝比表面积通常在 100～400m^2/g，分子筛在 300～2000m^2/g，活性炭可达 1000m^2/g 以上。研究多孔固态材料的比表面积对于改善和提高工农业生产中的材料性能具有十分重要的意义。

1.3.2　比表面积的测试原理与数据分析

比表面积的准确测定非常困难，曾经用过的方法很多，如润湿热法、显微镜和电镜法、消光法、流体透过法、溶解度法、气体吸附法、液体吸附法。理论和实践证明氮吸附法是最可靠、最有效、最完善的，也是目前应用最为广泛和成熟的方法。

1.3.2.1 氮吸附法测试原理

如图 1-46 所示，所谓吸附是指 A/B 两相中其中一相或是其中的溶质在相界面上发生改变的现象（包括物理吸附和化学吸附）。理想的固体最外层（或表面）有悬空键，表面里外键合力不同，合外力指向表面里面。因此，表面的能量极高，根据能量最低原理可知，表面倾向从外界吸附其他气体分子来降低自身的表面能。

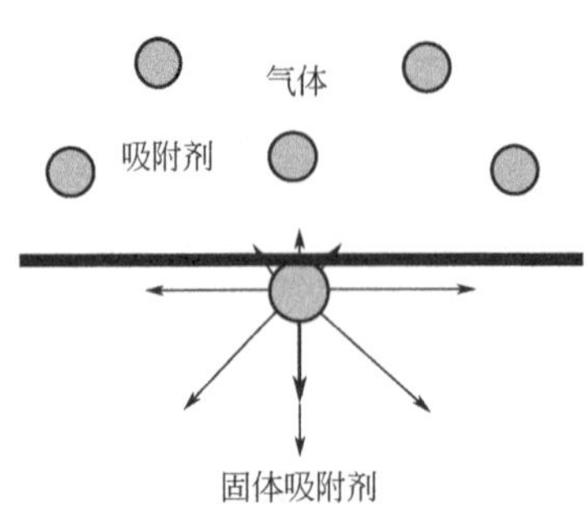

图 1-46　物质吸附原理示意

气体吸附法测定比表面积，是依据气体在固体表面的吸附特性，在一定的压力下，被测样品颗粒（吸附剂）表面在超低温下对气体分子（吸附质）具有可逆物理吸附作用，且比表面积越大，吸附越多。对于一定的比表面积特征，压力一定，平衡吸附量一定。故可通过测定出该平衡吸附量，利用理论模型来等效求出被测样品的比表面积。由于实际颗粒外表面的不规则性，严格来讲，该方法测定的只是吸附质分子所能到达的颗粒外表面和内部通孔总表面积之和。而氮气因其易获得性和良好的可逆吸附特性，成为最常用的吸附质。通过这种方法测定的比表面积我们称之为“等效”比表面积。

（1）分子吸附模型

假设吸附剂表面是均匀的，吸附质分子间无相互作用力且在一定条件下吸附和脱附可建立动态平衡，吸附过程会经历以下几种阶段：

① 单分子层吸附：只在吸附剂表面吸附一层吸附质分子的吸附。

② 多分子层吸附：吸附空间容纳了一层以上的分子，形成吸附质分子叠加。在介孔中，多层吸附后紧跟着会发生在孔道中的凝聚。

③ 毛细管（或孔）凝聚现象：即一种气体在压力 p 小于其饱和压力 p_0 的情况下，在孔道中冷凝成液体状的相态。毛细管凝聚反映了在一个有限的体积系统中发生的气-液相变。

常用的两种吸附理论为 Langmuir 单层吸附理论、BET 多分子层吸附理论。

（2）单分子层吸附理论与 Langmuir 方程

Langmuir 认为，固体表面吸附一层分子后，未饱和力场达到饱和，因而不再进行吸附。其方程为：

$$X_{\mathrm{T}}=\frac{ABp}{1+Bp}$$

$$\frac{p}{V}=\frac{1}{BV_{\mathrm{m}}}+\frac{p}{V_{\mathrm{m}}}$$

式中　X_{T}——单位吸附剂所吸附的质量；

A——饱和吸附量；

B——吸附与解析速率常数之比；

p——吸附质在气相中的平衡分压；

V——被吸附的吸附质气体在标准状况（0℃，101.325kPa）下的体积；

V_{m}——吸附剂被覆盖满一层时吸附气体在标态下的体积。

（3）多分子层吸附理论与 BET 方程

Brunauer-Emmett-Teller 三人提出一个多分子层吸附理论，简称 BET 理论（方程）。BET 理论的数学表达即（1-1）所示的 BET 方程，推导所采用的模型的基本假设是：

① 固体表面是均匀的，发生多层吸附；

② 除第一层的吸附热外，其余各层的吸附热等于吸附质的液化热。即把第二层开始的吸附看成是吸附质本身的凝聚，没有考虑第一层以外的吸附与固体吸附剂本身的关系。大量实验也证实，固体吸附剂的不同造成的其本身表面能不同而对吸附质第一层以外的吸附的影响是很弱的。BET 公式为：

$$\frac{1}{V\left(\frac{p_0}{p}-1\right)}=\frac{C-1}{V_{\mathrm{m}}}\left(\frac{p}{p_0}\right)+\frac{1}{V_{\mathrm{m}}C} \tag{1-1}$$

式中　p——吸附平衡时的气体压力；

p_0——实验温度下吸附质的饱和蒸气压；

V——吸附质（气体）的体积；

V_{m}——标准状况下，全部覆盖一层时所需气体的体积；

C——吸附热和汽化热有关的常数，与吸附质和表面之间作用力场的强弱有关。

BET 方程在多层吸附理论的基础上建立了单层饱和吸附量 V_{m} 与多层吸附量 V 之间的关系，与许多物质的实际吸附过程更相似，测试可靠性更高。同时，BET 理论考虑了由样品吸附能力不同带来的吸附层数之间的差异，这是与以往标样对比法最大的区别；BET 公式是现在行业中应用最广泛、测试结果可靠性最强的方法，几乎所有国内外的相关标准都是依据 BET 方程建立起来的。故本节只介绍 BET 方法。

1.3.2.2　BET 法测试比表面积原理

以 He 或 H_2 作为载气，N_2 为被吸附气体。当外界温度降低到氮气沸点温度 −195.8℃即氮气的相变温度时（该环境温度由液氮浴提供），氮分子能量降低，在范德华力作用下被固体表面吸附，达到动态平衡，形成近似于单分子层的状态。当混气中氮气的分压在 BET 公式要求的 0.05～0.35 范围内时，固体对氮分子的吸附量与其总比表面积成线性关系，即可以用被吸附氮气量来定量表征固体的总表面积。由于氮分子直径相对于固体的各种物理空隙形态足够小，其能充分布满及进入固体的各种物理结构形态中，所以能准确而全面地反映固体表面积大小。

BET 比表面积的测试主要分为连续流动法和静态容量法。连续流动法是将待测粉体样品装在 U 形样品管内，使含有一定比例吸附质的混合气体流过样品，根据吸附前后气体浓度的变化来确定被测样品对吸附质分子（如 N_2）的吸附量。静态容量法是在一个密闭的真空系统中，把待测粉体样品管置于液氮杜瓦瓶中，改变样品管中氮气压力，使粉体样品在不同的氮气压力下吸附氮气直至吸附达到饱和。用高精密压力传感器测出样品吸附前后样品室中氮气压力的变化，再根据气体状态方程计算出被测样品对吸附质分子（N_2）的吸附量。两种方法的区别主要在于使用环境：动态法只能测试比表面积，对于只有比表面积测试需求的客户，动态流动法可以满足测试需求。但是静态容量法可以测试完整的吸脱附曲线，因此可以进行孔径、孔容的分析。另外，动态法吸附过程较快、适合物质的比表面积较小和吸附量较小的样品，静态容量法比较适合孔径及比表面积大的物质的测试。

静态容量法是利用 BET 多分子层吸附理论，根据其公式：

$$\frac{1}{V\left(\frac{p_0}{p}-1\right)}=\frac{C-1}{V_m}\left(\frac{p}{p_0}\right)+\frac{1}{V_m C}$$

将 $\frac{1}{V\left(\frac{p_0}{p}-1\right)}$ 对 $\frac{p}{p_0}$ 作图，可得图 1-47 所示的一直线：

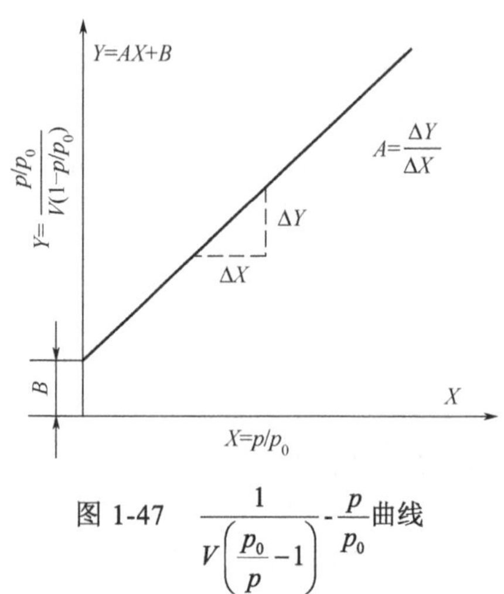

图 1-47 $\frac{1}{V\left(\frac{p_0}{p}-1\right)}$-$\frac{p}{p_0}$曲线

从 $\dfrac{1}{V\left(\dfrac{p_0}{p}-1\right)}$-$\dfrac{p}{p_0}$ 曲线得到斜率=$\dfrac{C-1}{V_m}$，截距=$\dfrac{1}{V_m C}$，从而可求得 V_m 和 C。

代入下式中可得质量比表面积：

$$S_g=\frac{V_m N_A \sigma}{22400W}$$

式中，S_g 为单位质量比表面积，m^2/g；N_A 为阿伏伽德罗常数，6.02×10^{23}；σ 为单个吸附质分子在吸附剂表面上占据的表面积，对于液氮 σ=$0.162nm^2$；W 为吸附剂质量。

将上述数据代入，得到比表面积计算公式为：$S_g=\dfrac{4.36V_m}{W}$。

BET 方程分析介孔时在 p/p_0 为 0.05～0.3 范围内适用，超出此范围误差较大。这是因为低于 0.05 时，氮分子数离多层吸附的要求太远，不易建立吸附平衡；高于 0.3 时，会发生毛细凝聚现象，丧失内表面，妨碍多层物理吸附层数的增加。表 1-1 为各类材料的 BET 线性范围的 p/p_0 值。

表 1-1　各类材料 BET 的线性范围的 p/p_0 值

序号	材料类型	满足 BET 的线性范围的 p/p_0 值
1	X 分子筛	0.005～0.01
2	微孔材料	0.005～0.1
3	介、微孔复合材料	0.01～0.2
4	介孔测试	0.05～0.3

1.3.2.3　孔径分布和吸附力强弱定性分析

BET 图求得的 C 常数和表面之间作用力场的强弱有关。据此可以分析出力场强弱，也可以根据毛细冷凝现象和体积等效交换原理分析出材料表面孔径分布情况。

（1）孔径分布测定原理

如图 1-48 所示，物质的孔径分布测定利用的是吸附气体在孔径中的毛细冷凝现象和体积等效交换原理，即把充满被测物质孔径中的吸附气体（通常为液氮）体积等效为孔的体积。毛细冷凝指的是在一定温度下，水平液面尚未达到饱和的蒸气却可以在毛细管内的凹液面达到饱和或过饱和状态的现象，此时的蒸气在毛细管内将凝结成液体。由毛细冷凝理论可知，不同的 p/p_0 能够发生毛细冷凝的孔径范围也是不同的。随着 p/p_0 值的增大，能够发生毛细冷凝的孔半径也随之增大。故对于一定的 p/p_0 值，存在一临界孔半径 R_k，满足半径小于 R_k 的所有孔都将发生毛细冷凝，液氮将在其中填充。

临界半径可由凯尔文方程计算得到：

$$R_k = -0.414 / \lg(p / p_0)$$

从公式中可以看出，R_k完全取决于相对压力p/p_0。对于已发生冷凝的孔，我们同样可以得出以下结论：当压力低于一定的p/p_0时，冷凝的液体将在半径大于R_k的孔中气化并脱附出来。通过测定样品在不同p/p_0下脱附的氮气量即可绘制出其等温脱附曲线。由于其利用的是毛细冷凝原理，所以该方法只适用于含大量中孔、大孔的多孔材料。

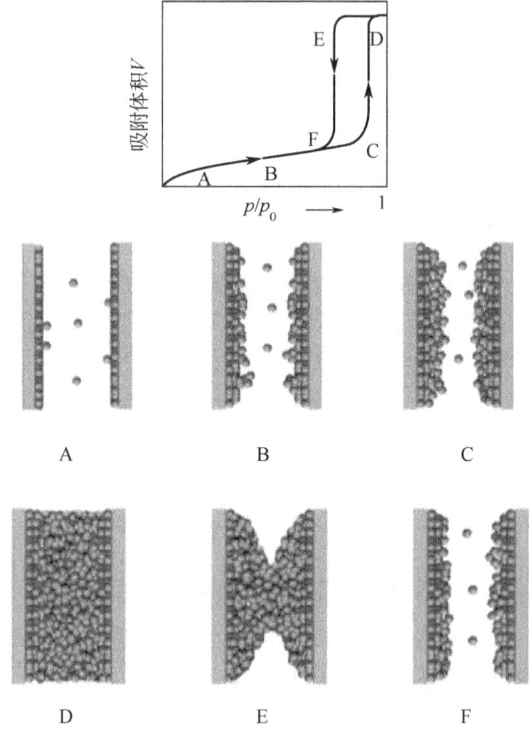

图 1-48　固体材料吸附-脱附示意

（2）吸附等温线和气体的吸附-脱附分析

借助吸附等温线和吸附脱附分析可以完成孔径分布分析和吸附力强弱分析。

固体表面对气体的吸附量是温度、压力以及气体（吸附质）和表面（吸附剂）的作用能的函数。恒定温度下，用平衡压力对单位质量吸附剂的吸附量作图就可以研究作用能特征。根据作用能的特征研究吸附表面的特征。这种在恒定温度下吸附量对压力变化的曲线就是特定气-固界面的吸附等温线。以吸附质在吸附剂上的吸附量为纵坐标（STP：标准温度和压力），以比压（相对压力）p/p_0为横坐标，

p 为气体的真实压力，p_0 为饱和蒸气压。横轴可以根据相对压力的大小分为低压段（0.0～0.1）、中压段（0.3～0.8）和高压段（0.9～1.0）三段。

1985 年，IUPAC 建议将物理吸附等温线分为如图 1-49 所示的六种类型。

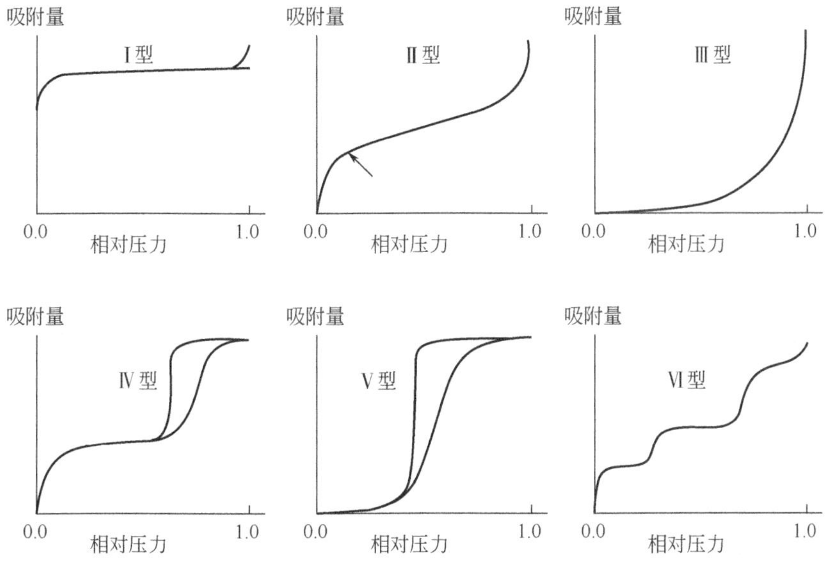

图 1-49　六种标准等温线类型

各类型等温线可以做如下解释：

其中吸附曲线在低压段偏 Y 轴说明吸附剂与吸附质有较强作用力（Ⅰ型，Ⅱ型，Ⅳ型），材料存在较多微孔时，由于微孔内吸附势强，吸附曲线起始呈现Ⅰ型；低压段偏向 X 轴说明吸附剂与吸附质作用力弱（Ⅲ型，Ⅴ型）。中压段多是吸附质在吸附剂孔道内部的冷凝积聚，还包括样品中粒子堆积产生的孔。BJH 孔道分析就是基于这段数据得到的孔径数据。对于Ⅰ型等温线高压段可以粗略看出粒子的堆积程度。

① Ⅰ型吸附等温线。

Ⅰa：是只具有狭窄微孔材料的 Langmuir 吸附等温线，一般孔宽小于 1nm。

Ⅰb：微孔的孔径分布范围比较宽，可能还具有较窄介孔。这类材料的孔宽一般小于 2.5nm。

大多数情况下，Ⅰ型等温线反映的是微孔吸附剂（分子筛、活性炭、某些多孔氧化物）上的微孔填充现象，微孔填充中获得的吸附量可以换算为微孔的填充体积。可逆的化学吸附也是这种吸附等温线，吸附剂与吸附质有较强作用力。

② Ⅱ型吸附等温线。无孔或大孔材料产生的气体吸附等温线呈现可逆的Ⅱ类等温线。吸附剂与吸附质之间具有较强作用力。其线形反映了不受限制的单层-

多层吸附。等温线的拐点称为B点，它是中间几乎线性部分的起点——该点通常对应于单层吸附完成并开始多层吸附；如果这部分曲线是更渐进的弯曲（即缺少鲜明的拐点B），表明单分子层的覆盖量和多层吸附的起始量叠加。当p/p_0=1时，还没有形成平台，表明吸附还没有达到饱和，多层吸附的厚度似乎可以无限制地增加。

③ Ⅲ型吸附等温线分析。Ⅲ型可逆等温线也属于无孔或大孔固体材料。其等温线在整个p/p_0范围内都是下凹的，不存在B点，因此没有可识别的单分子层形成；吸附质与吸附剂之间的相互作用相对薄弱，而吸附质分子间的相互作用更加突出，且在吸附剂表面上最有引力的活性位点周边聚集。对比Ⅱ型等温线，在饱和压力点（即在p/p_0=1处）的吸附量有限。这种类型的等温线较为少见，如聚乙烯材料对氮气的吸附以及洁净的石墨基片对水蒸气的吸附。

④ Ⅳ型吸附等温线。Ⅳ型等温线来自典型的介孔类吸附剂材料，Ⅳ型等温线的吸附特性是由吸附剂-吸附质的相互作用以及凝聚态的吸附质分子相互作用共同决定的。在介孔中，介孔壁上最初发生的单层-多层吸附与Ⅱ型等温线的相应部分路径相同，但随后在孔道中发生了凝聚。孔凝聚是这样一种现象：一种气体在压力p小于其液体的饱和压力p_0时，在一个孔道中冷凝成类似液相。一个典型的Ⅳ型等温线特征是形成最终吸附饱和的平台，但其平台长度可长可短（有时短到只有拐点）。

Ⅳ等温线分为有回滞环和没有回滞环两种情况：

Ⅳa型，当孔宽超过一定的临界宽度，开始发生回滞，此时等温线的特点是有一个回滞环，这与吸附质在孔隙中发生的毛细凝聚有关。孔宽取决于吸附系统和温度，例如，在筒形孔中的氮气/77K和氩气/87K吸附，临界孔宽大于4nm即开始发生回滞。回滞环也有五种类型。下面将会详细阐述。

Ⅳb型，具有较小宽度的介孔吸附材料符合Ⅳb等温线，脱附曲线完全可逆，没有回滞环出现。原则上，在锥形端封闭的圆锥孔和圆柱孔（盲孔）也具有Ⅳb等温线。

⑤ Ⅴ型吸附等温线。在p/p_0较低时，Ⅴ型等温线形状与Ⅲ型非常相似，这是由于吸附剂-吸附质之间的相互作用相对较弱。在更高的相对压力下，存在一个拐点，这表明成簇的吸附质分子填充了孔道。例如，具有疏水表面的微/介孔材料的水吸附行为呈Ⅴ型等温线。

⑥ Ⅵ型吸附等温线。Ⅵ型等温线以其台阶状的可逆吸附过程而著称。这些台阶来自在高度均匀的无孔表面的依次多层吸附，即材料的一层吸附结束后再吸附下一层。台阶高度表示各吸附层的容量，而台阶的锐度取决于系统和温度。在液氮温度下的氮气吸附无法获得这种等温线的完整形式。Ⅵ型等温线中最好的例子是石墨化炭黑在低温下的氩吸附或氪吸附。

2015 年，IUPAC 在其报告中将回滞环分为以下五种类型，如图 1-50 所示。

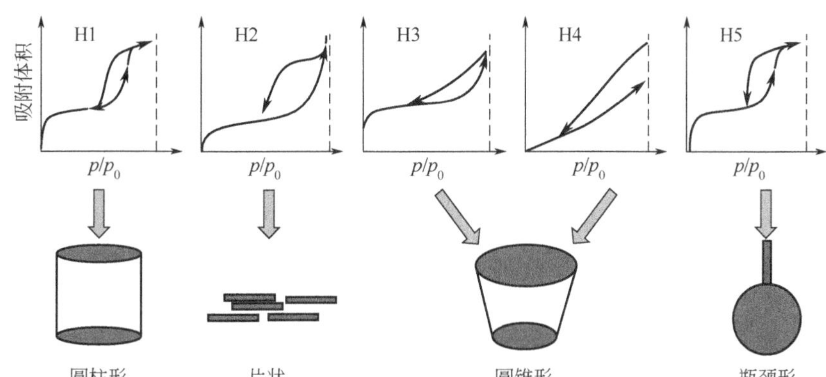

图 1-50 几种回滞环及对应的孔的类型

① H1 型回滞环。孔径分布较窄的圆柱形均匀介孔材料具有 H1 型回滞环。例如，在模板化二氧化硅（MCM-41，MCM-48，SBA-15）、可控孔的玻璃和具有有序介孔的碳材料中都能看到 H1 型回滞环。通常在这种情况下，由于孔网效应最小，其最明显标志就是回滞环的陡峭狭窄，这是吸附分支延迟凝聚的结果。

② H2 型回滞环。H2a 是孔“颈”相对较窄的墨水瓶形介孔材料。H2a 型回滞环的特征是具有非常陡峭的脱附分支，这是由于孔“颈”在一个狭窄的范围内发生气穴控制的蒸发，也许还存在着孔道阻塞或渗流。H2b 是孔“颈”相对较宽的墨水瓶形介孔材料。H2b 型回滞环也与孔道堵塞相关，但孔“颈”宽度的尺寸分布比 H2a 型大得多。在介孔硅石泡沫材料和某些水热处理后的有序介孔二氧化硅中，可以看到这种类型的回滞环实例。

③ H3 型回滞环。H3 型回滞环见于层状结构的聚集体，产生狭缝的介孔或大孔材料。H3 型回滞环有两个不同的特征：吸附分支类似于Ⅱ型等温吸附线；脱附分支的下限通常位于气穴引起的 p/p_0 压力点。这种类型的回滞环是片状颗粒的非刚性聚集体的典型特征（如某些黏土）。另外，这些孔网都是由大孔组成，并且它们没有被孔凝聚物完全填充。

④ H4 型回滞环。H4 型回滞环与 H3 型回滞环有些类似，但吸附分支由Ⅰ型和Ⅱ型等温线复合组成，在 p/p_0 的低端有非常明显的吸附量，与微孔填充有关。H4 型回滞环通常发现于沸石分子筛的聚集晶体、一些介孔沸石分子筛和微-介孔碳材料，是活性炭类型含有狭窄裂隙孔的固体的典型曲线。

⑤ H5 型回滞环。H5 型回滞环很少见，发现于部分孔道被堵塞的介孔材料。虽然这种回滞环很少见，但它有与一定孔隙结构相关的明确形式，即同时具有开放和阻塞的两种介孔结构（例如，插入六边形模板的二氧化硅）。

1.3.2.4 影响测试结果的因素

影响固体材料比表面积测试的外在因素包括样品预处理、样品称量和吸附气体特性等几方面。

（1）样品预处理

由于吸附法测定比表面积及孔径的关键在于吸附质气体分子能够“有效地”吸附在被测样品的表面或填充在其孔隙中，因此保证样品表面干净至关重要。样品预处理的目的主要就是清洁样品的表面，让非吸附质分子占据的样品表面尽可能地被释放出来。一般情况下，样品预处理在高温且真空脱气的环境下进行，100℃左右除去的是其表面吸附的水分子或残留溶剂，350℃左右除去表面有机物等杂质。特殊样品应进行特殊处理，对于含微孔或吸附特性很强的样品，其常温常压下很容易被杂质分子吸附，因此在预处理时需要通入惰性保护气体，以利于样品表面杂质的脱附。一般情况下预处理在不改变样品表面的前提下，应选择足够高的温度快速除去表面吸附物质。

（2）样品称量

氮吸附分析法测量样品的比表面积通常需要待分析样品能提供 40～120m^2/g表面积（具体范围根据仪器不同而不同），少于它会造成分析结果线性拟合程度不够或者截距值$1/V_m$出现负值，这样测得的比表面积是不准确的，而多于它会延长测试的时间。对于大比表面积的样品，需要的样品量（＞100mg）比较少，因此样品的称量就变得十分关键，即使很小的称量误差都会在总质量中占很大比重。准确称量样品管质量和脱气后总重，保证脱气前后管内气体质量一致，这样才能得到样品的真实质量；对于比表面积很小的样品，要尽量多称，但不能超过样品管底部体积的一半。为了得到样品的真实质量，提高测试精度，可预先将空样品管在脱气站上进行脱气，记下脱气后的质量，这样可以保证样品脱气后减掉空管质量时，管内气体前后一致，以减小测量误差。

（3）吸附气体特性

气体吸附法测试中，最常用的吸附质气体是氮气。对于含有微孔类的样品，若其微孔尺寸非常小，小到基本接近氮气分子的直径时，一方面氮气分子很难或根本无法进入微孔内，导致吸附不完全；另一方面气体分子在与其直径相当的孔内进行的吸附过程非常复杂，会受很多因素影响，因此吸附量大小不能完全反映样品表面积的大小。对于这类样品，一般采用氩气或氪气来作为吸附质，以利于样品的吸附，保证测试结果的有效性。使用氪气检测极低比表面积，实验仪器需要高真空泵、低压传感器和高气密性系统等。

对于含有微孔的样品，若其微孔尺寸非常小，小到基本接近氮气分子的直径时，因为氮气分子是由两个N组成，是椭圆形结构，所以氮气在进入微孔时，进入的方向不同导致吸附量存在差异。且进入微孔后的排布情况由于其本身的结构也导致吸附量不能精确地反映样品表面积的大小。对于一些表面含有官能团的分子筛类材料，由于N_2具有四极矩作用，容易与吸附剂表面官能团产生相互作用，影响测试的准确性。另外N_2的微孔测试要求仪器的相对压力达到10^{-7}～10^{-5}，对仪器的硬件的真空度要求高，且在该低压范围内，氮气的吸附扩散动力学缓慢，造成微孔测试效率低。因此微孔测试一般推荐使用氩气或二氧化碳气体测试。因为氩气分子是单个原子的圆形结构，在进入微孔的过程中及在微孔中的排布没有氮气分子复杂，可以很好地反映微孔材料的比表面积。另外，氩气分子没有四极矩作用，因此不会与含官能团的材料表面发生特异性相互作用，且由于氩气可以在较高的相对压力下完成微孔填充，保证扩散和平衡的速度，因此可以相比于氮气在较短的时间内获得准确的吸附等温线。对于极小微孔，考虑低温下氩气和氮气的扩散性质，推荐使用二氧化碳作为测试超微孔的探针分子。因为二氧化碳在273K时饱和蒸气压高，可以在较高的相对压力下进行微孔孔径分析。但是由于测试仪器硬件，CO_2在273K时的测试最大相对压力（p/p_0）为0.03左右，因此只能用于分析1.5nm以下的微孔。

对于超低比表面积，一般采用氪气进行测试。因为对于超低比表面积的样品，受样品管内死体积的影响，在样品表面的氮气分子与样品管内自由空间内的氮气分子相近，甚至低于样品管内自由空间氮气分子，因此严重影响测试结果。由于氪气具有较低的饱和蒸气压，在77K采用过冷液体氪的饱和压力（0.35kPa）作为饱和蒸气压，能够大大降低死体积的影响，因此超低比表面积测试推荐使用氪气。

材料的内在因素（如孔的类型、孔径分布等）会直接影响等温吸（脱）附曲线的类型、孔径分布等，不同类型的材料对应不同的吸附-脱附类型，这一部分下面将详细介绍。

1.3.2.5　比表面积测试实例数据分析

BET法测试比表面积仪器基本上直接算出了比表面积的值，无需测试者再算。而N_2等温吸附-脱附曲线及孔径分布曲线需要导出数据，自己作图。

值得注意的是：测量时，吸附量有很多个数值，不同压力不同吸附量。单层吸附只有一个数值。故比较不同材料之间的比表面积时，常常以单层吸附的数值来计算比表面积。

图1-51（a）、（b）分别为商用活性炭的N_2等温吸附-脱附曲线及孔容-孔径分布曲线。活性炭因其大量的微孔结构而具有非常优异的吸附性能。对照图1-51（a）和上述吸附曲线的分类可知，活性炭的N_2吸附-脱附曲线符合Ⅰb型吸附曲线特征，即在很低的相对压力处吸附量明显上升，而后吸附量达到极值，吸附曲线呈现一个平台。脱附曲线与吸附曲线重合，没有回滞环出现，表明活性炭材料的孔径分布均匀，无介孔和裂缝存在。该材料的孔吸附体积可以达到470cm^3/g左右，表明其具有非常大的比表面积（1768m^2/g），结合孔容-孔径曲线［图1-51（b）］可知，孔大多分布在＜2nm处，表明孔均为微孔，最概然孔径为2.0153nm。

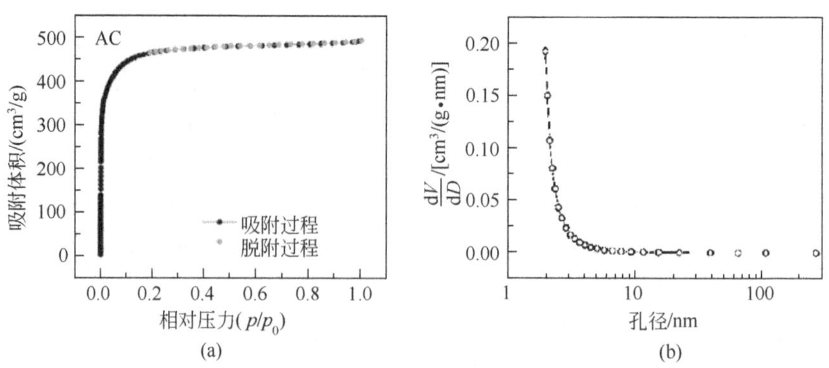

图 1-51 活性炭（AC）的 N_2 吸附-脱附曲线（a）和孔容-孔径曲线（b）

图 1-52（a）、（b）分别为水热法合成的活性材料 Al_2O_3 的 N_2 等温吸附-脱附曲线及孔径分布曲线。分析该材料的吸附-脱附曲线可知，吸附曲线在低的相对压力处有拐点，符合Ⅱ型吸附曲线特征；脱附曲线与吸附曲线相分离，有明显的回滞环出现，该回滞环与 H2b 回滞环类型相吻合，表明通过水热法合成的 Al_2O_3 部分孔存在堵塞的情况。由图 1-52（b）可知，该材料的孔径多分布在 2～4nm 间，属于介孔范畴，最概然孔径为 2.5962nm。

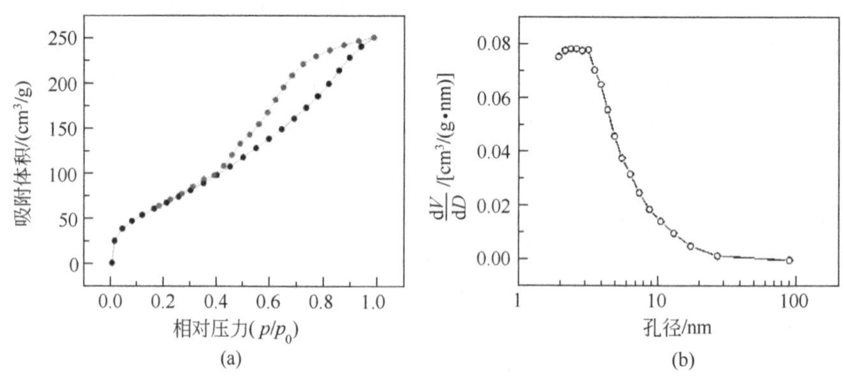

图 1-52 氧化铝（Al_2O_3）N_2 吸附-脱附曲线（a）和孔容-孔径曲线（b）

图 1-53（a）、（b）分别为活性材料 ZnO 的 N_2 等温吸附-脱附曲线及孔径分布曲线。活性材料 ZnO 的 N_2 等温吸附-脱附曲线非常符合典型的Ⅲ型等温吸附线，表明该材料为大孔或无孔材料。这从该材料的孔吸附体积便可得知，如图 1-53（a）所示，在相对压力达到最大值 1.0 时，该材料的孔吸附体积达到最大，但也只能达到 $50cm^3/g$，与图 1-51（a）显示的活性炭的孔吸附体积 $470cm^3/g$ 相比显得非常小，经计算该材料的比表面积只有 $12.8m^2/g$。从图 1-53（b）显示的孔容-孔径曲线可以看出，孔径分布在属于介孔和大孔的粒径范围内，最概然孔径为 2.7529nm。

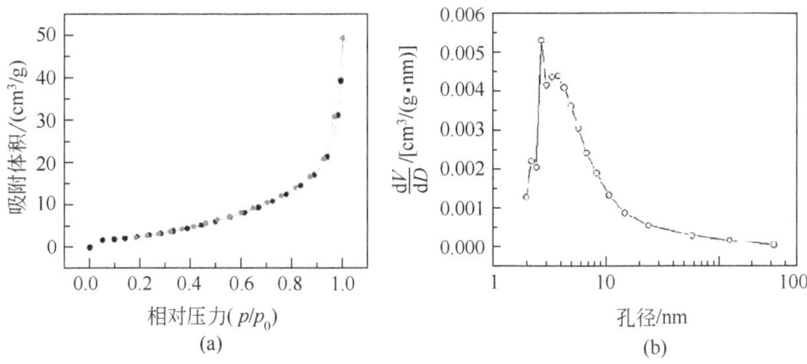

图 1-53 氧化锌（ZnO）的 N_2 吸附-脱附曲线（a）和孔容-孔径曲线（b）

习 题

1. 如果想要知道所制备纳米粉的形貌和颗粒大小，可以用哪些测试技术？如果要求精度达到 1nm，又可以用哪些测试技术？

2. 如果想测试薄膜的表面形貌，可以采用哪些测试技术？如果还想测试薄膜三维形貌信息，又可以采用哪种测试技术？

3. 阐述一下 STM 的测试原理，并说说 AFM 与 STM 有什么区别。

4. 为什么说 STEM 综合了 TEM 和 SEM 的优点？跟 HRSEM 和 HRTEM 比，在观察材料形貌上有何区别？

5. FESEM 和 HRSEM 原理上有什么不同，哪个分辨率高？

6. 测量材料的比表面积的基本原理是什么？为什么 BET 法应用最普遍？

7. 图 1-54 是某同学用 BET 法测试得到的热平衡吸附-脱附曲线。请根据曲线特征对吸附力、材料孔洞尺寸等方面给出定性结论。

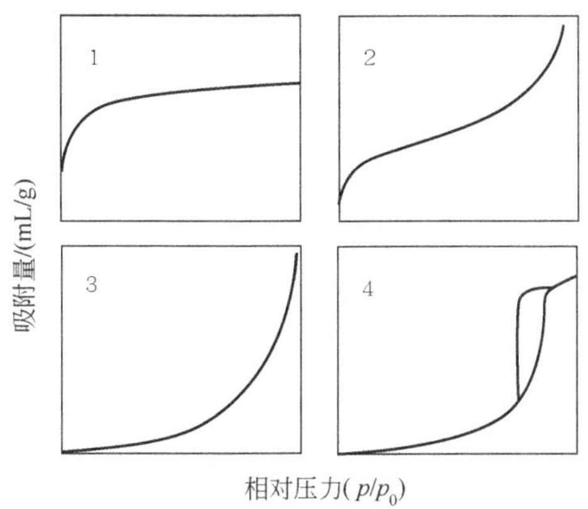

图 1-54 BET 法测试得到的热平衡吸附-脱附曲线

8．图 1-55 是某同学用水热法制备的 $La(OH)_3$ 的 HRTEM，请查阅相关资料，确认图中箭头表示的晶格可能是哪个面？写出分析过程。

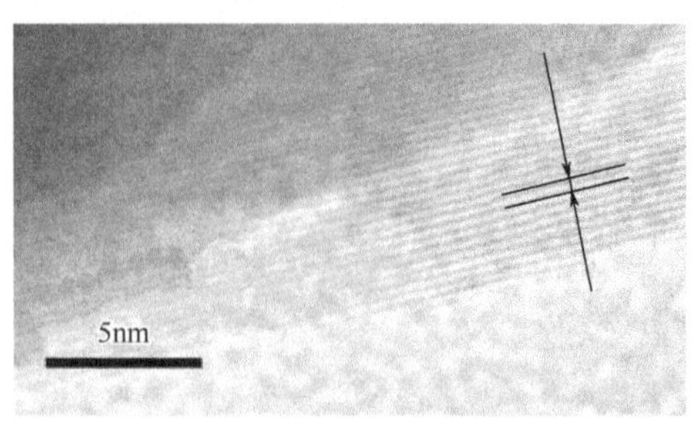

图 1-55　水热法制备的 $La(OH)_3$ 的 HRTEM

9．图 1-56 是某同学测试的某材料的 3D-AFM 图片。请分析该照片，写下能获得的一些信息。

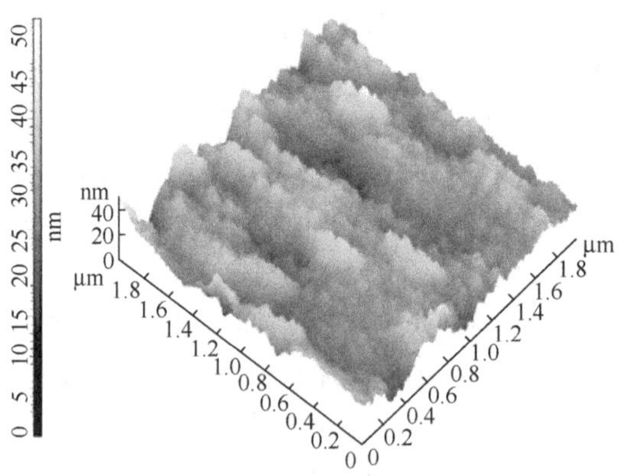

图 1-56　某材料的 3D-AFM 图片

10．某同学制备了 Al 掺杂的 $BaTiO_3$ 薄膜，但她不知道 Al 取代的是 Ba 还是 Ti。你认为她采用什么技术可以辨别出 Al 取代的是 Ba 还是 Ti？为什么？

11．某同学做了一种核壳异质结纳米材料，请问用本章的哪种测试技术能观察到这种核壳异质结？

参考文献

[1] 周玉．材料分析方法 [M]．3 版．北京：机械工业出版社，2011：40.

[2] Williams D B，Carter C B．The Transmission electron microscope [M]．Berlin：Springer，2009：50.

[3] 柴晓燕，米宏伟，何传新．扫描电子显微镜及 X 射线能谱仪的原理与维护 [J]．自动化与仪器

仪表，2018，3：192-194.

[4] 左演声，陈文哲，梁伟．材料现代分析方法［M］．北京：北京工业大学出版社，2000：69.

[5] 陆家和，陈长彦．表面分析技术［M］．北京：电子工业出版社，1987：2.

[6] 陈耀文，林月娟，张海丹，等．扫描电子显微镜与原子力显微镜技术之比较［J］．中国体视学与图像分析，2006，1：53.

[7] 武开业．扫描电子显微镜原理及特点［J］．科技信息，2010，29：10107.

[8] 干蜀毅．常规扫描电子显微镜的特点和发展［J］．分析仪器，2000，1：51-53.

[9] 张娜，曹猛，崔万照，等．金属规则表面形貌影响二次电子产额的解析模型［J］．物理学报，2015，64（20）：207901.

[10] Chen S，Shi B，He W，et al. Quasifractal networks as current collectors for transparent flexible supercapacitors［J］. Advanced Functional Materials，2019，29（48）：1906618.

[11] 冯善娥，高伟建．扫描电镜中背散射电子成像功能的应用［J］．分析测试技术与仪器，2015，21（1）：54.

[12] 王培铭，丰曙霞，刘贤萍．背散射电子图像分析在水泥基材料微观结构研究中的应用［J］．硅酸盐学报，2011，39（10）：1659.

[13] 陈莉，徐军，苏犁．场发射环境扫描电子显微镜上阴极荧光谱仪特点及其在锆石研究中的应用［J］．自然科学进展，2005，15：11.

[14] 廖乾初．电子通道花样分析技术的进展［J］．电子显微学报，1999，2：3.

[15] 金传伟，张珂，吴园园．透射-电子背散射衍射技术表征双相钢中马氏体-奥氏体岛的相结构及晶粒取向［J］．冶金分析，2019，39（12）：1.

[16] 陈伟，张星，尹凌洁，等．光响应性介孔二氧化硅的制备与表征［J］．湖南农业大学学报（自然科学版），2020，46（4）：437.

[17] Murat C，Kakarla R R，Fernando A M—M. Advanced electrochemical energy storage supercapacitors based on the flexible carbon fiber fabric-coated with uniform coral-like MnO_2 structured electrodes［J］. Chemical Engineering Journal，2017，309：151.

[18] Tahir M，Tahir B，Amin N A S. Synergistic effect in plasmonic Au/Ag alloy NPs co-coated TiO_2 NWs toward visible-light enhanced CO_2 photoreduction to fuels［J］. Applied Catalysis B：Environmental，2017，204：548.

[19] Cao J，Luo B D，Lin Haili，et al. Visible light photocatalytic activity enhancement and mechanism of AgBr/Ag_3PO_4 hybrids for degradation of methyl orange［J］. Journal of Hazardous Materials，2012，217-218：107.

[20] OU D R，Mori T，Togasaki H，et al. Microstructural and metal-support interactions of the Pt-CeO_2/C catalysts for direct methanol fuel cell application［J］. Langmuir，2011，27：3859.

[21] Ye F，Mori T，OU D R，et al. Synthesis and microstructural characterization of $Ce_{1-x}Tb_xO_{2-\delta}$（$0\leqslant x\leqslant 1$）nano-powders［J］. Journal of Nanoscience and Nanotechnology，2007，7：2521.

[22] Xue Q，Ma Y J，Lei J F，et al. Evolution of microstructure and phase composition of $Ti_3Al_5Mo_{4.5}$ valloy with varied β phase stability［J］. Journal of Materials Science and Technology，2018，34：2325.

[23] Guo Q，Li J F，Hou L L，et al. TEM characterization of dynamic recrystallization in TiB_2 particles

after hypervelocity impact [J]. Microscopy Research，2014，2：48383.

[24] Qiu D，Zhang W Z. A TEM study of the crystallography of austenite precipitates in a duplex stainless steel [J]. Acta Materialia，2007，55：6754.

[25] 刘景月. 球差校正扫描透射电子显微镜（ac-STEM）探测单原子催化中的活性中心（英文）[J]. 催化学报，2017，38（9）：1460.

[26] 杨慧，金良韵，姬曼，等. 不同树脂对特殊生物样品包埋效果的比较 [J]. 分析仪器，2019（5）：46.

[27] 孙霞，丁泽军，吴自勤. 掺杂半导体扫描电镜二次电子像 [J]. 实验技术，2004，33（10）：765.

[28] Zhang L P，Ran J R，Qiao S Z，et al. Characterization of semiconductor photocatalysts [J]. Chemical Society Reviews，2019，48：518-521.

[29] Malamatenia A K，Izcoatl S O，Mildred Q，et al. Functionalized MoS_2 supported core-shell Ag@Au nanoclusters for managing electronic processes in photocatalysis [J]. Materials Research Bulletin，2019，114 ：112.

[30] Ishida Y，Motono S，Doshin W，et al. Small nanosized oxygen-deficient tungsten oxide particles：mechanistic investigation with controlled plasma generation in water for their preparation [J]. ACS Omega，2017，2：5104.

[31] Antoine D K，Miguel L H，Stéphanie P，et al. Synthesis，internal structure，and formation mechanism of monodisperse tin sulfide nanoplatelets [J]. Journal of the American Chemical Society，2015，137：9943.

[32] Jiao X C，Chen Z W，Li X D，et al. Defect-mediated electron-hole separation in one-unit-cell $ZnIn_2S_4$ layers for boosted solar-driven CO_2 reduction[J]. Journal of the American Chemical Society，2017，139，7586-7594.

[33] Bukhtiyarov A V，Panafidin M A，Chetyrin I A，et al. Intermetallic Pd-In/HOPG model catalysts：reversible tuning the surface structure by O_2-induced segregation [J]. Applied Surface Science，2020，525：146493.

[34] Lyu J，Wong Z M，Sun H，et al. Deciphering the growth mechanism of self-assembled nanowires on Pt-deposited Ge（001）via scanning tunneling microscopy and density functional theory calculations [J]. Journal of Physical Chemistry. C，2020，124：18165.

[35] Wang D G，Yang M，Arramel，et al. Thermally-induced chiral aggregation of dihydrobenzopyrenone on Au（111）[J]. ACS Applied Materials & Interfaces，2020，12（31）：35547.

[36] Zha F X，Roth S，Carroll D L. Periodic，pearl chain-like nanostructure observed by scanning tunneling microscopy [J]. Carbon，2006，44：1695.

[37] Dominik Stöffler，Hilbert von. Lohneysen，Regina Hoffmann. STM-induced surface aggregates on metals and oxidized silicon [J]. Nanoscale，2011，3：3391.

[38] Jeehoon Kim. Atomic-level sharpening of a carbon nanotube tip for high-resolution scanning tunneling microscopy [J]. Journal of the Korean Physical Society，2018，73（3）：396.

[39] Cesano F，Pellerej D，Scarano D，et al. Radially organized pillars in TiO_2 and in TiO_2/C microspheres：synthesis，characterization and photocatalytic tests [J]. Journal of Photochemistry

and Photobiology A：Chemistry，2012，242：51.

[40] Khanna A，Shetty V K. Solar light induced photocatalytic degradation of Reactive Blue 220（RB-220）dye with highly efficient Ag@TiO_2 core–shell nanoparticles：a comparison with UV photocatalysis [J]. Solar Energy，2014，99：67.

[41] Suganya J G A，Sivasamy A. Rare-earth-based MIS type core–shell nanospheres with visible-light-driven photocatalytic activity through an electron hopping–trapping mechanism [J]. ACS Omega，2018，3：1090.

[42] Soheila A K，Aziz H Y，Kazuya N. Graphitic carbon nitride nanosheets anchored with BiOBr and carbon dots：exceptional visible-light-driven photocatalytic performances for oxidation and reduction reactions [J]. Journal of Colloid and Interface Science，2018，530：642.

[43] Gao X M，Shang Y Y，Liu L B. Chemisorption-enhanced photocatalytic nitrogen fixation via 2D ultrathin p–n heterojunction AgCl/δ-Bi_2O_3 nanosheets [J]. Journal of Catalysis，2019，371：71.

[44] Nurafiqah R，Wan N W S，Farhana A. Electrospun nanofibers embedding $ZnO/Ag_2CO_3/Ag_2O$ heterojunction photocatalyst with enhanced photocatalytic activity [J]. Catalysts，2019，9：565.

第 2 章

材料的相结构与化学环境测试以及数据分析

材料的相结构和化学环境是影响材料物理性能的重要因素。这一章讲述测试相结构和化学环境的技术手段，以及如何从测试数据中获得重要的材料信息。

研究物质相结构的测试与分析技术最常用的有 X 射线衍射(X-ray diffraction，XRD)、选区电子衍射（selected area electron diffraction，SAED)、快速傅里叶变换(fast Fourier transform，FFT)和几何相位分析(geometric phase analysis，GPA)。这些手段中最常见也最方便的技术是 XRD，它能测出宏观体积的固态物质的相结构。其他几种测试方法适合在进行微观形貌观察时，针对某个具体的微观颗粒(如纳米颗粒)，或者纳米级的局域部分进行相结构的确认。

到目前为止，最常见的测量材料成分和化学环境的测试技术手段有能量色散 X 射线光谱(energy dispersive X-ray spectroscop，EDX)、电子能量损失谱(electron energy-loss spectroscopy，EELS)、能量散射谱（energy dispersive spectroscopy，EDS)、X 射线光电子能谱（X-ray photoelectron spectroscopy，XPS)、X 射线吸收谱(X-ray absorption spectroscopy，XAS)、X 射线吸收精细结构谱(X-ray absorption fine structure spectroscopy，XAFS)、俄歇电子能谱（Auger electron spectroscopy，AES）以及第一章介绍的 HAADF。其中，X 射线吸收精细结构谱包括扩展 X 射线吸收精细结构谱(extended X-ray absorption fine structure spectroscopy，EXAFS）和 X 射线吸收近边结构谱（X-ray absorption near-edge structures spectroscopy，XANES)。X 射线吸收近边结构谱又称近边 X 射线吸收精细结构谱（near-edge X-ray absorption fine structure spectroscopy，NEXAFS)。

下面我们分别介绍材料相结构和化学环境的测试方法，同时给出实例数据进行分析。

2.1　相结构测试与数据分析

2.1.1　相结构影响因素

我们知道，即使材料的成分相同，若其相结构不同，则其物理性质也会有或大或小的差别。

影响相结构的主要因素有：温度、压力、成分、缺陷、外场的存在与否等。即材料的相不是一成不变的，会随着各个因素的改变而可能改变，即产生**相变**。

① 温度驱动相变。很多材料有几个相，存在于不同的温度区间，温度变化时会从一个相变化到另一个相。比如钛酸钡（$BaTiO_3$）在约 120℃以下为四方相，具有铁电性；在约 120℃以上为顺电相，没有铁电性[1]。当 $BaTiO_3$ 从 120℃以下升温到 120℃以上时，会从四方相变为立方相，我们说 $BaTiO_3$ 发生了从四方相到立方相的相变，称发生相变的温度（约 120℃）是 $BaTiO_3$ 的相变温度（T_c）。

② 压力驱动相变。从水热法制备 TiO_2 纳米粉可知，在常压下要 600℃左右才能形成的金红石相，高压下在 100℃附近可以生成金红石相[2]。即压力可以迫使材料从一种相变化到另一种相。

③ 成分驱动相变。在基相中掺入杂质，可能会引起材料相的变化。比如在 $BaTiO_3$ 中掺入钛酸锶（$SrTiO_3$），T_c 会下降[1]。故 Sr 掺杂的 $BaTiO_3$ 在 120℃以下的某个温度范围内也是顺电相。这就是由于成分变化引起的相变。

④ 缺陷驱动相变。近年来发现氧缺位会驱动材料的相变。比如，VO_{2-x} 随着 x 的增加会发生由四方相向单斜相的相变[3]。

⑤ 外场驱动相变。有研究表明，外场能诱导铁电相变[4]、铁磁相变[5]。

2.1.2　X 射线衍射

测试不同的相最直接和普遍的方法是 XRD。X 射线衍射也是人类用来研究物质微观结构的第一种方法。XRD 可以测试出相含量大于 5%的主相以外的杂相。

值得注意的是，XRD 不能测试材料中的元素，只能测试材料中的相。

2.1.2.1　XRD 测试原理

如图 2-1 所示，一束 X 射线照射到晶体的原子层上，遭到这些不同层原子的反射后以产生镜面反射。图中 1、2、3 分别表示各入射线，数字上加撇的（如 1′、2′、3′）分别表示对应入射线 1、2、3 的反射线。大多数的弹性散射的 X 射线会产生无损干涉，在光程差为 X 射线波长的整数倍的反射方向，反射波的强度都得到加强。用探测器捕捉到反射波信号，并以反射波强度为纵坐标，以入射

X 射线和反射 X 射线夹角（其实是入射角或者反射角 θ 的 2 倍，即 2θ）为横坐标，得到 XRD 衍射谱。在光程差为 X 射线波长的整数倍的 2θ 处，XRD 衍射谱有峰的存在，叫作衍射峰。衍射峰对应的 θ 与晶体面间距（d）以及 X 射线波长（λ）有关。用公式描述这三者之间的关系为：

$$2d\sin\theta=n\lambda \tag{2-1}$$

式中，n 为整数。该公式叫作布拉格反射定律。

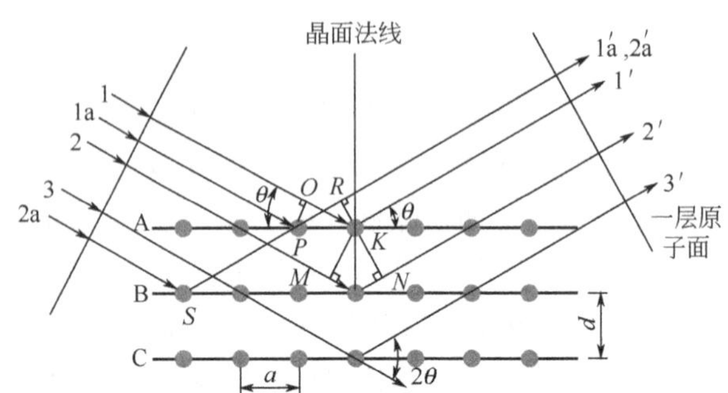

图 2-1　X 射线照射到晶体中的原子上后遭到原子层的反射

由于不同的材料有一系列特征晶面间距 d_1、d_2、d_3 等。从（式 2-1）可知，固定 X 射线波长，可以得到一系列与该晶体特征面间距 d_1、d_2、d_3…相对应的峰，这些峰代表了该材料的 X 射线衍射的特征峰。通过辨别这些特征峰，以及半高宽（full width at half maximum，强度为一半时对应的 2θ 宽度，简写为 FWHM）和强度，就可以得出该材料的晶体性质。即通过参考如粉末衍射库 Powder Diffraction Files（PDFs）的峰的 2θ 位置来确定晶相。

2.1.2.2　XRD 测试实例数据分析

应用 XRD 测试可以做如下工作：

（1）对比 PDF 卡片寻找 XRD 结果所对应的物相和求具有 100nm 以下晶粒尺寸的纳米粉的平均尺寸

图 2-2 为钨有机原料做成凝胶后烘干，高温焙烧后得到的粉末的 XRD 图谱。图 2-3 给出从 Jade 上查出的 WO_3 的 PDF 卡片（PDF#32-1395）的截图。从卡片中主要可以读出如下信息：

① 卡片号，每个相都有一个卡片编号。如查询的 WO_3 的 PDF 卡片编号为：PDF#32-1395。

② 材料英文名和化学式。如氧化钨的英文名和化学式分别为：Tungsten Oxide 与 WO_3。

③ 获得卡片数据所采用的 X 射线源和波长，上述卡片中为铜靶发射的 $K\alpha_1$ 射线，波长为 0.15406nm。X 射线源有铜靶、钴（Co）靶、钼（Mo）靶和银（Ag）

靶等。但很多常用的设备都是用 Cu 靶的 Cu K 射线，因为其 X 射线波长与晶格常数接近。Cu K 射线主要构成为 $K\alpha_1$=0.154056nm，$K\alpha_2$=0.154439nm。由于峰位置与 X 射线波长有关，不同的 X 射线波长对应不同的一套特征 XRD 衍射峰。因此对比 PDF 卡片来确定检测物的晶相时一定要看清楚 X 射线源，即 X 射线波长。另外，测 XRD 谱时要先确定是采用单色波长，还是采用双色波共存。简单判断仪器是单色波长还是双色波共存的方法是：看看高角度峰有没有一个强度为一半（0.5）的肩峰。

④ 标准卡片是哪个纯相的晶相的布拉菲格子，比如图 2-3 所示卡片中给出的是单斜（WO_3）。

⑤ 晶胞（cell）大小。

⑥ 卡片里详细给出了单斜 WO_3 的 XRD 峰对应的两倍入射角（2θ）、晶面指数、衍射强度（I）以及晶面间距（d）。

还有一些其他的参数，不常用。这里不一一列举。

如果不想通过软件找测试得到的衍射峰是哪个相，就得结合原材料和处理工艺判断材料可能是什么相，然后找出那些可能的相的卡片。先看第一、第二、第三强峰（叫作 XRD 的“前三强”峰）是否吻合。如果吻合，基本可以确定是这个相。主要是考察峰位置是否相同，而不是拘泥于哪个位置为第几强峰。从图 2-2 可以看出，所制备的材料的前三强峰位置在 2θ=23°～24.5°之间，第四强峰在 2θ=33.5°～34.5°之间。与图 2-3 中（020）、（200）、（002）、（202）的峰位置很接近。继续对比，发现图 2-2 中所有峰能与单斜 WO_3 标准 PDF 卡片上的峰对应。故判断所制备的材料为 WO_3 的单斜相。

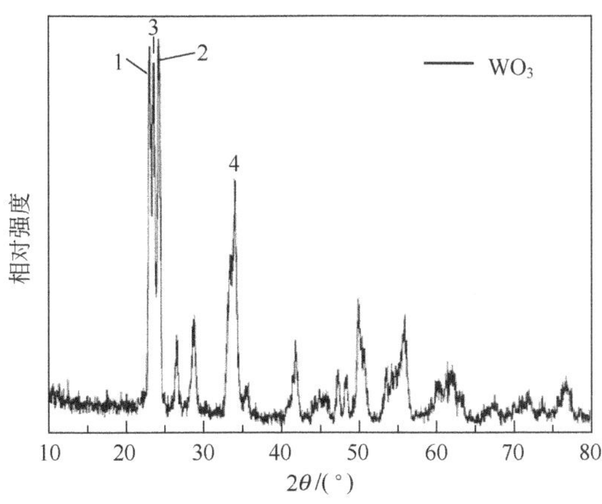

图 2-2　钨有机原料做成凝胶后烘干，高温焙烧后得到的粉末的 XRD 图谱

图中数字 1、2、3、4 表示 XRD 的第一、第二、第三、第四强峰

PDF#32-1395: QM=Common(+); d=Other/Unknown; I=(Unknown)
Tungsten Oxide
WO3
Radiation=CuKa1Lambda=1.5406 Filter=
Calibration= 2T=23.143-41.870 I/Ic(RIR)=
Ref: Level-1 PDF

Triclinic, P-1(2) Z=8 mp=
CELL: 7.309 x 7.522 x 7.678 <88.81 x 90.92 x 90.93> P.S=
Density(c)=7.27 Density(m)=Mwt= Vol=421.9
Ref: Ibid.

Strong Lines: 3.76/X 3.65/X 3.84/9 2.63/4 2.67/4 2.16/3 2.66/3 2.60/3

2-Thetad(?)		I(f)	(h k l)	Theta	1/(2d)	2pi/d	n^2
23.143	3.8400	85.0	(0 0 2)	11.572	0.1302	1.6362	
23.643	3.7600	100.0	(0 2 0)	11.821	0.1330	1.6711	
24.366	3.6500	100.0	(2 0 0)	12.183	0.1370	1.7214	
26.490	3.3620	9.0	(-1 2 0)	13.245	0.1487	1.8689	
26.619	3.3460	13.0	(0-2 1)	13.309	0.1494	1.8778	
26.839	3.3190	8.0	(-2 0 1)	13.420	0.1506	1.8931	
28.382	3.1420	7.0	(-1 1 2)	14.191	0.1591	1.9997	
28.633	3.1150	13.0	(-1 2 1)	14.317	0.1605	2.0171	
28.841	3.0930	18.0	(1 1 2)	14.421	0.1617	2.0314	
28.927	3.0840	20.0	(-1-1 2)	14.464	0.1621	2.0373	
29.068	3.0694	8.0	(1-1 2)	14.534	0.1629	2.0470	
32.999	2.7122	20.0	(0 2 2)	16.499	0.1844	2.3166	
33.576	2.6669	35.0	(-2 0 2)	16.788	0.1875	2.3560	
33.676	2.6592	25.0	(0-2 2)	16.838	0.1880	2.3628	
33.915	2.6410	25.0	(-2 2 0)	16.957	0.1893	2.3791	
34.104	2.6268	35.0	(2 0 2)	17.052	0.1903	2.3920	
34.492	2.5981	25.0	(2 2 0)	17.246	0.1924	2.4184	
35.000	2.5616	3.0	(-1 2 2)	17.500	0.1952	2.4528	
35.388	2.5344	4.0	(-2 1 2)	17.694	0.1973	2.4792	
35.508	2.5261	4.0	(1 2 2)	17.754	0.1979	2.4873	
35.667	2.5152	7.0	(-2 2 1)	17.833	0.1988	2.4981	
35.895	2.4997	7.0	(1-2 2)	17.948	0.2000	2.5136	
40.704	2.2148	3.0	(3-1 1)	20.352	0.2258	2.8369	
40.953	2.2019	17.0	(-2 2 2)	20.477	0.2271	2.8535	
41.870	2.1558	30.0	(2 2 2)	20.935	0.2319	2.9145	

图 2-3　单斜 WO_3 的 PDF 卡片

有些即使是不同相，但前三强峰很接近，如 TiO_2 的锐钛矿相和金红石相前三强位置几乎一样，此时就需要看第四强峰、第五峰是否吻合。目前有软件如 Jade 可以自动搜索对应的相。只需要选择可能存在的元素，Jade 就会通过自动对比可能相的峰位，给出从大概率相到小概率相。在有多个相存在的复合材料里，需要从少的元素的可能组合到多的元素的可能组合一一试探，哪个最吻合就是哪个相。

另外，可以根据式（2-2）所示的 Scherrer 公式，利用衍射峰位置和 FWHM 计算晶粒大小（100nm 以下都适用）：

$$D=\frac{K\lambda}{B\cos\theta} \tag{2-2}$$

式中　D——晶粒垂直于晶面方向的平均厚度，nm；

K——Scherrer 常数；

λ——X 射线波长。

B——衍射峰的半高宽或者积分半高宽度。

若 B 为衍射峰的半高宽，则 K=0.89；若 B 为衍射峰的积分半高宽，则 K=1。在计算的过程中，如果软件给出的 B 是角度，则需要将 B 从度（°）转化为弧度（rad），1°=π/180rad。

在应用 Scherrer 公式时，应该注意以下几点：

① 扫描速度有影响，要尽可能慢，一般 2°/min。

② 应用 Scherrer 公式，需要扣除各种因素引起的宽化的影响。引起 XRD 峰宽化的因素主要有因试样引起的宽化和因仪器引起的宽化。试样引起的宽化又包括晶粒尺寸大小的影响、不均匀应变（微观应变）以及堆积层错的影响。即由试样晶体结构的不完整所造成的。所以谢乐（Scherrer）公式一般不能用于高分子晶粒尺寸的估算，因为畸变严重。堆积层错区域一般在效果上晶格常数要比原来晶格的小。根据（式 2-1），$\sin\theta=\dfrac{n\lambda}{2d}$，$d$ 减小，θ 增大。因而在衍射峰的高角一侧应有对应层错的长尾巴。仪器宽化由仪器本身决定，用 B_s 表示。Scherrer 公式中的 B 为实测宽度 B_M 与仪器宽化 B_s 之差。B_s 可通过测量标准物的半峰值强度处的宽度得到。标样必须是无应力且无晶粒尺寸细化的样品，晶粒度在 25μm 以上。如果用 Cu 靶 Kα 线作为 XRD 的射线源，必须使用单波衍射，否则 $K\alpha_1$ 和 $K\alpha_2$ 的峰叠加在一起，也会引起峰的宽化，此时算出的晶粒尺寸不准确。

③ 衍射线的选取。计算晶粒尺寸时，一般采用低角度的衍射线，如果晶粒尺寸较大，可用较高衍射角的衍射线来代替，此时适用范围为 1～100nm。如果采用大角度衍射峰，则要求取衍射峰足够强、峰稳定、没有噪声影响的峰。

④ Scherrer 公式求得的是平均的晶粒尺寸，且是晶面法向尺寸。除非晶粒是均匀的球形，否则算出来的尺寸不能代表单个晶粒的尺寸。计算时要考虑样品晶粒是否存在取向问题。如果薄膜由一层多晶构成，则通过谢乐公式计算晶粒尺寸能推导出薄膜厚度。还有，由公式（2-2）求得的多晶样品晶粒的平均值具有如下含义：

a. 是多颗晶粒的平均尺寸。由于材料中的晶粒大小并不完全一样，故所得值实为不同大小晶粒的平均值。

b. 多峰的平均值。由于晶粒不是球形，在不同方向其厚度是不同的，即由不同衍射线求得的 D 一般是不一样的。故求取数个（如 n 个）不同方向（即不同衍射峰）的晶粒厚度，求它们的平均值，所得为不同方向厚度的平均值 D，即为晶粒大小。同时，据此可以估计晶粒的外形。

另外，XRD 衍射峰强度（I）包含半定量的信息，复合材料中两相质量比 X_a/X_b 和 XRD 强度之间存在关联，其关系用如公式（2-3）表示：

$$\frac{X_a}{X_b}=\frac{I_a}{I_b}\frac{RIR_a}{RIR_b} \tag{2-3}$$

式中，下标 a、b 表示复合物中的两种组元；RIR 是“the reference intensity ratio”（参考强度比）的缩写，是复合物最强峰与参考物（一般是刚玉）的最强峰之间的比例[6]。对于确定的复合物的两种组元，式（2-3）中 RIR_a/RIR_b 是个常量，故可以根据 I_a/I_b 的变化，定性地判断出 X_a/X_b 的变化情况。

图 2-4 所示为 $La(OH)_3$、$BaTiO_3$ 和水热法制备的 $La(OH)_3/BaTiO_3$ 复合物（简写为 LB）的 XRD 谱。该工作意欲制备 $La(OH)_3/BaTiO_3$ 复合物作为光催化剂组成 Z 模式复合材料。通过与相应的 PDF 卡片对比，可知图 2-4 中 $La(OH)_3$、$BaTiO_3$ 的 XRD 衍射峰分别对应 PDF#36-1481［$La(OH)_3$］和 PDF#05-0626（$BaTiO_3$）所对应的相。同时，分析 LB 的 XRD 衍射峰可知，LB 中只出现了 $La(OH)_3$（PDF#36-1481）和 $BaTiO_3$（PDF#05-0626）的峰。故制备的 LB 中有且可能只有 $La(OH)_3$ 和 $BaTiO_3$ 相。

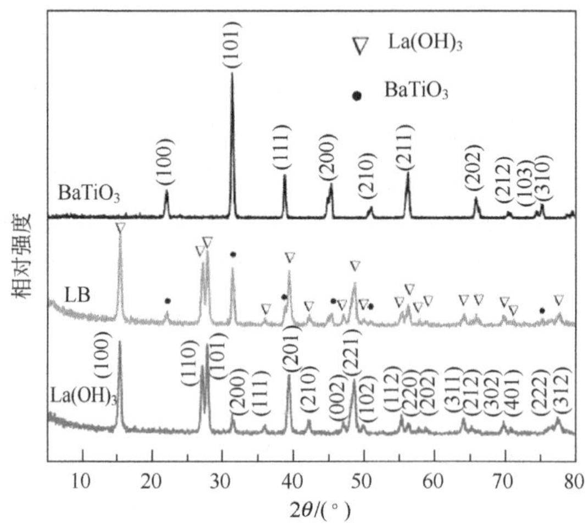

图 2-4　$La(OH)_3$、$BaTiO_3$ 和水热法制备的 $La(OH)_3/BaTiO_3$ 复合物的 XRD 谱

（2）定性判断两相的相对强度

如图 2-5 所示为 Bi^0、δ-Bi_2O_3、Bi^0/ Bi_2O_3@C-0.1、Bi^0/ Bi_2O_3@C-0.2 与 Bi^0/ Bi_2O_3@C-0.3 的 XRD 衍射谱。其中 δ-Bi_2O_3、Bi^0/ Bi_2O_3@C-0.1、Bi^0/ Bi_2O_3@C-0.2 与 Bi^0/Bi_2O_3@C-0.3 的碳（C）含量按照此顺序递增。从图 2-5 可以看出，Bi^0/Bi_2O_3@C-0.1、Bi^0/ Bi_2O_3@C-0.2 与 Bi^0/ Bi_2O_3@C-0.3 三个样品中都含有 δ-Bi_2O_3（a 相）和 Bi^0（b 相）的相。从图 2-5 可以看出，随着含碳量的增加，XRD 谱表现出 Bi^0（110）面的峰强相对于 Bi_2O_3 的（200）面的峰强比不是单调增加，说明样品中掺入的碳可能不均匀，不是全部参与了 Bi_2O_3 的还原。

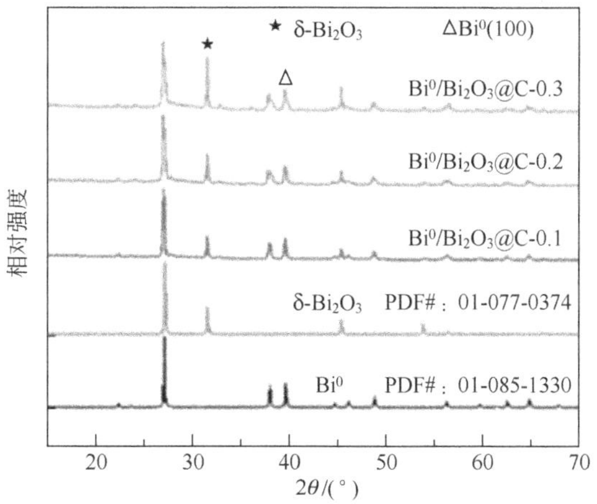

图 2-5　Bi^0、δ-Bi_2O_3、Bi^0/Bi_2O_3@C-0.1、Bi^0/Bi_2O_3@C-0.2 与 Bi^0/Bi_2O_3@C-0.3 的 XRD 谱

（3）通过对比标准卡片上两个峰强度比值，可以定性判断所测样品是否具有取向生长的属性

如参考文献[6]中就是通过对比制备氧化锌的（100）/（002）衍射峰强度比和标准卡片（JCPDS cardno. 36-1451）上的氧化锌的（100）/（002）衍射峰强度比（图 2-6），推测出制备的 ZnO 具有（100）方向的取向生长[7]。

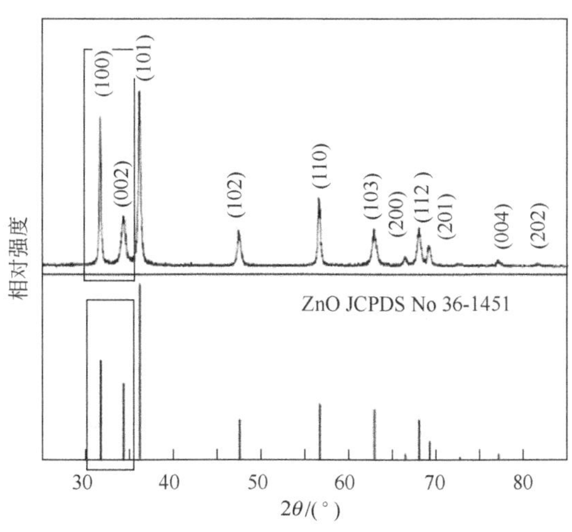

图 2-6　文献[7]中制备的 ZnO 样品的 XRD 谱[7]

（4）对于掺杂的材料，可以通过对比掺杂样品的 XRD 衍射峰和同样工艺下制备的未掺杂样品的 XRD 衍射峰来判断杂质是否掺入基材料的晶格中

图 2-7 是 $SrTiO_3$ 掺镧（La）（$La_xSr_{1-x}TiO_3$，标记为 LSTO，其中 LSTO-1、LSTO-2、

LSTO-3、LSTO-4、LSTO-5 的样品分别代表 $SrTiO_3$ 中掺入 La 取代 Sr 的摩尔分数分别为 10%、20%、30%、40%、50%）的 XRD。从图 2-7 中的小图可以看出，除了 LSTO-5 外，其他样品基本为纯的 $SrTiO_3$ 相；同时，和纯的 $SrTiO_3$ 相比，2θ=32.4°附近的峰有向高角度方向移动，说明晶格常数发生了变化，杂质掺入了晶格中，引起晶格畸变。

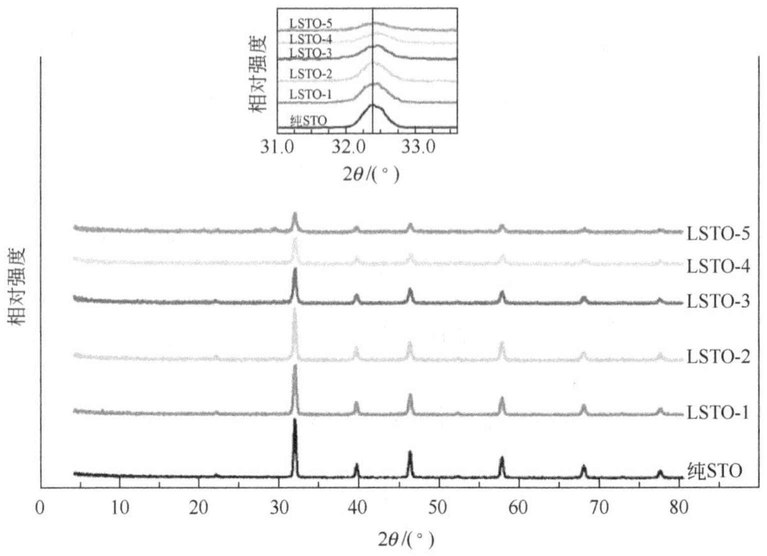

图 2-7 $SrTiO_3$ 掺镧（La）（$La_xSr_{1-x}TiO_3$）的 XRD

（5）计算二维材料层距

与包含金属的大多数晶体的三维原子相似的是，二维材料（如氧化石墨烯、氮化碳）的堆垛也会产生 X 射线衍射。如图 2-8 所示，组成氮化碳的氮化碳层的堆垛在 2θ=27.4°处有 XRD 衍射峰。然而，掺杂后 g-C_3N_4 的衍射峰发生了偏移。同样地，CO_3^{2-}掺杂的 $Bi_2O_2CO_3$ 也观察到由于掺杂引起的 XRD 衍射峰的移动。有趣的是，由于 C-N 芳香环在平面内的重复排列，在 2θ=13.01°处观察到一个额外的衍射峰[8]。这个峰不属于纯的 g-C_3N_4、掺氧（O）的 g-C_3N_4 和掺氮（N）的 g-C_3N_4 的 XRD。推测是由于 g-C_3N_4 的层对 X 射线的衍射相干引起。应用布拉格定律，从峰位置（2θ）可以算出相邻层之间的距离（也叫“层间距”）为 0.81nm[9]。但是要注意，采用此法计算层间距的条件是，被计算的层间距必须和 X 射线的波长（若是铜作为阴极材料，则 X 射线波长为 0.154nm）处于同一数量级，只有这样才能有合适的 2θ 来精确计算层间距，最为理想的 2θ 为 5°～90°之间。

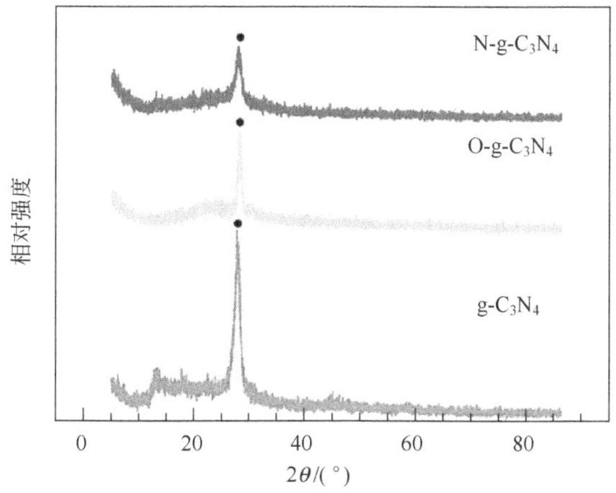

图 2-8　纯的 g-C_3N_4、掺氧（O）的 g-C_3N_4 和掺氮（N）的 g-C_3N_4 的 XRD

（6）利用 Scherrer 公式计算晶粒大小，对比高分辨电子显微镜测出的颗粒大小，判断是否为单晶

图 2-9 是水热法制备的 Fe_3O_4 的 XRD 图谱。利用 Scherrer 公式，从最强峰（311）算出制备的 Fe_3O_4 的晶粒平均值为 23nm，而 HRSEM 测试出的颗粒大小约 25nm。说明制备的 Fe_3O_4 是单晶。

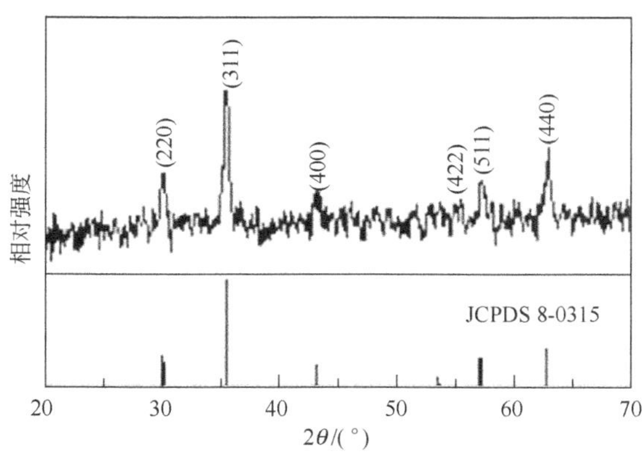

图 2-9　水热法制备的 Fe_3O_4 的 XRD 图谱

总之，XRD 可以用来测定物质的晶相，估算 100nm 以下的晶体的平均晶粒，计算层间距与 X 射线波长接近时二维材料的层间距，还可以定性判断材料的取向生长方向，以及杂质是否掺入晶格中等。

2.1.3　选区电子衍射

2.1.3.1　SAED 测试原理简介

大家在高中已经学习过光经过光栅时形成具有光栅形貌特征的图像。如

图 2-10 所示，原子在三维空间的周期性排列也是一种光栅，故在 TEM 中，波长与晶格常数相当的入射电子在受到这些规则排列原子的弹性散射后，各原子散射的电子波相互干涉，结果合成波在某些方向加强，某些方向减弱。其中相干散射加强的方向就是电子衍射束的方向。电子束的衍射经过物镜聚焦后在 TEM 的背焦面上会形成晶体样品的衍射极大值。这些衍射极大值发出的次级波在像平面上相干成像。像平面上的相经过中间镜和投影镜再做二次放大形成可以观察和记录的图像。这些图像反映晶体原子在三维空间周期性排列特征的图像。

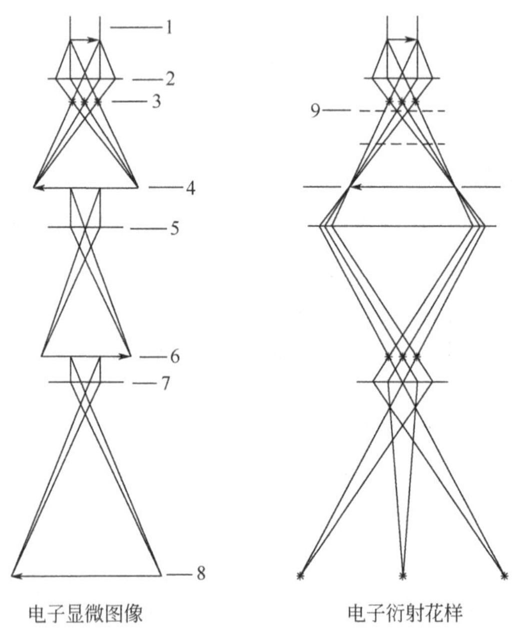

图 2-10　TEM 和 SAED 原理示意

1—物；2—物镜；3—物镜光阑（焦平面）；4—一次像（视场光阑）；5—中间镜；6—二次像；7—中间镜；8—三次像；9—衍射谱

在 TEM 观察的区域内选择一个小区域，对这个小区域做电子衍射，可以实现有选择地分析样品不同微区的晶体结构特征，这个方法被称为选区电子衍射（SAED）。

2.1.3.2　SAED 数据实例分析

2.1.3.2.1　从衍射环辨别单晶、多晶和非晶

图 2-11（a）、（b）、（c）分别是单晶体的电子衍射谱、多晶体的电子衍射谱和非晶的电子衍射谱。如图 2-11 所示，单晶的电子衍射谱为对称于中心透射斑点的规则排列的斑点群。多晶体的电子衍射谱则为以透射斑点为中心的衍射环。非晶的电子衍射谱则为一个漫散的晕斑。

(a) 单晶

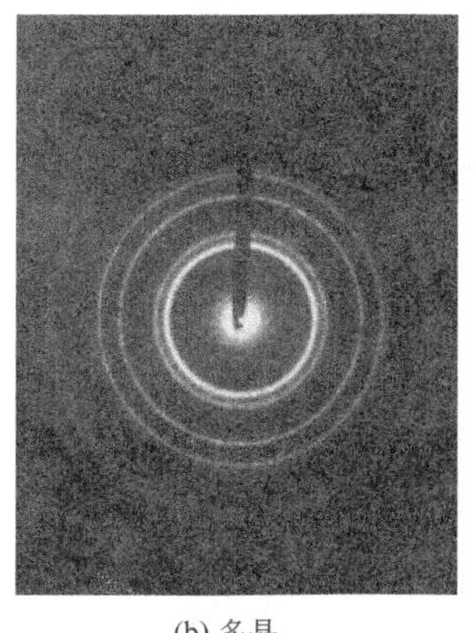
(b) 多晶

(c) 非晶

图 2-11 单晶、多晶和非晶的电子衍射谱

2.1.3.2.2 确定单晶或微小第二相的结构

对于体材料，或者尺寸较大、分散较好的粉体材料，利用选区电子衍射，可以获得某个晶粒或颗粒的 SAED 花样，通过标定，确认相结构。

电子衍射花样的标定是指衍射斑点指数化，并确定衍射花样所属的晶带轴指数$[uvw]$，对未知其结构的还包括确定点阵类型。下面讲解如何给电子衍射斑点指数化。

（1）单晶

单晶体的电子衍射花样有简单和复杂之分，简单衍射花样即电子衍射谱满足晶带定律（$hu+kv+lw=0$），通常又有已知晶体结构和未知晶体结构两种情况。

① 已知晶体结构的花样的标定方法：

a．如图 2-12 所示，确定中心斑点，测出其他斑点到中心斑点的距离，按距离由小到大依次排列：R_1、R_2、R_3、$R_4\cdots$，各斑点之间的夹角依次为θ_1、θ_2、θ_3、$\theta_4\cdots$

b.由相机常数 K 和 R_i 得到相应的晶面间距 $d_1=\dfrac{K}{R_1}$、$d_2=\dfrac{K}{R_2}$、$d_3=\dfrac{K}{R_3}$、$d_4=\dfrac{K}{R_4}\cdots$

c．由已知的晶体结构和晶面间距公式，结合 PDF 卡片，分别定出对应的晶面族指数 $\{h_1k_1l_1\}$、$\{h_2k_2l_2\}$、$\{h_3k_3l_3\}$、$\{h_4k_4l_4\}\cdots$

d．假定距中心斑点最近的斑点指数：若 R_1 最小，设其晶面指数为 $\{h_1k_1l_1\}$ 晶面族中的一个，即从晶面族中任取一个 $(h_1k_1l_1)$ 作为 R_1 的斑点指数。

e．确定第二个斑点指数。由晶面族 $\{h_2k_2l_2\}$ 中取一个 $(h_2k_2l_2)$ 代入公式 $\cos\theta_1=\dfrac{h_1h_2+k_1k_2+l_1l_2}{\sqrt{(h_1^2+k_1^2+l_1^2)(h_2^2+k_2^2+l_2^2)}}$ 计算夹角 θ_1，当计算值与实测值一致时，即可确定 $(h_2k_2l_2)$；当计算值与实测值不符时，则需重新选择 $(h_2k_2l_2)$，直至相符为止，从而定出 $(h_2k_2l_2)$。

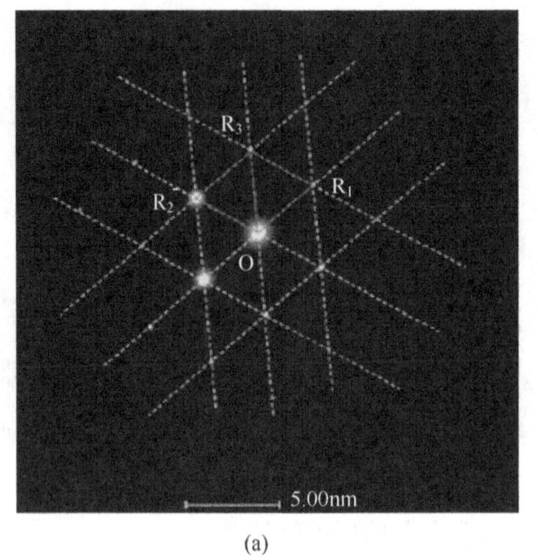

(a)

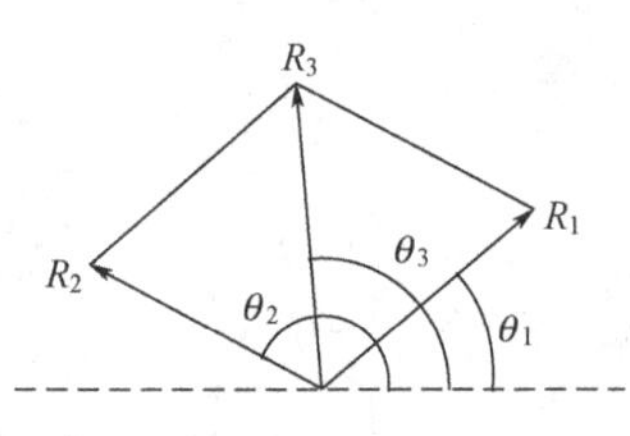

(b)

图 2-12　电子衍射花样

注意，$(h_2k_2l_2)$是晶面族$\{h_2k_2l_2\}$中的一个，仍带有一定的任意性。

f. 由确定了的两个斑点指数$(h_1k_1l_1)$和$(h_2k_2l_2)$，通过矢量合成其他点。

g. 定出晶带轴$[uvw]$。

h. 系统核查各过程，算出晶格常数。

② 未知晶体结构的花样标定：

当晶体的点阵结构未知时，首先分析斑点的特点，确定其所属的点阵结构，然后再由前面介绍的 8 步骤标定其衍射花样。

其点阵结构主要从斑点的对称特点或$1/d^2$值的递增规律来确定。具体步骤如下：

a. 判断是否是简单电子衍射谱。如是则选择三个与中心斑点最近斑点 P_1、P_2、P_3，并与中心构成平行四边形，测量三个斑点至中心的距离R_i。

b. 测量各衍射斑点间的夹角θ_i。

c. 由$R_id = K$，测得的距离换算成面间距$d_i = \dfrac{K}{R_i}$。

d. 由试样成分及处理工艺和其他分析手段，初步估计物相，并找出相应的卡片，与实验得到的d_i对照，得出相应的$\{hkl\}$。

e. 用试探法选择一套指数，使其满足矢量叠加原理，即$\vec{R}_1 + \vec{R}_2 = \vec{R}_3$。

f. 由已标定好的指数，根据 PDF 卡片所提供的晶系计算相应的夹角，检验计算的夹角是否与实测的夹角相符。

g. 若各斑点均已指数化，夹角关系也符合，则被鉴定的物相即为 PDF 卡片相，否则重新标定指数。

h. 定其晶带轴。

（2）多晶

多晶体的电子衍射花样等同于多晶体的 X 射线衍射花样，为系列同心圆。其花样标定相对简单，同样分以下两种情况：

① 已知晶体结构。

具体步骤如下：

a．测定各同心圆直径 d_i，算得各半径 $R_i=\dfrac{d_i}{2}$；

b．由 R_i/K（K 为相机常数）算得 $1/d_i$；

c．对照已知晶体 PDF 卡片上的 d_i 值，直接确定各环的晶面指数 $\{hkl\}$。

② 未知晶体结构。

具体标定步骤如下：

a．测定各同心圆的直径 d_i，计得各系列圆半径 R_i。

b．由 r_i/K（K 为相机常数）算得 $1/d_i$。

c．由从小到大的连比规律，推断出晶体的点阵结构。

d．写出各环的晶面族指数 $\{hkl\}$。

图 2-13（a）～（c）所示为考察 $H_2V_3O_8$ 纳米棒材料和 $H_2V_3O_8$ 纳米棒-石墨烯复合物经 523K 煅烧后是否分解或者相变时做的 SAED 结果。得到的样品因为尺寸较大，分散较好，可以利用选区电子衍射确认相结构。图 2-13（a）～（c）中

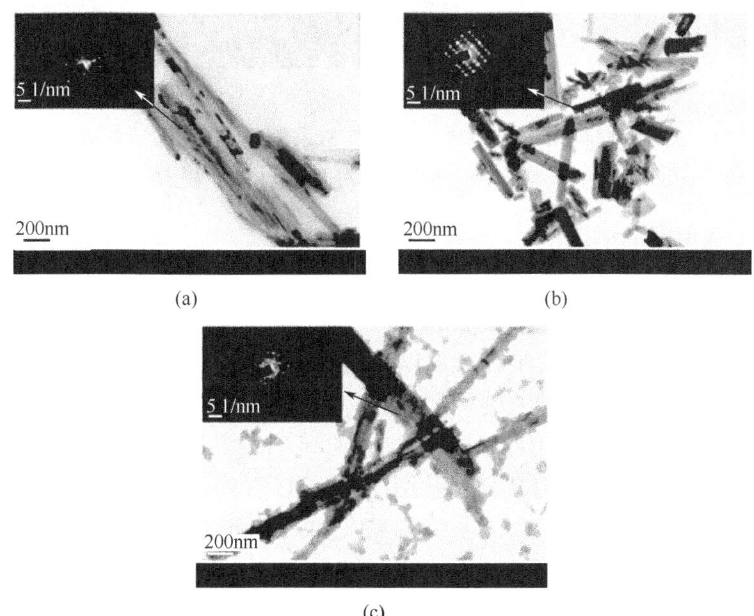

图 2-13　TEM 图像和对应的选区电子衍射花样

（a）$H_2V_3O_8$ 纳米棒；（b）$H_2V_3O_8$ 纳米棒经 523K 煅烧；（c）$H_2V_3O_8$ 纳米棒-石墨烯复合物经 523K 煅烧[10]

箭头起点为 SAED 的选区，黑色背底的图样为其相应的 SAED 花样像。从这些花样像可以看出，无论是经过 523K 煅烧［图 2-13（b）］，还是与石墨烯混合再进行煅烧［图 2-13（c）］，纳米棒仍保持为 $H_2V_3O_8$［图 2-13（a）］，未发生分解或相变。

Al-Zn-Mg-Cu 合金体系具有优异的强度、易加工性和耐腐蚀性。然而，通过传统的铸造和锻造工艺，很难获得细晶组织。通过添加合金元素 Si 和 Zr，在晶界形成 Al_3Zr 沉淀相，可以有效抑制晶粒长大[11]。图 2-14 显示了微合金化样品的 TEM 分析结果。可以看到尺寸约为 20～30nm 的黑色球形第二相颗粒钉扎在晶界上［图 2-14（a）］。通过对晶界上图 2-14（a）中所示黑色部分的 SAED 花样的标定，可以确定这些颗粒为 Al_3Zr 沉淀相［图 2-14（b）］。

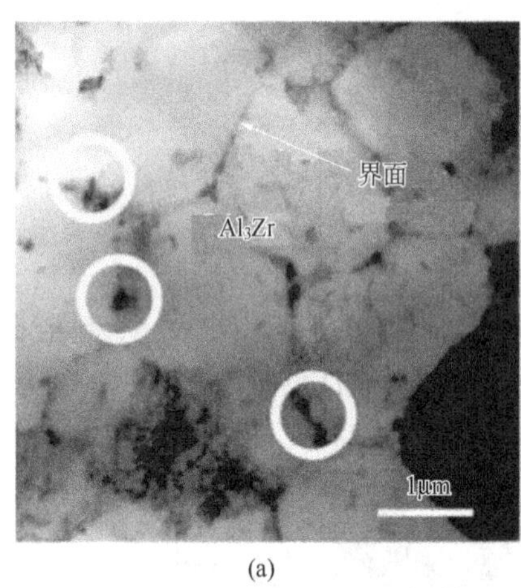

(a)

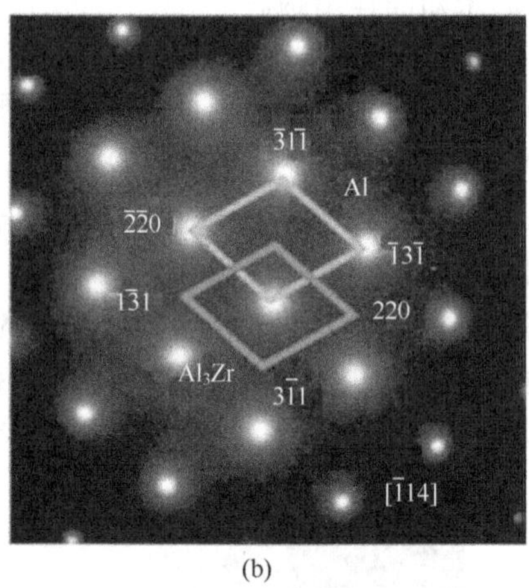

(b)

图 2-14　Al-Zn-Mg-Cu（Al7075）合金在 Si 和 Zr 微合金化后形成晶界相的（a）明场像和（b）晶界处的 SAED 花样[11]

2.1.3.2.3　确定多晶的结构

当分析的试样是多晶体或者粉末时，如果在 TEM 中观察的倍数比较低或者选择的区域足够大，可以得到多晶的衍射环花样。因为衍射环半径与晶面间距有关，所以分析多个衍射环的半径，可以确定多晶或粉末的结构。多晶结构的标定同上文所述方法。

图 2-15 中显示了采用溶胶-凝胶法制备的纯 TiO_2 粉末及 TiO_2 和 Fe_3O_4 复合粉末的形貌照片和 SAED 衍射花样。从图 2-15 可以看到，对于纯 TiO_2 粉末，出现的系列衍射环对应于(101)、(004)、(200)和(105)晶面，晶面间距分别为 0.352nm、0.237nm、0.189nm 和 0.169nm，与 TiO_2 粉末的晶体结构特征一致。对于 TiO_2 和 Fe_3O_4 复合粉末，先找出 TiO_2 粉末的衍射环，再分析 TiO_2 粉末的衍射环以外的衍射环。发现在 SAED 花样中出现了 TiO_2 和 Fe_3O_4 两种晶体的衍射环，但更多对应于 Fe_3O_4 的衍射环。这是因为纳米 Fe_3O_4 覆盖在 TiO_2 颗粒表面。

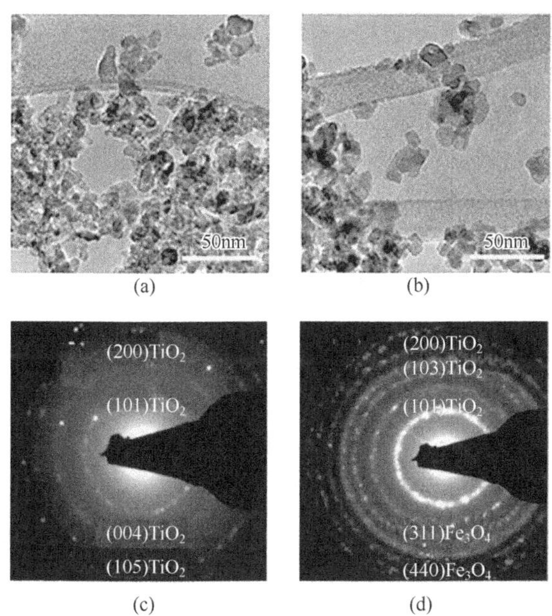

图 2-15　溶胶-凝胶法制备的纯 TiO_2 粉末及 TiO_2 和 Fe_3O_4 复合粉末的形貌照片和 SAED 衍射花样

（a），（c）纯 TiO_2 粉末的形貌照片和 SAED 衍射花样；

（b），（d）TiO_2 和 Fe_3O_4 复合粉末的形貌照片和 SAED 衍射花样[12]

CoFe 薄膜广泛应用于传感器件，如读写磁头、磁随机存取存储器单元等。薄膜的生长速率会对薄膜的晶粒尺寸有明显影响，进而影响其磁性。图 2-16 为采用不同磁控溅射速率获得的 CoFe 薄膜微观组织[13]。当速率较低，约 0.01nm/s 时，晶粒尺寸较小，约为 10nm［图 2-16（a）］；提高溅射速率至 0.08nm/s 促进了晶粒长大［图 2-16（b）］，使晶粒平均尺寸增大到 150nm。对相应的衍射环花样标定可

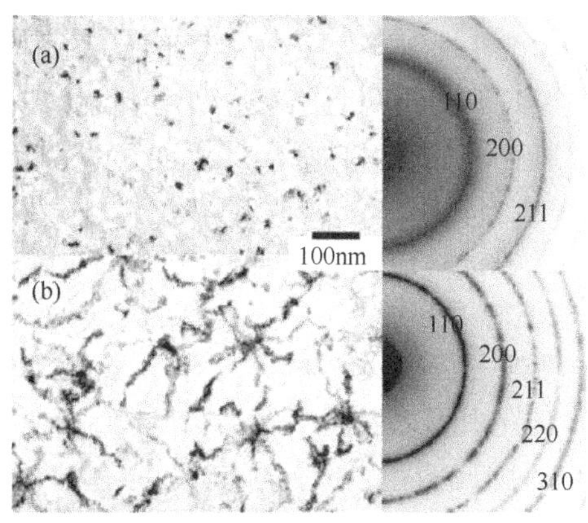

图 2-16　磁控溅射生长获得 CoFe 薄膜的 TEM 明场相和对应的衍射环花样[13]

以确定薄膜的晶体结构为 bcc 结构。在图 2-16（a）中由于晶粒尺寸较小，衍射环有明显的宽化。

尺寸小的纳米多晶颗粒的衍射环比大颗粒多晶的衍射环要宽。图 2-17 显示了 $Ni_{0.5}Zn_{0.5}Fe_2O_4/SiO_2$ 纳米复合材料的 TEM 明场像[14]，可以看到其中有大量的尺寸约为 8nm 的 NiZn 铁氧体颗粒。标定相应的衍射环可以确认这些纳米颗粒具有尖晶石晶体结构。从图中可以明显看出，8nm 的 NiZn 铁氧体颗粒的衍射环较宽。这是由 8nm 颗粒中晶粒表面的晶格畸变引起的，称之为“纳米尺寸效应”。

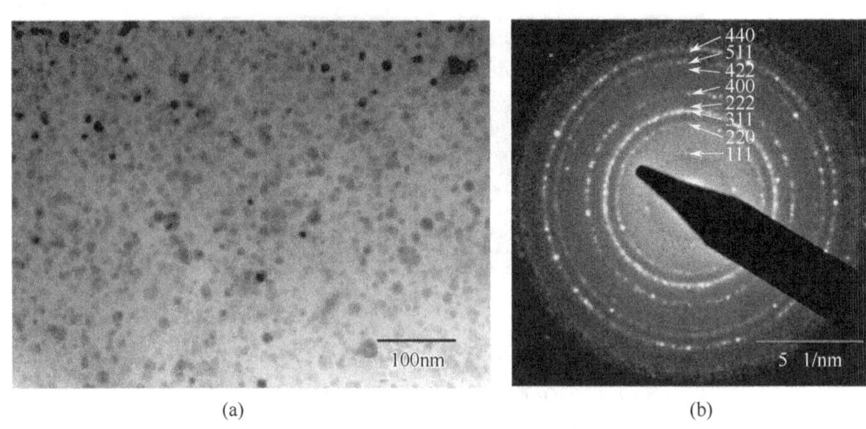

图 2-17 （a）$Ni_{0.5}Zn_{0.5}Fe_2O_4/SiO_2$ 纳米复合材料的 TEM 明场像和（b）相应的衍射花样

2.1.3.2.4 确定晶粒间位向关系或取向差

位向关系（异相晶体）或者取向差（同相晶体）是指两晶体在空间中的转动位置关系，经常用两个晶体晶向或晶面的平行关系或夹角关系表达。测量位向关系或取向差的方法有很多，最常用也是最容易的方法是利用电子衍射花样。

电子衍射花样的具体分析方法如下：在界面位置获得同时包含两个晶体的衍射斑。根据两个晶体衍射斑到透射斑连接矢量（即衍射斑对应的倒易矢量）的平行或夹角关系，以及衍射花样晶带轴的平行关系，可以确定两个晶体之间的位向关系或者取向差。

图 2-18 所示为 Al_2O_3 和钇稳定氧化锆（YSZ）形成的共晶组织。对相邻的 Al_2O_3 和 YSZ 晶粒进行选区电子衍射分析，可以在界面位置获得相应的衍射花样。这个衍射花样对应 Al_2O_3 的晶带轴为$[01\bar{1}0]_A$，YSZ 的晶带轴为$[001]_F$；这两个晶带轴是平行的，同时在衍射花样中可以看到 $(0001)_A$ 与 $(010)_F$ 晶面是平行的［即图中 $(0003)_A$ 和 $(020)_F$］。因此两相之间的位向关系可以表达为$[01\bar{1}0]_A // [001]_F$、$[0001]_A // [010]_F$。

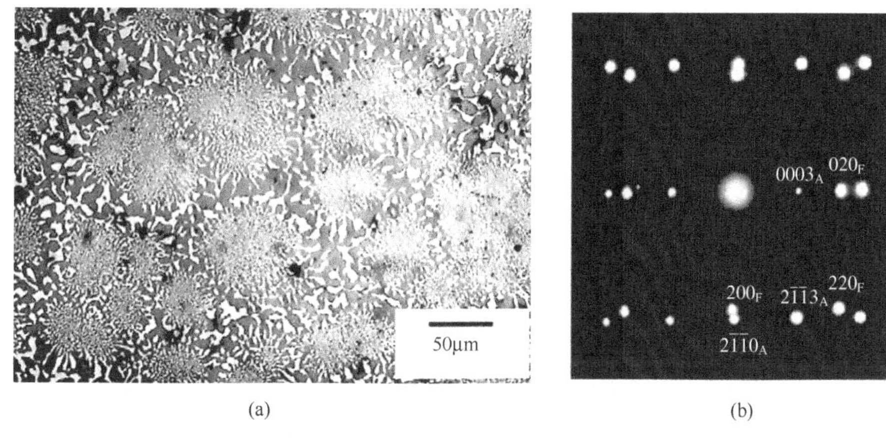

图 2-18　Al_2O_3 和 YSZ 的（a）共晶组织形貌和（b）在界面位置获得相邻晶粒的 SAED 花样[15]

TiN 是镍基合金中常见的沉淀相，这些沉淀相经常显示出不同的形貌。不同的形貌特征与 TiN 和 Ni 基体之间的位向关系和界面取向密切相关。图 2-19 中给出了几种 TiN 典型的形貌 TEM 明场像和相应的 SAED 花样 [16]。图 2-19（a）中的 TiN 为立方形状。相应地，在 SAED 花样中，可以看到一个立方对立方的位向关系，表达为$[001]_{TiN}$ // $[001]_{Ni}$、$(010)_{TiN}$ // $(010)_{Ni}$。图 2-19（c）中的 TiN 为片状，从相应的 SAED 花样中确定位向关系表达为$[100]_{TiN}$ // $[2\bar{1}\bar{1}]_{Ni}$、$(010)_{TiN}$ //

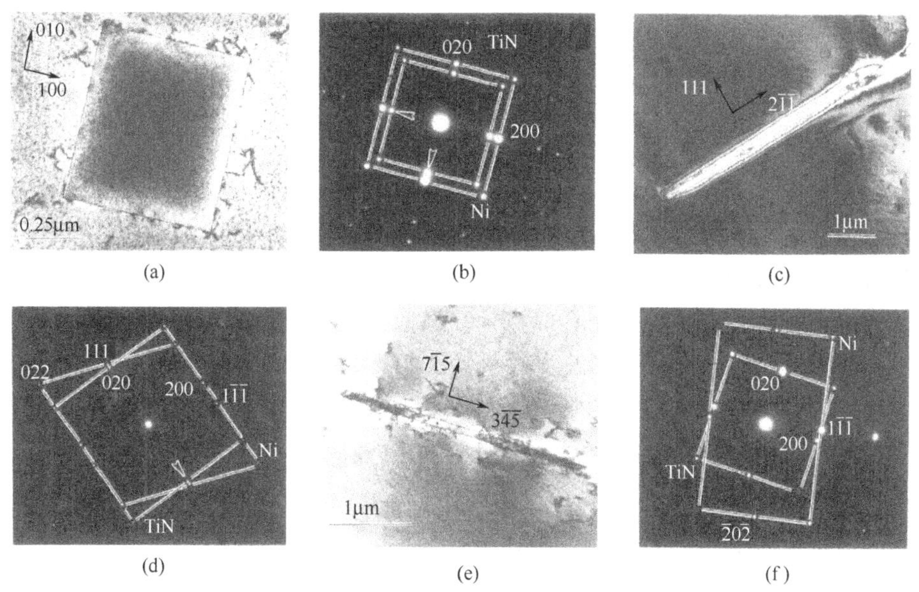

图 2-19　TiN/Ni 系统中几种典型的 TiN 形貌和相应的 SAED 花样

$(111)_{Ni}$。图 2-19（e）中的 TiN 同样为片状，从相应的 SAED 花样中确定位向关系表达为$[001]_{TiN}$ // $[\bar{1}\bar{2}1]_{Ni}$、$(010)_{TiN}$ // $(7\bar{1}\bar{5})_{Ni}$。

图 2-20 为用 SAED 分析 Fe/BaTiO$_3$（Fe/BTO）多层薄膜外延生长位向关系的示例[17]。从图中可以分别标出 STO、BTO 和 Fe 的衍射斑。三者重叠的衍射花样显示了 Fe 在 BTO 薄膜上的外延生长，两者位向关系可以表达为$[\bar{1}10]_{Fe}$ // $[010]_{BTO}$、$(001)_{Fe}$ // $(001)_{BTO}$。这个位向关系表明，Fe 薄膜的$[001]_{Fe}$方向与 BTO 薄膜法线方向$[001]_{BTO}$平行，而在薄膜面内，Fe 的立方晶格旋转 45°与 BTO 立方晶格匹配，从而实现外延生长。

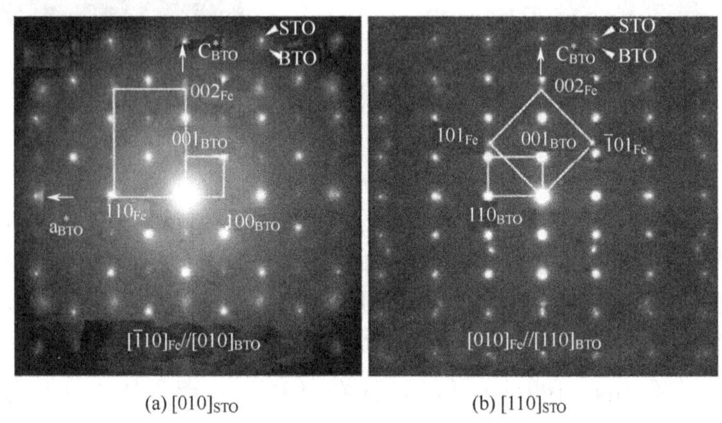

(a) $[010]_{STO}$　　(b) $[110]_{STO}$

图 2-20　在（001）SrTiO$_3$（STO）基底上生长 Fe/BTO 多层薄膜横截面的 SAED 花样

2.1.4　快速傅里叶变换

快速傅里叶变换（fast Fourier fransform，FFT）能将电子衍射得到的信号通过快速傅里叶计算处理，漏掉噪声后变成对应晶格排列特征的信号。

2.1.4.1　快速傅里叶变换原理

快速傅里叶变换，即利用计算机计算离散傅里叶变换的高效、快速计算方法的统称。电子衍射得到的信号中除了规则晶格衍射产生的周期性变化的时间连续信号外，还有噪声信号。噪声信号一般为非周期性信号。我们可用傅里叶变换将原来的信号变成无限多正弦或者余弦周期函数的叠加，转换公式为：

$$x(\omega)=\int_{-\infty}^{+\infty}x(t)\mathrm{e}^{-j\omega t}\mathrm{d}t$$

而晶格产生的周期函数的特征和噪声产生的周期函数有差别。若通过这种差别识别出噪声周期函数并将其剔除，将剩下的周期函数再重新叠加后就是纯净的晶格周期函数。

快速傅里叶变换就是一种快速地去除这种噪声信号，转换出纯净晶格信号的数学处理方法。采用这种算法能使计算机计算离散傅里叶变换需要的乘法次数大为减少，特别是被变换的抽样点数 N 越多，FFT 算法计算量的节省就越显著。计算量小的显著优点是使 FFT 在信号处理技术领域获得了广泛应用，结合高速硬件就能实现对信号的实时处理。

2.1.4.2　FFT 数据实例分析

二维 FFT 可以对二维图像进行处理，经常用于滤波去除图像噪声。本节介绍的就是 FFT 在电子显微学领域的应用，具体来说就是将 FFT 用于对高分辨透射电子显微镜（HRTEM）图像的处理和进一步分析。人们通常利用 FFT 进行如下研究：

（1）FFT 获得类 SAED 花样

在已经获得的 HRTEM 图像基础上，通过 FFT 变换，可以获得与 SAED 花样一致的图像，从而可以进行类似 SAED 分析的工作，如确定相结构、位向关系等。这种分析方法特别适用于分析尺寸较小、不便于 SAED 分析的区域。

将获得的 HRTEM 进行 FFT 变换的方法：利用 Gatan 的 DM 软件，选择一个正方形的区域，直接点击 FFT 即可；或者利用 Image J，直接打开 Process，点击 FFT 即可。

图 2-21 所示为 Al-2%Nd 薄膜分别在 250℃和 350℃退火 10min 后的 HRTEM 图像。分析图 2-21（a）中的 FFT 图像可以确定在 250℃退火的薄膜具有 fcc 结构。图 2-21（b）中不同区域的 HRTEM 图像明显具有不同的晶体结构。通过分析 A、B、C 三个区域的 FFT 图像，可以确定 B 和 C 区域仍然具有 fcc 结构，而 A 区域则形成了四方结构的 Al_4Nd。

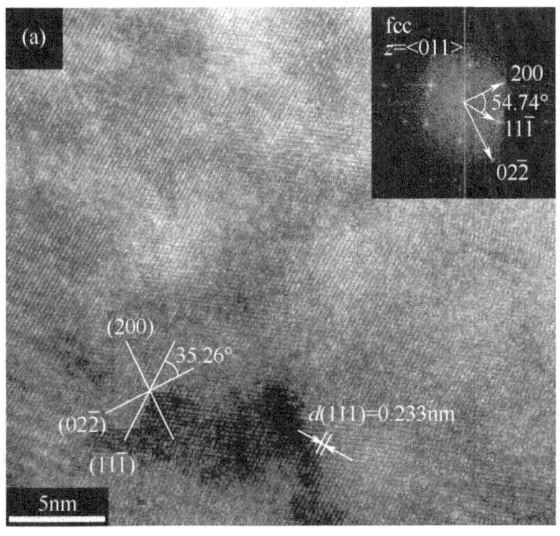

图 2-21

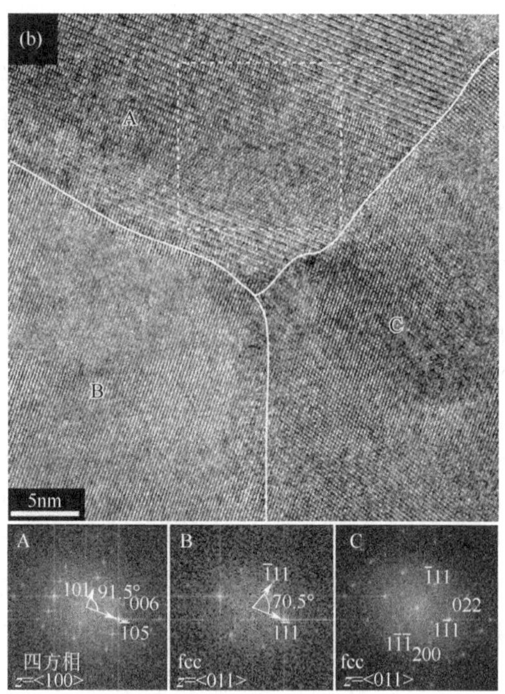

图 2-21　Al-2%Nd 薄膜分别在（a）250℃和（b）350℃退火 10min 后的 HRTEM 图像以及相应的 FFT 图像[18]

各种功能性的一维异质半导体能够将不同组成的多种功能集成，实现优异的性能。ZnO/ZnS 异质纳米结构因其作为紫外传感器的潜在应用而受到研究人员的极大关注。图 2-22 所示为热蒸发方法制备的 ZnO/ZnS 核壳结构纳米棒的横截面图像[18]。从图 2-22（a）中可见，ZnO 核完全被厚度约为 40nm 的 ZnS 壳层覆盖。在 ZnO/ZnS 界面上，特别是在六方 ZnO 核的角部附近，存在一些空洞。这是因为在 ZnO 表面生长 ZnS 层形成的界面错配较大，从而在界面位置形成较大的错配应变。为了降低这种应变能，在应变能密度较高的 ZnO 角部通过阴离子交换反应

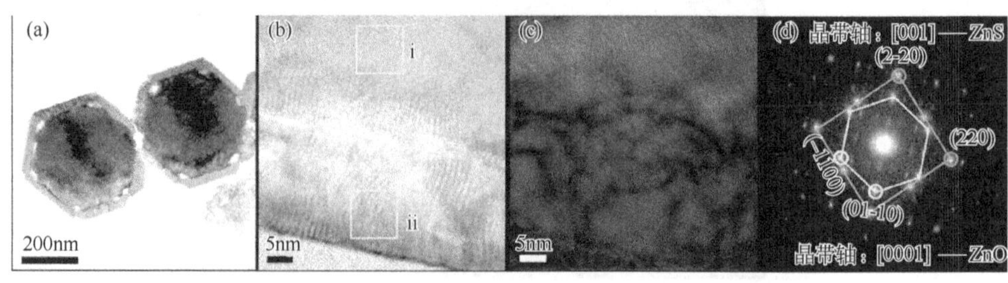

图 2-22　（a）ZnO/ZnS 核壳结构纳米棒的横截面明场像；（b）横截面的 HRTEM；（c）重建彩色图像；（d）FFT 图像[19]

扩散到 ZnS 壳中。图 2-22（b）和（c）分别显示了核/壳纳米棒的 HRTEM 图像及其相应的彩色图像，显示了核和壳区域组成和结构的差异，图（c）中青色代表 ZnO，红色代表 ZnS。图 2-22（d）为对应于相应的 FFT 图像，按照与 SAED 花样相同的标定和分析方法，可以确定 ZnO 核和 ZnS 壳之间的外延取向关系为 $(0002)_{ZnO}$ // $(002)_{ZnS}$ 和 $[01\bar{1}0]_{ZnO}$//$[2\bar{2}0]_{ZnS}$。

（2）HRTEM 图像过滤

将 FFT 图像逆变换，可以获得 IFFT 图像，与原 HRTEM 图像相同。如果选取 FFT 图像中的某些特定斑点，则可以获得这些斑点相应的信息，实现图像的过滤。

例如，图 2-21 中高分辨图像的噪声较大，可以选择相应 FFT 图像中对应于相结构的较明亮的斑点［图 2-21（b）中区域 A 的 FFT 图像中的所有明亮的斑点］转化成 IFFT 图像。图 2-23 所示即为图 2-21（b）中区域 A 的 FFT 图像中斑点的 IFFT 图像。可以看到这种方式获得的 IFFT 图像过滤了原有图像的噪声，图像中晶体结构信息更加清晰，可以方便地确认图像与晶体结构的对应关系。

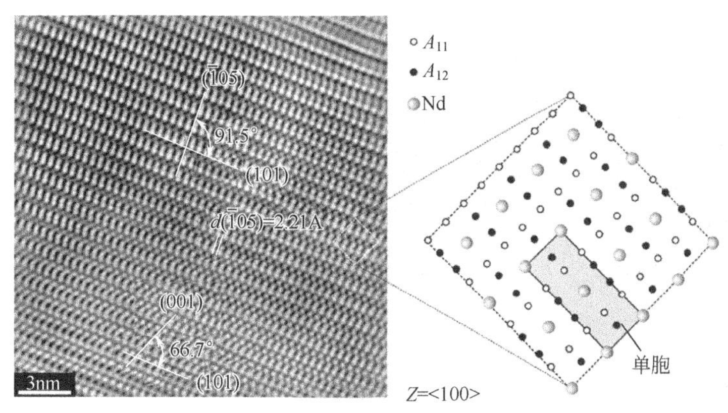

图 2-23　利用 FFT 变换过滤噪声后的 IFFT 图像

图 2-23 中的 IFFT 图像是从单相结构获得。用同样的方法，也可以同时分析多相的信息。如图 2-24 所示，对 Al_2O_3/ZrO_2 共晶系统界面的 HRTEM 图像进行 FFT 变换，获得 FFT 图像，在图像中可以看到对应两相的斑点。选择两相斑点获得 IFFT 图像，可以获得过滤后的图像，界面结构比原来的 HRTEM 图像更加清晰，可以看到界面上的位错结构。

在 FFT 图像上不仅可以选择所有的斑点，也可以只选择一部分斑点，便于观察这些斑点对应的结构特征。图 2-25 为沉积在 $SrTiO_3$ 基底上的 $Fe/BaTiO_3$ 多层薄膜的 HRTEM 图像，获得 FFT 图像后，选择平行于界面方向的斑点形成 IFFT 图像，这样只能看到垂直于界面的晶格条纹。从界面上晶格条纹的匹配，可以很容易看到位错结构。当 $BaTiO_3$ 层为 2nm 时位错间距较小，而厚度为 6nm 时位错间距增大。

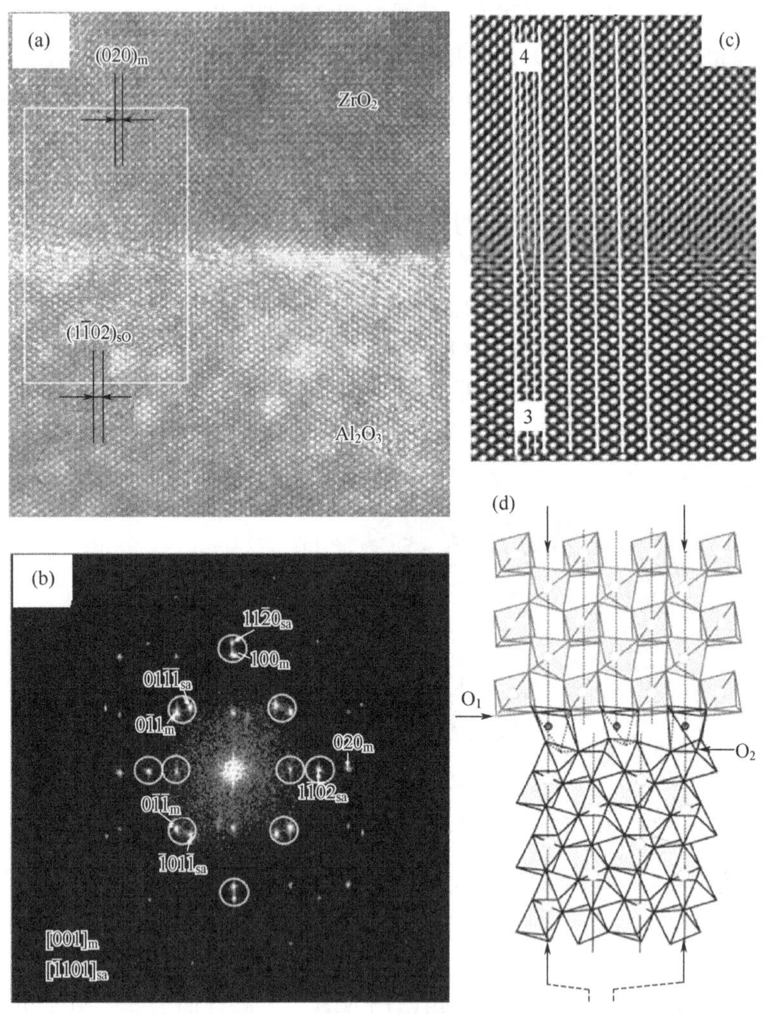

图 2-24 （a）Al_2O_3/ZrO_2 共晶系统界面的 HRTEM 图像；（b）FFT 图；（c）由 FFT 图像中两相的斑点获得的 IFFT 图像；（d）界面结构示意[20]

（3）几何相位分析

样品中的微观应变会导致局部的晶格畸变（放大、缩小或者扭曲），基于 HRTEM 图像和 FFT 变换，通过几何运算就可以获得反映材料上微观应变场分布的图像，这种分析方法称为几何相位分析[22]（geometric phase analysis，GPA）。几何相位分析可以通过多种软件实现，选择 FFT 图像中两个非线性相关的斑点就可以定义二维的 IFFT 图像，以此为参考可以度量实验 HRTEM 图像中的位移场或应变场。

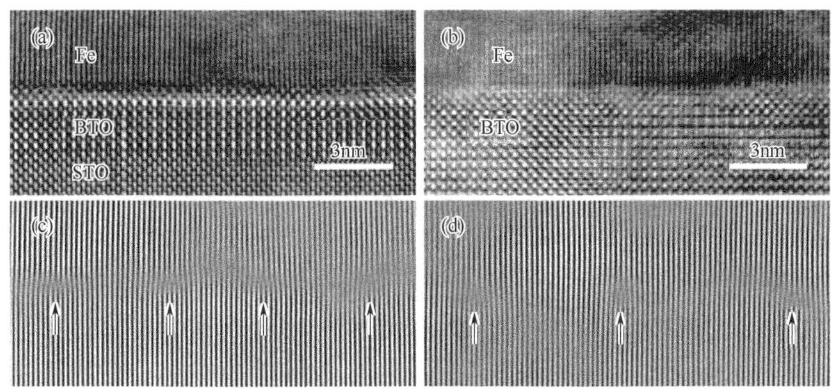

图 2-25 沉积在 $SrTiO_3$ 基底上的 $Fe/BaTiO_3$ 多层薄膜的 HRTEM 图像

$BaTiO_3$ 层厚度分别为（a）2nm 和（b）6nm。（c）和（d）为相应的 IFFT 图像，仅选择 FFT 图像中平行于界面的两相斑点获得[21]

这里介绍一款 GPA 的软件——Strain++，软件的链接为：//jjppeters.github.io/Strainpp/。源码链接为：https://github.com/JJPPeters/St。64 位 Windows 版的二进制包：https://github.com/JJPPeters/St。如何获得 GPA 图像的具体操作方法这里不深入介绍。读者有兴趣请自行找资料学习。

纳米晶材料中有大量的晶界，对材料的力学和物理性质产生很大影响。然而，晶界附近高密度的位错和相关的应变场给纳米晶材料结构的深入分析带来了困难。借助 GPA，有助于解决这个问题。图 2-26 所示为纯 Cu 中的位错和大角度晶

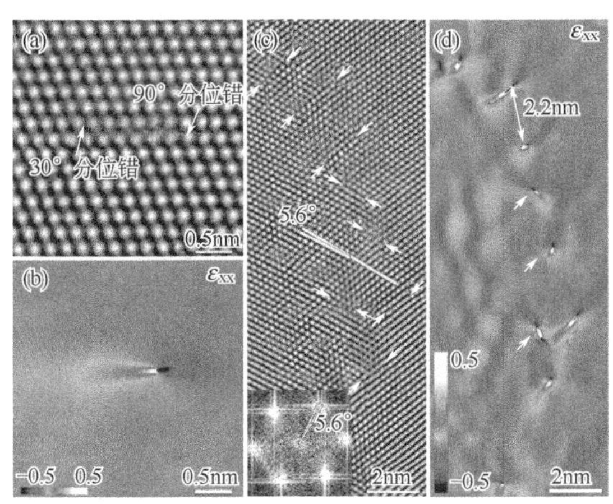

图 2-26 纯 Cu 中的位错和大角度晶界

（a）典型扩展位错；（b）典型扩展位错对应的应变场；（c）一系列扩展位错构成的大角度晶界；（d）一系列扩展位错构成的大角度晶界对应的应变场[23]

界[23]。图 2-26 中可以看到位错为扩展位错，一系列扩展位错排列起来构成了大角度晶界。这些位错和层错伴随的应变场可以清晰地从 GPA 图像中看到。

在新一代微纳电子器件中，Si 的应变是在器件设计中需要考虑的一个重要因素。Si 的应变可以大幅度提高载流子迁移率，从而可以提升场效应晶体管（MOSFET）的性能。图 2-27 所示为一个 MOSFET 器件的 TEM 明场图像。通过几何相位分析，可以获得在 SiGe 源电极和漏电极之间的 Si 通道附近的图像。从图中可以看出，通道上产生了单轴压应变，颜色变化定量显示了原子尺度的应变。

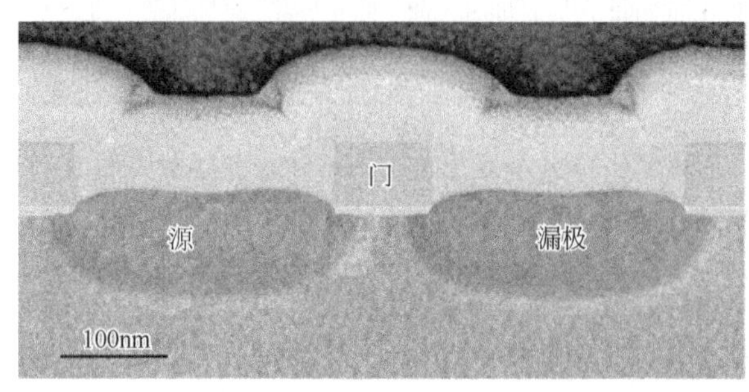

(a)

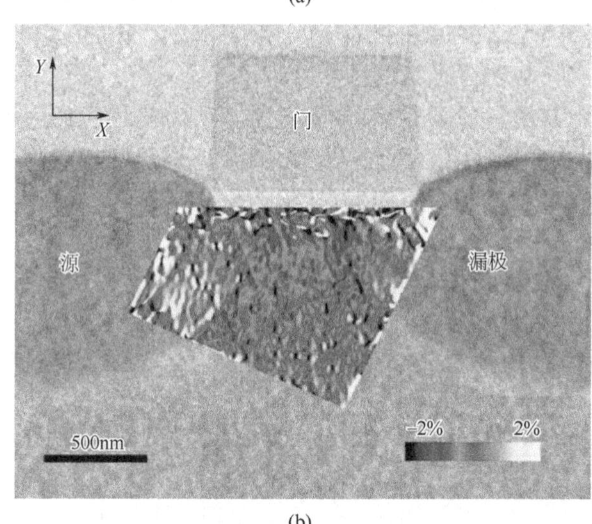

(b)

图 2-27 （a）MOSFET 器件的 TEM 明场像，SiGe 作为源电极和漏电极；（b）基于 HRTEM 图像进行几何相位分析，获得平行于门电极的应变分布图像[24]

2.2 材料的成分和含量测试及数据分析

元素成分直接影响功能材料的物理性质。成分不同，成分比例不同，性能不同。如 BiOCl、BiOI、$Bi_4O_5I_2$、$Bi5O_7I$ 和 $Bi_7O_9I_3$[25]，这些材料虽然由相同的元素 Bi、O 和 I 构成，但由于各元素的比例不同，其光催化性质相差很远。另外，在材料中即使掺很少量的杂质，其性能也可能发生很大的变化，如在半导体中掺入 10^{-18} 含量的杂质，足以可观地改变其导电性能[26]。又如锐钛矿 TiO_2 的能隙约 3.2eV，光催化时只对紫外线响应，但掺入很少的 C、N 后可以对部分可见光响应[27]。故我们需要测试材料的元素成分及其配比。

下面介绍 EDX、EELS、EDS 和 XPS。HADDF 在第一章已经做了介绍，这里不再赘述。

2.2.1 能量色散 X 射线光谱仪

能量色散 X 射线光谱仪（EDX）是指在透射和扫描电镜中使用 X 射线能谱仪分析试样化学成分的方法得到的谱图。EDX 可以测量样品的成分和含量，也可以测试空间样品元素分布。

当样品被电子束照射时，由于电子和样品的相互作用，样品中的电子从电子束中的电子那里获得能量，假设从图 2-28（a）、（b）所示的 K 层跃迁到 M 层，处于激发态，然后这个激发态电子又从激发态跃迁回基态 K 层，此时放出如图 2-28（b）所示的 X 射线，X 射线能量 E 为 M 层电子能量减去 K 层电子能量。一般情况下，不同的原子电子壳层的能量不同，因而这种发射出的 X 射线是原子的特征射线。故根据这些放射出的 X 射线的能量即可辨别是哪种元素的原子，也可以从 EDX 能谱（射线强度与能量的关系曲线），如图 2-28（c）所示，计算出各元素对应曲线面积之比，即为元素的含量比（原子百分比）。

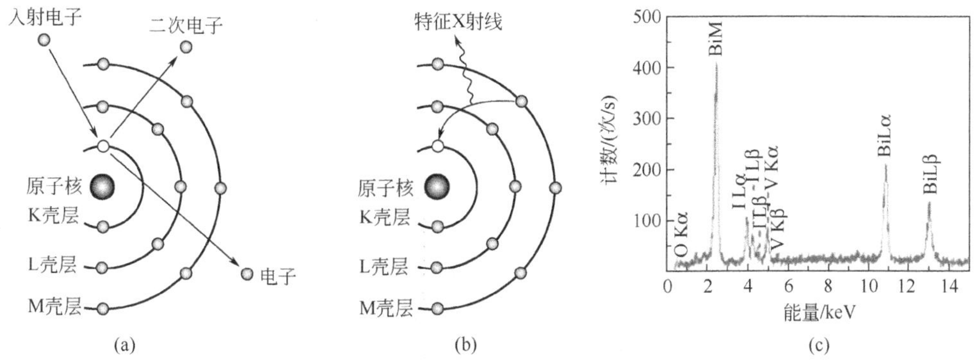

图 2-28 （a）电子束辐射样品时，部分内层电子与辐射电子束相互作用；（b）样品中元素原子的内层电子吸收能量后跃迁到外壳层，很快又从外壳层向内壳层跃迁，放出特征 X 射线；（c）BiOI 的 EDX 能谱[28]

EDX 的测量一般是选择一个区域，对于元素分布不均匀的样品，这样的结果有误差。而且 EDX 测量的是从表及里 0.5～1μm 厚度层的成分的平均值。

除了测量元素和含量外，EDX 可以用来测量空间元素分布图（spatially resolved elemental mapping）。图 2-29 是异质结 $WS_2/WS_{0.2}Se_{1.8}$ 的空间元素分布图。W 在两个空间都有分布，S 基本上分布在 WS_2 区域，而在 WS_2 区域基本上看不到 Se 的分布，反映了在异质结附近成分的差异，也证明这个异质结很好，没有成分的扩散。

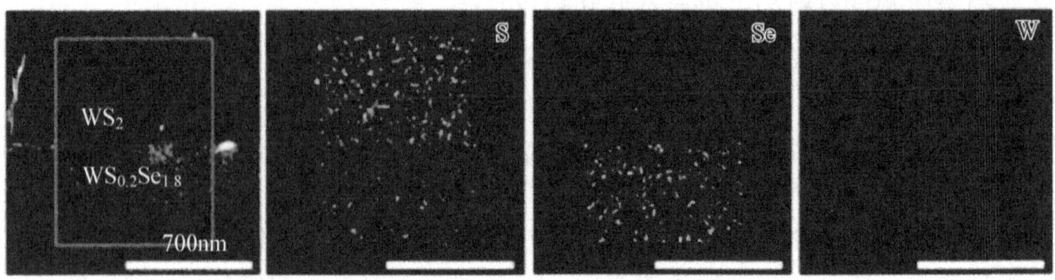

图 2-29　异质结 $WS_2/WS_{0.2}Se_{1.8}$ 的空间元素分布[29]

图 2-30（a）是沉积在氧化锡（FTO）衬底上的 $ZnO/TiO_2/Ag_2Se$（600）的 EDX 谱，图 2-30（b）是其选区的元素分布图。从图 2-30（a）可以知道，制备的薄膜中含 Zn、Ti、O、Ag 和 Se 五种元素。从图 2-30（b）可以看出，棒形材料上含 Zn、Ti、O 三种元素，而球状材料含 Ag 和 Se 两种元素。可以初步断定：棒形材料是 ZnO 和 TiO_2 复合物，其上沉积 Ag_2Se。

另外，除了给出样品中成分的空间分布外，空间元素分布图还可以看出样品的结构信息。图 2-31 是 $W_{18}O_{49}$ 的空间元素分布图。从图中可以看出，Ti 的分布为矩形，W 在矩形外分布，说明其结构是 Ti 为核，$W_{18}O_{49}$ 为壳，而且可以看出 Ti 的表面很光滑。

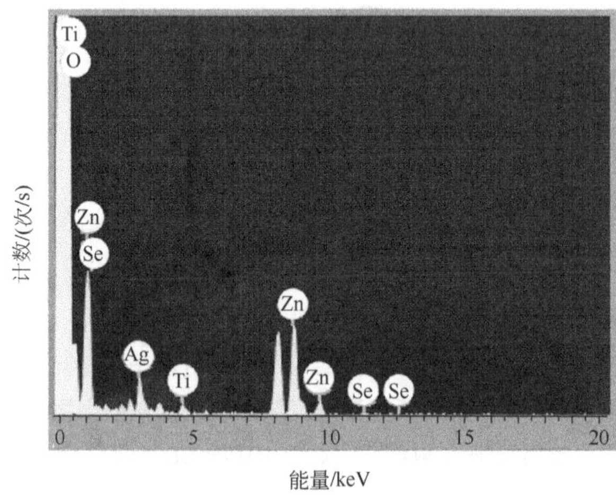

(a)

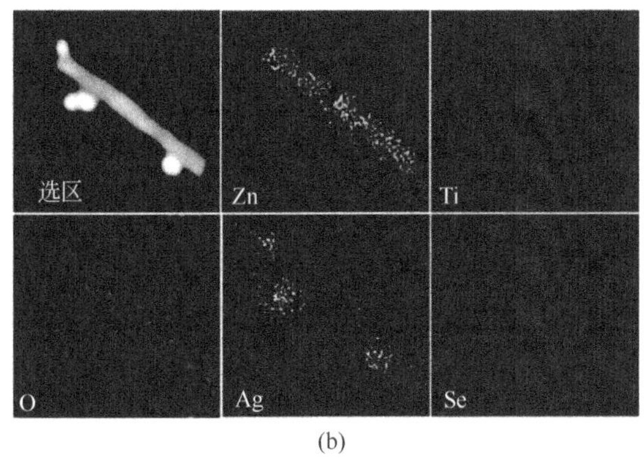

图 2-30　沉积在氧化锡（FTO）衬底上的 $ZnO/TiO_2/Ag_2Se$（600）的（a）EDX 谱和（b）选区的元素分布[30]

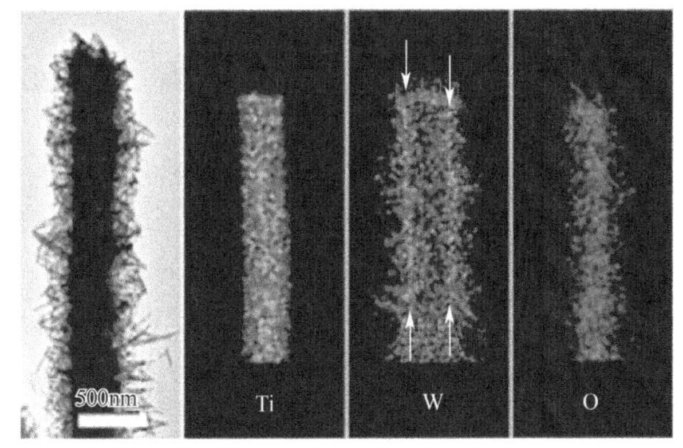

图 2-31　$W_{18}O_{49}$ 的空间元素分布[31]

EDX 的空间元素分布图可以是矩形的区域，也可以是一个长方形的区域。故 EDX 的元素空间分布图很适合用来研究异质结。图 2-32 是线扫描 Ta_3N_5/NaTaON 异质结中 O、Na、Ta 的 EDX 谱。从图 2-32 中可以看出，沿着穿过异质结的那条线，O 和 Na 的信号只在两个分开的点上有，而 Ta 沿着这条线一直有，几乎是常数。这就意味着 O 和 Na 只在这个结构的边沿有，Ta 在整个结构里都有。这说明这个结构是一个核-壳结构的异质结，其中 Ta_3N_5 是核，NaTaON 是壳。

图 2-33 是核-壳结构 CdS@TiO_2 复合物的 EDX 谱，图 2-34 是 CdS（壳）@TiO_2（核）的元素图谱，表 2-1 是核-壳结构的 CdS@TiO_2 复合物的元素含量原子百分比。表 2-1 说明复合物中 TiO_2 含量是 CdS 的约 8.3 倍。图 2-34（a）中 Cd 在颗粒上的含量多且分布均匀，图（b）中 S 的含量多且分布也均匀；但图（c）和图（d）分别显示 EDX 测试到的 Ti 和 O 含量少，且不均匀。定量分

析测得的 Ti 和 O 的量远少于 Cd 和 S 的量，这一事实证实了 CdS（壳）@TiO_2（核）的结构。

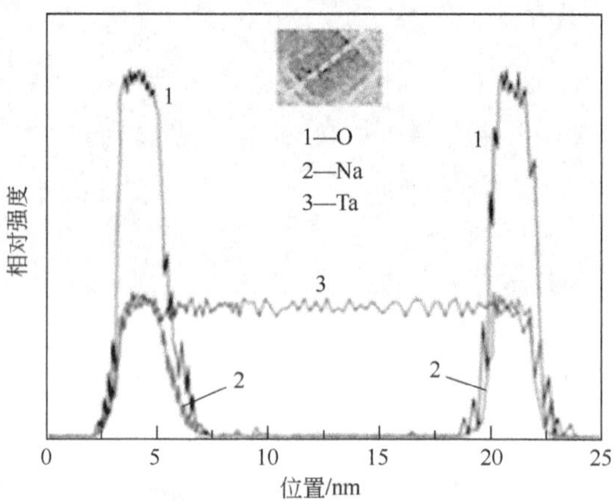

图 2-32　线扫描 Ta_3N_5/NaTaON 异质结中 O、Na、Ta 的 EDX 谱[32]

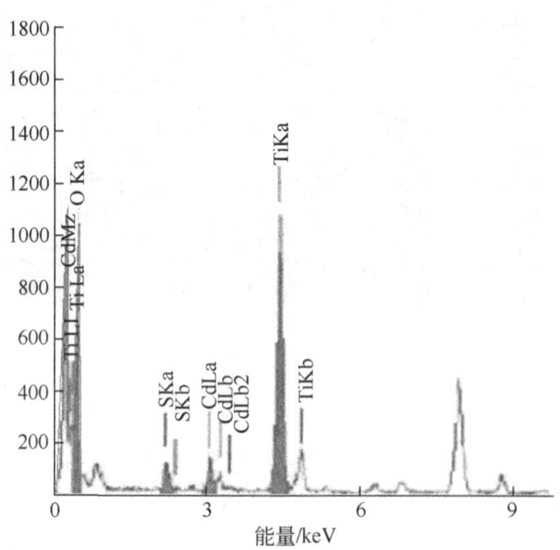

图 2-33　核-壳结构 CdS@TiO_2 复合物的 EDX 谱

表 2-1　核-壳结构 CdS@TiO_2 复合物的元素含量

Cds@TiO_2 核壳结构的成分	原子含量/%
Ti	27.3
O	67.0
Cd	3.3
S	2.4

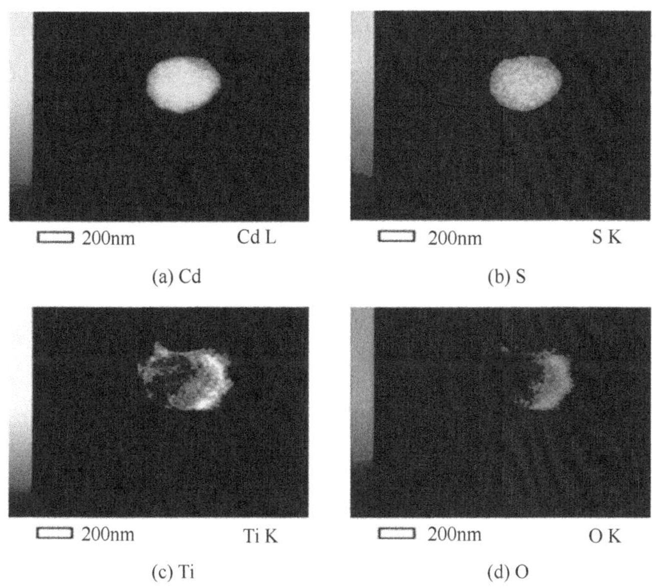

(a) Cd　(b) S　(c) Ti　(d) O

图 2-34　核-壳结构 CdS@TiO_2 复合物的元素成分分布

2.2.2　电子能量损失谱

2.2.2.1　电子能量损失谱测试原理

电子能量损失谱（EELS）是另一种在电镜里可以用来测量样品成分的工具。和 EDX 一样，都是用电子束聚焦打在样品上。但 EDX 是测量激发出来的 X 射线，EELS 是测量激发出来的电子。

电子在材料中激发出不同的电子，其中非弹性散射中的一部分电子将从材料入射的反向出来，携带材料的各种物理信息。测试其中的一部分有用的信息的强度与能量的关系，就可以得到材料的信息。这就是电子能量损失谱（EELS）学的基础。

2.2.2.2　EELS 谱的各种机制

要很好地分析 EELS 数据，需要从了解产生 EELS 谱的各个机制开始。

当入射电子束照射试样背面时，将会发生入射电子的背向散射现象。背向散射电子返回出表面的电子由两个部分组成，一部分是能量几乎不变的电子，我们称之为“弹性散射电子”；另一部分能量减小（即发生了能量损失）的电子，我们称之为“非弹性散射电子”。

非弹性散射的电子的能量损失机制包括如下几个方面：

① 激发声子或者表面原子和分子振动。其能量损失范围在几十至几百毫电子伏。

② 体等离子体及表面等离子体（电子气）与价带跃迁。在 1～50eV 范围，和样品厚度有关。价带跃迁是一些小峰。表面等离子体的损失峰约在 10eV；体等离子体的损失峰约在 15eV。

③ 芯电子跃迁。能量在 10^2～10^3eV 量级。

④ 自由电子。属于二次电子，约 50eV 以下。

⑤ 连续 X 射线辐射。

在 EELS 谱中，最后两项（自由电子和连续 X 射线辐射）只是其背底。平坦肥大的峰是二次电子的峰。EELS 中值得分析的是①②③项的信息。

根据以上机制，EELS 谱主要分为以下几个部分，各个部分都有其具体的机制和应用。图 2-35 是 EELS 谱的区域划分示意图，横坐标是能量损失（等于入射电子能量减去背散射回来的电子能量），纵坐标是强度。EELS 谱划分三个区域。

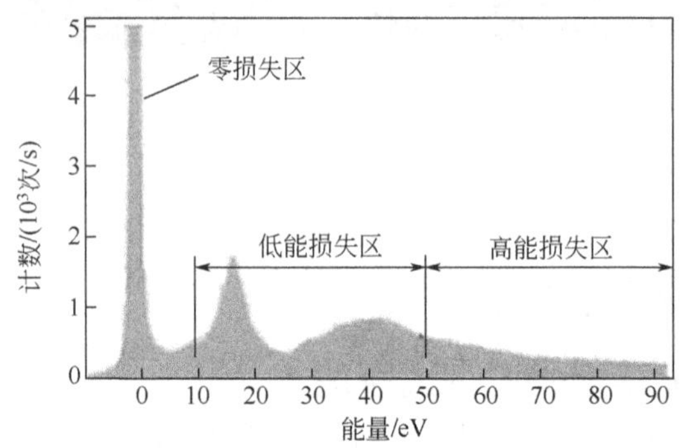

图 2-35　EELS 谱的区域划分

（1）零损失区

该区域的谱特征是：背散射电子和入射电子能量相同，强度相同。该区域主要包括未与原子发生任何散射作用的“零损失”电子，也包括与原子核发生弹性散射未损失能量的电子，以及发生很小能量损失的非弹性散射。从图 2-35 中可以看出，零损失峰强度最大。

该区域的谱可以做如下应用：

a. 谱仪系统能量分辨率的测定。通常以零损失峰的半高宽（FWHM）作为谱仪系统的能量分辨率。

b. 能量过滤电子衍射分析。能量过滤电子衍射分析由于具有选区小、联机数据采集和快速导出约化密度函数（RDF）的优点，近年来受到广泛关注。由于不属于 EELS 的内容，这里不详述。

（2）低能（＜50eV）损失区

电子能量损失谱的低能谱区由入射电子与固体中原子的价电子非弹性散射作

用产生的等离子峰及若干个带间跃迁小峰组成。

等离子峰由体等离子体和表面等离子体组成。体等离子峰比表面等离子峰能量强，是一种入射电子穿过晶体时引起的电子云相对离子实的集体振荡，属于入射电子与固体之间的一种长程相互作用。等离子激发峰随着试样厚度增大而增多。

某种情况下这种散射作用使得一个电子从满带跃迁到高的空能带，在电子能量损失谱的低能谱区引起明显的精细结构，出现小峰。

低能损失区可能还包含声子激发和表面原子声子振动的激发峰。但需要仪器具有小于 10meV 的分辨能力，且初级电子能量与声子能量相比，一般要求初级电子能量小于 10eV。此时的电子损失谱叫作“低能电子损失谱”（LESLS），或者叫作高能电子能量损失谱（HPEELS）。由于初级电子能量小的原因，HPEELS 只有等离子峰。

电子能量损失谱的低能损失区可以提供和光吸收谱同样的信息，包括一些有价值的信息，例如能带结构、材料的介电性能等等。

该区域可以做如下应用：

① 样品厚度的测算。EELS 允许在透射电子显微镜中快速和可靠地测量局部厚度。样品厚度可以按照如下公式计算：$t=l_p\ln(I_t/I_0)$。其中 I_0 为如图 2-36 所示的零损失峰下的面积；I_t 为在谱仪设定的能量范围（0～E）内谱线的总面积；l_p 为等激元振荡平均自由程，与材料性质有关。

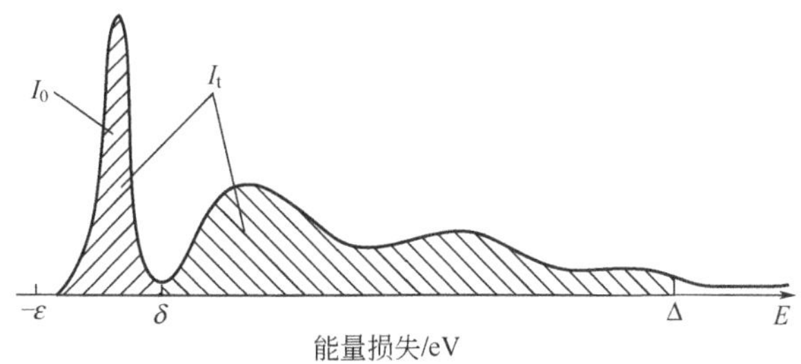

图 2-36　电子能量损失谱的低能损失区的 I_0 和 I_t

测量局部厚度样品可按照如下步骤进行。

a．在-5～200eV 的能量范围内测量能量损耗谱（谱越宽越好）。这种测量快（毫秒），因此可以应用于在电子束下通常不稳定的材料。

b．分析光谱：使用标准程序提取零损失峰（ZLP）；计算在 ZLP（I_0）和整个光谱（I）下的积分。

c．据此公式进行厚度 t 计算：$t=\text{mfp}\times\ln(I/I_0)$。这里 mfp 是电子非弹性散射的平均自由程，大多数元素固体和氧化物的 mfp 数据都能查询到。这里有一些参考的查询渠道：

• 康奈尔大学（Cornell）的 EELS 精细结构指纹数据库；

•（英文）A database of EELS and X-Ray excitation spectra；

•（英文）Cornell Spectrum Imager，an EELS analysis open-source plugin for ImageJ；

•（英文）HyperSpy，a hyperspectral data analysis Python toolbox especially well suited for EELS data analysis；

•（英文）EELSMODEL，software to quantify Electron Energy Loss（EELS）spectra by using model fitting。

计算厚度的空间分辨率受等离子体定位限制，约为 1nm，意味着空间厚度图可以在扫描透射电子显微镜中测量，具有约 1nm 的分辨率。

② 利用等离激元损失进行微区化学成分判定。在元素的能量损失谱中，能量较小的特征损失谱混合在等离子峰中。此时可以通过对照低能损失区内等离子峰的形状和位置来判定其元素种类。如图 2-37 所示，测试了碳同素体的等离激元峰能量 E_p，因电子密度上的差异导致体等离激元峰分别出现在 33eV（金刚石）、27eV（石墨）和 25eV（非晶态碳）。

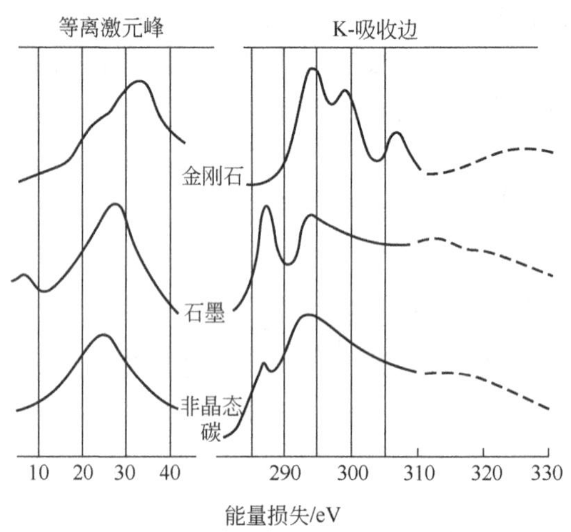

图 2-37　碳同素体的等离激元峰和吸收边

另外，能量损失谱可以看作是高速电子流经试样时产生的一种介电反应，因此，可以利用 EELS 演算试样的介电常数。这里不做介绍。

（3）高能（＞50eV）损失区

高能损失区损失的能量大于 50eV，所含的信息主要来自入射电子与试样原子内壳层电子的非弹性散射。高能区不受诸如离子峰这些背底的干扰，更能很好地对材料的元素进行定性和定量分析。高能损失部分主要有吸收边（core-less edges)、能量损失近边机构（energy loss near edge structures，ELNES）和扩展能量损失精细结构（extended energy loss fine structure，EELFS）。吸收边对应始端是内壳层电子能量和费米能之差，即内壳层电子电离所需要的能量值。不同元素内壳层电子电离所需要的能量不同，所以可以通过吸收边来确定元素的种类。能量损失近边结构出现在吸收边后 50eV 左右，它可以反映元素的能带结构、化学及晶体学状态等。

① 元素的定性分析。高能损失区可以展开如下应用：利用高能损失区的吸收边很容易进行元素的定性分析，原子序数小于 13 的常用 K-吸收边来进行分析，而原子序数大于 13 的可选用 L-吸收边、M-吸收边来进行分析。高能损失区的能量损失范围为 50～2000eV，能观察到的吸收边主要有：元素 Be-Si 的 K-吸收边、元素 Si-Rb 的 L-吸收边和较重元素的 M、N、O 吸收边。K-吸收边能比较清晰地显示电离临界能，易于鉴别相应的元素。图 2-38 展示了 ZJ330 钢成品试样中纳米析出物的 EELS，损失谱中标出了氧峰和铁峰的存在，证实了这种析出物为氧化物。

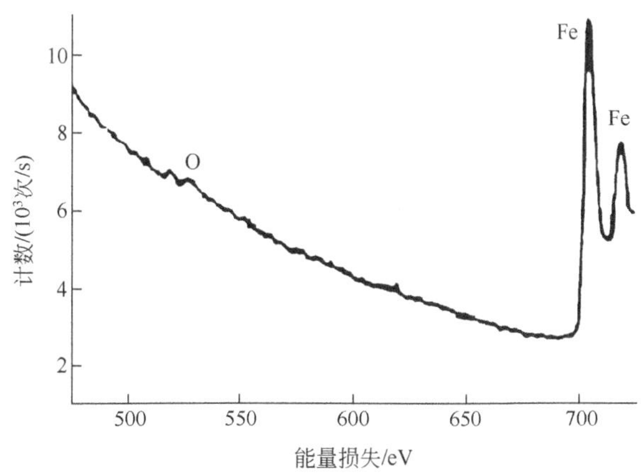

图 2-38　ZJ330 钢成品试样中纳米析出物的 EELS

② 元素的定量分析。EELS 定量分析元素含量可以采用 Digitalmicrograph 软件处理 EELS 数据。软件的使用读者自己学习，这里不讨论。

吸收边前背景强度主要取决于低能损失区尾部的延伸，而吸收边后背景强度取决于吸收边的尾部的延伸。一般来说，样品越厚或接收半角越大，背景强度越高，检测灵敏度越低。因此在定量分析时必须扣除背景强度。

③ 元素成分分布图。元素成分分布图是采用需要测试的元素所对应的特征能量损失的电子信号在各个位置上成像，根据所成图像可以知道元素的空间分布规律。EELS 的元素成分分布图主要有 TEM-EELS 谱图和 STEM-EELS 谱图。

2.2.2.3 电子能量损失谱（EELS）与其他技术的比较

① EELS 最重要的特点是可以分析轻元素，也特别适合 N、O、B 等元素的分析，而 EDX 比较适合重元素的分析。

② 与传统的 EDX 相比，电子能量损失谱（EELS）的分辨率更高，因此电子能量损失谱（EELS）适合能量有细微差别的元素分析。

③ 电子能量损失谱（EELS）可用于元素价态的分析。

④ 电子能量损失谱（EELS）可判断晶型。

⑤ 电子能量损失谱（EELS）可以很方便地测出薄膜厚度。EELS 不仅可以明显提高电子显微像与衍射图的衬度和分辨率，而且可以提供样品中的原子尺度元素分布图，这是其他电子显微学分析无法比拟的。在 STEM 中得到高分辨 Z 衬度像的同时，可以精确地将电子束斑停在所选的原子列上，用较大的接收光阑，就可以得到单个原子列的能量损失谱。

原子分辨率的 Z 衬度像与 EELS 结合，可以在亚埃的空间分辨率和亚电子伏特能量分辨率下研究材料界面和缺陷及电子结构、价态、成键和成分等，为研究材料原子尺度成分与宏观性能的关系提供新的途径。

虽然 Z 衬度高分辨成像可以获得原子序数衬度，但是它并不能独立确定元素的种类。EDS 和 EELS 则是探测元素种类的有效方法，其中 EELS 由于具有较高的探测敏感度和可以分析电子的态密度而受到极大关注。

2.2.2.4 EELS 实例数据分析

通过 EELS 谱可以获得材料的很多物理信息。

图 2-39 是在 WSe_2 上沉积一层反平行 30°和平行 0.3°MoS_2 得到的异质复合薄膜的 HPEELS 谱，谱测试温度为 120K[29]。里面的小图为 MoS_2/WSe_2 异质复合薄膜的低倍 STEM，小图显示出 MoS_2/WSe_2 异质复合薄膜的异质结形貌。纯的 MoS_2 的 HPEELS 中，在 1.96eV 和 2.15eV 处分别有对应 Mo 元素的自旋轨道激子峰 $X_{A,Mo}$ 和 $X_{B,Mo}$。纯的 WSe_2 的 HPEELS 谱中，在 1.75eV 和 2.3eV 处分别有对应 W 元素的自旋-轨道激子峰 $X_{A,W}$ 和 $X_{B,W}$。对比纯 MoS_2 和 WSe_2 的 EELS 谱，可以看出，在 WSe_2 上沉积一层反平行 30°MoS_2 得到的异质复合薄膜的 EELS 谱峰基本呈现了自旋轨道激子峰 $X_{A,Mo}$ 和 $X_{B,Mo}$，但没有呈现 W 元素的自旋-轨道激子峰 $X_{A,W}$ 和 $X_{B,W}$。说明在一层厚的 MoS_2 下面的背散射已经不能被 EELS 探测到，但是出现了一些其他的小峰。而在 WSe_2 上沉积一层平行 0.3°MoS_2 得到的异质复合薄膜的 EELS 谱上除了在 2.3eV 附近有一个 $X_{B,Mo}$ 激子峰，其他什么也探测不到。在 WSe_2 上沉积一层反平行 30°和平行 0.3°MoS_2 得到的异质复合薄膜的 HPEELS 谱有很大的差别。从反平行 30°的样品的 EELS 出现很多小峰（是激子的能量范围和带间跃迁能隙范围）可以看出，反平行 30°的样品的导电性会比平行 0.3°的样品的导电性好很多。

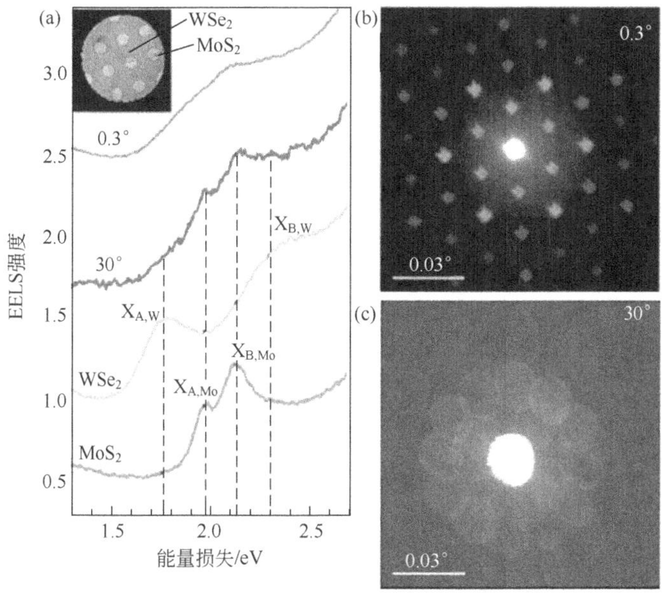

图 2-39　(a) MoS_2/WSe_2 分别在反平行 30°和平行 0.3°的平均 EELS 谱；(b) MoS_2 与 WSe_2 平行 0.3°的 STEM 图像；(c) MoS_2 与 WSe_2 反平行 30°的 STEM 图像[29]

EELS 可以用来研究相界。从图 2-40 的 EELS 元素面分析中可以清晰地探测到 Cu 和 Ag 在 Q′相内的分布规律。其中 Cu 主要分布在析出相与基体的界面处，并且产生无周期的结构；而 Ag 在析出相内的分布比较分散，主要分布在非共格界面处，且 Ag 柱在析出相内部形成特定结构，Ag 和 Cu 不会混合排列。探究 Ag 及 Cu 柱在第二相内的分布情况对理解 Ag、Cu 添加对析出相形核的促进作用有重要意义。

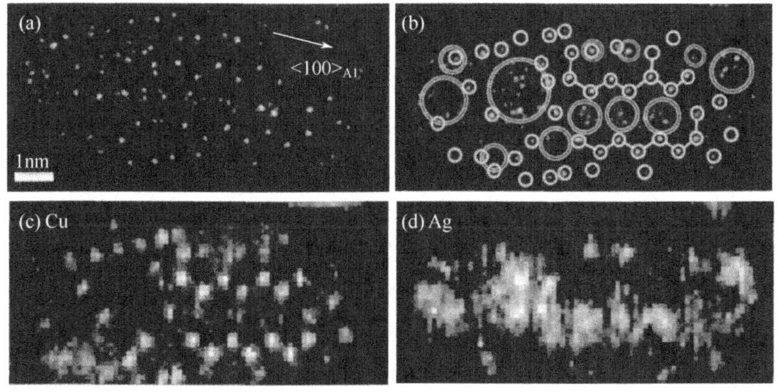

图 2-40　Al-Mg-Si-Cu-Ag 合金中 Q′相的 HAADF-STEM 高分辨像及 Cu 和 Ag 的 EELS 元素面分析

EELS 的高分辨率并未牺牲空间分布的分辨率[33]，而且还可以用它分辨晶相和化学态。比如基于 TiO_2 样品的一系列 EELS 谱能分辨出 TiO_2 的金红石相和锐钛矿相。图 2-41 是横穿有序锐钛矿 TiO_2/无序金红石/有序金红石异质结线上各点的 EELS 谱。从图中可以看出，两个不同的相的两个激发电子 Ti $2p_{3/2}$ 与 Ti $2p_{1/2}$ 的 b/a 和 d/c 比值不同（这里 a、b、c、d 指图 2-41 中的峰）。在这个 EELS 谱中，根据无序金红石 TiO_2 的 Ti 的 b/a、d/c 比和 a、b、c、d 峰的变化，可以判断 Ti 的氧化态发生了改变，这种改变是由氧缺位造成的。

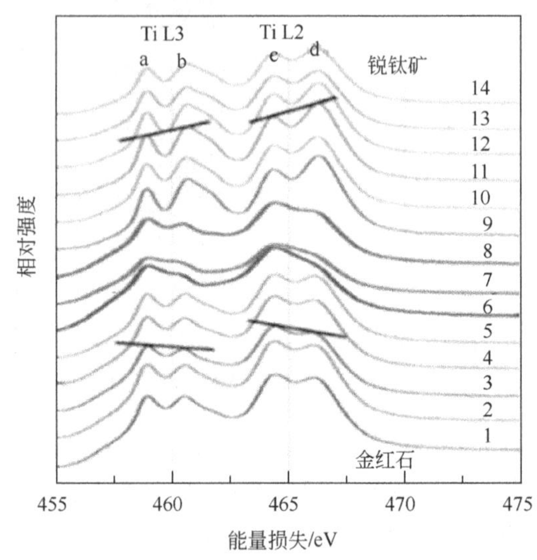

图 2-41　横穿有序锐钛矿 TiO_2/无序金红石/有序金红石异质结线上各点的 EELS 谱[33]

可以用 EELS 研究元素在样品中沿着某个方向或者范围的分布情况。图 2-42 是采用 Ni 的 L-吸收边 EELS 研究锂离子电池在使用了 200 个循环后其阳极材料（$LiNi_{0.8}Co_{0.1}Mn_{0.1}O_2$，简写为 NCM811）在界面的成分分布。图（a）为 NCM811 做 STEM 扫描的区域；（b）是（a）的部分放大的图片；（c）是 3%（质量分数）Al_2O_3 涂敷的 NCM811；（d）是（c）的部分放大的图片；图（e）、（f）分别是（b）和（d）里沿着线的方向测试 Ni 元素的 L-吸收边的 EELS 谱[34]。图中括号内的数字指相对样品表面的深度，单位是纳米。从（e）中可以看出，在 NCM811 中直到 7nm 深度，还可以探测到 Ni^{2+}，7nm 以后只有 Ni^{3+}。而在 3%（质量分数）Al_2O_3 涂敷的 NCM811 中，只有在 5nm 深处能探测到 Ni^{2+}，说明在 3%（质量分数）Al_2O_3 涂敷的 NCM811 中循环操作 200 次后，类 NiO 层是 5nm 厚，表明 Al_2O_3 涂敷层抑制 NiO 层的生长。

图 2-43 也是文献[34]中的图，是 EELS 形成的元素分布图。最左边的是 STEM 图，右边的是相应的 EELS 元素分布图。

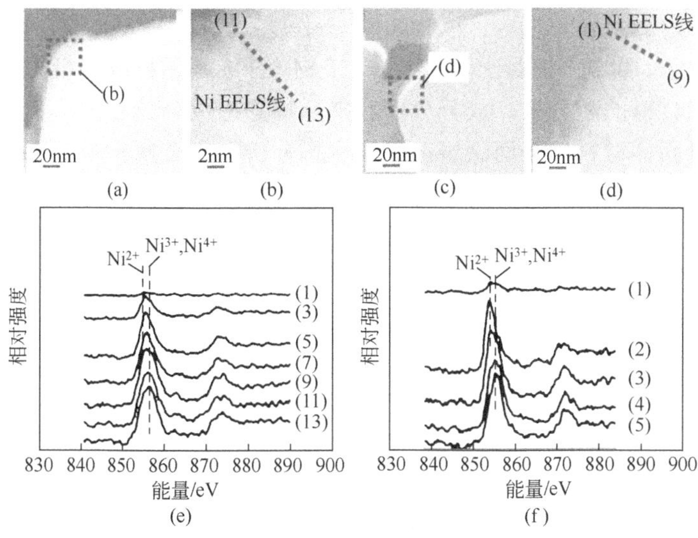

图 2-42　采用 Ni 的 L-吸收边 EELS 研究锂离子电池在使用了 200 个循环后其阳极材料在界面的成分分布

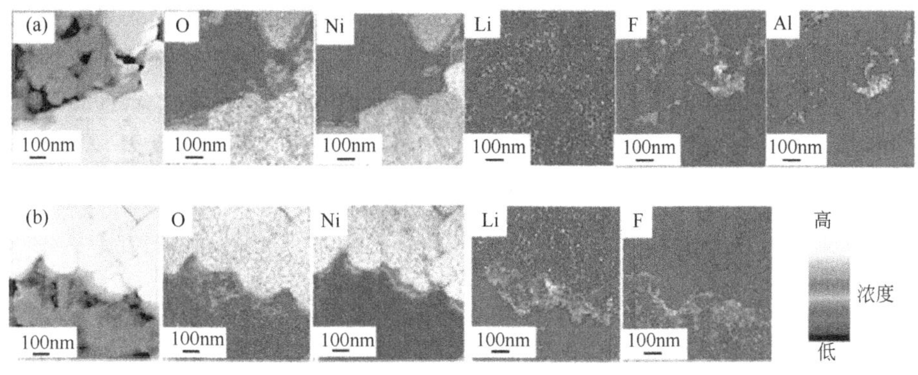

图 2-43　文献[34]中的图，是 EELS 形成的元素分布

2.2.3　能量散射谱

能量散射谱（energy dispersive spectrometer，EDS）用于对材料微区成分元素种类与含量分析，是扫描电子显微镜与透射电子显微镜的附件，能进行表面微区分析，它的作用深度约为样品表面 1μm。和 EDX 相同，都是根据元素内壳层电子受激后回到基态时放出的特征 X 射线能量及其强度来分别判断元素种类与含量。EDS 与 EDX 的区别在于 EDX 是荧光分析，是直接测量放出特征 X 射线能量强度与特征射线能量的关系。EDS 是能谱分析，是在入射 X 射线的照射下，测量最小能量的电子空穴对的数目来得到放出的特征 X 射线能量，以此判断元素种类与含量。

EDS 的使用范围：

① 高分子、陶瓷、混凝土、生物质、矿物、纤维等无机或有机固体材料分析；

② 金属材料的相分析、成分分析和夹杂物形态成分的鉴定；

③ 可对固体材料的表面涂层、镀层进行分析，如金属化膜表面镀层的检测；

④ 金银饰品、宝石首饰的鉴别，考古和文物鉴定，以及刑侦鉴定等领域；

⑤ 进行材料表面微区成分的定性和定量分析，在材料表面做元素的面、线、点分布分析。

2.2.3.1 EDS 的原理

在真空下用电子束轰击样品表面，激发元素内壳层电子受激，激发态电子回到基态时放出特征 X 射线，根据该 X 射线的能量和强度来分别判断元素种类与含量。

EDS 的基本原理和 EDX 类似，只是检测特征 X 射线的方式不同。

特征 X 射线能量检测原理：当 X 射线光子进入检测器后，在检测器的 Si（Li）晶体内激发出一定数目的电子空穴对。产生一个空穴对的最低平均能量 ε 是一定的（在低温下平均为 3.8eV），而由一个 X 射线光子造成的空穴对的数目为 $N=\Delta E/\varepsilon$。因此，入射 X 射线光子的能量与电子空穴对数目 N 之间建立了正比关系。换言之，电子空穴对数目 N 越大，说明 X 射线能量越大。那么只要测出 N 就可以知道 X 射线的能量。能谱仪利用加在晶体两端的偏压收集电子空穴对，经过前置放大器转换成电流脉冲，电流脉冲的高度取决于 N 的大小。电流脉冲经过主放大器转换成电压脉冲进入多道脉冲高度分析器，脉冲高度分析器按高度把脉冲分类进行计数，这样就可以描出一张 X 射线按能量大小分布的图谱。

分析数据的注意事项：

① EDS 主要用于元素的定性分析。半定量分析的检测极限为 0.1%，精度一般在 1%～5%。做微区分析时激发深度约为 1～5μm，体积约为 $10\mu m^3$。

② 能谱仪能定性与半定量分析的元素为周期表中 B～U 的元素。

③ EDS 的分析方式有点分析、线分析和面分析，方法和 EDX 的相同。

2.2.3.2 EDS 的实例数据分析

图 2-44 为纳米 ZnO/竹炭复合材料的 EDS 谱。从图 2-44 可以看出，除了 Cu，还有 Zn、O 和少量的 S。S 可能来自于竹炭。

图 2-45 是纳米复合材料 MoO_3/CuO/ZnO 的 EDS 谱。从图中可以看出，样品有 Mo、Cu、Zn、O。图中给出了用 EDS 测出来的各元素的质量比和摩尔比。

图 2-46 是纳米复合材料 MoO_3/CuO/ZnO 表面的 EDS 元素分布图，图（a）～（d）分别为 Mo、Cu、Zn、O 的 EDS 元素分布图，图（e）是这些元素的综合分布图[35]。

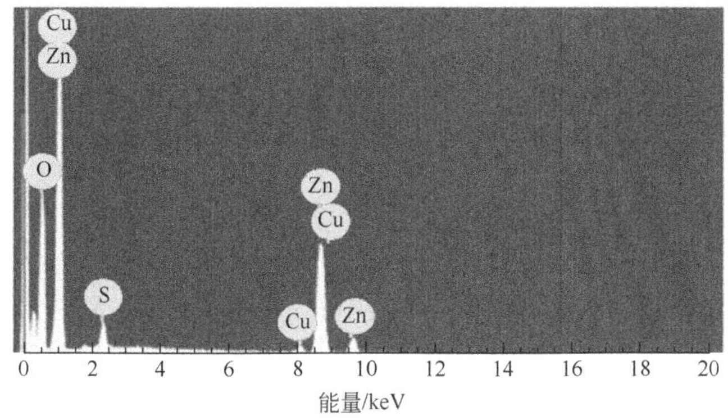

图 2-44　纳米 ZnO/竹炭复合材料的 EDS 谱

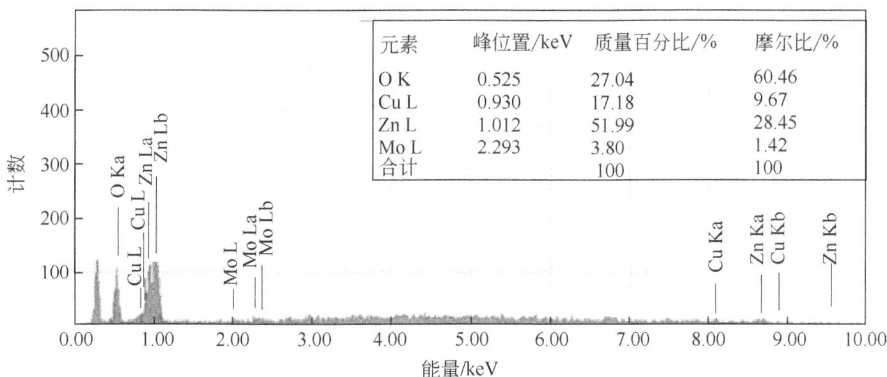

图 2-45　纳米复合材料 MoO_3/CuO/ZnO 的 EDS 谱[35]

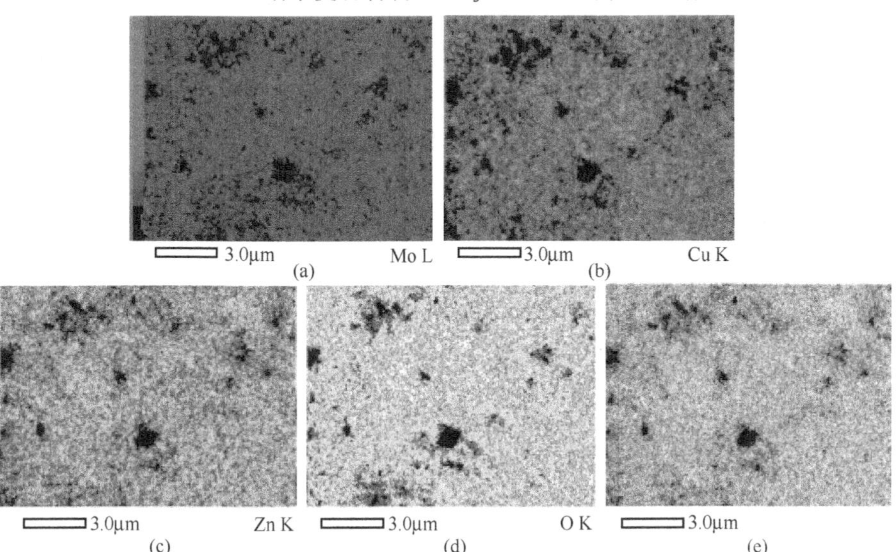

图 2-46　纳米复合材料 MoO_3/CuO/ZnO 表面的 EDS 元素分布图

EDS 的分析与用途和 EDX 类似。故这里不再赘述。

2.3 综合化学态测试与数据分析

2.3.1 X 射线光电子能谱

X 射线光电子能谱（X-ray photoelectron spectroscopy，XPS）是利用 X 射线辐射使材料中原子内层电子产生光电效应。通过光电效应测试原子内层电子的结合能（binding energy，E_b）。由于同一种原子的内层电子结合能受分子环境影响小，故原子内层电子结合能是特定的。通过内层电子结合能识别元素种类。材料中元素原子内层电子结合能的测试是通过光电子能谱获得的。即测量光电子的能量，以光电子的动能/结合能［$E_b=h\nu$（光能量）$-E_k$（动能）$-w$（功函数）］为横坐标，相对强度（脉冲/s）为纵坐标作出光 XPS。分析 XPS 获得试样有关信息。

2.3.1.1 XPS 原理简介

如图 2-47 所示，当一束大于样品功函数的 X 射线照射到样品时，部分 X 射线会被样品中原子的内层电子吸收，放出光电子（此过程叫作光电效应），同时产生空穴。通过测量光电子的动能，结合照射 X 射线光子的能量（由波长算出 $E=2\pi hc/\lambda$），我们可以算出电子结合能。由于同一种原子的内层电子结合能受分子环境影响小，故原子内层电子结合能是特定的。但化合价不同，结合能不同。所以从 XPS 既可以判断出样品所含元素种类，还可以判定元素原子的化合价。

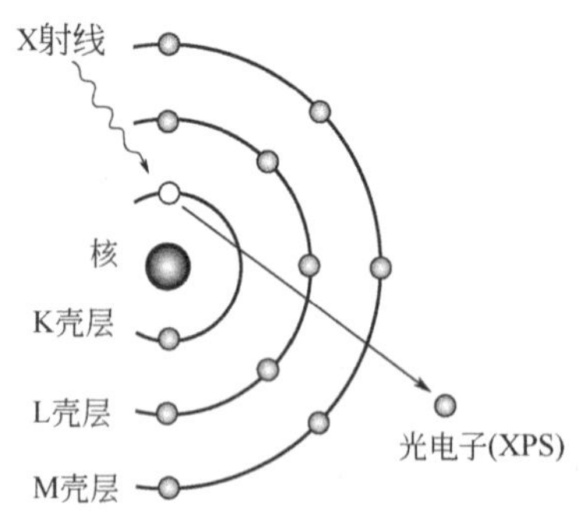

图 2-47　XPS 原理示意

XPS 作为一种现代分析方法，具有如下特点[36]：

① 能分析的元素范围广：除 H 和 He 以外，其他元素都可以分析；所有元素的测试灵敏度具有相同的数量级。

② 相邻元素的同种能级的谱线相隔较远，相互干扰较少，因而元素定性分析的误差小。同时轻元素外层电子结合能相隔更远，故轻元素一般测试 1s 轨道电子结合能。

③ 能够观测化学位移。化学位移同原子氧化态、原子电荷和官能团、局域场的存在与否等有关。化学位移信息是 XPS 用作结构分析和化学键研究的基础。

④ 可作定量分析。既可测定元素的相对浓度，又可测定相同元素的不同氧化态的相对浓度。

⑤ 是一种高灵敏超微量表面分析技术。样品分析的深度约 2nm，信号来自表面几个原子层，样品量可少至 10^{-8}g，绝对灵敏度可达 10^{-18}g。

⑥ XPS 常常配合俄歇电子能谱技术（AES）使用。但它测量原子的内层电子结合能及其化学位移时比俄歇电子能谱技术更准确。

⑦ 它在分析电子材料时，不但可提供表面总体的化学信息，还能给出表面微小区域和深度分布信息。

⑧ 测量过程中 X 射线束对样品损伤很小，故 XPS 适合分析有机材料和高分子材料。

2.3.1.2　XPS 实例数据分析

图 2-48 是 BiOBr/AgBr/$LaPO_4$ 复合物光催化材料的 XPS 谱[37]：（a）全谱；（b）La 3d；（c）O1s；（d）Ag 3d；（e）Bi 4f；（f）P 2p；（g）Br 3d。O 是轻元素，所以测试的是 1s 的电子结合能。La、Ag、Bi、P、Br 是重元素，故测试的是内层电子不同壳层电子的结合能。从内层电子的 XPS 峰可以看出化合价，从而推测出材料的复合形式。比如，从图 2-48 结果可以分析出 BiOBr/AgBr/$LaPO_4$ 中 Ag 有两种化合态：Ag^0 和 Ag^+。由于 Ag^0 的功函数很大，在复合物中能迅速转移光生电子，起到分离光生电子-空穴对的作用。解释光催化降解污染物机制时这个机制不可忽略，非常关键。

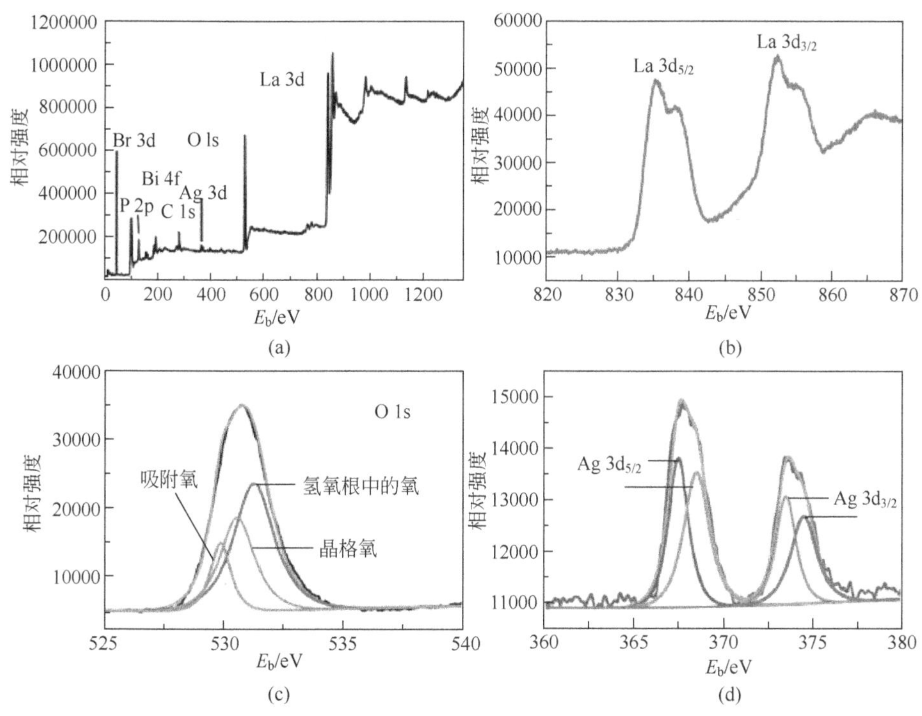

图 2-48

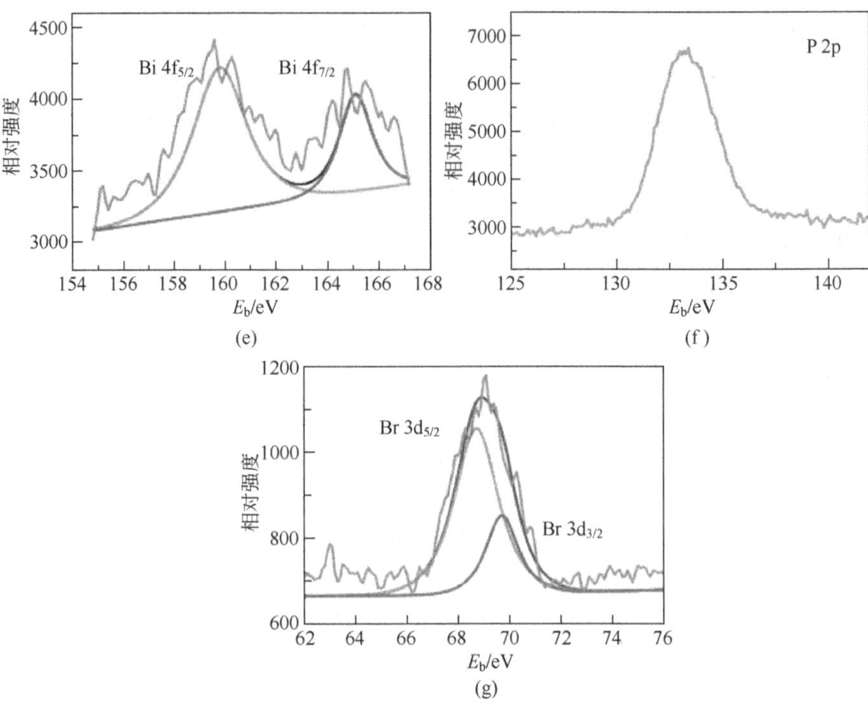

图 2-48　BiOBr/AgBr/$LaPO_4$复合物光催化材料的 XPS 谱

同一种元素，化合价不同，其内壳层电子的结合能不同。不同化合价的峰一般是拟合出来的。拟合合理与否，最主要看拟合后的峰加起来的总和线与原始数据的吻合度。同时要结合其他的性能判定。例如，我们制备的 TiO_2 中大部分的 Ti 为+4 价，但也有+3 价的 Ti^{3+}。其 XPS 图谱见图 2-49。通过拟合 Ti^{4+} $2p_{1/2}$、Ti^{4+}

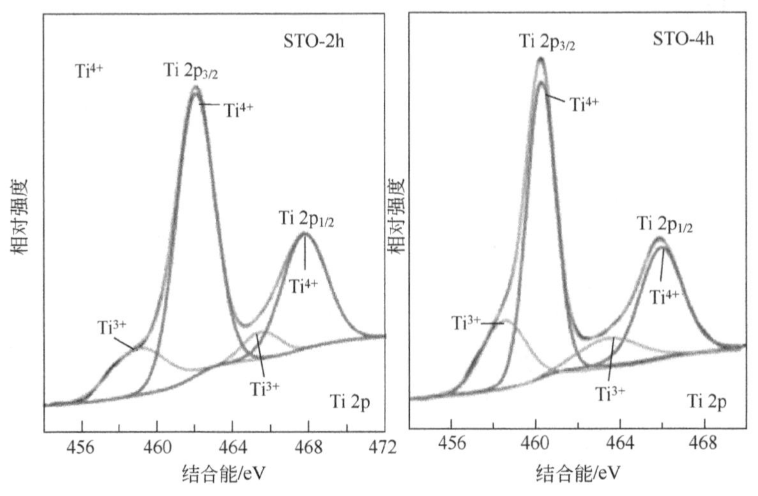

图 2-49　制备的 TiO_2 的 XPS

$2p_{3/2}$，Ti^{3+} $2p_{1/2}$、Ti^{3+} $2p_{3/2}$，我们成功拟合出了这四个峰。拟合的四个峰叠加起来和原始数据很吻合，说明在 TiO_2 中同时有 Ti^{4+}和 Ti^{3+}的存在。从拟合出的这几个峰可以看出，Ti^{4+} $2p_{1/2}$、Ti^{4+} $2p_{3/2}$ 的强度明显远高于 Ti^{3+} $2p_{1/2}$、Ti^{3+} $2p_{3/2}$ 的峰强。说明在制备的 TiO_2 中，主要有 Ti^{4+}，同时还有少量的 Ti^{3+}。

值得指出的是，原子的局域环境将会影响其电子的结合能。如图 2-50 所示，Bi_2O_3、$BiVO_4$ 和 $Bi_xO_yI_z$ 中的 Bi^{3+} $4f_{7/2}$ 的 XPS 峰稍微有所不同，其中心分别位于 160.0eV、158.5eV 和 159.1eV。

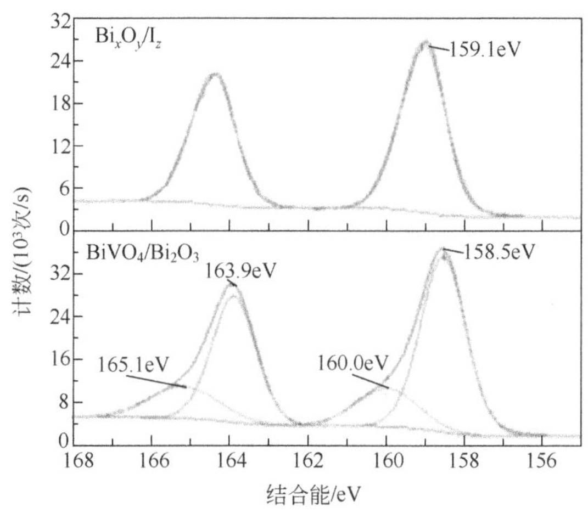

图 2-50　Bi_2O_3、$BiVO_4$ 和 $Bi_xO_yI_z$ 中的 Bi^{3+} $4f_{7/2}$XPS 峰

同样地，Fe_2TiO_5 中 Ti $2p_{3/2}$ 电子的结合能与 TiO_2 中的相比要相差 0.7eV[38]。

一个分子中的元素如果键合发生了变化，该元素原子的 XPS 峰会发生偏移，能灵敏地反映出元素原子周围环境的变化。图 2-51 所示的是 g-C_3N_4 的 XPS。图 2-51（a）中 sp^2 的 N 是 g-C_3N_4 中 C—N 芳香环 C—N=C（N—C_2）的一部分。据报道 N 1s 的 XPS 峰中心正在 398.6eV。而 400.1eV 附近的峰对应 N–C_3 中的 N[39]。有趣的是，g-C_3N_4 中 N 自掺杂不仅引起 N 1s 峰位的移动，也导致另一个在 404.3eV 处额外峰的出现[39]。

异质结中也可以观察到 XPS 峰中心的移动，是灵敏地反映原子周围环境变化（出现局域极化场）的一个典型案例。图 2-51（b）中，Co_3O_4 纳米颗粒与 g-C_3N_4 复合形成异质结构后，C 1s 的峰发生了移动。

还有一些元素单质被吸附在其他物质的表面，其化合态偏离 0 价和其他允许的化合价之间。图 2-52 所示的氧（O）是一种化学吸附 O，其结合能都比其他形式的化学键合中的 O 的结合能要高[40]。

XPS 可以用来验证包覆结构的存在。如图 2-53 所示的 La $3d_{2/3}$、La $3d_{2/5}$ 及其卫星峰的 XPS 谱。随着 La 掺入量的增加，La 3d 的峰越来越高。这是 La_2O_3 包覆 Bi_2O_3 表面的结果。

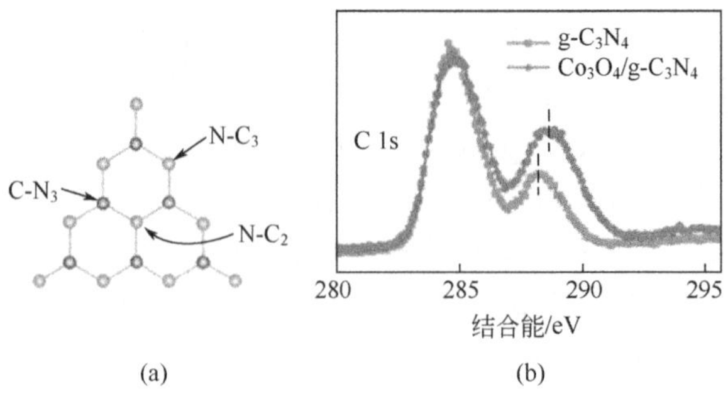

图 2-51 （a）g-C_3N_4结构图；（b）g-C_3N_4与Co_3O_4/g-C_3N_4的 C 1s

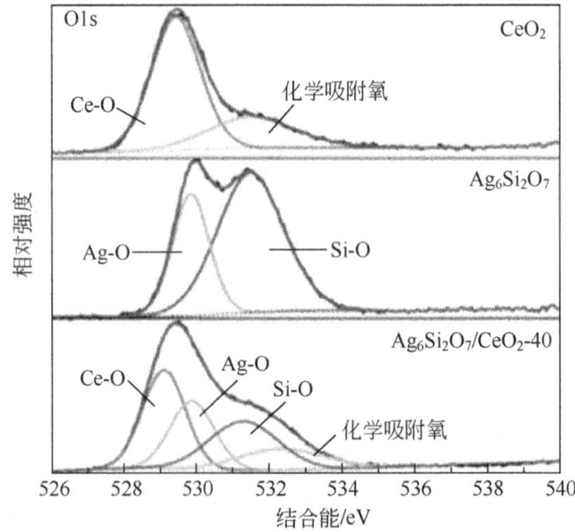

图 2-52 化学吸附 O 的 XPS 谱[40]

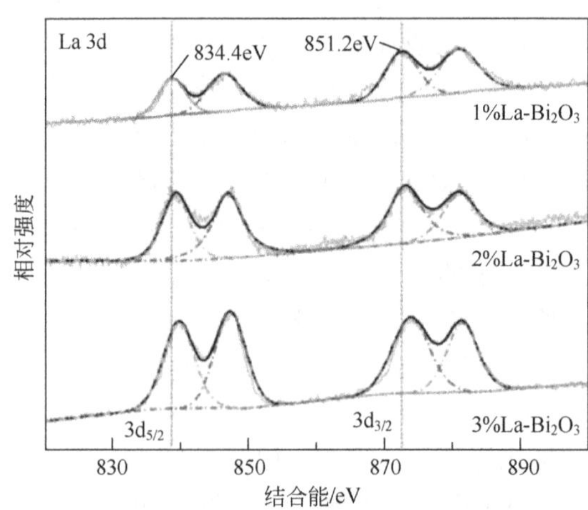

图 2-53 La 3d XPS 谱线及其卫星峰[41]

由于常规 X 射线源（Al/Mg $K\alpha_{1,2}$）并非单色，而是存在一些能量略高的伴线（$K\alpha_{3,4,5}$ 和 $K\beta$ 等），所以导致 XPS 中除 $K\alpha_{1,2}$ 激发的主谱外，还有一些小的伴峰。如图 2-53 所示，其中 834.4eV、851.2eV 两个峰分别对应 $La3d_{5/2}$、$La3d_{3/2}$，另外两个峰是 $La3d_{5/2}$ 与 $La3d_{3/2}$ 的卫星峰。

XPS 的灵敏度很高，可以用来评估样品中所含元素，或者不同化合价之间的相对含量。其具体方法是将各自的峰拟合出来后算出该峰包含的面积，面积之比即为所分析的元素的摩尔比。这种方法常常用来分析掺杂等物质的含量。如 $Bi_2O_2CO_3$ 自掺杂 C 和 O 导致在 288.4 eV 的 C 1s 和 530.9 eV 附近的 O 1s 峰增强[42]。

总之，XPS 可以测试出所含元素及其含量，也能反映元素化合价、周围化学环境、键合环境的变化，还能算出含量比等。

2.3.2 X 射线吸收谱

X 射线吸收谱（X-ray absorption spectroscopy，XAS）就是利用物质对 X 射线的吸收来分析物质表面和体内目标原子之区域（原子尺度）材料元素组成、电子态及微观结构等信息的光谱学手段。由于 X 射线穿透能力强，各种目标原子的吸收区域在 XAS 中的重叠性也不高，故在分子、材料科学、生物学、化学、地球科学、环境科学等各领域都有相当广泛的应用。其测试样品的形态可以是粉末、液体和气态。测试环境条件可以是高、低压力，高、低温度。该测试技术响应快，故可进行原位（in-situ）实验。与 XPS 只能探测到从表面到 10nm 深度范围不同，XAS 能测试物质表面与体内的成分、结构及电子状态[43]。

与 X 射线吸收光谱相关的技术有 X 射线吸收细微结构（XAFS）、扩展 X 射线吸收细微结构（EXAFS）、X 射线吸收近边缘结构［XANES，又称近边缘 X 射线吸收精细结构（NEXAFS）］。这几种光谱技术和 XAS 一起介绍。

2.3.2.1 X 射线吸收光谱及相关技术原理

如图 2-54 所示，测出 X 射线入射样品前（I_0）后（I）信号变化。由于信号变化与元素原子序数、样品密度、电子态及微观结构等信息有关，分析这些信息就可以得到这些相关因素的信息。XAS 的相关技术的样品制备比较简单，数据收集时间短。

X 射线吸收能力用吸收率 μ 来表达，其定义如下：

$$I = I_0 e^{-\mu d} \tag{2-4}$$

式中，d 为图 2-54 所示的样品厚度。测量不同 X 射线能量 E 对应的吸收率 $\mu(E)$，以 E 为横坐标，$\mu(E)$为纵坐标，得到 X 射线吸收光谱（吸收曲线）$\mu(E)$-E。

下面介绍 X 射线吸收光谱中的相关信息和相关精细谱。

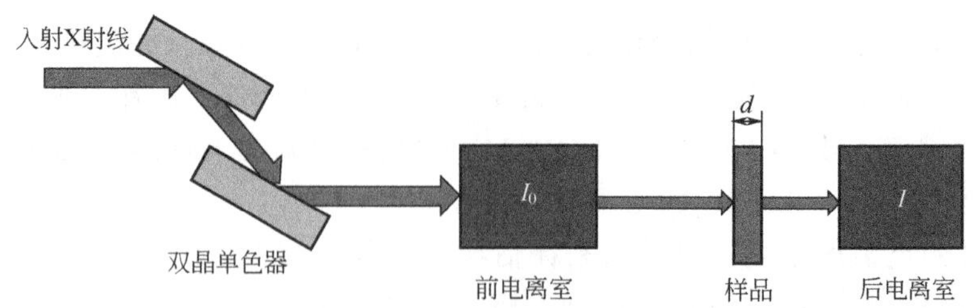

图 2-54　XAS 探测示意

（1）吸收边

利用吸收边可以分辨元素和价态。

当 X 射线能量等于被照射样品某内层电子的电离能时，会发生共振吸收，使电子电离为光电子，X 射线吸收系数突然增加，此时对应的吸收称之为吸收边。原子中不同主量子数的电子的吸收边相距颇远，按主量子数命名为 K、L…吸收边。每一种元素都有其特征的吸收边系，因此 XAS 可以用于元素的定性分析。由于吸收边共振峰很高（信号大），因而对元素的灵敏度很高，故浓度很低的样品，百万分之几的元素也能分析。此外，吸收边的位置受元素的价态影响，化合价增加，吸收边会向高能侧移动（一般化合价+1，吸收边移动 2～3eV），因此同种元素，化合价不同也可以分辨出来。这一点和 XPS 类似。

注意：吸收边的数据可以寻找相关数据库，也可以从相关文献中获得。

（2）XAFS 谱

XAFS 谱是用于描绘局部结构最强有力的工具之一，是 X 射线吸收精细结构谱。利用 XAFS 能获得键长、键角、配位数等相关信息，尤其能用于判断掺杂元素所处位置等，是现代材料精细结构研究的强有力的工具之一。

与 XAS 相比，XAFS 有如下两点区别：一是测量时，X 射线能量设定为所研究的元素中内电子层能量相当的范围，此时产生共振吸收（元素种类和局部环境等共同决定的共振频率），然后监测吸收的 X 射线数量与其 X 射线能量的函数关系，分析得到局域环境的相关参数信息，如配位数、键长等。出现共振吸收时，电子被激发形成连续光谱。二是探测精确度比 XAS 高很多，故能检测到光谱中的精细结构——小振荡，那是局部环境对目标元素基本吸收概率影响的结果。这些精细结构是由于电离出的光电子波与邻近原子对这些波的反向散射波之间干涉而形成的。随着 X 射线能量的改变，干涉条件也发生相应改变，致使邻近原子产生振荡式的精细结构。

合理地分析 XAFS 谱，能够获得关于材料的局域几何结构（如原子的种类、数目以及所处的位置等）以及电子结构信息，在物理、化学、生物、材料、环境等众多科学领域有着重要意义。XAFS 方法对样品的形态要求不高，可测样品包括晶体、粉末、薄膜以及液体等；同时又不破坏样品，测试响应快，可以进行原位测试。总之，XAFS 方法具有其他分析技术无法替代的优势。

XAFS 从吸收边前至高能延伸段约 1000eV，根据其形成机制（多重散射与单次散射）的不同，可以分为 XANES 和 EXAFS，但两者并无严格界限。

XANES 为吸收边前-吸收边后 50eV 振荡的峰。其有如下特点：峰振荡剧烈，故吸收信号清晰，易于测量；谱采集时间短，适合于时间分辨实验；对价态、未占据电子态和电荷转移等化学信息敏感；对温度依赖性很弱，可用于高温原位化学实验；具有简单的“指纹效应”，可快速鉴别元素的化学种类。

EXAFS 为吸收边后 50～1000eV 区域的吸收峰。其特点是可以得到中心原子与配位原子的键长、配位数、无序度等信息。不过，EXAFS 对立体结构并不敏感。与其他的探测方式不同，其他的探测方式依赖于晶体的长程有序的衍射得到信息，XAFS 以散射现象——近邻原子对中心吸收原子出射光电子的散射为基础，反映的仅仅是物质内部吸收原子周围短程有序的结构状态，所以能成为研究只有短程有序的非晶（包括液体）结构的有力工具。晶体学的理论和结构研究方法不适用于非晶体，而 XAFS 的理论和方法却能同时适用于晶体和非晶体，故 EXAFS 比其他测试技术具有更为广泛的研究对象。不同元素的共振频率不同，需要选择相对应的不同能量的 X 射线。故 EXAFS 分辨某种元素时不受其他元素的干扰，借此我们可以获得样品中所有元素的此类信息。

总结起来 EXAFS 有如下特点：

① EXAFS 取决于短程有序作用，不依赖长程有序，因而可测的样品广泛，既可用于非晶、液态、熔态、催化剂活性中心、金属蛋白，也可用于晶体中的杂质原子的结构研究。

② 射线吸收边具有元素特征，对样品中不同元素的原子，可以通过调节 X 射线能量研究同一化合物中不同元素的原子近邻结构。

③ 利用荧光法可测量浓度低至百万分之几的元素的样品。

④ 利用偏振 X 射线可以对有取向样品中的原子键角进行测量，可以测量表面结构。

⑤ 样品制备比较简单，不需要单晶。在实验条件具备的情况下，采集数据时间较短，用不同辐射 X 射线源通常只需要几分钟便可以测得一条谱线。

元素类别和化合价的判定可以从 X 射线吸收谱的吸收边中得到。吸收边的值的估计方法如图 2-55 所示，根据光谱的形状，在约 18000eV 吸收峰突然增加很大，将突然增加的线性部分延长至横轴交点即为吸收边的值。用此方法得到图 2-55 中的吸收边值约为 18000eV。多数情况下，各种元素的吸收边分得很开，故可以高精度地根据吸收边区分各种元素。

图 2-56 是 Cu 的 X 射线吸收谱。在 8980eV 附近，X 射线的吸收突然增加，

这就是吸收边。用上述方法得到吸收边值约为 8980eV。在吸收边以上，为 XANES 精细结构，再往高能方向，为 EXAFS 精细结构。

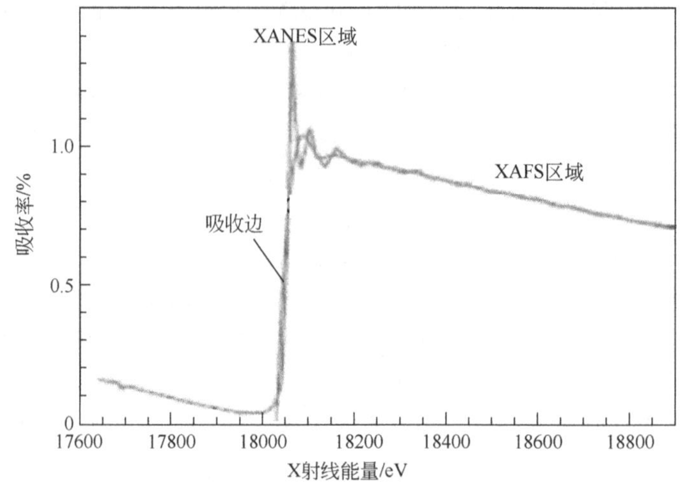

图 2-55　钚的 X 射线吸收谱

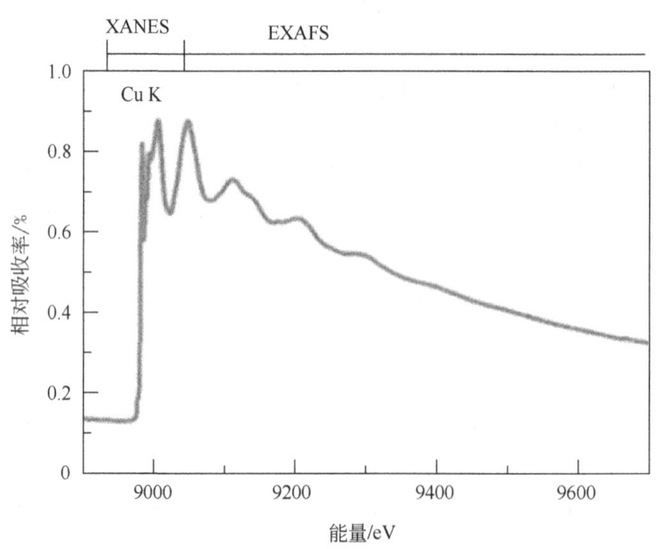

图 2-56　Cu 的 X 射线吸收谱[44]

2.3.2.2　XAS、EXAFS 实例数据分析

下面通过一些实例来示范如何分析 XAS、XAFS 的数据。

原始的 XANES（NEXAFS）数据常常用来确定化合价。如图 2-57 所示，通过参考纯的 Rh 金属和纯 Rh_2O_3 的 K 边 X 射线吸收谱，拟合 Rh 掺杂的 TiO_2

（Rh-TiO_2）K 边 X 射线吸收谱。发现 Rh-TiO_2 中的 Rh 的 K 边与纯 Rh_2O_3 的 K 边吻合，故 Rh-TiO_2 中的 Rh 的化合价可能为+3。

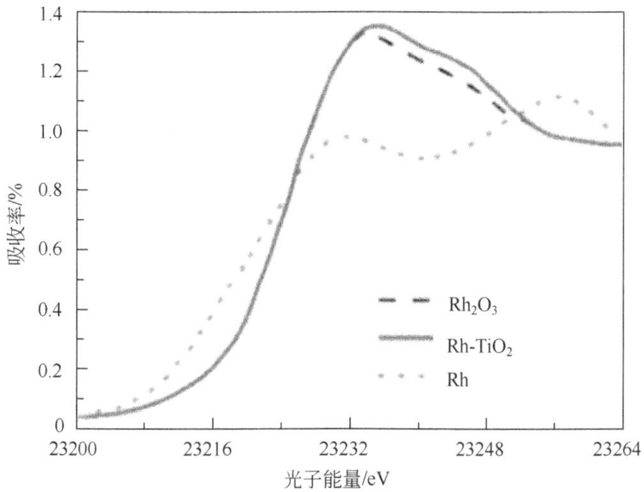

图 2-57 Rh 掺杂的 TiO_2（Rh-TiO_2）的 XANES

如上一节所述，异质结的形成将会影响单个元素的氧化性能，导致 XPS 谱的移动。这个现象在 XAS 中也会出现。图 2-58 所示为 g-C_3N_4 和环磷烯基/ g-C_3N_4

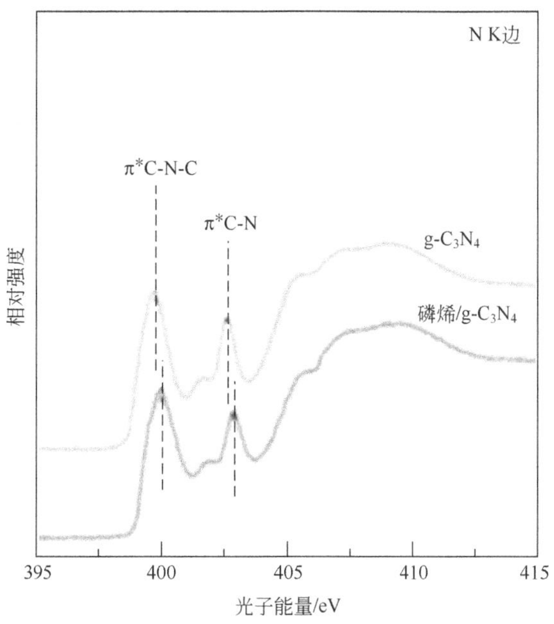

图 2-58 氮（N）的 K 边 NEXAFS 谱

中 N 的 K 边 NEXAFS 谱（即 XANES 谱）。在这两个样品中的 N 的 K 边观察到了 π*共振（即电子从 1s 到一个 π*反键轨道的转移）。在与环磷烯基耦合后，$g\text{-}C_3N_4$ 的 π*的共振位置往高能方向移动。表明电子结合能与 N 氧化性的增加有关。其原因是电子从 $g\text{-}C_3N_4$ 向环磷烯基发生了迁移。

目标原子的化学环境的信息（键长、配位数等）获得方法如下：选择目标原子附近的谱范围，获得 X 射线吸收谱。原子的化学环境的信息包含在 EXAFS 振荡中，因为 EXAFS 振荡是由光电子在被吸收原子周围的原子散射后的背散射波与出射波相干涉产生的。而振荡信号夹杂在整个吸收谱信号中，为了提取出能分析化学环境的振荡信号 $\chi(E)$，需要对获得的 EXAFS 谱［$\mu(E)$］进行相应的数据处理。数据处理可以借助软件 Athena 进行。具体处理方法很多内容，这里不一一讲解，请读者自行学习。

一般来说，一个标准的数据处理过程包括如下步骤：归一化、E-k 转换、傅里叶变换和壳层拟合等，下面逐一讲解。

（1）归一化

对于同一种样品，在不同的样品浓度、不同的 X 射线光强、不同的采集模式下得到的跳边高度是不一样的。为了消除这些影响，使测得的数据统一在一个标准下，需要对实验数据进行归一化处理。归一化就是人为地规定 XAFS 谱的吸收边强度为“1”，其归一化公式为：

$$\chi(E)=\frac{\mu(E)-\mu_0(E)}{\mu_0(E_0)}$$

式中，$\chi(E)$ 为相对吸收率；E_0 为吸收边；$\mu(E)$为实验测得的吸收系数曲线；$\mu_0(E)$为一个平滑的背景函数，代表一个孤立原子的吸收系数曲线；$\mu_0(E_0)$ 为对应阈值能量 E_0 时吸收系数 $\mu(E)$的突增值（如图 2-59 所示）。这样就将 $\mu(E)$函数变成归一化后的 $\chi(E)$函数。

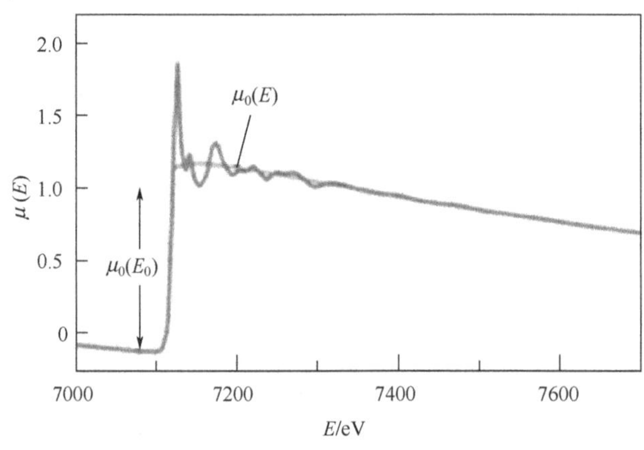

图 2-59　某 XAFS 谱

（2）E-k 转换

K 空间中 k 的取值等间隔，故后面的傅里叶变换在 K 空间变换更方便。将能量空间的 XAFS 数据中的 $\chi(E)$转换到波矢空间 $\chi(k)$，这种变换叫作 E-k 转换。转换时主要利用如下公式建立 E-k 关系：

$$k = \sqrt{2m_e(E - E_0)/\hbar^2} \qquad (2\text{-}5)$$

式中，m_e为电子质量；$\hbar$ 为普朗克常量除以 2π。

另外，由于 XAFS 数据采集中高能部分信号衰减得很厉害，转换到 K 空间后高 k 部分有衰减，在实际计算中为了恢复这部分的权重，一般会进行 n 次幂的加权，即使用的数据为 $k^n\chi(k)$，其中 n 一般取 1、2 或 3，取值按照数据的衰减情况来取，目的是恢复未衰减前的原貌。图 2-60（a）为 $k^2\chi(k)$函数。

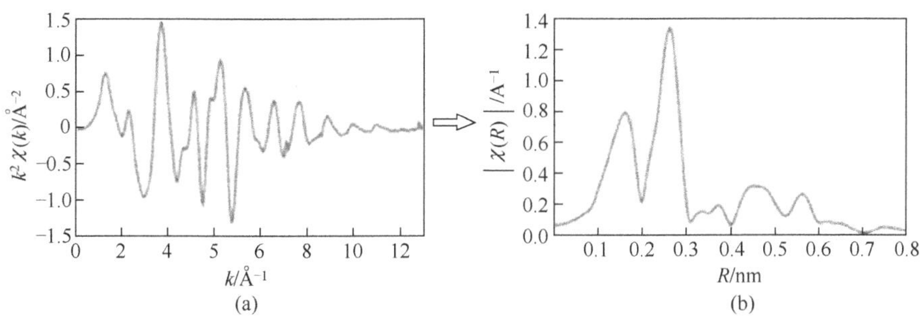

图 2-60　（a）$k^2\chi(k)$-k 曲线与（b）$|\chi(R)|$-R 曲线

（3）傅里叶变换

将 $k^n\chi(k)$函数转换得到径向分布函数 $\overline{\chi}(R)$，即 R 函数曲线。R 函数曲线中不同的峰代表不同位置的配位原子。可以利用如下的傅里叶变换公式将 $\chi(k)$转换成 $\overline{\chi}(R)$：

$$\overline{\chi}(R) = FT(\chi(k)) = \frac{1}{\sqrt{2\pi}}\int_0^\infty \chi(k)W(k)e^{2ikR}dk$$

通过 R 空间图，我们可以很直观地判断出配位原子信息，比如峰的位置对应配位原子的键长信息，峰的强度对应配位原子的个数以及无序度等。一个典型的 R 空间信号图如图 2-60（b）所示。值得注意的是，R 空间信号图中峰的位置并非真实键长，一般比真实值少 0.03～0.04nm，真实值可以通过进一步的壳层拟合得到。

（4）壳层拟合

根据输入初始结构模型计算理论谱，利用蒙特卡洛方法校正模型的结构参数，以“最小二乘法”作为评判标准，当理论谱与实验谱符合得足够好的时候，就可以认为获得了能反映真实情况的结构。如利用软件通过傅里叶变换和拟合得到如

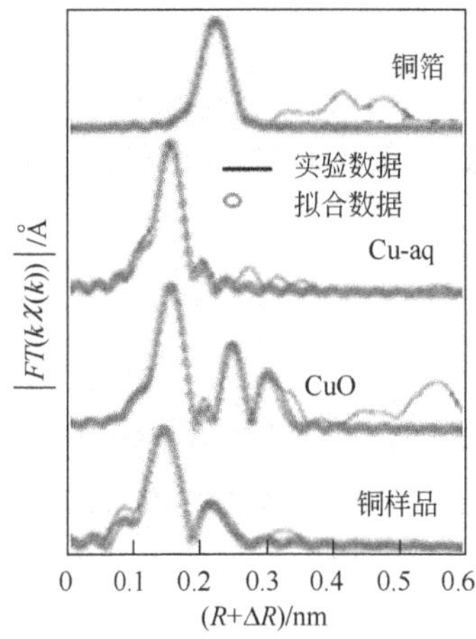

图 2-61　壳层拟合曲线

图 2-61 所示的 $\bar{\chi}(R)$（$|FT(k\chi(k))|$）曲线，得到配位元素壳层，对应配位数 N、键长 R、体系的无序度 σ^2、能量校正 ΔE_0 和用于判定拟合质量的 R 因子。拟合参数的设置与预期结构和分析目的密切相关，也直接影响拟合质量。一般而言，配位数的误差可能最高达 20%，这个参数也是 EXAFS 拟合中最为不准确的一项。键长的误差一般小于 0.002nm。另外，一般来说 $\sigma^2<0.01$，$|\Delta E_0|<10$eV，R 因子 <0.02，但对于实际体系，特别是某些复杂的重元素体系或者数据质量并不高的体系，可能略微偏离这些指标。表 2-2 为图 2-61 所示样品的 CuK 边的 EXAFS 的拟合参数。

表 2-2　各样品 Cu K 边的 EXAFS 拟合参数 ($S_\sigma^2=0.916$)

样品	壳层	N	R/nm	σ	ΔE_0/eV	R 因子
Cu 箔	Cu-Cu	12	0.255	0.0088	5.7	0.0006
CuO	Cu-O	4.0	0.195	0.0049	7.0	0.0011
	Cu-O	6.6	0.293	0.0107		
	Cu-Cu	7.0	0.314	0.0107		

理解壳层拟合需要特别注意以下几点：

① 一个峰可能是多种配位原子叠加而成，把每个峰都对应单一配位是不严谨的。

② 峰的位置不具有特征性，不同样品中同一位置的峰并不一定代表同样的配位。

③ 并非所有的峰都有意义，特别是一些弱峰，可能是伴随强峰出现的，甚至可能是由于噪声信号引起的。

④ 峰的高度（面积）与配位数相关，可以用于粗略地比较配位数的变化，但是同时也受无序度等因素的影响。

⑤ 理论上说，一个数据可以有无数种拟合方式，因此需要对样品的结构有大概的了解，这样才能构建出合理的初始模型。

⑥ EXAFS 拟合给出的是整个体系的平均结果，如体系中 20%是六配位，80%是四配位，那么理论上给出的结果为（6×20%+4×80%）4.4 配位。

⑦ EXAFS 给出的是二维信息，并不能以此判断立体结构，如配位数是 4，并不能确定是平面四边形还是四面体构型。

小波变换（wavelet transform）是一种新式的 XAFS 数据处理方法，使用带颜色的平面图来展示三维信息，除了展示峰的位置以外，还使用不同的颜色代表峰的高度。与传统的傅里叶变换处理 X 射线吸收谱数据相比，其最大的特点是使用有限长度的 Morlet 小波作为基波，取代了傅里叶变换中无限长度的正弦波基波。其优势在于展示配位键长的同时，可以直观地展示出配位原子的种类。

小波变换图谱中，纵轴显示的是配位键长 R，整个图谱在纵轴上的投影与传统的傅里叶变换曲线相同。横轴显示的是波矢数 k，这是区分不同种类的配位原子的关键，原子序数小的原子对光电子的散射能力弱，其最强振荡会出现在低 k 部分，而原子序数大的原子则恰恰相反，其最强振荡会出现在高 k 部分，如图 2-62（a）所示，反映到小波变换图上，就是峰出现在不同的横轴位置，如图 2-62（b）所示。

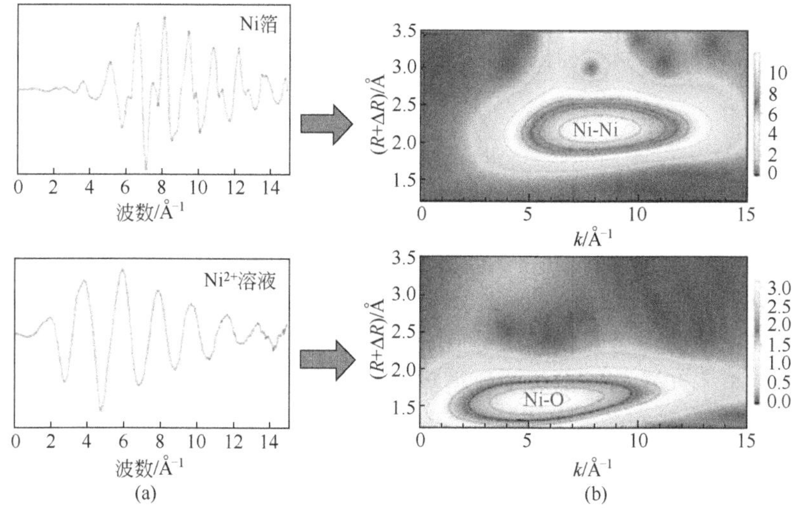

图 2-62　不同配位原子的（a）k 空间振荡和（b）对应的小波变换

小波变换可以一目了然地展示配位原子种类、键长等信息，更加直观的同时，也提高数据的美观性。同时还能为 EXAFS 壳层拟合指示道路。

XANES 谱图具有“指纹效应”，在拟合之前通过观察边前峰以及白线峰通常能直接得到一些结构特征。通常，通过 XANES 谱图的观察，可以得到吸收原子的价态以及配位原子的几何结构。如以下这个例子。电子跃迁中存在“跃迁定则”，通俗的规则是 1s 到 nd 轨道跃迁是禁阻的，而到 np 的跃迁是允许的。而配位原子的几何结构对称性可以影响吸收原子分子轨道。以四面体结构为例，形成反键态的三重简并 3d 轨道和 4p 轨道有相同的对称性，可以发生杂化，从而使得 3d 轨道带有 4p 轨道的性质，在这种情况下，1s→3d 的跃迁不再是禁阻，于是会出现一个很强的边前峰，如图 2-63a 线所示。而在六配位八面体结构中，反键态的二重简并 3d 轨道与 4p 轨道对称性不同，不会发生杂化，1s→3d 的跃迁依然是禁阻的，所以不会有明显的边前峰出现，如图 2-63b 线所示。图 2-63 就展示了随着配位结构从低对称性的四配位到高对称性的六配位，边前峰逐渐变弱以至几乎消失，而白线峰逐渐升高。

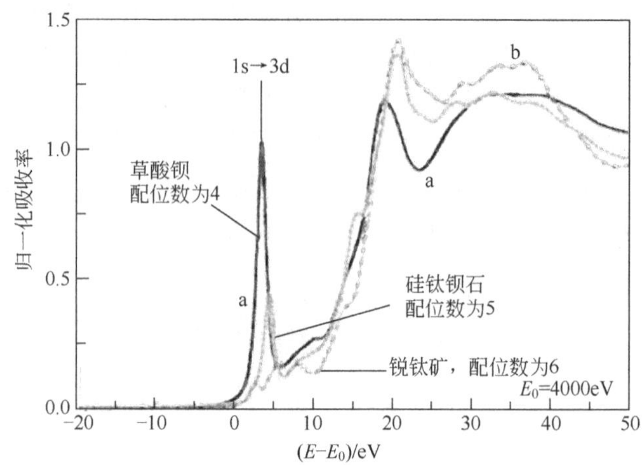

图 2-63　不同配位结构的化合物中 Ti K 边吸收谱

吸收原子的价态通过 XANES 谱的比较也能直观地展示出来，高氧化态的金属与配体的成键作用更强，其成键分子轨道越稳定，则反键分子轨道能级越高。换句话说，电子跃迁到反键分子轨道需要的能量就更大，这样导致白线峰的位置处于更高能区。如图 2-64 所示，随着 Cu 氧化态的增加，吸收峰向高能区域移动，对于离子型化合物，一个经验峰移动量为 2～3eV/单位氧化态。

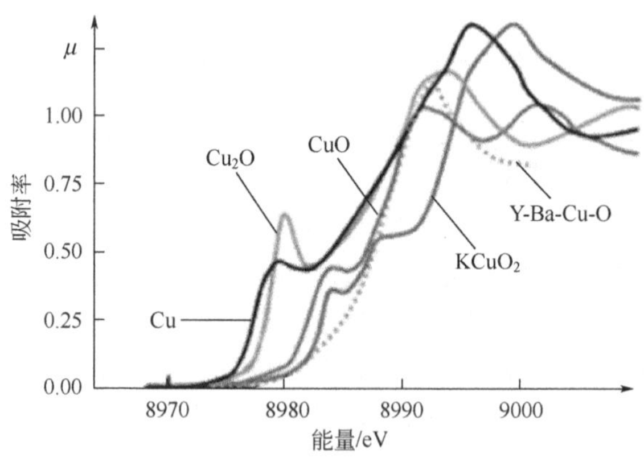

图 2-64　不同价态的 Cu K 边吸收谱

另外，通过观察白线峰与共振峰位置的能量差，可以近似地判断吸收原子与第一配位层原子的平均距离，也就是通常所说的 Natoli 规则：

$$(E_R - E_b)R^2 = C$$

式中，E_R 为共振峰的能量位置；E_b 为吸收阈值；R 为第一配位层平均键长；C 为常数。可以据此来比较几种化合物第一配位层键长的相对大小，在拟合过程中则可分析拟合的结构第一配位层键长是否正确。

XAFS 经常用来观察人工合成的功能材料的结构。故常常结合其他测试相互论证其现象。

中科院大连化物所张涛课题组以氧化铁为载体成功制备出首例具有实用意义的“单原子”铂催化剂［Pt/FeO_x；其中 Pt：FeO_x=0.71%（质量分数）命名为样品 A，对比样品 B 的 Pt：FeO_x=2.5%（质量分数）］。如图 2-65（a）～（d）所示，利用球差矫正的 HAAD-STEM 技术观察到单个的 Pt 原子。样品 A 相对低倍的 HAADF-STEM 图片［图 2-65（a）］中白色圈里的就是单原子 Pt。从图（a）可以看出样品 A 中 Pt 在载体 FeO_x 上分布均匀。图 2-65（b）是样品 A 的高倍 HAADF-STEM 图片，从这个高倍 HAADF-STEM 图片中可以看出 Pt 在 Fe 原子的位置。从图 2-65（a）、（b）可以看出样品 A 中只有单个的 Pt 原子。图 2-65（c）、（d）是样品 B 的 HAAD-STEM 图片。从图 2-65（c）、（d）可以看出，Pt 在载体 FeO_x 上都有，Pt 是一些团簇（黑色圈内和白色方框），也存在单个原子（白色圈内）。图 2-65（e）是 k^3 加权的 EXAFS 傅里叶转换谱，样品 A 和 B 的 Δk=2.8～10.0Å^{-1}，Pt 和 PtO_2 的 Δk=2.8～13.8Å^{-1}。样品 A 和 B 都有的第一壳层在 0.17nm 处的那个

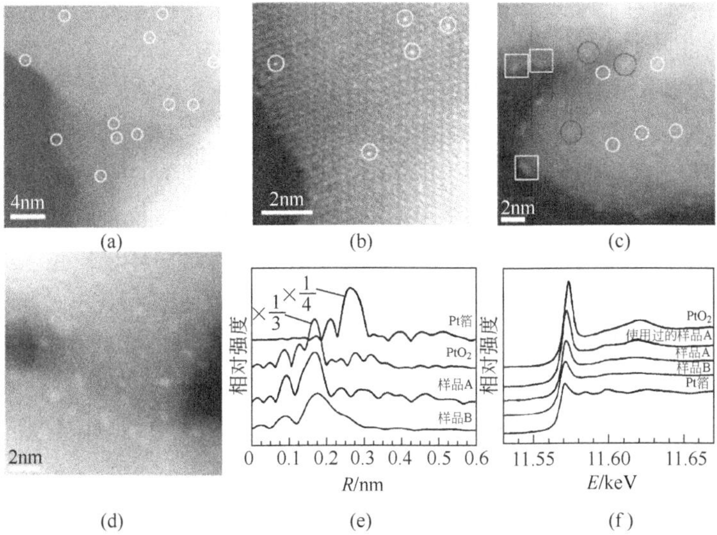

图 2-65　（a）样品 A 相对低倍的 HAADF-STEM 图片；（b）样品 A 的高倍 HAADF-STEM 图片；（c）样品 B 的低倍 HAAD-STEM 图片；（d）样品 B 的高倍 HAAD-STEM 图片；（e）k^3 加权的 EXAFS 傅里叶转换谱；（f）样品 A、样品 B、Pt 箔和 PtO_2 的 Pt L3 边的归一化 XANES 谱

峰归因于 Pt—O 键合。就是 Pt 和载体 FeO_x 连接的键合。而样品 A 第二壳层在 2.5Å 处的很弱的峰归属于 Pt-Fe 配位；样品 B 第二壳层在 0.25nm 处的很弱的峰归属于 Pt-Pt 配位。图 2-65（f）是样品 A、样品 B、Pt 箔和 PtO_2 的 Pt L3 边的归一化 XANES 谱。从图（f）可以看出，XANES 谱的白边按如下方式变化强度：PtO_2＞使用过的样品 A＞样品 A＞样品 B＞Pt 箔。这样的结果说明样品 A 中的 Pt 单个原子带正电荷，且在使用过程中被氧化，因而化合价升高，从而对应结合能的白线会具有更高的能量位置。相关工作发表于 *Nature Chemistry*[45]。该研究工作对于从原子水平理解多相催化具有重要意义，同时也为开发低成本高效贵金属工业催化剂提供了可能。

厦门大学郑南峰课题组以乙二醇修饰的超薄二氧化钛纳米片作为载体，采用光化学辅助，成功地制备了钯负载量高达 1.5%（质量分数）的单原子分散钯催化剂。利用球差电镜、XAFS 等表征手段结合 DFT 计算，证实以 Pd-O 键的形式将钯原子锚定在载体上，形成了独特的“钯-乙二醇-二氧化钛”的界面，相关工作发表于 *Science*[46]。该研究证明能源转换过程中材料的电子结构往往起着决定性的作用，XAFS 结合 DFT 计算可以给出活性中心的特定价态，对理解能源转换机理有着重要的作用。图 2-66 为其相关结果。

XPS、XANES、EXAFS 对材料元素、配位等很敏感，可以用来研究杂质的掺入位置。北京理工大学张加涛课题组开发了一种低温、高效的全新离子交换法，实现了异价金属离子（如 Ag^+、Cu^+等）在Ⅱ～Ⅵ族半导体纳米晶中的深度、稳定的取代性掺杂，进而实现了高效、高纯度的掺杂发光，掺杂发光能够稳定一年以上，相关文章发表于 *Advanced Material*[47]。如图 2-67（a）～（i）所示，他们是用 XPS、XANES、EXAFS 证实以上关于样品的结构信息的。图 2-67（a）、（b）、（c）分别为负载 Ag1%、2%、3%的 Cd 纳米晶的 Cd 3d、S 2p 和 Ag 3d XPS 谱。（c）中小图为负载 3%的 Ag 3d 的拟合曲线。所有的峰都用 Cls（284.8eV）进行了校准。从图（a）到（c）可以看出，Ag 的掺入对 Cd 3d 峰位置几乎没有影响，但对 S 2p 和 Ag 3d 峰位置有一些影响，说明 Ag 和 S 的化学环境发生了或大或小的变化。且 Ag 3d XPS 可以拟合出 Ag^0 3d 和 Ag^+ 3d 的峰。XANES 对元素特征高度敏感，而 EXAFS 则对原子周围的配位情况很敏感。从图（d）可以看出，掺入不同量的 Ag 后，CdS 的 K 边相同，但掺 Ag 和不掺 Ag 的有区别。掺入 CdS 中的 Ag 的 K 边比 Ag 箔中的要低一点，与相关报道的 Ag_2S 中的 Ag 的很接近。故从 XPS 和 XANES 都可以判断出掺入 CdS 中的 Ag 应该是化合态 Ag^+，而不是金属的 Ag^0。图（e）给出了 Ag 掺杂 CdS 纳米晶、Ag_2S 纳米晶、Ag 箔的 k^3 加权 Ag K 边和 Cd K 边 EXAFS 函数傅里叶变换的强度。图（f）给出了相关的示意图。与 Ag 或者 Cd 相邻的第一峰应该归因于它们与 S 原子的配位。到中心原子的差别来自于 Ag_2S 和 CdS 中键长的差别，导致晶格畸变。如图（g）所示，在 CdS 掺入的 Cu 与纯 CuS、Cu_2S 中的 Cu 相比，其 K 边向低能方向移动。与 Cu_2S 中的 Cu^+

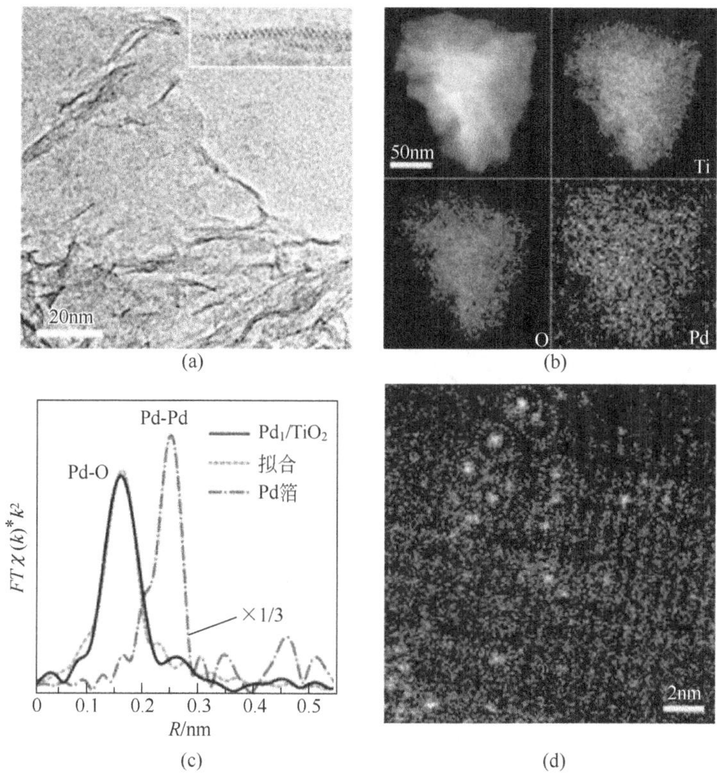

图 2-66　Pd/TiO_2 的结构标度

（a）为典型的 TEM 图，嵌入小图为超细 Pd/TiO_2 横截面 STEM 图，表明仅仅由 2 层 Ti 原子组（b）为单片 Pd/TiO_2 的 STEM-EDS 元素图谱，能看出 Pd 正在材料的表面；（c）为 Pd/TiO_2 和块体 Pd 箔的 Pd K 边 FT-EXAFS 谱（XANES 谱），给出了靠近 Pd 原子的周围的原子，但只有分别归属于 Pd-O 和 Pd-Pd 的峰：0.1～0.2nm，0.2～0.3nm；（d）为球差校正的 HAADF-STEM 图

和 CuS 中的 Cu^{2+}相比［图 2-67（h）］，中心吸附 Cu 杂质峰位置与 Cu_2S 中的 Cd-S 键位置的接近。与 Ag_2S 中 Ag-S 键的纯四面体位置相比，辉铜矿 Cu_2S 里的 Cu 原子的配位以四重、三重、二重模式共存的方式做无序变化。所以，通过 XANES 和 EXAFS 谱的证实，无论是取代 Cu^+还是间隙 Cu^+，甚至少量的 Cu^{2+}，都能通过阳离子交换而占据 Cu_2S 和 CdS 里的阳离子位置。通过图 2-67（h）中掺杂 Cu 的 CdS 的 EXAFS 的证据可知掺杂 Cu 周围的邻配位情况的径向分布轮廓与 Cd 原子的一致，但与 Cu_2S 中 Cu^+的和 CuS 中 Cu^{2+}的不一样。这个证据支持掺杂 Cu 占据 Cu_2S 和 CdS 里的阳离子位置的主导权。而且，Cu_2S 中 Cu 的四面体位置与 CdS 中 Cd 的四面体位置类似，辉铜矿 Cu_2S 和 CdS 中的 S 原子也都是六方密堆积结构，这些结构的相似性提供了铜替代 Cd 的先决条件。从图（i）可知，CdS 纳米晶中的 Cu $2p_{3/2}$ 与 Cu $2p_{1/2}$ 的电子结合能分别为 931eV 和 951eV，与有关文献中报道的 Cu_2S 中 Cu^+的相同。故可以判断 Cu 掺杂的 CdS 中 Cu 的化合价主要为+1。

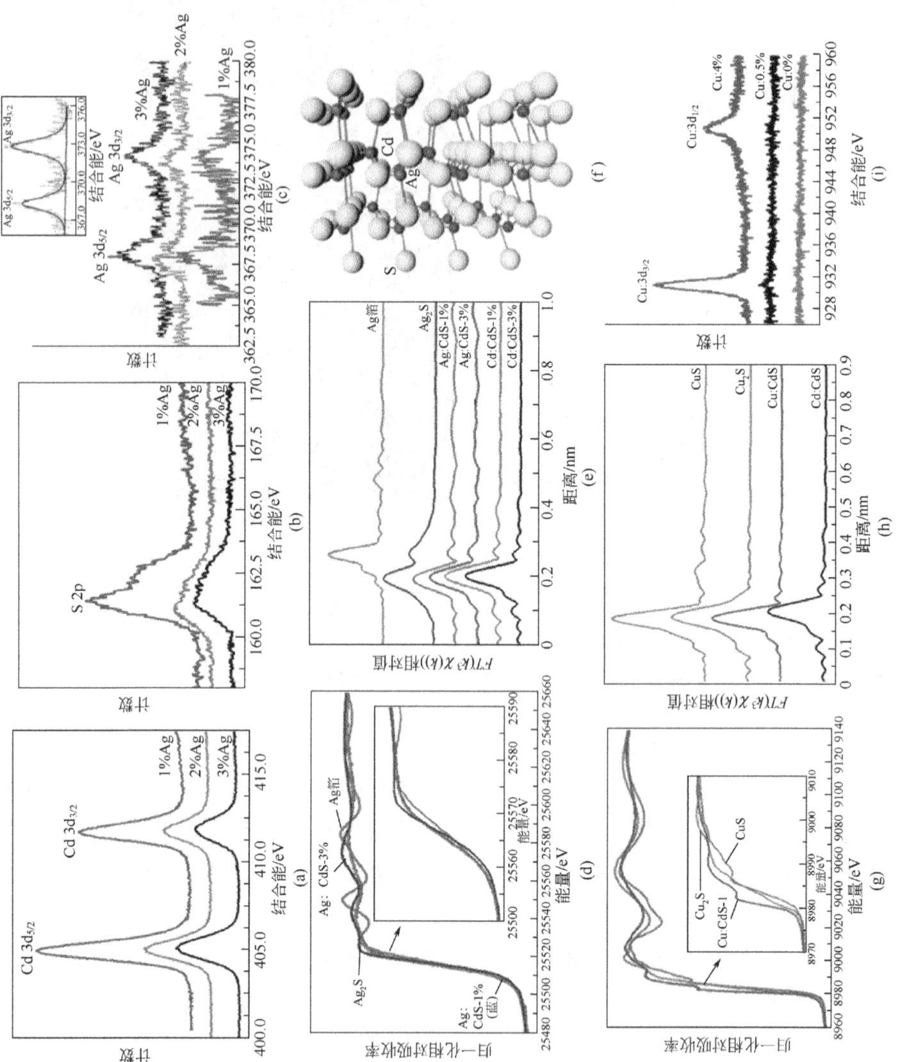

图 2-67 用 XPS、XANES、EXAFS 证实的关于样品的结构信息

中国科学院大连化物所包信和课题组将具有高催化活性的单中心低价铁原子通过两个碳原子和一个硅原子镶嵌在氧化硅或碳化硅晶格中（0.5%Fe@SiO_2 体系），形成高温稳定的催化活性中心，通过原位 XAFS 实验，证明在催化剂活化前，具有明显的 Fe-O 配位，而在催化剂活化后，变为 Fe-C 以及 Fe-Si 配位，该研究发表于 *Science*[48]。该研究充分说明催化剂的性能来源于不饱和配位 Fe 原子的高活性。图 2-68 为其相关证明过程涉及的主要数据。图 2-68（a）为反应后催化剂的 STEM-HAADF 图片，由于 Si 和氧的原子序数相差不大，故在 STEM-HAADF 中亮度反差不大，故图中许多圈出来的原子尺度的明亮的点可能为独立的 Fe 原子。从图中可以看出，反应后铁元素从开始的纳米颗粒重新分布成为独立的铁原子。从图 2-68（b）可知，催化剂的近边谱与 Fe 箔类似。图 2-68（c）给

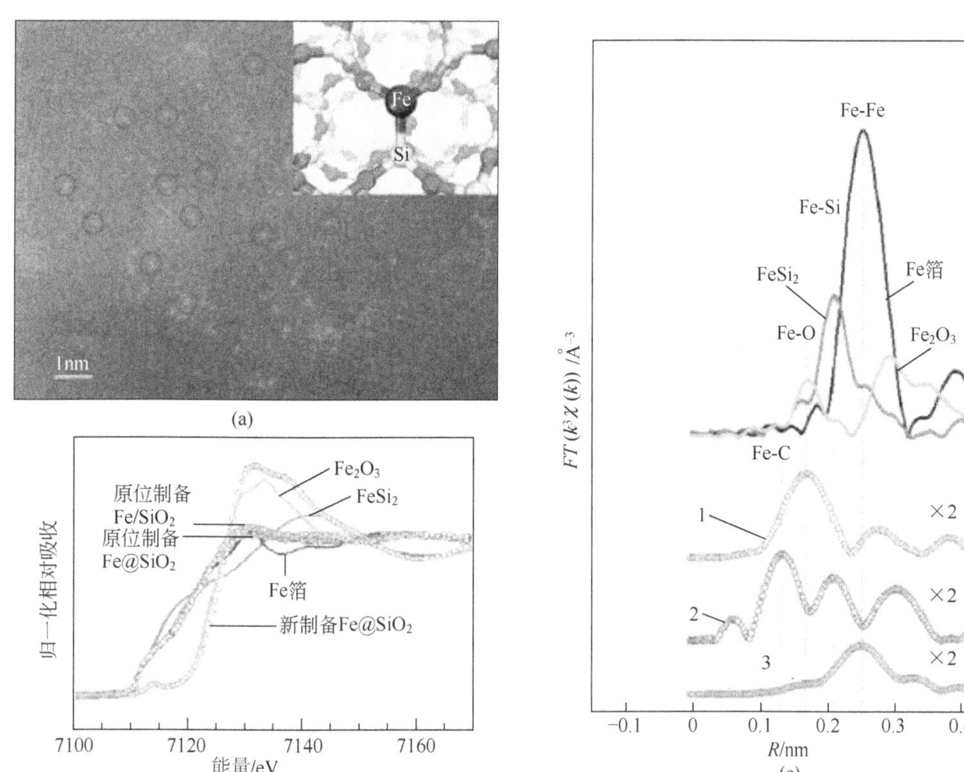

图 2-68　0.5%Fe@SiO_2 的结构特性

图（a）为反应后催化剂的 STEM-HAADF 图片，其中的小图是 Si 基质上单个 Fe 与两个 C 和一个 Si 成键时理论计算的 X 射线吸附谱；图（b）为敏化时的原位 XANES；图（c）为 EXAFS 的功函数的傅里叶变换得到的 $k^3\chi(k)$ 函数。线 1 表示刚做出的 0.5%Fe@SiO_2，线 2 表示 0.5%Fe@SiO_2，线 3 表示在 1173K 敏化含 10%CH_4 的 CH_4/N_2 混合气体 2h。*R* 表示距离，单位为纳米（nm）

出了傅里叶转换的 $k^3\chi(k)$ 函数（这里 k 是波数），表明敏化后，在刚做出来的催化剂的 XANES 谱中可见的 Fe-O 散射路径不见了。通过与相关文献中的 Fe_2O_3、$FeSi_2$ 和碳化铁种类和参考材料的谱相比，图 2-68（b）中的峰可以归属于 Fe-C 和 Fe-Si 路径。1173K 以上，若有 CH_4，在刚制备出来的 0.5%Fe@SiO_2 里的铁氧化物广泛地与载体反应，通过与 Si 基底的 Si 和 C 原子成键嵌入 Si 基底上。相反，如图 2-68（b）、（c）所示，0.5%Fe@SiO_2 里 2～5nm 大小的铁纳米颗粒在同样的条件下敏化后只有 Fe-Fe 键。

2.3.3 俄歇电子能谱

俄歇电子能谱（Auger electron spectroscopy，AES）也是一种表面科学和材料科学的分析技术，其通过检测因俄歇效应产生的俄歇电子信号来分析样品表面，获得相关信息，故命名为俄歇电子能谱。俄歇电子能谱只能检测从样品表面以下 1～2nm 深度的原子层电子。配合离子剥离技术可以进行深度分析和界面分析。深度分析的速度和分辨率比 XPS 高得多。同时还可以进行微区分析，微区分析的空间分辨率高。可以进行扫描和微区上元素的选点分析、线扫描分析和面扫描分析。AES 与 XPS 一样，能分析除氢以外的所有元素。能测量金属、合金、纳米薄膜和其他纳米材料。因此，AES 方法在材料、机械、微电子等分析及催化、吸附、腐蚀、磨损等方面的研究中应用广泛。

2.3.3.1 AES 测试原理

如前所述，高能入射电子束照射到材料上，激发出原子的内层电子成为激发电子，留下内层空穴。此时外层电子自发向内层电子填充，放出能量。该能量有两种形式，一种是 X 射线，另一种能量重新被核外另一个电子吸收成为自由电子。这种自由电子叫作俄歇电子。原子最少要含三个以上电子才能产生俄歇电子。核外电子成为俄歇电子需要满足一定的条件，可以理解为俄歇电子携带了原子电子层信息。通过电子层信息可以判断材料的元素种类等。更为详细的原理说明如下。

（1）俄歇电子的命名

不同层激发的俄歇电子能量不同，为了方便讨论，需要给俄歇电子命名。如果电子束将某原子 K 层电子激发为自由电子，L 层电子跃迁到 K 层，释放的能量又将 L 层的另一个电子激发为俄歇电子，这个俄歇电子就称为 KLL 俄歇电子。同样，LMM 俄歇电子是 L 层电子被激发为自由电子，M 层电子填充到 L 层，释放的能量又使另一个 M 层电子激发所形成的俄歇电子。KL_1L_2 俄歇电子表示最初 K 能级被电离，L_1 能级的电子填入 K 能级空位，多余的能量传给了 L_2 能级上的一个电子，并使之发射出来。

（2）俄歇电子的能量特征性

对于原子序数为 Z 的原子，俄歇电子的能量可以用下面的经验公式计算：

$$E_{WXY}(Z)=E_W(Z)-E_X(Z)-E_Y(Z+\Delta)-\Phi \quad (2\text{-}6)$$

式中，$E_{WXY}(Z)$表示原子序数为 Z 的原子 W 空穴被 X 电子填充得到的俄歇电子 Y 的能量；$E_W(Z)-E_X(Z)$表示 X 电子填充 W 空穴时释放的能量；$E_Y(Z+\Delta)$表示 Y 电子电离所需的能量，Δ=1/2～1/3；Φ 表示功函数。

根据式（2-6）和各元素的电子电离能，可以计算出各俄歇电子的能量，制成谱图手册。因此，只要测定出俄歇电子的能量，对照现有的俄歇电子能量图表，即可确定样品表面的成分。

由于一次电子束能量远高于原子内层轨道的能量，可以激发出多个内层电子，会产生多种俄歇跃迁，因此，在俄歇电子能谱图上会有多组俄歇峰。多组俄歇峰会使定性分析变得复杂，但依靠多个俄歇峰的相互印证，会使得定性分析的准确度很高。因此，除 H、He 外，其他的元素可以一次定性分析多种元素。同时，还可以利用俄歇电子的强度和样品中原子浓度的线性关系，进行元素的半定量分析。

对于一个原子来说，激发态原子在释放能量时只能进行一种发射：特征 X 射线或俄歇电子。原子序数大的元素，特征 X 射线的发射概率较大；原子序数小的元素，俄歇电子发射概率较大；当原子序数为 33 时，两种发射概率大致相等。因此，俄歇电子能谱适用于轻元素的分析。俄歇电子和 X 射线发射概率随原子序数的变化见图 2-69。

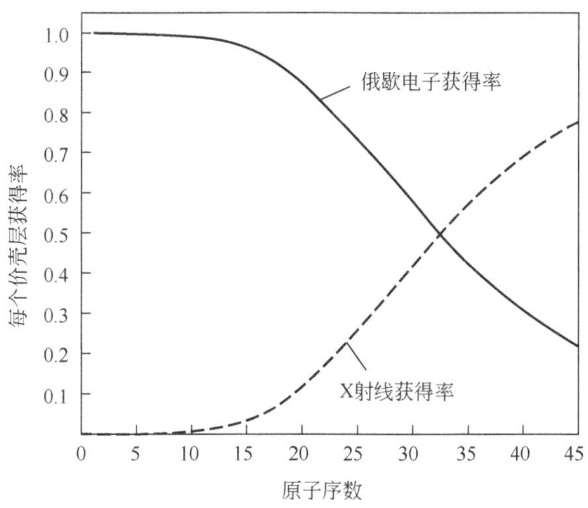

图 2-69　俄歇电子和 X 射线发射概率随原子序数的变化

虽然俄歇电子的动能主要由元素的种类和跃迁轨道决定，但由于原子内外层轨道的屏蔽效应，芯能级轨道和次外层轨道上的电子的结合能在不同的化学环境中是不一样的，这种轨道结合能上的微小差异可以导致俄歇电子能量的变化，称为俄歇化学位移，主要取决于元素所处的化学环境。一般来说，俄歇电子涉及三个原子轨道能级，所以其化学位移要比 XPS 的化学位移大得多，利用俄歇位移可以分析元素的化学价态和存在形式。

一般元素的化合价越正，俄歇电子的动能越低，化学位移越负；相反，化合价越负，俄歇电子动能越高，化学位移越正。对于相同化学价态的原子，俄歇位移与原子间的电负性差有关，电负性差越大，原子得失的电荷也越大，因此俄歇化学位移也越大。

（3）俄歇电子的数据处理

俄歇谱一般具有两种形式：积分谱和微分谱。积分谱可以保证原来的信息量，但背景太高，难以直接处理，可直接获得。微分谱具有很高的信背比，容易识别，但会失去部分有用信息以及解释复杂，可通过微分电路或计算机数字微分获得。

从纯净固体表面测得的俄歇电流大约是 $10^{-5}I_p$，I_p 是入射电子束流。俄歇电流原则上可以通过估计电离截面来计算，但由于受多种因子的影响，计算很复杂，并与实验符合得不好。在实际测量时，为了使俄歇电流达到最大，必须选择适当的 E_P/E_W 比例。E_P 是入射电子的能量，E_W 是最初被电离的内层能级的能量。若 $E_P<E_W$ 则不足以电离 W 能级，俄歇电子产额等于零；若 $E_P>E_W$，则入射电子和原子相互作用的时间不足，也不利于提高俄歇产额。能获得最大俄歇电子产额的 E_P/E_W 比例大约是 2～6。用小角度入射掠射时可以增加有效的“检测体积”，使更多的表面原子电离，从而增加俄歇产额。一般来说最佳的入射角是 10°～30°。

（4）AES 的测试范围

① AES 能分析直径≥20nm 的异物成分，且异物的厚度不受限制（能达到单个原子层厚度，0.5nm）。

② AES 的深度溅射功能可进行厚度≥20nm 的膜的厚度测量。

③ 利用 D-SIMS 结合 AES 能准确测定各层薄膜厚度及组成成分。

（5）俄歇电子能谱分析注意事项

① 样品最大规格尺寸为 1cm×1cm×0.5cm。

② 取样时避免手和取样工具接触需要测试的位置，取下样品后使用真空包装或者其他能隔离外界环境的包装，避免外来污染影响分析结果。

③ 由于 AES 测试深度太浅，无法对样品喷金后再测试，所以不能测试绝缘的样品，只能测试导电性较好的样品。

④ AES 元素分析范围为 Li～U，只能测试无机物，不能测试有机物质，检出精度为 0.1%。

2.3.3.2 俄歇电子谱实例数据分析

AES 谱的峰位与化合价、电负性差、化合物中离子有效半径有关[49]。表 2-3 是 AES 峰移动与化合价的关系。从表 2-3 中可以看出，化合价越大，AES 峰移动越大，AES 峰对应的能量越低。表 2-4 是 AES 峰移动与电负性差的关系。从表 2-4 中可以看出，电负性差越大，AES 峰移动越大。表 2-5 给出了 AES 峰移动与化合物有效离子半径的关系。从表 2-5 中可以看出，随着有效离子半径的增大，AES 峰向高能方向移动。

表 2-3　AES 峰移动与化合价的关系

Ni 化合物	化合价	Ni MNN		Ni LMM	
		动能/eV	化学位移/eV	动能/eV	化学位移/eV
纯 Ni	0	61.7	0	847.6	0
NiO	+2	57.5	−4.2	841.9	−5.7
Ni_2O_3	+3	52.3	−9.4	839.1	−8.5

表 2-4　AES 峰移动与电负性差的关系

硅化合物	电负性差	Si LVV		Si LMM	
		动能/eV	化学位移/eV	动能/eV	化学位移/eV
纯 Si	0	888	0	1615.5	0
Si_3N_4	−1.2	80.1	−8.7	1610.0	−5.6
SiO_2	−1.7	72.5	−16.3	1605.0	−10.5

表 2-5　AES 峰移动与化合物有效离子半径的关系

氧化物	离子有效半径/nm	电负性差	动能/eV
SiO_2	0.041	1.7	502.1
TiO_2	0.068	1.9	503.4
PbO_2	0.084	1.7	508.6

AES 对表面元素很敏感，可以用来检测材料表面的化学反应的动力学过程。图 2-70 是通过 AES 检测 Zn MNN 峰的变化来检测纯 Zn 在通入氧的情况下被氧化的过程。纯 Zn 和纯 ZnO 的 Zn MNN 峰分别是 54.5eV、57.6eV 和 51.2eV、54.2eV。随着氧的不断通入（增加），Zn MNN 峰从纯峰位置向 ZnO 的 Zn MNN 峰位移动。说明在此过程纯 Zn 被氧化成 ZnO。直到通入 3000L 的氧，仍然能看到两套 Zn MNN 峰，说明 Zn 的氧化不完全。

在 Zn 氧化的过程也用 AES 检测了 O 的变化。图 2-71 是监测过程 O 的 AES 谱（O KLL）。从图 2-71 可以看出，当氧只有 1L 时，就可以在样品表面观测到 O KLL 的峰，能量为 508.7eV，认为是吸附氧。氧为 30L 时的峰可以分成两个峰：508.6eV 和 512.0eV。对应吸附氧和 ZnO 中的氧。到 3000 L 的氧量，O KLL 峰仍然能拟合成以上两个峰。说明即使到了 3000 L 的氧量，Zn 仍然反应不完全。

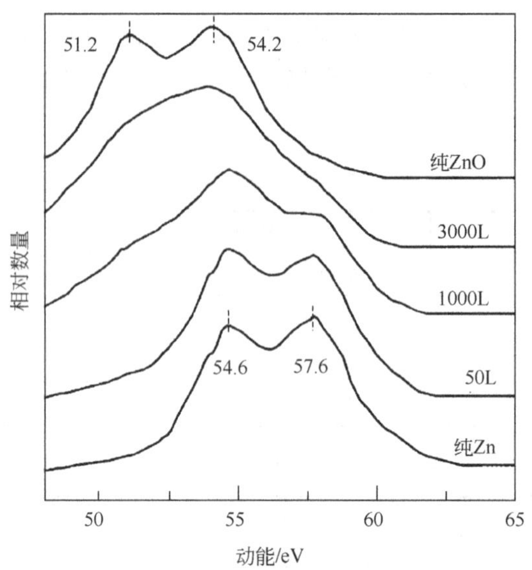

图 2-70 Zn MNN 峰随氧的量的变化

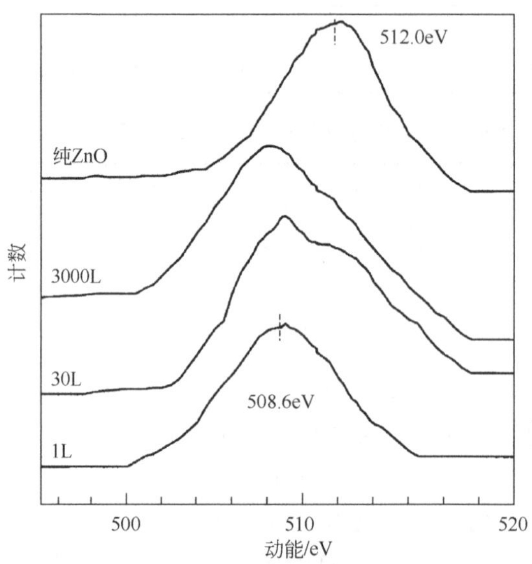

图 2-71 用 AES 检测 Zn 氧化过程 Zn 表面的 O

膜的元素深度分析对电子器件的制备非常关键。氧化锡膜用作气敏材料。其原理是其电阻随所测气氛浓度变化很大。从灵敏度角度来讲，气氛随浓度的变化越大，气敏器件越灵敏。故有研究者通过在 SnO_2 膜中掺入 Sb 来让这种灵敏度得到提高。研究发现，膜结构、成分和元素化合态都能显著影响这种灵敏度。故在膜制备过程中用 AES 的元素深度分析来检测这些因素。图 2-72 是用离子注入法在氧化锡膜中掺入 Sb 的过程中测试的 AES。从图中更可以看出，随着溅射时间的增加，

Sb 注入深度（按照时间和膜生长速度算出）为 40nm，Sb 的原子注入浓度为 12%。

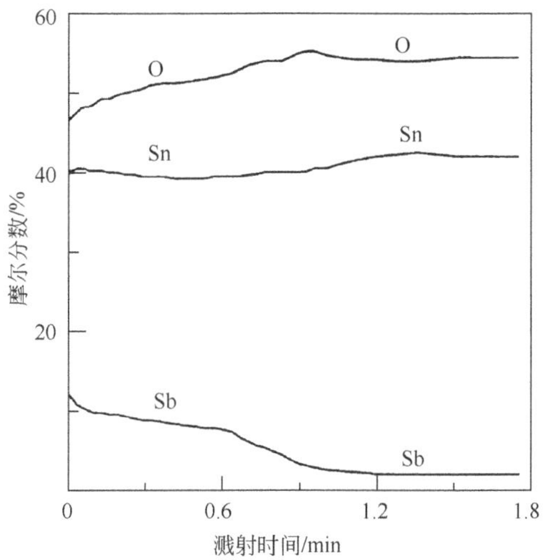

图 2-72　注入 Sb 的氧化锡膜的 AES 深度分析

由于化合价影响电阻，故图 2-73 所示过程同时用 AES 监测了 Sn 和 Sb 的化合价的变化。很明显，随着溅射时间的增加，Sn MNN 向低能方向移动。根据前面影响 AES 谱峰能量的因素，可以推测随着时间的推移，氧化锡薄膜的结构、成分或者元素化合价发生了变化。这里成分（Sb 的掺入和浓度变化）和膜结构肯定发生了变化。而 Sn MNN 也从纯 Sn 的 Sn MNN 向 SnO_2 的 Sn MNN 变化。

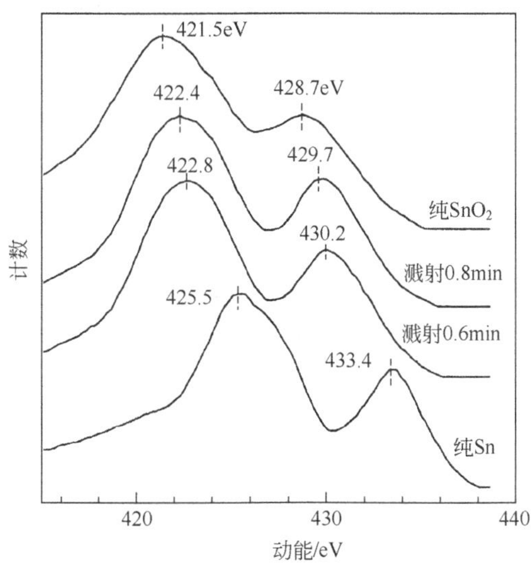

图 2-73　不同深度 Sb 注入氧化锡 Sn MNN 谱

难熔金属硅化物作为新的接触材料对 VLSI 技术非常有用。金属硅化物是难熔金属薄膜与硅基底通过界面扩散反应形成的。在研究机制和界面技术条件时对界面物质的鉴定非常重要。图 2-74 是用 AES 来鉴定 Cr/Si 薄膜界面的物质种类。通过分析其化学移动来鉴定。在溅射 Cr 膜之前，Si（111）圆片用 HF-H_2O_2 处理，然后用去离子水清洗，用真空镀膜方法将 Cr 膜沉积在上述处理后的 Si（111）圆片上。Cr 膜层厚度约 60nm。Cr 膜的纯度用氧、碳污染浓度在 AES 的测试范围来衡量。通过溅射纯块体 Cr 沉积在其表面，同时用 AES 监测，直到 AES 监测不到 Cr 为止。纯 Cr_2O_3 在预处理是加热时得到。Cr_2O_3 厚度约 120nm。图 2-74 就是利用 AES 监测这样一个过程的 AES 深度分析谱。这里不给出具体分析出的信息。留给读者作为一个作业自己分析。

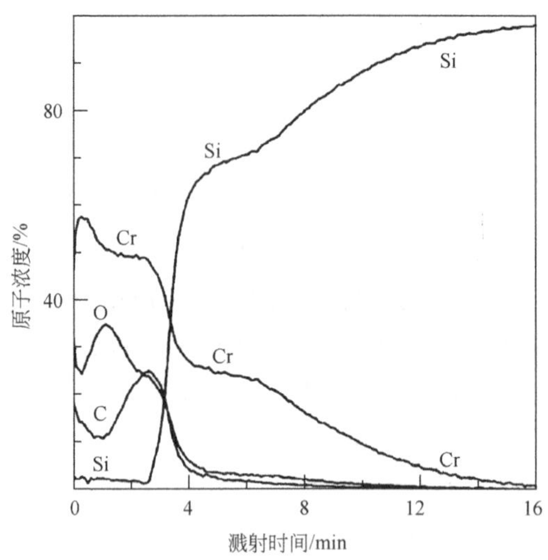

图 2-74　700℃热处理 1h 后的 Cr/Si 膜的 AES 深度分析谱

习　　题

1．通过测试材料的 X 射线衍射（XRD），能得到材料的哪些信息？如果有相关公式请给出公式，并指出公式中各个参数的物理意义。

2．选取电子衍射的测试条件是什么？测试样品的范围和 XRD 有什么区别？

3．为什么经过傅里叶变换后的图片比原来的图片更加清晰？

4．XRD 算出的晶粒误差来源于哪些因素？如何减少这些误差？

5．理解 EDX、EELS、EDS、HAADF 的测试原理。

6．用 EDX、EELS、EDS、HAADF 测试成分时有何区别？包括测试结果、测试对象等的区别。

7. 谈谈 X 射线光电子能谱、X 射线吸收光谱和俄歇电子能谱测试材料成分和化学环境的区别。各有什么优缺点？

8. 请查找你的研究领域顶尖期刊新近出版的好文章，对其中的 XRD、SAED、FFT、EDX、EELS、EDS、HAADF、XPS、XAS、XAFS、AES 的数据自行分析。然后对比文献的分析讨论，体会如何从结果中得出正确的相关结论。

9. 某同学做了三种材料：WO_3、0.5%Mo 掺杂的 WO_3（记为 MWO）、0.5%Mo 掺杂的 $WO_3/g\text{-}C_3N_4$（记为 MWOCN）。通过 XPS 技术发现 MWO 和 MWOCN 中有氧缺位和五价的 W 与 Mo，且 MWOCN 中氧缺位和五价的 W 与 Mo 更多。该同学认为可能是异质结 $WO_3/g\text{-}C_3N_4$ 处有从 $g\text{-}C_3N_4$ 向 WO_3 迁移的电子，W^{6+} 和 Mo^{6+} 得到电子后变成五价的离子。为了证明这一猜测，你认为该同学可以采用本章学习的哪些测试手段去证实？具体测试方案如何？

10. 某同学在 $SrTiO_3$ 中掺入了 3%（摩尔分数）的 La，XRD 显示只有四方相，但 XRD 衍射峰变宽了。请分析 La 是否掺入了 $SrTiO_3$ 中？用什么测试方法证实你的想法？如果想知道 La 是取代 Sr 还是取代 Ti，该用什么测试方法？

11. 某同学用水热法制备了 $BaTiO_3/In_2S_3$ 复合材料。方法如下：将购买到的 $BaTiO_3$ 和 In 及 S 一同放入水热釜中，加一定量的去离子水，密封水热釜后放入 90℃ 的烘箱中一段时间，进行水热反应得到复合材料。该同学认为制备的 $BaTiO_3/In_2S_3$ 复合材料是一种核壳结构。为了证明他的猜测，你认为该同学可以采用哪些测试手段进行证实。请给出具体测试方案，并对可能的结果进行猜测，给出相应的结论。

12. 某同学用 Fe 还原重金属废水中的 Cr^{6+}，但 Fe 由于与空气接触，表面总是有一薄层氧化物，影响 Fe 还原重金属废水中的 Cr^{6+} 的速率。她想实时监测这层氧化物的生长速度，以便采用合适的技术来减少 Fe 表面的氧化物，增加 Fe 还原重金属废水中的 Cr^{6+} 的速率。你认为她可以采取什么测试技术来达到她的目的？请给出具体方案。（方案可以多种）

13. 某同学在采用溶胶-凝胶法制备 TiO_2 后，测试 XRD 时发现既有锐钛矿相，也有金红石相。请设计实验，用 XRD 的测试技术定性分析出金红石相和锐钛矿相哪种多。请写出实验方案。

14. 某同学用水热法做 ZnO 纳米棒，方案 1 制备出的材料的 XRD 如图 2-75（a）所示，方案 2 制备出的材料的 XRD 如图 2-75（b）所示。你认为哪种方案更容易制备纳米棒？

15. 如何测试颗粒中成分？如何测试薄膜成分？请分别给出测试方案。

16. 某人做了一个 pn 结：n 型在 Si 中掺 P，p 型在 Si 中掺 N。他想知道垂直 pn 结界面的方向上这些掺杂元素的分布情况。请设计一个测试方案实现他的目标。欢迎给出多种测试方案。

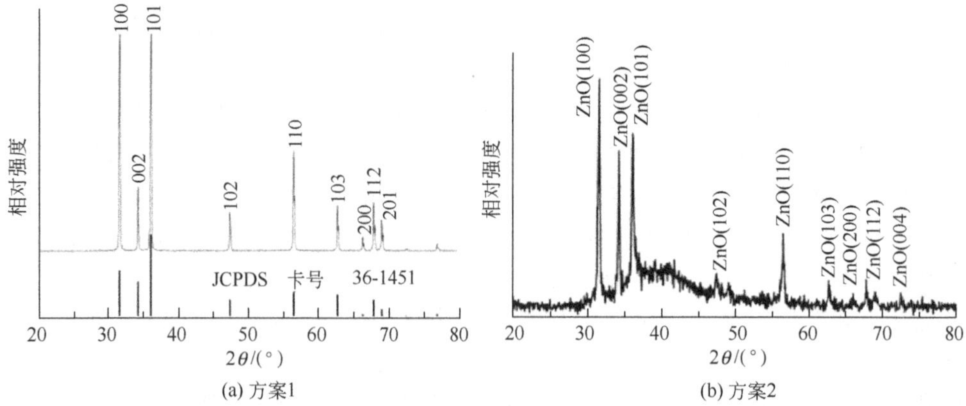

(a) 方案1 (b) 方案2

图 2-75 制备出的材料的 XRD

参考文献

[1] He Q Y, Tang X G, Zhang J X, et al. Raman study of $BaTiO_3$ system doped with various concentration and treated at different temperature [J]. Nanostructured Material, 1999, 11 (2): 287.

[2] He Q Y, Hao Q, Chen G, et al. Thermoelectric property studies on bulk TiO_x with x from 1 to 2 [J]. Applied Physics Letters, 2007, 91 (5): 052505.

[3] 张莉莉．氧缺位对 VO_{2-x} 纳米陶瓷中相变的影响 [D]．广州：中山大学，2005.

[4] 何琴玉．弥散性铁电体电场诱导相变制冷及低周疲劳的研究 [D]．广州：中山大学，2000.

[5] 钟凡．一级相变的标度性和普适性研究 [B]．广州：中山大学，1995.

[6] Zhang L, Ghimire P, Phuriragpitikhon J, et al. Facile formation of metallic bismuth/bismuth oxide heterojunction on porous carbon with enhanced photocatalytic activity [J]. Journal of Colloid and Interface Science, 2018, 513: 82.

[7] Liu Z, Wen X D, Wu X L, et al. Intrinsic dipole-field-driven mesoscale crystallization of core shell ZnO mesocrystal microspheres [J]. Journal of American Chemistry Society, 2009, 131: 9405.

[8] Liu Y, Su Y, Guan J, et al. 2D heterostructure membranes with sunlight - driven self - cleaning ability for highly efficient oil–water separation [J]. Advanced Function Materials, 2018, 28: 1706545.

[9] Gao H, Yang H, Xu J, et al. Strongly coupled g - C_3N_4 nanosheets-Co_3O_4 quantum dots as 2D/0D heterostructure composite for peroxymonosulfate activation [J]. Small, 2018, 14: 1801353.

[10] Duan W, Zhao M, Li Y, et al. Excellent rate capability and cycling stability of novel $H_2V_3O_8$ doped with graphene materials used in new aqueous zinc-ion batteries [J]. Energy Fuels, 2020, 34: 3877.

[11] Li L, Li R, Yuan T, et al. Microstructures and tensile properties of a selective laser melted Al-Zn-Mg-Cu (Al7075) alloy by Si and Zr microalloying [J]. Materials Science and Engineering A, 2020, 787: 139492.

[12] Gnanasekaran L, Hemamalini R, Rajendran S. Nanosized Fe_3O_4 incorporated on a TiO_2 surface for the enhanced photocatalytic degradation of organic pollutants [J]. Journal of Molecular Liquids, 2019, 287: 110967.

[13] Vopsaroiu M，Grady K O，Georgieva M T. Growth rate effect in soft CoFe films [J]. IEEE Transactions on Magnetics，2005，41：3253.

[14] López G P，Condó A M，Urreta S E. $Ni_{0.5}Zn_{0.5}Fe_2O_4$ nanoparticles dispersed in a SiO_2 matrix [J]. Materials Characterization，2012，74：17.

[15] Mazerolles L，Michel D，Hÿtch M J. Microstructures and interfaces in directionally solidified oxide–oxide eutectics [J]. Journal of the European Ceramic Society，2005，25：1389.

[16] Savva G C，Kirkaldy J S，Weatherly G C. Interface structures of internally nitride Ni-Ti [J]. Philosophical Magazine A，1997，75：315.

[17] Wang X，Zhu Y L，Wang X W，et al. Microstructure of the potentially multiferroic Fe/$BaTiO_3$ epitaxial interface [J]. Philosophical Magazine，2012，92：1733.

[18] Park Y J，Kim H N，Shin H H. A transmission electron microscopy study on the crystal structure and atomic arrangement of Al-Nd thin films deposited on glass substrates[J]. Applied Surface Science，2008，255：2104.

[19] Huang X，Willinger M G，Fan H，et al. Single crystalline wurtzite ZnO/zinc blende ZnS coaxial heterojunctions and hollow zinc blende ZnS nanotubes：synthesis，structural characterization and optical properties [J]. Nanoscale，2014，6：8787.

[20] Trolliard G，Benmechta R，Mercurio D，et al. The determination of the interface structure between ionocovalent compounds：the general case study of the Al_2O_3/ZrO_2 large mis-fit system[J]. Journal of Materials Chemistry，2006，16：3640.

[21] Wang X，Zhu Y L，Wang X W，et al. Microstructure of the potentially multiferroic Fe/$BaTiO_3$ epitaxial interface [J]. Philosophical Magazine，2012，92：1733.

[22] Hÿtch M J，Snoeck E，Kilaas R. Quantitative measurement of displacement and strain fields from HREM micrographs [J]. Ultramicroscopy，1998，74：131.

[23] Zhang Y，Xu Z，Ming W，et al. Atomic resolution analyses on defects in nanocrystalline Cu-based alloys generated by severe plastic deformation[J]. Materials Characterization，2019，157：109886.

[24] Hüe F，Hÿtch M，Bender H，et al. Direct mapping of strain in a strained silicon transistor by high-resolution electron microscopy [J]. Physical Review Letters，2008，18：156602.

[25] Zhang L P，Gonçalves A A S，Jiang B J，et al. Capture of iodide by bismuth vanadate and bismuth oxide：an insight into the process and its aftermath [J]. Chemistry and Sustainable Chemistry，2018，11：1486.

[26] 刘恩科，朱秉升，罗晋生. 半导体物理学 [M]. 7 版. 北京：电子工业出版社，2013.

[27] Du C，Zhou J S，Li F Z，et al. Extremely fast dark adsorption rate of carbon and nitrogen co-doped TiO_2 prepared by a relatively fast，facile and low-cost microwave method [J]. Applied Physical A，2016，122：714.

[28] Zhang L P，Ran J R，Qiao S Z，et al. Characterization of semiconductor photocatalysts [J]. Chemical Society Review，2019，48：518.

[29] Zheng B，Ma C，Li D，et al. Band alignment engineering in two-dimensional lateral heterostructures [J]. Journal of American Chemical Society，2018，140：11193.

[30] Changanaqui K，Brillas E，Alarcon H，et al. ZnO/TiO_2/Ag_2Se nanostructures as photoelectrocatalysts for

the degradation of oxytetracycline in water [J]. Electrochimica Acta, 2020, 331: 135194.

[31] Zhang Z, Jiang X, Liu B, et al. IR-driven ultrafast transfer of plasmonic hot electrons in nonmetallic branched heterostructures for enhanced H_2 generation[J]. Advnced Materials, 2018, 30: 1705221.

[32] Hou J G, Wu Y Z, Cao S Y, et al. In situ phase-induced spatial charge separation in core-shell oxynitride nanocube heterojunctions realizing robust solar water splitting [J]. Advanced Energy Materials, 2017, 7: 1700171.

[33] Zhong N, Shima H, Akinaga H. Mechanism of the performance improvement of TiO_{2-x}-based field-effect transistor using SiO_2 as gate insulator [J]. Aip Advances, 2011, 1: 032167.

[34] Kimura N, Seki E J, Tooyama T, et al. STEM-EELS analysis of improved cycle life of lithium-ion cells with Al_2O_3-coated $LiNi_{0.8}Co_{0.1}Mn_{0.1}O_2$ cathode active material [J]. Journal of Alloys and Compounds, 2021, 869 : 159259.

[35] Subhan M A, Saha P C, Sarker P, et al. Photoluminescence and enhanced visible light driven photocatalysis studies of $MoO_3 \cdot CuO \cdot ZnO$ nanocomposite[J]. Research on Chemical Intermediates, 2018, 44: 6311.

[36] 刘世宏，王当憨，潘承璜. X射线光电子能谱分析 [M]. 北京：科学出版社，1988：28.

[37] Liu Y N, Li L, Yu Y, et al. Z-scheme and multipathway photoelectron migration properties of a bayberry-like structure of $BiOBr/AgBr/LaPO_4$ nanocomposites: improvement of photocatalytic performance using simulated sunlight [J]. Journal of Alloys and Compounds, 2020, 821: 53472.

[38] Li C, Wang T, Luo Z, et al. Enhanced charge separation through ALD-Modified Fe_2O_3/Fe_2TiO_5 nanorod heterojunction for photoelectrochemical water oxidation [J]. Small, 2016, 12: 3415.

[39] Osterloh F. Inorganic nanostructures for photoelectrochemical and photocatalytic water splitting [J]. Chemstry Society Review, 2013, 42: 2294.

[40] Chen C F, Li M R, Jia Y S, et al. Surface defect-engineered silver silicate/ceria p-n heterojunctions with a flower-like structure for boosting visible light photocatalysis with mechanistic insight [J]. Journal of Colloid and Interface Science, 2020, 564: 442.

[41] Li T, Quan S Y, Shi X F, et al. Fabrication of La-doped Bi_2O_3 nanoparticles with oxygen vacancies for improving photocatalytic activity [J]. Catalysis Letters, 2019, 150: 640.

[42] Huang H W, Li X W, Wang J J, et al. Anionic group self-doping as a promising strategy: band-gap engineering and multi-functional applications of high-performance CO_3^{2-}-doped $Bi_2O_2CO_3$ [J]. ACS Catalsis, 2015, 5: 4094.

[43] Stöhr J. NEXAFS Spectroscopy [M]. Berlin: Springer, 1992.

[44] 韦世强，孙治湖，潘志云，等. XAFS 在凝聚态物质研究中的应用 [J]. 中国科学技术大学学报，2007，37：426-440.

[45] Qiao B T, Wang A Q, Yang X F, et al. Single-atom catalysis of CO oxidation using Pt1 /FeO [J]. Nature Chemistry, 2011, 3: 634.

[46] Liu P X, Zhao Y, Qin R X, et al. Photochemical route for synthesizing atomically dispersed palladium catalysts [J]. Science, 2016, 352 (6287): 797.

[47] Liu J, Zhao Q, Liu J L, et al. Heterovalent-doping-enabled efficient dopant luminescence and controllable electronic impurity via a new strategy of preparing Ⅱ ~ Ⅵ nanocrystals

[J]. Advanced Material，2015，27 (17)：2753.

[48] Guo X G，Fang G Z，Li G，et al. Direct，nonoxidative conversion of methane to ethylene，aromatics，and hydrogen [J]. Science，2014，344 (6184)：616.

[49] Zhu Y F，Cao L L. Auger chemical shift analysis and its applications to the identification of interface species in thin films [J]. Applied Surface Science，1998，133：213.

第 **3** 章

材料能带结构测试与数据分析

迄今为止，材料最高级的应用是功能材料的应用。而功能材料利用最多的是材料的光学性质、电学性质以及导热性质。这三者或者直接，或者间接和材料的能带结构相关联。光学性质和电学性质与能带结构直接相关联，导热性质由于和材料的电导性相关联，从而间接与材料的能带结构相关联。故材料的能带结构的测试非常重要，尤其是对半导体材料而言。

3.1 能带结构的影响因素及测试技术

3.1.1 能带结构及其影响因素

固体的能带结构（又称电子能带结构）描述了固体中禁止或者允许电子所能具有的能量。这是周期性晶格中的量子动力学电子波衍射引起的。图 3-1 是固体能带结构的示意图，从下往上表示固体中电子的能量从低到高。允许被电子占据的能带称为允带。允带之间的范围是不允许电子占据的，这一范围称为禁带。原子中最外层电子称为价电子，这一壳层分裂所成的能带称为价带（valence band，VB）；比价带能量更高的允许带称为导带（conduction band，CB）；没有电子进入的能带称为空带（empty

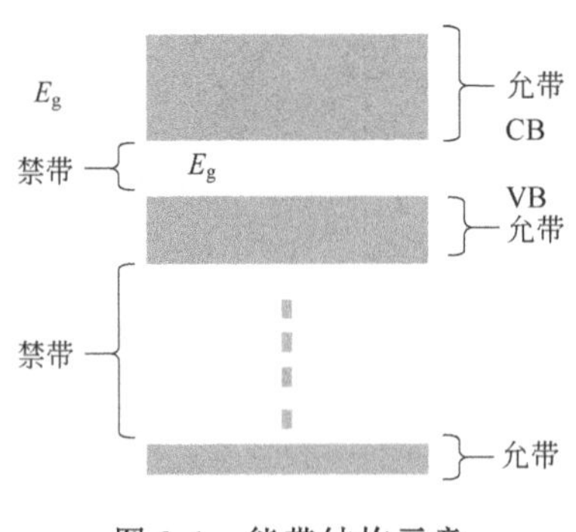

图 3-1 能带结构示意

band)。电子占满的能带叫作满带，电子未全部占满的能带叫作半满带（无论是否占一半)。泡利不相容原理认为，每个能级只能容纳自旋方向相反的两个电子，外加电场时，这两个自旋相反的电子受力方向也相反。它们最多可以互换位置，对电流的贡献互相抵消而不出现沿电场方向的净电流，所以说满带电子不导电。同理，未被填满的能带由于存在一个能级只有一个电子的情况，即有电流不被抵消的情况，因而半满带能导电。因为电子的能量状态遵守能量最低原理和泡利不相容原理，所以内层能级分裂的允带总是被电子先占满，然后再占据能量更高的外面一层允带。

固体的能带结构主要指 CB、VB 和禁带（forbidden band）三部分。材料的能带结构决定了固体的多种特性，特别是它的电子学和光学性质。能带结构参数包括 CB、能隙、VB、费米能级和态密度。对单相固体材料的电学性质和光学性质起决定作用的是能带底的位置（E_{cb})、导带顶的位置（E_{vb})、能隙宽度（E_g）以及半导体的费米能级（E_F）或者金属的功函数。对于复合半导体材料，除了以上几个能带结构参数外，还包括组成复合半导体材料单相间的费米能级 E_F 的相对位置。我们一般能测量的能带结构能带参数为 E_{cb}、E_{vb}、E_g、E_F 或者金属材料的功函数，E_F 常常通过理论计算得出，很难准确地测出；可以用平带电位（flat band potential，用 E_{fb} 表示，以下会做解释）估计。这一章讨论的测量是指测量 E_{fb} 与 E_{cb}、E_{vb}、E_g、金属材料的功函数和半导体的费米能级。

费米能级的物理意义是指费米子系统在趋于绝对零度时的化学势；但是在半导体物理和电子学领域中，费米能级常常被当作电子或者空穴化学势的代名词。费米能级和温度、杂质含量、能量零点有关。对于半导体来说，还与半导体的导电类型有关。通常，若是 n 型半导体，费米能级靠近导带底；若是 p 型半导体，费米能级靠近价带顶；若是本征半导体，费米能级近似在能隙中间位置。费米能级在能带中的相对位置决定材料的电导性质。

E_{cb} 决定利用光生电子进行氧化反应是否能进行。当 E_{cb} 和进行氧化-还原反应需要的最低能量相等或者更负时，反应才能发生。

E_{vb} 决定利用光生空穴进行还原反应是否能进行。当 E_{vb} 和进行氧化-还原反应需要的能量相等或者更正时，反应才能进行。

E_g 决定材料吸收光的范围。当光子能量大于或者等于 E_g 时，此光子的能量才能被材料吸收。

材料的能带结构决定固体的多种物理性质，特别是它的电子学和光学性质，如电导率、热导率、Seebeck 系数、光的吸收性能、光的透射性能、光催化性能等等。

知道了能带结构，就可以推演固体材料的许多性质。因此，在研究电导率、热导率、Seebeck 系数、光的吸收性能、光的透射性能、光催化性能等时常常需要理论计算或者测试出能带结构。本章只关注能带结构的测试，不关注能带结构的理论计算。

固体的能带结构受组成固体的元素种类和含量、晶相、温度、缺陷、杂质、晶粒尺寸、应力、材料组元等因素决定。

3.1.2 能带结构的常用测试技术

半导体材料的能带结构可以通过如下测试手段获得：先测试紫外可见漫反射光谱（ultroviolet-visible diffusive reflection spectrum，UV-Vis DRS）或者吸收谱，再根据 UV-Vis DRS 或者吸收谱进一步画图和估算 E_g，也可以利用光致发光谱测量 E_g；采用价带 XPS（VB-XPS）或者紫外光电子能谱（ultroviolet photoelectron spectrometer，UPS）测得 E_{vb}；利用同步辐射光电子能谱（synchrotron radiation photoelectron spectroscopy，SRPES）测得 E_f、E_{vb} 以及缺陷态位置；通过测试莫-肖特基（Mott-Schottky）曲线得到 E_{fb}，再通过相关公式得到 E_{cb}；或者通过电负性计算得到能带位置。UPS 可以测试金属材料的功函数和费米能级 E_f。

本章只介绍几种常用的方法：UV-Vis DRS、VB-XPS、UPS、Mott-Schottky 曲线测试以及通过电负性计算得到能带位置。

3.2 材料能带结构的测试与数据分析

3.2.1 紫外可见漫反射光谱

3.2.1.1 紫外可见漫反射光谱测能隙的原理简介

紫外可见漫反射光谱（UV-Vis DRS）可用于研究固体样品的光吸收性能。紫外可见漫反射光谱是材料对 UV-Vis 范围（有时包括靠近可见光的近红外少部分光谱范围）光的吸收率或者反射率与波长的关系曲线（A-λ 曲线或者 R-λ 曲线）。

当光照射到介质界面时，一部分光发生反射，一部分光则透射进入介质，还有部分光被介质吸收。一般用反射率 R、透射率 T 和吸收率 A 表示它们在入射光中所占比例。根据能量守恒定律，这三个物理量之间有如下关系：$R+T+A=1$。对于足够厚的固体，其透射可以看为 0，故其吸收率 $A=1-R$。紫外可见漫反射就是通过测量样品足够厚度时的反射率 R 来得到吸收率 A。

紫外线的波长范围为 10～400nm，可见光的波长范围为 400～760nm，波长大于 760nm 为红外线。波长在 10～200nm 范围内的称为远紫外线，波长在 200～400nm 的为近紫外线。而对于紫外可见光谱仪而言，人们一般利用近紫外线和可见光，故测试的波长范围通常为 200～800nm。

漫反射光是所有反射光的综合。如图 3-2（a）、（b）所示，当光束入射至粉末状的晶面层时，一部分光在表层各晶粒面产生镜面反射（specular reflection）；另一部分光则折射入表层晶粒的内部，经部分吸收后射至内部晶粒界面，再发生反射、折射和吸收。如此多次重复，最后由粉末表层朝各个方向反射出来，这种辐射称为漫反射光（diffuse reflection）。漫反射光的收集是用积分球将各个方向出射的光聚集起来的。积分球又称为光通球，是中空的完整球壳，内部涂白色的漫反射层，内部涂层常常是纯 $BaSO_4$ 或者聚四氟乙烯，涂层要均匀。图 3-2（c）所示是积分球收集许多漫反射光的原理图。

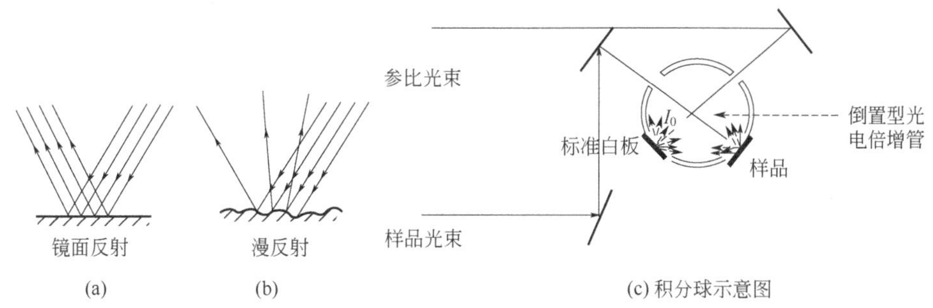

图 3-2　（a）镜面反射示意图；（b）漫反射示意图；（c）紫外可见漫反射光谱积分球原理图

对于紫外可见光谱而言，不论是紫外可见吸收还是紫外可见漫反射，其产生的根本原因多为电子跃迁。如图 3-3 所示，电子跃迁的条件是被吸收的光子能量必须大于或等于材料的能隙 E_g。因而我们可以从紫外可见漫反射中得到电子跃迁和能带的信息［如图 3-3 的过程（1）］。材料禁带中如果有杂质能级 E_D，则杂质能级的电子可以在吸收光子能量后跃迁到导带底［如图 3-3 的过程（2）］。此时需要的光子能量最少是从杂质能级到导带底的能量差。

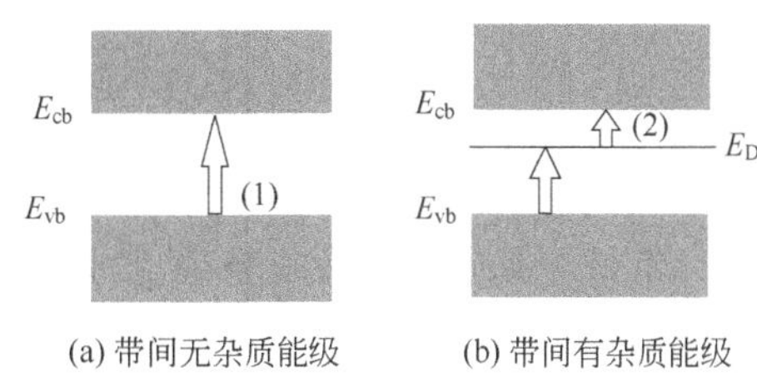

图 3-3　电子吸收光子后的跃迁

除了如上所述的带间跃迁，无机材料还有如下的一些电子跃迁也会吸收光子能量，在紫外可见光谱中得到体现。

a．在过渡金属离子-配位体系中，一方是电子给予体，另一方为电子接受体。在光激发下，发生电荷转移，电子吸收某能量光子从给予体转移到接受体，在紫外区产生吸收光谱。其中，电荷从金属（metal）向配体（ligand）进行转移，称为 MLCT；反之，电荷从配体向金属转移，称为 LMCT。

b．当过渡金属离子本身吸收光子激发发生内部 d 轨道内的跃迁（d-d 跃迁），引起配位场吸收带，需要能量较低，表现为在可见光区或近红外区的吸收光谱。

c．贵金属的表面等离子体共振：贵金属可看作自由电子体系，由导带电子决定其光学和电学性质。在金属等离子体理论中，若等离子体内部受到某种电磁扰动而使其一些区域电荷密度不为零，就会产生静电回复力，使其电荷分布发生振荡，当电磁波的频率和等离子体振荡频率相同时，就会产生共振。这种共振在宏观上就表现为金属纳米粒子对光的强烈吸收。金属的表面等离子体共振是决定金属纳米颗粒光学性质的重要因素。由于金属粒子内部等离子体共振激发或带间吸收，它们在紫外可见光区域具有吸收谱带。除此之外还有其他的一些吸收机制。图 3-4 给出和总结了各种机制引起的光谱吸收范围。读者可以查找资料理解各种吸收机制和这些机制各自的吸收范围。

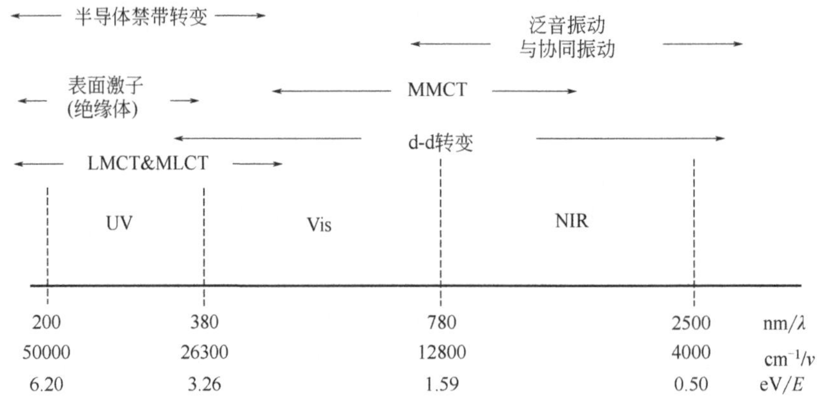

图 3-4　各种机制引起的紫外可见光谱吸收范围

3.2.1.2　用紫外可见漫反射谱估算 E_g 和实例分析

紫外可见漫反射可以研究固体对紫外可见光的吸收性能、反射性能；还可以从 R-λ 曲线经过数学处理后估算出固体样品的 E_g。下面详细阐述从薄膜和块体材料的紫外可见吸收光谱或者反射光谱求出各自的 E_g 的方法。

（1）基于朗伯-比尔（Lambert-Beer）定律从薄膜的紫外可见吸收谱求薄膜的能隙 E_g

对于透明薄膜，可以利用紫外可见光谱仪测得其吸收率 α，通过作 Tauc 图 $(\alpha h\nu)^{n/2}$-$h\nu$ 曲线，将曲线的线性部分延长与横坐标相交，交点的值即为 E_g 值。上述 α 为薄膜的吸收系数；h 为普朗克常数；ν 为光的频率；对于直接带隙材料，n 取 1；对于间接带隙材料，n 取 4[1]。

如图 3-5 所示，图（a）是 α-Bi_2O_3 薄膜和 β-Bi_2O_3 薄膜的吸收光谱图。如图 3-5（b）所示，将 Tauc 图的线性部分延长与横轴相交，其交点为估算的 E_g 值。估算得到

图 3-5 中 α-Bi_2O_3 薄膜和 β-Bi_2O_3 薄膜的 E_g 分别为（2.78 ± 0.03）eV、（2.34 ± 0.03）eV。

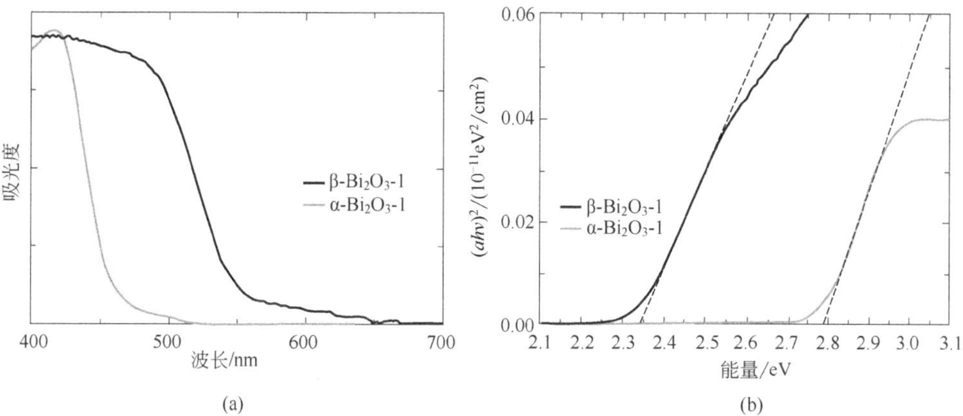

图 3-5　α-Bi_2O_3 和 β-Bi_2O_3 的（a）可见光吸光谱图和（b）Tauc 图[2]

以上 α 如何通过测试得到？

如果紫外可见光谱测的是透射率，一定浓度的吸光度与它的吸收介质的厚度呈正比。当光照射到介质界面时，一部分光发生反射，一部分则透射进入介质，还有部分被介质吸收。反射率 R、透射率 T 和吸收率 A 有如下关系：

$$R+T+A=1$$

光在介质中传播的强度按指数规律衰减，即：

$$I=I_0\mathrm{e}^{-\alpha d} \tag{3-1}$$

式中　d——光在固体中的传播距离；

　　　α——吸收系数。

式（3-1）表示光在固体中的传播距离 $d=1/\alpha$ 时，光强度衰减为原来的 1/e，则：

$$\alpha=-\ln T/d \tag{3-2}$$

只要测出薄膜的厚度 d 和透射率 T 就可得到吸收系数 α，再作出 Tauc 图［$(\alpha h\nu)^{n/2}$-$h\nu$ 曲线］，将曲线的线性部分延长与横坐标相交，交点的值即为 E_g 估值。

（2）从固体的漫反射谱求其能隙

当要测量的材料为粉末或者表面粗糙的块体时，需要测量材料的漫反射 R，利用 Kubelka-Munk 公式求出 E_g。具体步骤如下：

① 从漫反射谱求出 Kubelka-Munk 函数 $F(R)$

$$F(R)=(1-R_\infty)^2/(2R_\infty)=K/S \tag{3-3}$$

式中　K——吸收系数，与吸收光谱中的吸收系数的意义相同；

S——散射系数；

R_∞——无限厚样品的反射系数 R 的极限值（可能是波长的函数）。

事实上，测量反射系数 R 时通常采用已知的高反射系数（$R_\infty \approx 1$）的固体物质（如 $BaSO_4$ 和 $MgSO_4$）作为参考样品来比较，若待测样品足够厚，则测量得到的 R 视为 R_∞，此时的式（3-3）近似为：$F(R)=(1-R)^2/(2R)$。

② 将波长转化为能量。

波长（以 nm 为单位）换成能量（以 eV 为单位）：$E=1240/\lambda$。

③ 作$[F(R)h\nu]^{n/2}$-$h\nu$曲线。同样地，对于直接带隙材料，n 取 1；对于间接带隙材料，n 取 4[1]。

④ 求 E_g：从［$F(R)h\nu$］$^{n/2}$-$h\nu$曲线的线性部分延长至横轴，交点处即为能隙估值 E_g。

值得说明的是：实验过程中，我们通过漫反射光谱测得的谱图的纵坐标一般为吸收值 Abs（A）。如果得到的是透射率 T（%），可以通过公式 $A=-\lg T$ 进行换算。而 α 为吸光系数，与 A 成正比。此时通过 Tauc plot 来求取 E_g，方法和上述 Tauc plot 方法完全一样。需要说明的是，不论采用 A 还是 α，对 E_g 值是不影响的，所以简单起见，可以直接用 A 替代 α 画出 Tauc plot［$(Ah\nu)^{n/2}$-$h\nu$曲线］，不过在论文中请给出说明。

图 3-6（a）所示是核壳结构的 $La(OH)_3$、$La(OH)_3@In_2S_3$（LIS）和 In_2S_3（IS）的紫外可见吸收谱。图 3-6（b）是直接用 A 替代 α 画出的$(Ah\nu)^{n/2}$-$h\nu$曲线，从其线性部分作切线延长至横轴，交点为 E_g=1.638eV。测量时的参考样品是 $BaSO_4$[3]。

注意：只有与横轴和$(Ah\nu)^n$等于 0 的地方相交得到的值才为 E_g 估值。

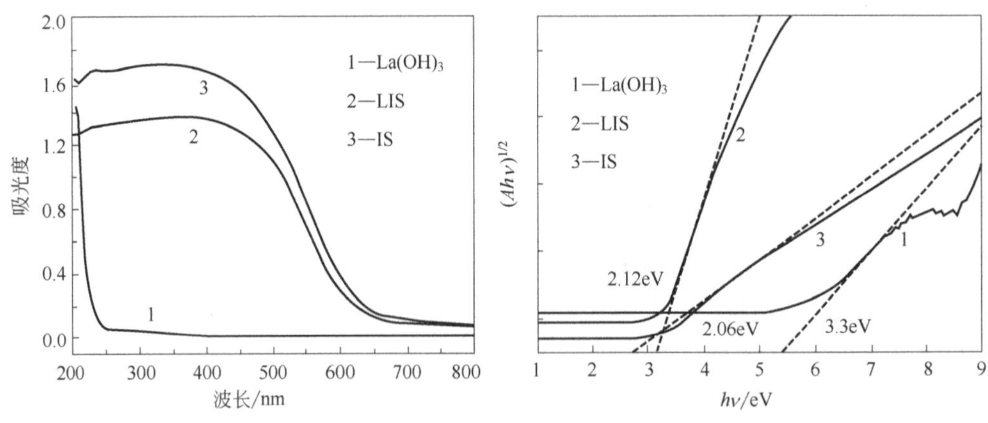

图 3-6　核壳结构的 $La(OH)_3$、$La(OH)_3@In_2S_3$(LIS)和 In_2S_3(IS)的（a）紫外可见吸收谱及（b）Tauc 图

（3）直接从紫外可见吸收光谱的吸收边来求 E_g

如图 3-7 所示，当辐射光光子的能量大于材料的能隙 E_g 时会有大量电子吸收光子从价带顶跃迁到导带底，使得材料对光的吸收大大增加。这个吸收值突然增加对应的光子的能量可以近似认为是能隙 E_g 值。这个突变对应的波长是吸收边。故我们可以通过紫外可见吸收谱的吸收边来求 E_g 值。E_g 和吸收边对应波长 λ 的关系为 $E_g=1240/\lambda_g$。

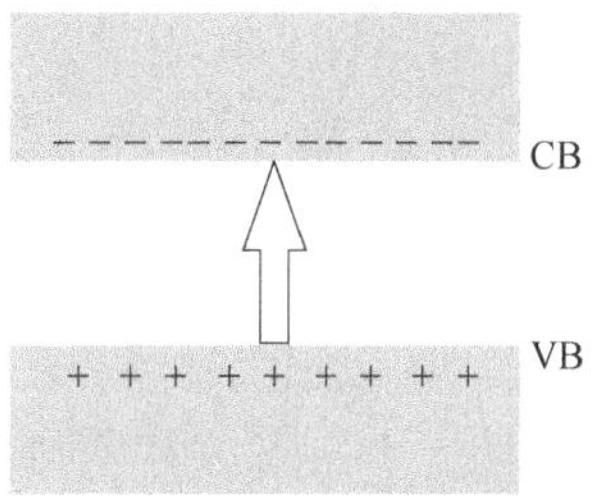

CB

VB

图 3-7　能隙为 E_g 的材料中的电子在吸收能量大于等于 E_g 的光子后从价带顶跃迁到导带底

下面介绍如何准确地从紫外可见吸收光谱中求吸收边。

① 一般通过 UV-Vis DRS 测试得到样品的紫外可见吸收光谱（A-$h\nu$ 关系曲线）。

② 通过数据处理软件（建议用 Origin）求出 A-$h\nu$ 关系曲线的导数曲线 k-$h\nu$，并找到导数极值对应的坐标（$h\nu_e$，k_e），k_e 为斜率的极值，$h\nu_e$ 是 k 为极值时对应的光子能量值，设吸收光能量为 $h\nu_e$ 的吸收值为 A_e。

③ 在 A-$h\nu$ 关系曲线中，过极值点（$h\nu_e$，A_e）作斜率为 k_e 的截线，该截线与横坐标轴的交点即为吸收波长的阈值（λ_g）。

④ 通过公式 $E_g=1240/\lambda_g$ 来求取半导体的禁带宽度 E_g。

图 3-8（a）是用紫外可见漫反射测量的 $Sr_{0.895}La_{0.07}TiO_3$（SLTO）的吸收谱，（b）、（c）分别是对应直接和间接半导体的 Tauc 图，（d）是图 3-8（a）中的斜率。根据图 3-8（a）的吸收谱，求出 k-$h\nu$ 关系曲线［图 3-8（d）］，找到 k 的极值（k_e）以及其对应的吸收值 A_e。在图 3-8（a）所示的吸收谱中过坐标点（$h\nu_e$，A_e）作斜率为 k_e 的截线，该截线与横坐标轴的交点即为吸收波长的阈值（λ_g）［图 3-8（a）］。我们采用求吸收边的办法求得 SLTO 的 E_g 为 3.29eV。用 Tauc plot 法得到 SLTO 的直接带隙和间接带隙分别为 3.41eV、3.14eV，不同于吸收边法求得的能隙值。$SrTiO_3$ 是间接半导体，但我们无法推测掺入 7%的镧（La）后得到的 SLTO 是直接半导体还是间接半导体。我们用吸收边法求出 SLTO 的 E_g 值为 3.29eV。这种方法求出来的比 Tauc plot 法求出来的误差大。但此方法不需要预先知道材料是直接半导体还是间接半导体就可以求出来。这种方法虽然也有人在用，但文献中还是比较少见，简单来考量半导体的禁带宽度是可以的，在论文中还是建议用 Tauc plot 法。

3.2.2　X 射线光电子价带谱

X 射线光电子价带谱，也称价带 XPS（VB-XPS），位于 XPS 全谱中靠近费米能级的很低结合能（0～35eV）区域。利用 X 射线光电子能谱测价带顶位置的原理和 XPS 测元素电子结合能一样，只是将采谱范围设置为-5～20eV（结合能）即可。

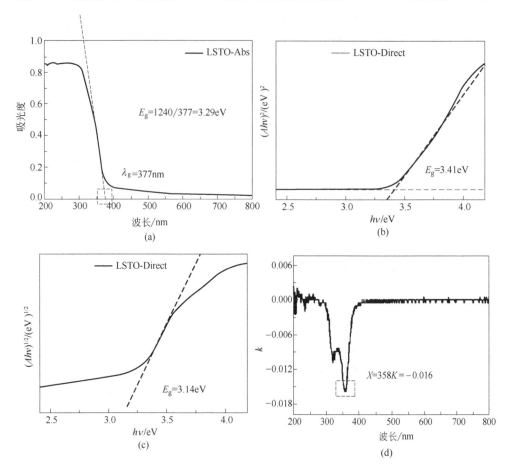

图 3-8 $Sr_{0.895}La_{0.07}TiO_3$ 的（a）紫外可见漫反射测量的吸收谱和吸收边；（b）直接能隙对应的 Tauc plot 图；（c）间接能隙对应的 Tauc plot 图；（d）根据（a）求得的 k-λ 关系曲线

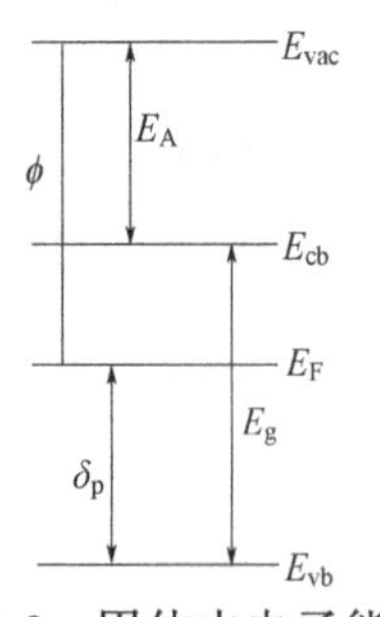

图 3-9 固体中电子能带与功函数、费米能级的关系示意

为了方便，图 3-9 给出了固体中电子能带与功函数、费米能级的关系示意，如下式所示：

$$E_A=\phi-(E_g-\delta_p)$$

式中 E_A——真空能级到导带底的能量差；

ϕ——功函数；

E_g——能隙；

δ_p——费米能级与价带顶的能量差。

此时，$E_{vb}=\phi+\delta_p=E_A+E_g$。

若以费米能级为零势点，则如图 3-10 所示，从低结合能段可以直接读出价带顶到费米能级的能量差（δ_p）。从-5eV 到 20eV 范围的光电子能谱带（VB-XPS）第一个峰的低能截止边即为 δ_p，亦为 E_{vb}，用紫外可见漫反射测出 E_g，根据公式 $E_{vb}=E_{cb}+E_g$ 就可以算出 E_{cb}。

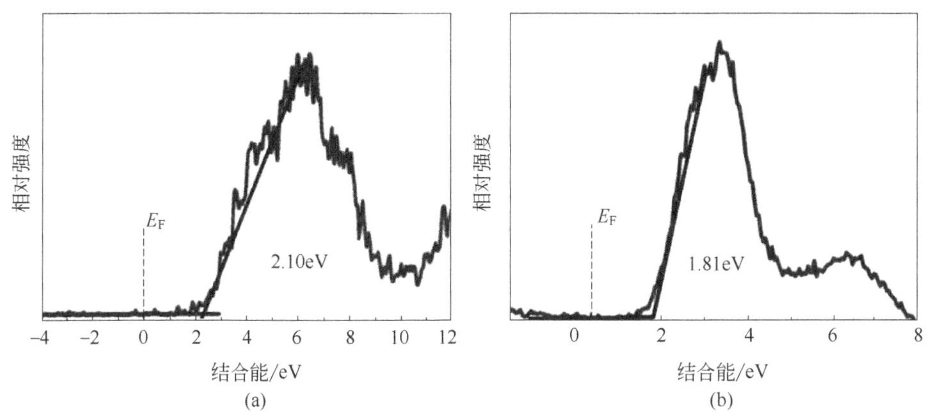

图 3-10　$BiVO_4$ 的 VB-XPS[4]

从 VB-XPS 谱求价带顶位置的方法详解如下：

① 如图 3-11 所示，先作 VB-XPS 图谱的水平切线，然后作-5～20eV 第一个峰（从左往右）低能边的切线，两条切线的交点就是价带顶的位置。

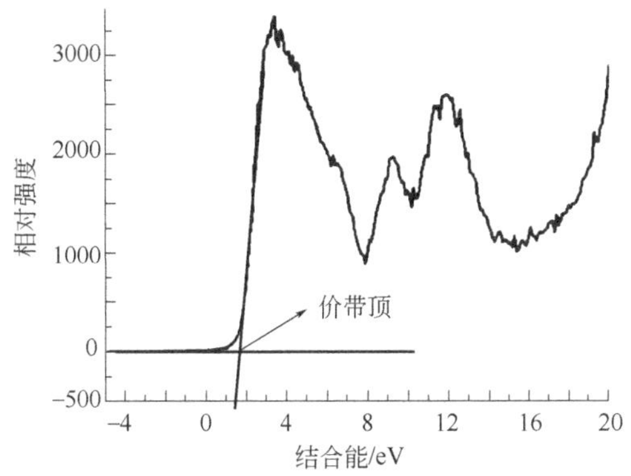

图 3-11　从 VB-XPS 求出价带顶位置示意图（此时以费米能级作为零势点）

② 参考费米能级：为了满足“-5～20eV 第一个峰（从左往右）低能边的切线与强度为 0 的水平线的交点就是价带顶的位置”的条件，实验中必须将费米能级设为零点。为了和其他材料的价带进行比较，VB-XPS 测试用金属（Au 或者 Ni）等费米面标定费米能级零点，还有人用 C 1s 的结合能标定。Au 或者 Ni 的费米面用来“标定”XPS 测量的零点，意义只在确定坐标原点。为了保证整个测量的低能、中高、高能范围都可靠，还需要用到 Au、Ag、Cu 的谱线，这些特定谱

线的标准能量有明确规定。在没有表面荷电的情况下，其他样品不管功函数如何，实验上测到的值就是它的结合能；若样品表面被沾污，会有 C—C、C—H 键。由于一般样品都有这种沾污，所以测量时常常参考 C 1s 的结合能，且采用 284.8eV 作为 C 1s 的结合能去校准。但由于高级碳是一种不知名的化合物，其不是样品中固有的成分，故与分析样品的电接触不好，导致高级碳和样品之间存在接触电势垒。故 C 1s 结合能其实在很宽的范围变动，不一定是 284.8eV。

为了获得准确的 C 1s 结合能［BE（C 1s）］，可以采用测量 XPS 的设备同时测量被测物质的 UPS。通过 UPS 测量被测物质的功函数（适用于金属）或者费米能级（适用于半导体）ϕ，则 BE（C 1s）=BE（C 1s-XPS）-ϕ。ϕ的测量将在 UPS 一节中详细介绍。式中 BE（C 1s-XPS）表示用 XPS 测得的 C1s 的结合能。

图 3-11 示意了如何从 VB-XPS 求出价带顶位置。该图采用银作为参考材料测试 WO_3 和 TiO_2 的 VBM，分别为 2.85eV 和 3.57eV。说明 WO_3 的 VBM 高于 TiO_2 的 VBM 0.72eV。

需要说明的是，当样品表面有其他物质时，功函数和价带位置会发生改变。这里不深入阐述原理。

图 3-12 是 CdS/GO 的 VB-XPS 图，从-5～20eV 的第一个谱带的低能边线性部分作切线，与强度为 0 的水平线相交于 1.5eV，则得到价带顶的位置为 1.5eV[5]。

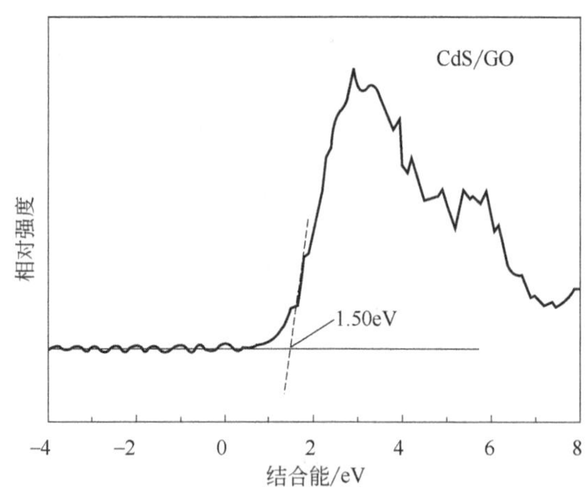

图 3-12　CdS/GO 的 VB-XPS 谱[5]

注意：标准氢电极（SHE）电位相对于真空能级（E_{vac}）为-4.5eV。因此，可以得出下列换算关系：E_{vac}=-4.5-E_{SHE}

式中　E_{vac}——相对真空能级的电位值；

E_{SHE}——相对 SHE 的电位值。

3.2.3 紫外光电子能谱

紫外光电子能谱（UPS）是以紫外线作为激发光源的光电子能谱（如图 3-13 所示）。该谱以光电子能量为横坐标，以强度为纵坐标。激发源采用光子能量小于 100eV 的真空紫外光源，该光子产生于激发原子或离子的退激，最常用的低能光子源为 He、Ne 等气体放电中的共振线。这个能量范围的光子与 X 射线光子的不同之处在于：X 射线可以激发样品芯层电子，紫外线只能激发样品中原子、分子的外层价电子或固体的价带电子。故 UPS 很少用于定量分析。但是，价电子一般参与化学成键作用，因此 UPS 特别适合研究表面的成键作用。同时，UPS 可以用于测试材料的价带顶位置、金属的功函数以及价电子和精细结构、固体样品表面的原子、电子结构。现已越来越多地用于研究固体表面吸附作用及表面电子结构。本节先介绍 UPS 测量材料的功函数、价带结构的测试原理，然后举一些实例介绍如何从测试数据中获得功函数值，如何从 UPS 谱中获得价带顶位置，如何从精细结构中获得一些有用的信息。

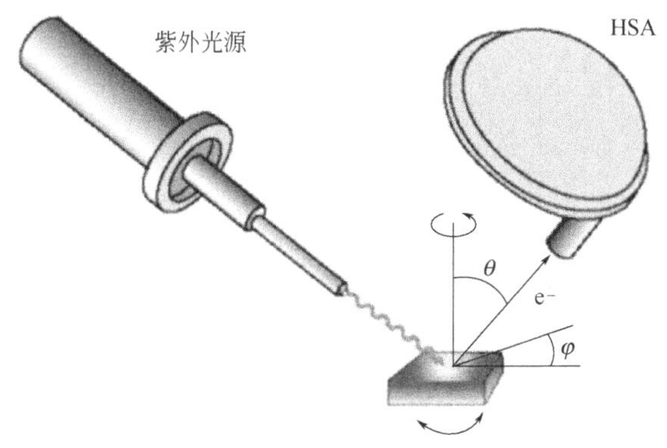

图 3-13　UPS 测试示意图

UPS 测试的原理和 XPS 测试类似，也是基于爱因斯坦的光电效应 $E_k=h\nu-E_b$，其中 $h\nu$为紫外线能量，E_b 为试样价电子结合能，E_k 为光电子动能。用惰性气体放电产生的紫外线（常用 He Ⅰ 或 He Ⅱ 共振线）照射试样，使试样中原子或分子的价电子被电离而射出，成为光电子。用静电或磁场偏转型能量分析器检测其能量分布，得到以电子动能（或结合能）为横坐标，电子计数率为纵坐标的光电子能谱图。

UPS 和 XPS 的区别在于：

① 两者的激发光源不同，XPS 是 Mg Kα或 Al Kα光源，UPS 是 He Ⅰ 或者 He Ⅱ。

② UPS 测出的价带谱较 XPS 有更高的能量分辨率，决定了用 UPS 可以检测到比 VB-XPS 谱更精细的结构。

③ 从激发截面看：用紫外线激发比 X 射线激发外层电子有更大的散射截面，这代表 UPS 检测价带谱较 XPS 检测价带谱有更高的计数比，通常情况下 PHI 公司的 UPS 计数为 10^6 cps 量级，而用 XPS 则只有 10^2cps 量级。

④ 从检测深度来看：UPS 激发的价带电子动能较 XPS 激发的电子动能小，所以信息来源深度更浅。总之对表面状态更加敏感。

UPS 光源的优点：①激发光源通量高，价带信号强；②激发光源能量低，相应电离截面大，得到信号强度高；③UPS 激发光源的分辨率高。测试价带谱，最好选择用 UPS。综上，UPS 较 XPS 更适合得到材料的价带谱结构。

3.2.3.1 功函数的测试原理

一般 UPS 直接以费米能级作为能量参考点，因此结合能 E_b=0 对应的就是费米能级 E_F。但是如图 3-14 所示，由于实验上的原因，爱因斯坦的光电方程需要考虑能量分析器的功函数（ϕ_{ns}）的偏离：$E_k=h\nu-E_b-\phi_{ns}$。下面分别就金属求功函数和半导体求价带顶进行介绍。

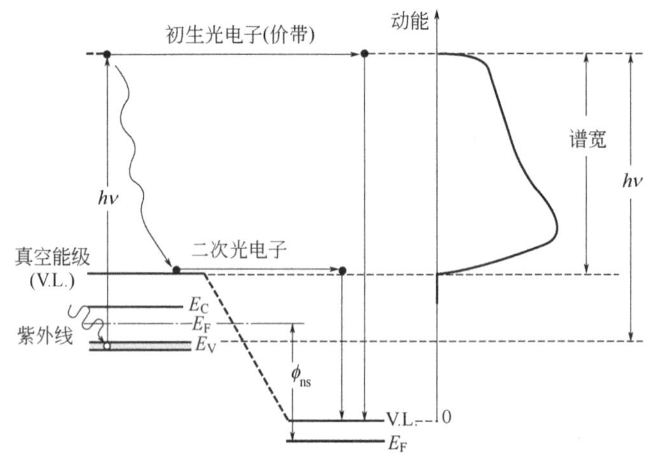

图 3-14 能量分析器对金属功函数测量的影响示意

图中 V_{bias} 为材料费米能级与分析仪器费米能级之差。右边的 V.L.为仪器的导带底能量，图里表示以仪器的导带底为电子能量的零点

典型的 UPS 图如图 3-15 所示，存在两个重叠的峰包，右侧高动能区的截止边为费米边；左侧为二次电子截止边，是光电子再次激发的二次电子在近表层发生散射作用，激发出的二次电子有足够的能量逸出表面，形成谱图中的二次电子背景。对金属样品而言，给定激发光子能量 $h\nu$，检测到的最大动能为费米能级处的电子（结合能 E_b=0）逸出后的最大动能：$E_{k,max}^{F}=h\nu-\phi_{ns}$。而仪器能测到的最小动能是刚好能到达仪器时的动能（电子从价带到达测试仪器时电子数目开始为

0)，此时应该是二次电子截止边，故有：$E_{k,min}=\phi_s-\phi_{ns}$。

两个能量进行差减，得到金属样品的绝对功函数：

$$\phi_s=h\nu-(E_{k,max}^F-E_{k,min})=h\nu-w$$

可以将 w 称作 UPS 出射电子谱带的宽度，即费米边的能量与截止边的能量差。

注意：公式是假设金属样品与测试仪器良好接触，费米能级完全一致的情况下的功函数公式。对于半导体而言，E_F 处于带隙之间，它与价带顶有一定的能量差，比较难确定。UPS 高动能起始边对应价带顶位置。采用上述计算方法，即半导体的 $h\nu-w$ 实际上为价带顶（VBM）位置。

对于多晶样品而言，利用 UPS 测量功函数的原理一样，也是需要得到费米边和二次电子截止边，但由于有如下的一些干扰因素，分析得到的功函数不准确：

① 样品表面被污染。比如吸附水会极大地导致测量得到的功函数的偏移。

② 存在基底信号的干扰。比如当样品不够致密时，露出基底，基底信号会产生干扰。

③ 荷电效应的影响。比如很多粉末样品不导电，产生荷电效应，影响光电子的出射。

故利用 UPS 测量粉末多晶样品的功函数的误差较大。

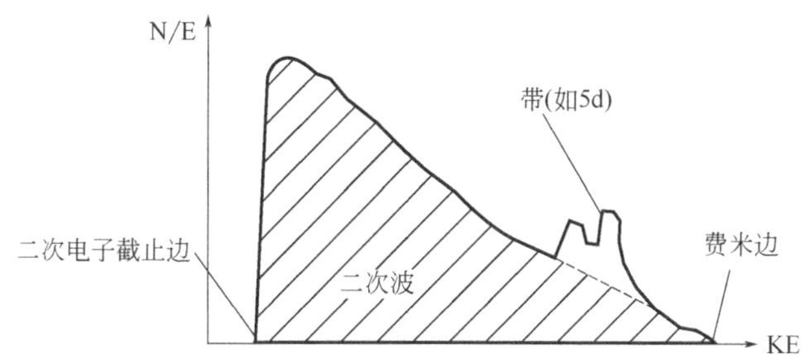

图 3-15　典型的 UPS 谱

3.2.3.2　UPS 测试半导体的价带顶（VBM）的实例数据分析

在半导体中，费米能级在禁带中，具体位置不清楚。价带顶的电子吸收光子能量（$h\nu$）后从价带顶跃迁到导带底，此时还不够，要有剩余的动能到达仪器。故最大的动能是从价带顶跃迁的电子：

$$E_{k,max}^F=h\nu-\phi_{ns}$$

而仪器能测到的最小动能是刚好能到达仪器时的动能，此时应该是二次电子截止边，故有：

$$E_{k,min}=E_{vb}-\phi_{ns}$$

$$E_{vb}=h\nu-(E^{F}_{k,max}-E_{k,min})=h\nu-w$$

故只要知道光波能量和 UPS 出射电子谱带的宽度，就可以据此算出价带顶位置 E_{vb}。注意，此时是仪器的导带底为电子能量的零点。

从 UPS 谱上估计 $E^{F}_{k,min}$ 的方法如下：如图 3-16（a）所示，从 UPS 谱中谱峰低能端作线性部分延长线至背景信号的延长线，交点为 $E_{k,min}$。

从 UPS 谱上估计 $E^{F}_{k,max}$ 的方法按照被测材料分两种情况：①材料为半导体时求出的是价带顶位置。此时，如图 3-16（b）所示，UPS 谱中谱峰的高能端作线性部分的延长线至背景信号（基线）的延长线，交点为 $E^{F}_{k,max}$。②材料为金属时求出的是费米能级位置。此时，如图 3-16（c）所示，UPS 谱中谱峰的高能端作线性部分的延长线至背景信号（基线）的延长线，而在高能端的峰值作水平线。线性部分的延长线将分别与高能端的水平线和背景信号延长线相交，取两交点的中点为 $E^{F}_{k,max}$。理由是费米能级的定义是能级被电子占据的概率为 50%。

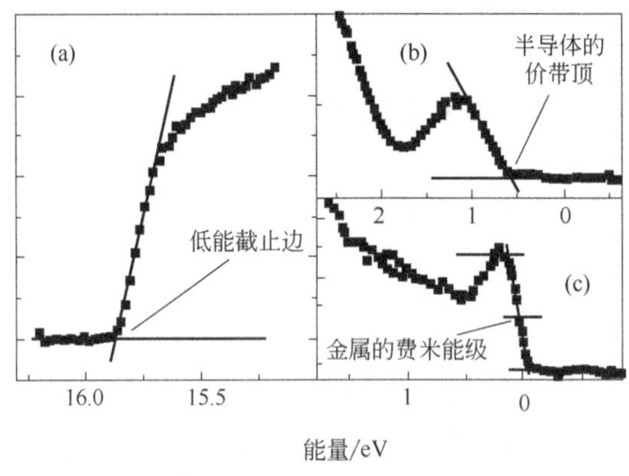

图 3-16　从 UPS 获得（a）低能截止边、（b）半导体的价带顶和（c）金属的费米能级

图 3-17 是 ZnO 和 TiO_2 的 UPS 谱[6]。此 UPS 谱以 He Ⅰ 作为光源（$h\nu$=21.2eV），此两种材料都为半导体材料。先从 UPS 谱中谱峰低能端作线性部分延长线至背景信号的延长线，交点为 $E_{k,min}$；从 UPS 谱中谱峰的高能端作线性部分的延长线至背景信号的延长线，交点为 $E^{F}_{k,max}$，则对于半导体：$E_{vb}=h\nu-(E^{F}_{k,max}-E_{k,min})=21.2-(E^{F}_{k,max}-E_{k,min})$。以此方法，从 UPS 图中得到 ZnO 和 TiO_2 相对仪器的价带顶位置分别为：19.85V 和 20.15V。

图 3-18（a）是 $LaFe_{0.65}Ti_{0.35}O_{3-\delta}$（LFT）、Sm 和 Ca 共掺杂 CeO_2（SCDC）以及复合物 LFT/SCDC（LFT-SCDC）的 UPS 谱，图（b）通过最靠近高能端线性部分背景信号部分延长线交点求价带顶 VBM，图（c）通过最靠近低能端线性部分延长线与背景信号部分延长线交点求低能截止边[7]。UPS 的光源为 He Ⅰ

（$h\nu$=21.2eV）。求得 LFT、SCDC、LFT-SCDC 的低能截止边的动能值分别为：9.39eV、10.4eV、9.9eV；其高能截止边结合能值分别为：16.01eV、16.2eV、16.1eV。根据公式 $E_{vb}=h\nu-(E^{F}_{k,max}-E_{k,min})=h\nu-w$，可得 LFT、SCDC、LFT-SCDC 的 VBM 分别为：14.58eV、15.4eV、15eV。

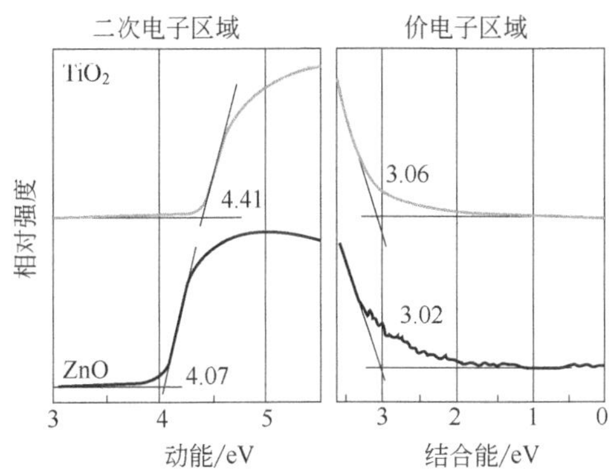

图 3-17　ZnO 和 TiO_2 的 UPS 谱

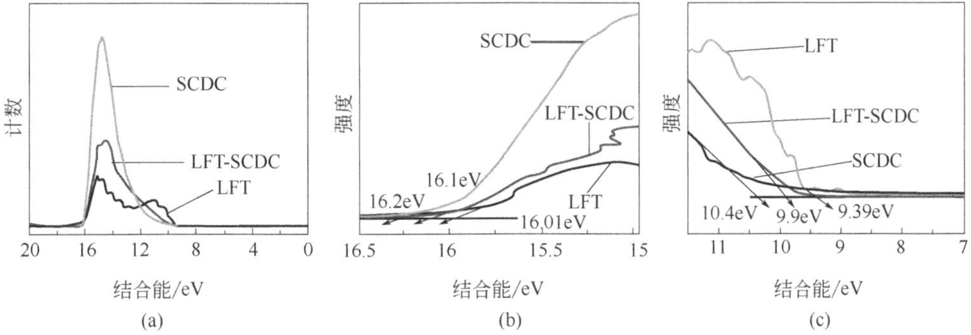

图 3-18　$LaFe_{0.65}Ti_{0.35}O_{3-\delta}$（LFT）、Sm 和 Ca 共掺杂 CeO_2（SCDC）以及复合物 LFT/SCDC 的（a）UPS 谱、（b）高能端求价带顶 VBM 和（c）低能端求截止边

3.2.4　莫特-肖特基曲线

Mott-Schottky 测试是利用电化学工作站对半导体材料进行电化学性能测试的一种常用手段。通过 Mott-Schottky 测试可以确定半导体的类型、电流密度以及平带电势，它与 UV-Vis DRS 测试结合起来还可以计算出半导体的导带、价带位置。

3.2.4.1　莫特-肖特基曲线测平带电位原理简介

如图 3-19 所示，采用电化学工作站测试 Mott-Schottky 曲线时需要构建三电极体系，一般将涂覆有被测材料的导电基底作为工作电极，铂丝或者铂片作为对电极，Ag/AgCl 或者 $Hg/HgCl_2$ 作为参比电极，电解液一般为 Na_2SO_4 溶液。当然，被测材料不同，电极和电解液的选择可能有所不同。

图 3-19　电化学工作站测试 Mott-Schottky 曲线

如图 3-20 所示，当半导体与溶液接触时，为了使两相平衡，它们的电化学势必须相同。此时对于 n 型半导体，费米能级往下移动，溶液的氧化还原势往高能处移动；而 p 型半导体的费米能级往上移动，溶液的氧化还原电势往下移动。移动的幅度约为 0.1～0.3V。溶液的电化学电势由电解质溶液的氧化还原电势确定，而半导体的氧化还原电势由费米能级决定。如果溶液的氧化还原电势和费米能级的能量不同，为了平衡两相，则需要使半导体和溶液之间发生电荷运动。对于 n 型半导体，费米能级通常高于电解质的氧化还原电势，因此电子将从半导体转移到溶液中，导致能带边缘向上弯曲［图 3-20（a）］；而对于 p 型半导体，费米能级通常低于氧化还原电势，因此电子必须从溶液转移到电极以达到平衡，从而导致能带边缘向下弯曲［图 3-20（b）］。当半导体的费米能级与电解液氧化还原电势处于同一能量时没有电荷的净转移，电势没有弯曲，是一条直线。因此，该电势称为平带电势（flat-band potential，E_{fb}）。

半导体处于平带电位时，半导体的电子的费米能级的能量正好与溶液中氧化还原电对的电子的能量（电极电位）相同。或者说平带电位所对应的正好是半导体电极在平带时的费米能级的能量，即 $E_{fb}=E_f$（E_f 为费米能级）。这样测定了体系的 E_{fb}，就可以知道半导体材料的费米能级。虽然说溶液的性质会对平带电位产生影响，但差别不大。故一般情况下，用莫特-肖特基曲线测得的平带电位作为 E_f 的估算值。

现在来推导如何从测试中得到平带电位。上述的空间电荷区组成一个等效电容器。设该等效电容器有效面积为 S，其电量为 eNS［e 为电子电量，N 是施主（n 型半导体）或受主（p 型半导体）密度］，空间电荷区电容为 C_{sc}，则：

$$\frac{1}{C_{SC}^2}=\frac{2}{e\varepsilon\varepsilon_0 N}\left(E-E_{fb}-\frac{kT}{e}\right)$$

式中 ε——相对介电常数；

ε_0——真空介电常数；

E——电极电势；

E_{fb}——平带电势；

k——玻尔兹曼常数；

T——绝对温度。

该公式为莫特-肖特基方程。

以上参数**均相对于特定的参比电极**。根据莫特-肖特基方程，对 E 作图应为一直线，**直线的延长线在电压轴上的截距可以给出 E_{fb}，从直线的斜率可求得 N**。但表面态的干扰会造成偏离莫特-肖特基理论关系式。故应核实由此图得到的“E_{fb}”。

注意：样品表面态来源于样品表面的晶格周期遭到破坏（本征表面态），表面吸附、外来原子或表面的不完整性（缺陷、台阶、杂质）都会产生表面态，被称为**非本征表面态**。

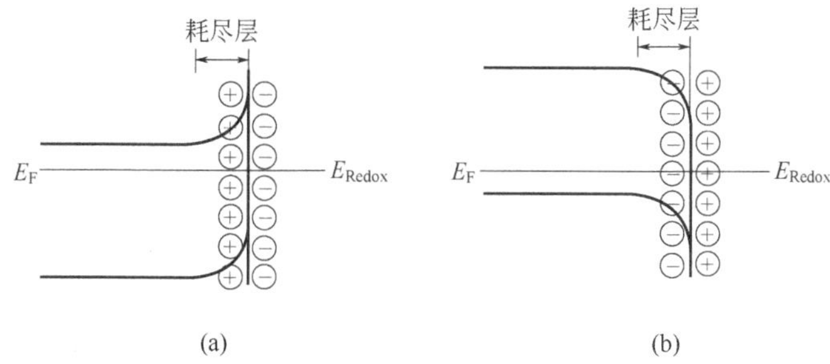

图 3-20 在电解液中电势平衡后的（a）n 型半导体和（b）p 型半导体的能带弯曲

图中“E_{Redox}”表示“氧化还原电势”

3.2.4.2 Mott-Schottky 曲线的实例数据分析

为了得到 Mott-Schottky 曲线图，我们还需要将测试得来的文本数据进行处理。利用测试得到阻抗（Z''），通过关系式 $Z''=1/(2\pi fC)$，从阻抗（Z''）的虚部来计算电容（C）。接着，作 $1/C^2$-E 曲线，即为莫特-肖特基曲线图。图 3-21 是利用电化学工作站测得的 $CuBi_2O_4$ 和 CeO_2 的 Mott-Schottky 曲线。

从这个曲线，我们可以做如下事情：

① 判断半导体类型：在莫特-肖特基曲线中找到线性部分，若线性部分的斜率为正数，则该半导体为 n 型半导体；否则为 p 型半导体。图中 $CuBi_2O_4$ 的线性部分的斜率为负，说明 $CuBi_2O_4$ 为 p 型半导体；CeO_2 的线性部分的斜率为正，说明 CeO_2 为 n 型半导体。

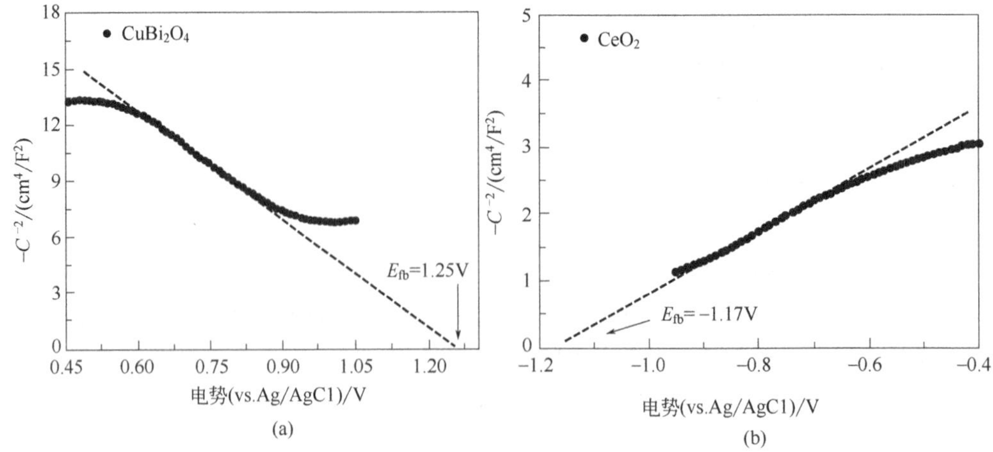

图 3-21 （a）$CuBi_2O_4$ 和（b）CeO_2 的 Mott-Schottky 曲线

② 估算平带电势：Mott-Schottky 曲线中线性部分延长线和横坐标（电势）的截距为平带电势 E_{fb}。且一般而言，对于孤立半导体的平带电势应该加减一个材料与电解液接触时移动的电势（0.1～0.3V）。具体来说，对于 n 型半导体而言，平带电势比导带底电势正 0.1～0.3V；对于 p 型半导体而言，平带电势比价带顶电势负 0.1～0.3V，由此可以算出半导体的导带底或价带顶电势。

在图 3-21 中，$CuBi_2O_4$ 与 CeO_2 的 Mott-Schottky 曲线线性部分斜率分别为负、正，说明 $CuBi_2O_4$ 与 CeO_2 分别为 p 型和 n 型半导体；曲线在横轴上的截距分别为 1.25V、−1.17V。由于我们测试后处理得到的数据是平带电势的数值，且是相对于特定的参比电极，在光催化机理分析时，需要换算成氢标准电极来分析。

氢标准电极是电化学中的一级标准电极，其电势已成为任何电化学氧化还原半反应电势的零电位基准。目前，三种氢电极，即一般氢电极（normal hydrogen electrode，NHE）、标准氢电极（standard hydrogen electrode，SHE）和可逆氢电极（reversible hydrogen electrode，RHE）经常于各类文献中被用来表示电极电势，并在不少场合出现了随意使用的趋势。然而三者却有着本质的不同。

（1）一般氢电极

一般氢电极的定义为“铂电极浸在浓度为 1 当量浓度（normal concentration，N）的一元强酸中并放出压力约一个标准大气压的氢气”。因其较标准氢电极易于制备，故为旧时电化学常用标准电极。但由于这样的电极并不严格可逆，故电压并不稳定，现在已经被弃用。

注：对于氢离子而言，1 当量浓度=1 摩尔浓度，即 1N=1mol/L。

（2）标准氢电极

标准氢电极的定义为“铂电极在氢离子活度为 1mol/L 的理想溶液中，并与

100kPa 压力下的氢气平衡共存时所构成的电极”。此种电极即当前电化学规定的一级标准电极，其标准电极电势被人为规定为零（其绝对电势在 25℃下为 4.44V±0.02V）。此电极反应完全可逆，但“氢离子活度为 1mol/L 的理想溶液”实际中并不存在，故而该电极只是一个理想模型。当列举其他参比电极的电势时，如无特别说明，应该都是相对于标准氢电极的电势，标注应为“vs.SHE”。

（3）可逆氢电极

可逆氢电极为标准氢电极的一种。其与标准氢电极在定义上的唯一区别便是可逆氢电极并没有氢离子活度的要求，所以可逆氢电极的电势和 pH 有关。利用能斯特方程（Nernst equation）可以很容易地推导出可逆氢电极电势的具体表达式：

$$E=-0.0591\text{pH}\ （在\ 25℃）\ \text{vs.SHE}$$

综上，标准电极电位和饱和甘汞参比电极（saturated calomel electrode）电位转换为：

$$\begin{aligned} E_{\text{RHE}} &= E_{\text{SCE}} + 0.0591\text{pH} + E_{\text{SCE}}^{\ominus} \\ E_{\text{NHE}} &= E_{\text{SCE}} + E_{\text{SCE}}^{\ominus} \\ E_{\text{SHE}} &= E_{\text{SCE}}^{\ominus} \end{aligned} \tag{3-4}$$

式中　E_{RHE}——转换后的可逆氢电极电位；

E_{SCE}——使用饱和甘汞电极的实际测量电位；

$E_{\text{SCE}}^{\ominus}$——25℃时饱和甘汞电极的标准电位（0.2415V），即 E_{SHE}、E_{NHE} 转换后的一般电极电位，一般文献里都是将电位转换为可逆氢电极电位（即 vs.RHE）。

同样，若使用的是 Ag/AgCl 作为参比电极（25℃时 Ag/AgCl 电极的标准电位为 0.197V），可以用相应的转换公式计算。即：

$$E_{\text{NHE}}=E_{\text{vs.Ag/AgCl}}+0.197$$

由于图 3-21 中的 $CuBi_2O_4$ 与 CeO_2 得到的平带电势 E_{fb} 是以 Ag/AgCl 作为参比电极，则相应的 $CuBi_2O_4$ 与 CeO_2 相对于一般氢电极（NHE）的平带电势分别为 1.447V 和-0.973V。进而我们可以得到 $CuBi_2O_4$ 的价带大概在 1.547～1.747V 范围，CeO_2 的导带位置大概在-1.273～-1.073V 范围。

图 3-22 是 $BaFe_{12}O_{19}$ 和 AgBr 的 Mott-Schottky 曲线。AgBr 和 $BaFe_{12}O_{19}$ 的 Mott-Schottky 曲线线性部分斜率都为正，说明 AgBr 和 $BaFe_{12}O_{19}$ 都是 n 型半导体；而曲线线性部分延长线与横轴截距，即平带电势分别为-0.62V、-0.11V。校准成相对于一般氢电极的平带电势分别为-0.423V 和 0.87V，则其导带估计分别在-0.523～-0.723V、0.77～0.57V 范围。

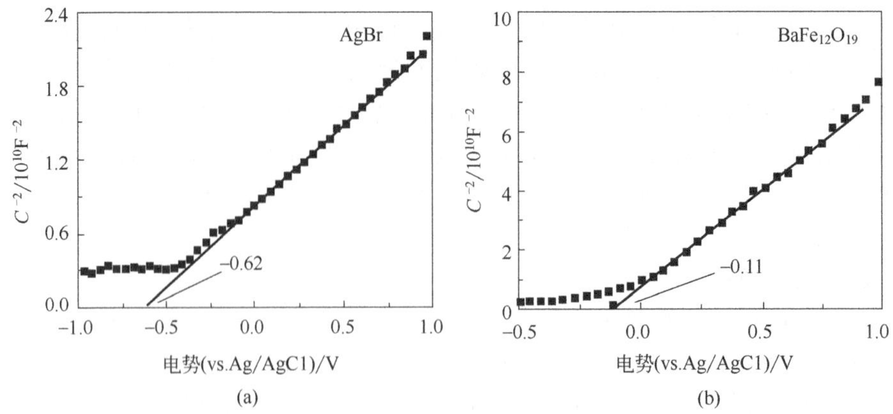

图 3-22 （a）AgBr 和（b）$BaFe_{12}O_{19}$ 的 Mott-Schottky 曲线

3.2.5 利用电负性和能隙计算能带位置

对于纯的单一半导体，可根据测得的禁带宽度（E_g）来计算其导带和价带位置。公式如下：

$$E_{cb}=X-E_e-0.5E_g \quad (3\text{-}5)$$

$$E_{vb}=X-E_e+0.5E_g \quad (3\text{-}6)$$

式中 X——半导体各元素的电负性的几何平均值计算得到的半导体电负性；

E_e——自由电子在氢标电位下的能量，且氢标下为 4.5eV。

E_g——禁带宽度，可通过截线法和 Tauc plot 法得到。

下面举例说明计算 $SrTiO_3$ 的能带。图 3-23 是 $SrTiO_3$ 的 UV-Vis DRS 和 Mott-Schottky 曲线。

首先，根据 $SrTiO_3$ 的 UV-Vis DRS 得到 E_g =3.22eV，通过文献[8]中的表可查到 $X(Sr)=2.0eV$，$X(Ti)=3.45eV$，$X(O)=7.54eV$，$SrTiO_3$ 中元素电负性的几何平均值为[8]：

$$X(SrTiO_3)=\sqrt[1+1+1+1+1]{X(Sr)^1\times X(Ti)^1\times X(O)^1\times X(O)^1\times X(O)^1}=\sqrt[5]{2.0\times3.45\times7.54\times7.54\times7.54}=4.95(eV)$$

根据式（3-5）和式（3-6）可得：

$$E_{cb}=4.95-4.5-0.5\times3.22=-1.16(eV)$$

$$E_{vb}=4.95-4.5+0.5\times3.22=2.06(eV)$$

而根据 Mott-Schottky 和 UV-Vis DRS 的测量结果，其 $E_{cb}=-0.4+0.2=-0.2(eV)$，$E_{vb}=-0.2+3.22=3.02(eV)$。结果相差很远。但据经验公式算出来的导带和价带位置与文献[9]的更接近。

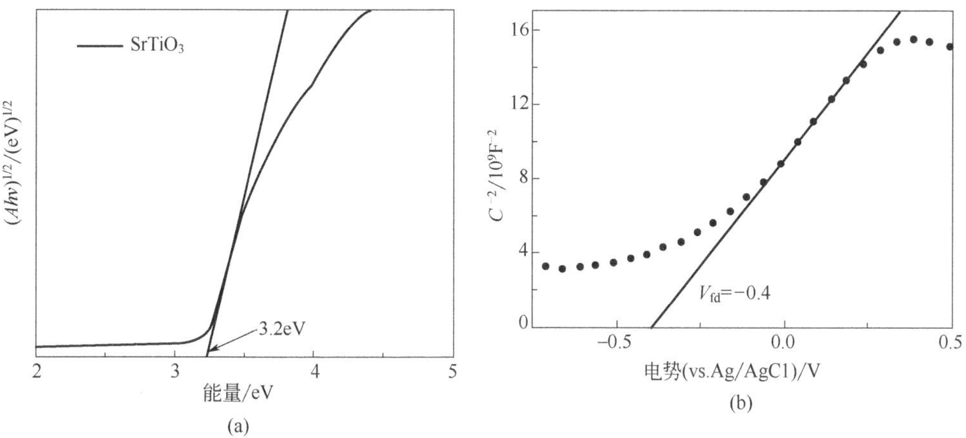

图 3-23　（a）$SrTiO_3$ 的 UV-Vis DRS 和（b）Mott-Schottky 曲线

习　题

1．图 3-24 为某同学制备的 Bi_2MoO_6、Cu_2O 和 Cu_2O/Bi_2MoO_6 p-n 结光催化剂。(a) 图为 UV-Vis DRS 图谱。由于 Bi_2MoO_6 和 Cu_2O 为间接半导体，画出了如图（b）所示的 Tauc 图。得到 Bi_2MoO_6 和 Cu_2O 的能隙分别为 2.77eV 与 2.17eV。请根据这个能隙，利用电负性计算 Bi_2MoO_6 和 Cu_2O 的能带位置。

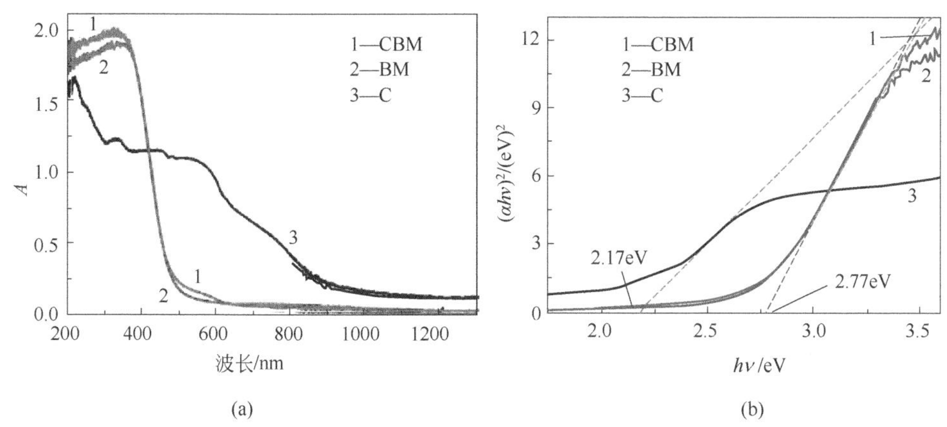

图 3-24　某同学制备的光催化剂的 UV-Vis DRS 图谱（a）和 Tauc 图（b）

2．用简便的带边方法估计图 3-24（a）中 Bi_2MoO_6 和 Cu_2O 的能隙。

3．图 3-25 中曲线Ⅰ、Ⅱ、Ⅲ为三种不同的材料的 VB-XPS。请判断这三种材料为 p 型半导体还是 n 型半导体？并估算价带顶位置。

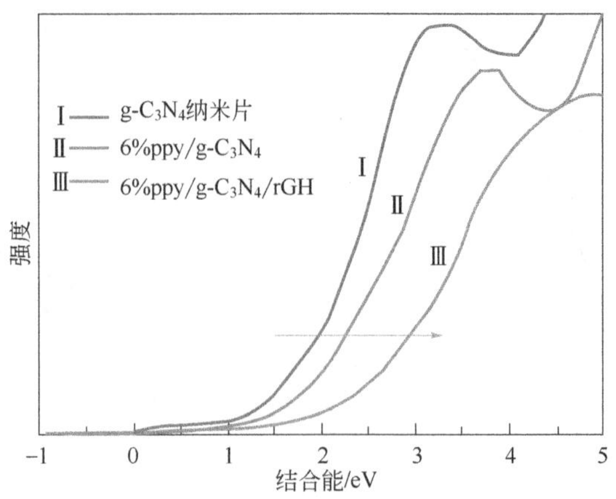

图 3-25　三种不同材料的 VB-XPS

4. 请给出标准氢电极（SHE）电位相对于真空能级（E_{vac}）的换算关系。

5. VB-XPS 和 UPS 的测试原理有什么异同？

6. 图 3-26 所示为某半导体材料的 UPS 谱。如入射光子能量为 21.2eV，请估算价带顶位置电子能量、费米能级。

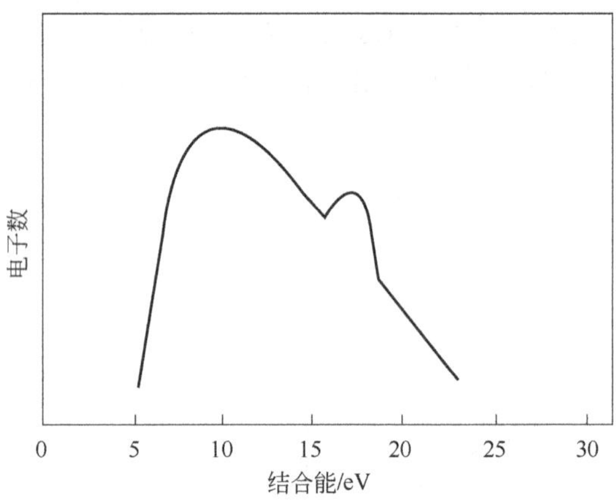

图 3-26　某半导体材料的 UPS 谱

7. 如果想要知道砷化镓（GaAs）掺某浓度的 Si 后是 n 型还是 p 型，你有什么方法可以监测出来？

参考文献

[1] Ren X, Wu K, Qin Z, et al. The construction of type Ⅱ heterojunction of Bi_2WO_6/BiOBr photocatalyst with improved photocatalytic performance [J]. Journal of Alloys and Compounds, 2019, 788: 102.

[2] Hofmann M, Rossner L, Armbruster M, et al. Thin Coatings of alpha-and beta-Bi_2O_3 by ultrasonic spray coating of a molecular bismuth oxido cluster and their application for photocatalytic water purification under visible light [J]. Chemistry Open, 2020, 9 (3): 277.

[3] Hu S T, He J F, Chen F M, et al. A new core-shell Z-scheme heterojunction structured $La(OH)_3$@In_2S_3 composite with superior photocatalytic performance [J]. Applied Physical A-Materials Science, 2021, 127: 11.

[4] Zhao W, Li J, Dai B L, et al. Simultaneous removal of tetracycline and Cr (Ⅵ) by a novel three-dimensional AgI/$BiVO_4$ p-n junction photocatalyst and insight into the photocatalytic mechanism [J]. Chemical Engineering Journal, 2019, 369: 716.

[5] Chen F J, Jin X K, Jia D Z, et al. Efficient treament of organic pollutants over CdS/graphene composites photocatalysts [J]. Applied Surface Science, 2020, 504: 144422.

[6] Kim B J, Jeong J H, Jung E Y, et al. A visible-light phototransistor based on the heterostructure of ZnO and TiO_2 with trap-assisted photocurrent generation [J]. RSC Advances, 2021, 11: 12051.

[7] Rauf S, Yousaf Shah M A K, Ali N, et al. Tuning semiconductor $LaFe_{0.65}Ti_{0.35}O_{3-d}$ to fast ionic transport for advanced ceramics fuel cells [J]. International Journal of Hydrogen Energy, 2021, 46: 9861.

[8] http://www. knowledgedoor. com/2/element-handbook/pearson_absolute_ electronegativity. html.

[9] Qiao J, Zhang H B, Li G S, et al. Fabrication of a novel Z-scheme $SrTiO_3/Ag_2S/CoWO_4$ composite and its application in sonocatalytic degradation of tetracyclines [J]. Separation and Purification Technology, 2019, 211: 843.

第 **4** 章

晶格振动与相关输运性能测试以及数据分析

晶格振动是指晶体所有原子振动的总称。晶体中原子的振动具有关联性，同一晶体中所有原子都按照一定的模式振动。一定的模式对应一定的能量，我们假想这个能量是被一种粒子携带，这种粒子叫作声子（晶格振动的能量量子）。

外界条件一定时，系统中原子的振动常常由很多这样的模式组成，而且这些组成模式是固定的。故外界条件一定时其所有原子振动能量的总和一定。借用声子的概念，也可以理解为系统原子振动能量的总和为所有振动模式对应声子的能量和。外界和晶体交换能量常常通过吸收或者放出整数个声子来实现，对应晶体中原子振动的某些模式的消失或者产生。这些相互作用过程遵循能量守恒、动量守恒。

晶格振动与晶体的许多性能息息相关，比如导热性质、导电性质等。其本质就是晶格振动与这些性质相关的物理量子之间产生相互作用。如热导过程涉及声子与声子的碰撞、声子与电子的碰撞。热的输运过程中，除了声子导热还有电子也导热。导电过程涉及电子与声子的碰撞。故我们把晶格振动与其密切相关的物理量（热导率、电导率等）的测量放同一章。

这里需要提醒的是，读者如果具有固体物理、材料科学基础的知识会更容易理解本节涉及的测试手段的原理。但如果没有这些基本知识，也基本上能理解。

4.1 晶格振动影响因素及相关输运性能测试

影响晶体晶格振动的主要因素有：温度、相、杂质、颗粒和晶粒尺寸、界面、微观形貌、材料中电子的分布状况、内外电场等。与晶格振动相关的物理性质主要有电导率、热导率、晶体对红外光的吸收、晶体中载流子寿命等。

晶格的变化直接影响材料的物理性质的变化。一般情况下，红外吸收谱（IR）和拉曼谱（Raman）能灵敏地反映出晶格的变化。故常用这两种谱研究晶格的变化。比如用 IR 和 Raman 谱测试在材料中掺入的微量杂质，研究晶粒的尺寸效应，研究材料表面吸附的情况等。

材料的热能是晶体的微观粒子（电子、原子核等）动能之和。晶体内部粒子之间通过相互作用交换动能，形成热传导，我们可以看为声子的传播。热导率是衡量材料热传导能力的物理量，是材料的重要物理性质之一。热导率与晶格及其振动特性有着密切的关系。同一材料的晶体越完整，其热导率越大。一般情况下，同一成分的材料，其相不同，热导率也不同。故可以通过测量固体热导率随温度的变化找到相变温度。界面和杂质会散射声子，给热传导造成阻碍。总之，晶体的微观粒子的周期性排列遭到破坏时，热传导受到阻碍。故非晶固体，如玻璃的热导率是固体中最小的。

晶体中电子的宏观定向漂移形成长程输运的电流。常用电导率这个参数来衡量材料的导电性质。晶体中各种机制对电子的散射会降低电导率。

晶体对载流子散射的加强同时会缩短载流子的寿命。故一般情况下，温度升高，晶格振动加剧，载流子寿命缩短。晶格里有多种影响载流子寿命的机制，如局域场、界面、杂质等。界面的存在也缩短载流子寿命。局域场的存在反而延长载流子寿命。载流子的湮没主要是正、负电荷的复合。故当存在局域场时，局域场分离正、负电荷，因而延长载流子寿命。

晶格振动、与晶格振动密切相关的物理性质（电导率、热导率、载流子寿命）是我们这一章测试技术涵盖的内容。具体来说，这一章介绍红外谱、拉曼谱、电导率、热导率、载流子寿命的测试。载流子寿命的测试又包含瞬态谱、光电导衰减法、时间分辨光致发光谱（TRPL）方法。下面逐一加以介绍。

4.2　晶格振动测试与数据分析[1-3]

4.2.1　红外光谱

4.2.1.1　红外光谱测试原理简介

红外吸收光谱（infrared absorption spectrometry）是通过分析材料对红外辐射的吸收特性从而对材料进行定性、定量分析的一种研究方法。可用于研究材料分子结构，鉴定化合物，单组分或多组分定量分析，分析材料的化学键及其环境的变化。它的谱带复杂而精细，能提供丰富的结构信息，在有机化学、生物化学和高分子材料等领域的研究中应用广泛。

物质分子是不断运动的，包括分子平动、转动、振动和价电子相对原子核的运动。但红外谱只能测试出分子转动与振动的信息。这是因为分子平动时偶极矩不发生变化，对电磁辐射不响应。电子能级跃迁需要的能量通常在可见、紫外或波长更短区间，不在红外区域。转动能级间隔小的能吸收微波或远红外光（$<400cm^{-1}$），振动能级间隔略大的吸收中红外光（$4000\sim400cm^{-1}$）。振动能级跃迁通常伴随转动能级跃迁，所以中红外区通常是振动-转动的联合光谱。

红外光是一种电磁波，与电磁波响应的物质必须具有瞬时或者永久的电性或者磁性。另外，无论是宏观世界还是微观世界，相互作用时能量交换最大的情况是交换能量的两种物质之间在能量变化相联系的参数上有相似的特征，很多时候表现为能产生共振。故分子振动满足以下两个条件时才能显著吸收红外辐射：

① 分子振动时能与红外辐射相互作用才有电磁响应，即分子振动或转动时有瞬时偶极矩的变化；

② 分子振动频率与红外辐射产生共振，即频率相同或者相近。

因此，对于对称分子，由于它们的分子振动不能发生偶极矩的变化，故不能吸收红外光，不具备红外活性。其他的几乎所有分子都有相对应的红外吸收。不同结构的化合物振动-转动模式不同，对红外的共振吸收所对应的频率也有所不同，故利用红外吸收光谱可以确定物质的化学基团和结构。

通常按照材料对红外辐射响应的范围将红外光谱分为三个区域：近红外区（0.75～2.5μm）、中红外区（2.5～25μm）和远红外区（25～300μm）。一般说来，近红外光谱由分子的倍频、合频产生；中红外光谱属于分子的基频振动光谱；远红外光谱则属于分子的转动光谱和某些基团的振动光谱。绝大多数有机物和无机物的基频吸收带都出现在中红外区，因此中近红外光谱仪的红外区是研究和应用最多的区域，积累的资料也最多，仪器技术最为成熟。

在中红外区，分子中的基团主要有两种振动模式，伸缩振动和弯曲振动。伸缩振动指基团中的原子沿着价键方向来回运动（有对称和反对称两种），而弯曲振动指垂直于价键方向的运动（摇摆、扭曲、剪式等）。下面是一些具体的化学键的红外响应频率。

基团频率区（$4000\sim1350cm^{-1}$）：分子中的 X—H、C═X、C≡X（X 代表 C、N、S、O 等元素）伸缩振动频率高，受分子其他部分振动的影响较小，故基团吸收频率较为稳定，通过这部分的特征吸收带可以推断可能存在的官能团。可大致分为以下三个区域：

① $4000\sim2500cm^{-1}$ 区域对应 X—H 的伸缩振动区。饱和 C—H 键（包括 CH_3、CH_2、CH）的伸缩振动吸收在 $3000\sim2800cm^{-1}$ 频率范围，且为强吸收峰。不饱和 C—H 键（包括═CH）的吸收峰在 $3000cm^{-1}$ 以上。O—H 键伸缩振动吸收在 3200～

3100cm^{-1} 范围，也是强吸收谱带。N—H 键伸缩振动在 3500～3100cm^{-1} 范围，谱带强度比 O—H 键的弱，故可能被 O—H 的伸缩振动峰所掩盖。

② 2500～1900cm^{-1} 范围是三键和累积双键区。C≡C 键吸收范围在 2260～2140cm^{-1}，C≡N 的伸缩振动一般在 2260～2240cm^{-1}。

③ 1900～1200cm^{-1} 是双键伸缩振动频率范围。C═O 伸缩振动频率在 1900～1650cm^{-1} 范围，为强谱带。烯烃 C=C 双键伸缩振动频率在 1680～1620cm^{-1} 范围，一般较弱。1550～600cm^{-1} 主要是弯曲振动和 C—C、C—O、C—N 单键的伸缩振动。

指纹区（1300～600cm^{-1}）：包括单键的伸缩振动和变形振动的复杂的吸收区域。分子结构略有不同，此区域内的振动吸收就有细微差别，峰形多且复杂。可大致分为两个区域：

① 1300～900cm^{-1} 区域包括 C—O、C—N、C—F、C—P、C—S、P—O 和 Si—O 键的伸缩振动，C=S、S=O 和 P=O 等双键的伸缩振动吸收及一些变形振动吸收。

② 900～400cm^{-1} 区域是重原子伸缩振动和一些变形振动吸收区域。

各官能团的特征吸收频率总结在表 4-1 中。

表 4-1 常见官能团的特征吸收频率

化合物	基团	波数范围/cm^{-1}
烷烃	C—H	2975～2800
	—CH_2	约 1465，720
	—CH_3	1385～1370
烯烃	=CH	3130～3010
	C=C	1690～1630（孤立），1640～1610（共轭）
	C—H	约 990～910（—CH=），970（反式），890（C=CH），700（顺式），815（三取代）
炔烃	≡C—H	3300，650～600
	C≡C	2150
芳香烃	=C—H	3020～3000
	C=C（骨架）	约 1600 和 1500
	C—H	770～730 和 715～685（单环取代，δ 环），850～800（对二位取代）
醇	O—H	3650 或 3400～3300（氢键）
	C—O	1260～1000
醚	C—O—C	1300～1000（脂肪），1250～1120（芳香）

续表

化合物	基团	波数范围/cm^{-1}
醛	O=C—H	约 2820 和约 2720
	O=C	约 1725
酮	O=C	约 1715
	C—C	1300～1100
酸	O—H	3400～2400（ν），1440～1400（δ），950～900
	O=C	1760 或 1710（氢键）
	C—O	1320～1210
酯	O=C	1750～1735
	C—O—C	1260～1230，1210～1160
酰卤	O=C	1810～1775
	C—Cl	730～550
酸酐	O=C	1830～1800 和 1775～1740
	C—O	1300～900
胺	N—H	3500～3300（ν），1640～1500（δ），约 800（δ）
	C—N	1200～1250（烷基碳），1360～1250（芳基碳）
卤代烃	C—F	1400～1000
	C—Cl	785～540
	C—Br	650～510
	C—I	600～485
氰基化合物	C≡N	2260～2210（R—C≡N）
硫氰化合物	C≡N	2175～2140（—S—C≡N）
硝基化合物	脂肪族—NO_2	1600～1530（ν_{as} N=O），1390～1300（ν_s N=O）
	芳香族—NO_2	1550～1490（ν_{as} N=O），1355～1325（ν_s N=O）
亚硝基化合物	N=O	1600～1500
硝酸酯（$RONO_2$）	N=O	1650～1500（ν_{as}），1300～1250（ν_s）
亚硝酸酯（RONO）	N=O	1680～1610（ν_s）
	N—O	815～750（ν_s）
巯基化合物	S—H	约 2550
亚砜	S=O	1070～1030
砜	S=O	1350～1300（ν_{as}），1160～1120（ν_s）
磺酸酯 RSO_2OR	S=O	1370～1335（ν_{as}），1200～1170（ν_s）
	S—O	1000～750

续表

化合物	基团	波数范围/cm^{-1}
硫酸酯 $ROSO_2OR$	S=O	1415～1380（ν_{as}），1200～1185（ν_s）
磺酸	S=O	1350～1342（ν_{as}），1165～1150（ν_s）
磺酸盐	S=O	约 1175（ν_{as}），约 1050（ν_s）
膦（$R_2P—H$）	P—H	2320～2270（ν），1090～810（δ）
磷化合物	P=O	1210～1140
异氰酸酯	—N=C=O	2275～2250（ν_{as}），1400～1250（ν_s）
异硫氰酸酯	—N=C=S	约 2125
亚胺（R_2=NR）	—N=C—	1690～1640
烯酮	C=C=O	约 2150（ν_{as}）约 1120（ν_s）
丙二烯	C=C=C	2100～1950（ν_{as}），约 1070（ν_s）
硫酮	—C=S	1200～1050

注：ν表示伸缩振动；δ 表示变形振动；ν_s表示对称振动；ν_{as}表示不对称振动。

基团频率主要由基团中原子的质量及原子间的化学键力常数决定。分子内部结构和外部环境对基团频率也有一定影响。分析材料红外谱振动频率变化时，可以考虑以下内部因素和外部因素。内部因素有诱导效应、共轭效应、空间效应、氢键作用、相掺杂等；外部因素有溶剂种类、测试温度、测试仪器、表面吸附物质等。

诱导效应：基团附近有不同电负性的取代基时，诱导效应引起分子中电子云分布的变化，从而引起键力常数的变化，使基团吸收频率变化。吸电子基使邻近基团吸收波数升高，给电子基则使邻近基团吸收波数下降。吸电子能力越强，升高得越多；给电子能力越强，吸收波数下降越明显。诱导效应存在递减率，诱导效应的本质是一种静电诱导作用，其作用随所经距离的增大而迅速减弱。对于存在局域极性场的材料，如有自发极化的材料，或者有异质结和内建场的材料，或者有缺位的材料，在分析其红外光谱时，要考虑这种诱导效应。

共轭效应：在共轭体系中由于原子间的相互影响而使体系内的 π 电子（或 p 电子）分布发生变化的一种电子效应。共轭效应使共轭体系的电子云密度以及键长平均化，双键略有伸长，单键略有缩短。主要的共轭体系包括 π-π 共轭、p-π 共轭和 σ-π 超共轭等，其他共轭形式影响相对较小。当基团与吸电子基共轭时，振动频率会增加；当基团与给电子基团共轭时，振动频率将会下降。共轭效应沿共轭体系传递不受距离的限制，故可以显著地影响基团的振动频率。比如：CH_3COCH_3（1715cm^{-1}），CH_3—CH=CH—$COCH_3$（1677cm^{-1}），Ph—CO—Ph（1665cm^{-1}）。C=O 与双键形成 π-π 共轭，双键为给电子基团，因此 C=O 的振动频率下降；而当 C=O 与苯环形成共轭体系时，C=O 的振动频率出现更大幅度的下降。

氢键：形成氢键往往使吸收频率向低波数移动，吸收强度增加并变宽。形成氢键以后，原来的键伸缩振动频率向低频方向移动，而且氢键越强，位移越多，谱带越宽，吸收强度也越大。

振动的耦合效应：当两个频率相近的基团相关联时会发生耦合作用，原来的谱带分裂为两个峰，一个频率比原来的谱带高一点，另一个相比要低一点。

相：对于同一个样品，由于不同相的分子间相互作用不同，因而红外光谱相差很大。如气相的 H_2O 中分子间距很远，可认为分子振动不受其他分子影响，振动频率高，峰位波数高，且谱带精细；液态水分子之间相互作用力较强，峰位向低波数移动且峰变宽，精细结构较少；冰态的分子在晶格中规则排列，分子间作用加强，谱带产生分裂，成为晶带。

杂质：掺杂使得化合键的电子分布发生改变，从而影响化合键振动峰，或者出现新的峰。

红外光谱的解析方法如下所述。通过特征频率确定主要官能团信息。单纯的红外光谱法鉴定物质通常采用比较法，即与标准物质对照和查阅标准谱的方法，但是该方法对样品的要求较高并且依赖于谱图库的大小。且由于各种因素的差异，会导致实际制备的样品的红外吸收谱和标准谱图库有或大或小的差异。如果在谱图库中无法检索到一致的谱图，则可以用人工解谱的方法进行分析，此时要借助其他的分析测试手段，如核磁、质谱、紫外光谱等。

重要的红外谱图数据库主要有：

① Sadtler红外光谱数据库：https://sciencesolutions.wiley.com/solutions/technique/%e7%ba%a 2%e 5%a4%96%e5%85%89%e8%b0%b1/?lang=zh-hans;

② 日本 NIMC 有机物谱图库：http://sdbs.db.aist.go.jp/sdbs/cgibin/direct_frame_top.cgi;

③ 上海有机所红外谱图数据库：http://chemdb.sgst.cn/scdb/main/irs_introduce.asp;

④ FTIRsearch：http://www.ftirsearch.com/;

⑤ NIST Chemistry WebBook：http://webbook.nist.gov/chemistry。

多数情况下，人们主要采用红外光谱来分析有机官能团，采用 XRD 来定性分析要比红外光谱更加直接，而一些细节的分析采用拉曼光谱要更方便一些，因为拉曼光谱可以测量的范围更广（4000～40cm^{-1}），很多无机物，特别是氧化物的谱峰信息都是在 800cm^{-1} 以下的这个范围。此外，拉曼测试制样简单，不受水分等干扰，分辨率也高一些。

红外光谱测试无机物和测试有机物是一样的，都是研究在振动中伴随有偶极矩变化的基团。常见的所研究的无机物主要包括 H_2O、CO、氧化物、无机盐中的阴离子、配位化合物等。对于无机盐而言，阳离子类型不同会影响其阴离子的振动频率。例如，对于无水碱性氢氧化物而言，—OH 的伸缩振动频率都在 3550～3720cm^{-1} 范围内。其中，KOH 中的为 3678cm^{-1}，NaOH 中的为 3637cm^{-1}，$Mg(OH)_2$ 中的为 3698cm^{-1}，$Ca(OH)_2$ 中的为 3644cm^{-1}。红外吸收光谱还能给出材料表面的吸附信息。

很多时候靠对比文献中数据来标定红外光谱中的吸收峰。先判断可能存在哪些键，再找文献查出这些键在红外吸收光谱中峰的位置。如果相同或者非常接近，则证明为此键的红外吸收峰。以下讨论的红外光谱主要指傅里叶红外光谱（FTIR 谱）。

4.2.1.2 FTIR 谱实例数据分析

图 4-1 是 AgI/MOF-253-n 复合材料的 FTIR 谱。通过对比数据库的数据，将在 1597cm^{-1} 和 1425cm^{-1} 处的峰分别归属于联吡啶芳环中 C=C 的伸缩振动；1694cm^{-1} 处的峰强度较弱，归属于 MOF 骨架中羧酸的 C=C 键伸缩振动。由于未在 1210～1320cm^{-1} 范围内观察到羧酸的 O—H 强峰，可以认为羧酸（—COOH）不再存在，配体和金属离子完全成键，表示 AgI/MOF-253-n 中仍存在稳定且骨架完整的 MOF-253，故确认 AgI/MOF-253-n 系列复合材料中 MOF-253 结构保持稳定。

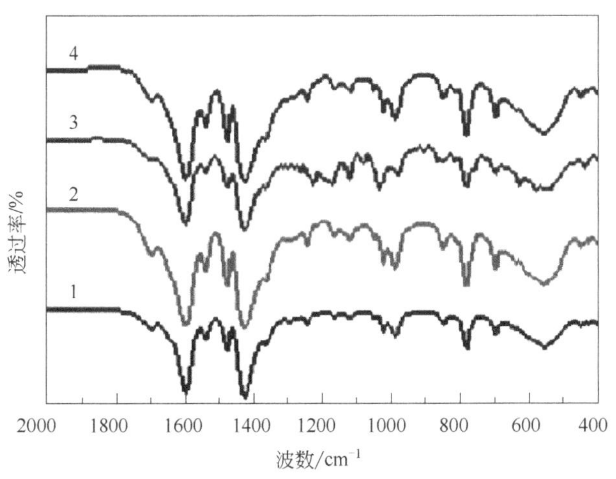

图 4-1 具有 MOF 结构（金属有机骨架材料）光催化剂的 FTIR 谱

图 4-2 是 BiOBr-PVP、PVP 及纯 BiOBr 的 FTIR 谱。该谱能证实表面活性剂 PVP 在水热法合成过程中能够与 BiOBr 纳米薄片相互作用而最终形成 BiOBr-PVP 复合材料。如图 4-2 所示，BiOBr-PVP 与 PVP 具有相似的振动峰位，其中 1462cm^{-1} 和 1425cm^{-1} 的两个峰位可归属为 PVP 上的含氮五元杂环，此振动峰为 PVP 的特征吸收峰。图 4-2 中有一个较宽的振动峰，其中心位置为 3420cm^{-1}，可以归属为

O—H 的伸缩振动。位于 $2549cm^{-1}$ 的红外吸收峰归属为 O—H 键非对称式伸缩振动。图 4-2 中 PVP 上在 $1666cm^{-1}$ 的峰和 BiOBr-PVP 上的 $1656cm^{-1}$ 的峰可归属为 C=O 双键的振动峰。$1288cm^{-1}$ 振动峰位可归属为 N—H—O 复合振动，而 $1019cm^{-1}$ 振动峰位可归属为 C—N 振动。从以上分析可以看出，BiOBr-PVP 复合材料和纯的 PVP 红外振动光谱基本保持一致，而复合材料与纯的 BiOBr 则完全不同，这可能是 PVP 包住了 BiOBr，两者形成了 BiOBr-PVP 复合材料。

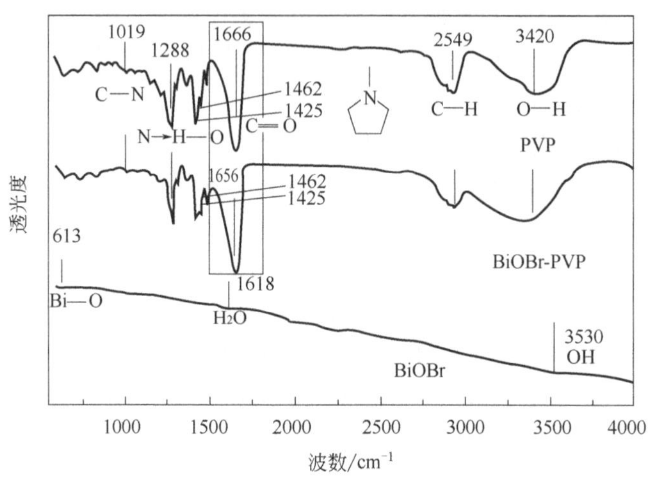

图 4-2　PVP、BiOBr-PVP 和 BiOBr 的 FTIR 谱[4]

采用 FTIR 谱监测制备时不同 pH 环境得到的 $BiVO_4$ 样品的相，测试的波数范围为 400～$4000cm^{-1}$（如图 4-3 所示）[4]。其结果显示：当 pH=1 时，主吸收谱带谱峰位于 $729cm^{-1}$，标定为 V_1（VO4）和 V_3（VO4）；随着 pH 增到 7，单斜相 $BiVO_4$ 的红外特征峰也逐渐加强，其中主吸收带谱峰仍位于 $729cm^{-1}$ 处；当制备时的 pH 增大到 13 时，主吸收带谱峰位于 $780cm^{-1}$ 处，这与四方相 $BiVO_4$ 的 V—O 振动峰接近。在波数为 $470cm^{-1}$ 附近还发现了 Bi—O 振动峰。可见，随着制备时 pH 值的升高，单斜相特征峰逐渐减弱，并向四方相特征峰位漂移。此红外测试结果证明了实验中 $BiVO_4$ 的相随制备时的 pH 值发生变化。

图 4-4 是锰-锌铁氧体（MZF）、MZF@SiO_2、MZF@SiO_2/$BiOBr_{0.5}Cl_{0.5}$ 复合物和 $BiOBr_{0.5}Cl_{0.5}$ 固溶体的 FTIR 谱[5]。从图中可以看出，MZF@SiO_2/$BiOBr_{0.5}Cl_{0.5}$ 复合物具有 MZF、SiO_2 和 $BiOBr_{0.5}Cl_{0.5}$ 的特征峰。在 $550cm^{-1}$（ν_1）和 $400cm^{-1}$（ν_2）附近的两个峰分别归属于四面体中 M（金属）—O（氧）键的伸缩、氧沿离子-氧键的法线方向的振动。$1089cm^{-1}$ 这个宽峰归属于 Si—O—Si 的伸缩振动峰。而 $796cm^{-1}$ 处的峰归属于 Si—O—Si 的弯曲振动峰。以上结果说明已经成功制备了 MZF@SiO_2/$BiOBr_{0.5}Cl_{0.5}$ 复合物。

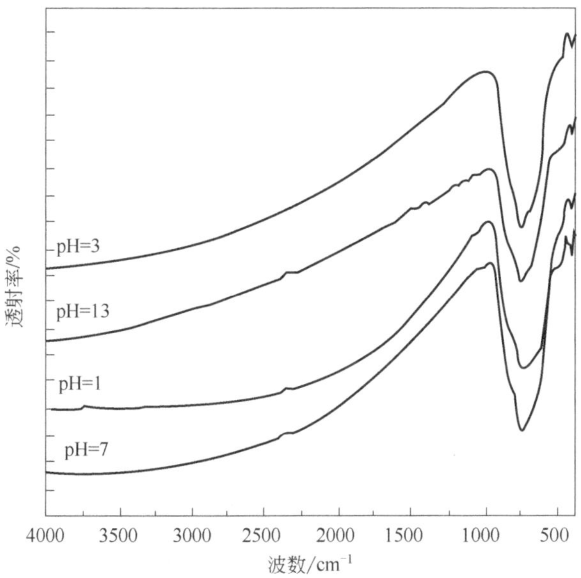

图 4-3　$BiVO_4$ 光催化剂的 FTIR 谱

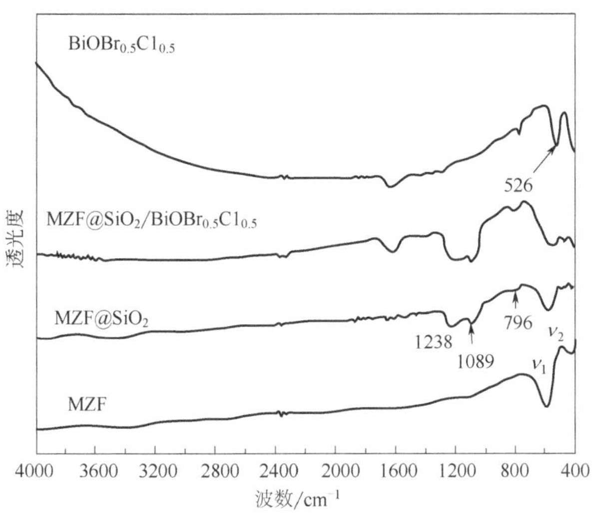

图 4-4　锰-锌铁氧体（MZF）、$MZF@SiO_2$、$MZF@SiO_2/BiOBr_{0.5}Cl_{0.5}$ 复合物和 $BiOBr_{0.5}Cl_{0.5}$ 固溶体的 FTIR 谱[5]

用 FTIR 谱可以研究光催化剂的活性位点。图 4-5 是 Fe_3O_4 吸附过四环素（TC）（after adsorption）和没吸附 TC（before adsorption）的 FTIR 谱。从图 4-5 可以看出，上述两个样品都有波数为 3100～3700cm^{-1} 的吸收带，我们认为它是水的吸收带[6-8]。在 500～700cm^{-1} 的吸收带归因于四面体和八面体位置的 Fe—O 伸缩振动峰[9]。对于没有吸附过 TC 的 Fe_3O_4，在 1635cm^{-1}处的峰属于 Fe—O 键[10,11]。从图中可以看出，吸附 TC 后，此峰从 1635cm^{-1}移动到了 1601cm^{-1}处，表明 Fe—O 键参与了吸附 TC，且根据文献可知，这个吸附是通过氢键吸附的，和前面介绍的氢键让红外吸收峰往低频方向移动的观点吻合。图中 1427cm^{-1}处的峰对应于苯环上的 C—C 键的吸收峰，和 Fe_3O_4表面吸附 TC 的结论吻合。1068cm^{-1}处的强峰对应 C—OH 的伸缩振动支持了表面有 TC 的结论。同时，在 1068cm^{-1}处的宽峰也意味着吸附 TC 后 Fe_3O_4表面有大量的 C—OH 键，即 TC 的存在。

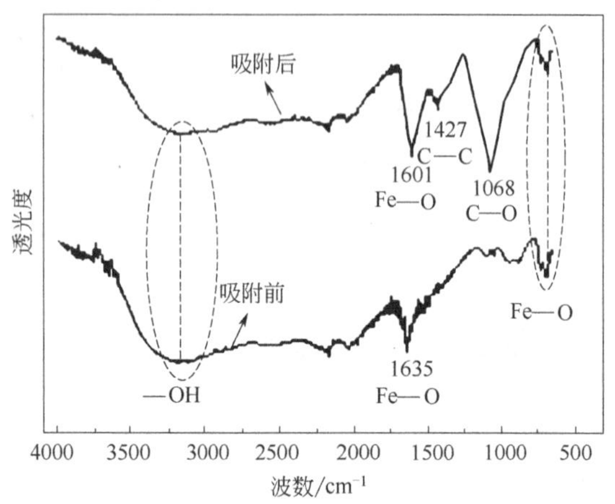

图 4-5 Fe_3O_4吸附过 TC 和没吸附 TC 的 FTIR 谱

图 4-6 是 g-C_3N_4粉末和 g-C_3N_4/Ag/AgBr（CNAA-2）复合纳米粉末的红外光

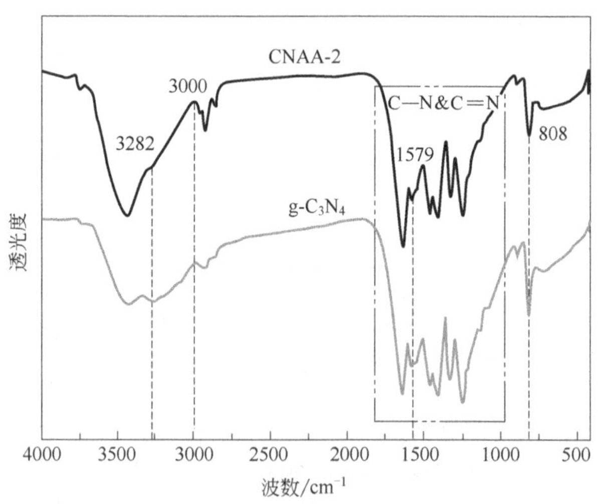

图 4-6 g-C_3N_4粉末和 g-C_3N_4/Ag/AgBr 纳米粉末的 FTIR 谱[12]

谱的对比图[12]。从图中可以看出，两个样品峰的红外吸收峰基本相似。在如下位置都有五个特征峰：1245cm^{-1}、1326cm^{-1}、1413cm^{-1}、1563cm^{-1}和 1633cm^{-1}，这些特征峰归因于 g-C_3N_4中的 C—N 键和 C=N 键。在 809cm^{-1}处的峰归因于三氮杂苯的振动。3500～3300cm^{-1}归因于 C_3N_4结构中的—NH_2基团的红外吸收。CNAA-2 中 3500～3300cm^{-1}的峰强度明显比 g-C_3N_4粉末中的弱，是因为 CNAA-2 中 g-C_3N_4的含量少。同时，由于异质结的存在产生内建场，影响材料结构和电子分布状态，故 g-C_3N_4/Ag/AgBr（CNAA-2）纳米粉末的 FTIR 谱的峰位置不尽相同。

4.2.2　拉曼光谱

4.2.2.1　拉曼光谱测试的原理简介

拉曼光谱（Raman spectra，Raman 谱）是一种散射光谱，是基于印度科学家 C.V.拉曼（Raman）所发现的拉曼散射效应的光谱分析方法。

拉曼散射的原理：当一束频率为ν_0的单色光照射到样品上后，分子可以使入射光发生散射。大部分光只是改变方向发生散射，而光的频率仍与激发光的频率相同，这种散射称为瑞利散射；还有一少部分的光（约占总散射光强度的 10^{-6}～10^{-10}）由于与材料的光学声子相互作用，不仅改变了光的传播方向，而且散射光的频率也改变了，即发生了频移$\Delta\nu$。这种激光在材料中发生频移的散射称为拉曼散射。拉曼散射中频率减小的散射称为斯托克斯散射（$\Delta\nu<0$），频率增加的散射称为反斯托克斯散射（$\Delta\nu>0$）。斯托克斯散射通常要比反斯托克斯散射强得多，拉曼光谱仪通常测定的大多是斯托克斯散射，也统称为拉曼散射。入射光子和散射光子之间的能量差异 $h\Delta\nu$对应于激发特定分子振动所需的能量（如图 4-7 所示）。对这些散射光子进行检测，即可得到$\Delta\nu$与入射光波数的关系（$\Delta\nu$-λ），这就是拉曼光谱。由于不同官能团对应于不同振动频率，即分子的化学键都有特定的振动频率，故每个分子都有一个独特的光谱，称之为“指纹”。故可根据材料的拉曼光谱判断分子的化学键。

拉曼光谱的特征：

① 对不同物质 Raman 位移不同。

② 对同一物质而言，$\Delta\nu$只取决于散射分子的结构，与入射光频率无关；是表征分子振-转能级的特征物理量；是定性分析结构的依据。

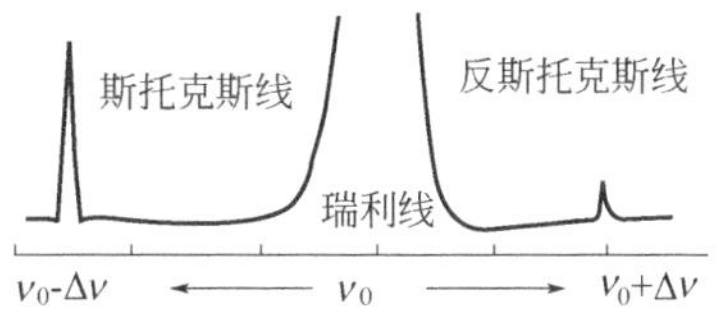

图 4-7　拉曼线分布图

③ 如图 4-7 所示拉曼线对称地分布在瑞利线两侧，低频一侧为斯托克斯线，高频一侧为反斯托克斯线。

④ 由于在通常情况下分子绝大多数处于振动能级基态，所以斯托克斯线的强

度远远强于反斯托克斯线。

影响拉曼谱峰强的因素有：影响晶体晶格振动和化学键的所有内在因素都是影响拉曼谱位移的因素。比如，同一成分，不同纳米尺寸的钛酸锶钡，其拉曼谱峰位发生了移动；同一颗粒尺寸，不同掺杂的钛酸锶钡的拉曼峰也发生了移动[13]。纳米尺寸效应是由于尺寸变小，纳米颗粒表面原子层晶格发生畸变；掺杂也会导致晶格发生畸变，故都引起拉曼谱峰位移动。同时还有如下的外在因素影响拉曼峰：①振动基团的拉曼活性。有的基团的振动只有红外活性，拉曼活性很弱，这时基团含量再高，在拉曼光谱中也只会表现出弱峰。②振动基团的含量。含量越多，拉曼峰越强。③所用激发光的波长和功率。光源的功率越大，峰越强；波长越靠近瑞利散射波长，强度越强。④样品的照射点。对不均匀的样品，不同的照射点相对强度和绝对强度都可能不同。

和红外光谱的分析一样，很多时候靠对比文献中的基团的拉曼激活振动模来标定拉曼光谱中的吸收峰。先判断可能存在哪些键，再找文献查出这些键的拉曼激活振动模有哪些，波数是多少。如果相同或者非常接近，则证明为此键的拉曼峰。

4.2.2.2 拉曼光谱数据实例分析

拉曼光谱分析技术是以拉曼效应为基础建立起来的分子结构表征技术，其信号来源于分子的振动和转动。

图 4-8 是甲醇和乙醇的拉曼光谱。从图中可见，拉曼光谱的横坐标为拉曼位移，以波数表示：$\Delta\nu=\nu_s-\nu_0$。其中 ν_s 和 ν_0 分别为斯托克斯线波数和入射光波数，纵坐标为拉曼光强。由于拉曼位移与激发光无关，一般仅用斯托克斯位移部分作为横坐标。对发荧光的分子，有时用反斯托克斯位移（想想为什么？）。

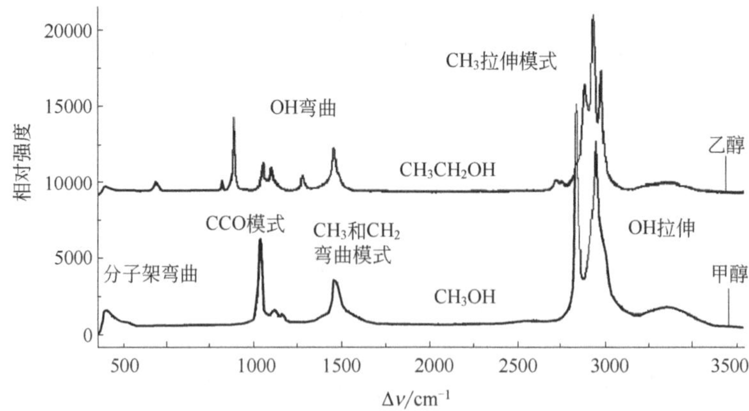

图 4-8 甲醇（CH_3OH）和乙醇（CH_3CH_2OH）的拉曼光谱

用拉曼光谱可以做如下工作：

（1）键合的确定

不同的化学键具有不同的特征光谱。因此可以通过光谱进行化学键的定性判断。如图 4-9 所示，单体 $Bi_{12}O_{17}Cl_2$ 在 100.8cm^{-1} 和 148.9cm^{-1} 处的特征带分别对应于 Bi—Cl 的内禀振动模 E_{1g} 和 Bi—Cl 内禀拉伸膜 A_{1g}。

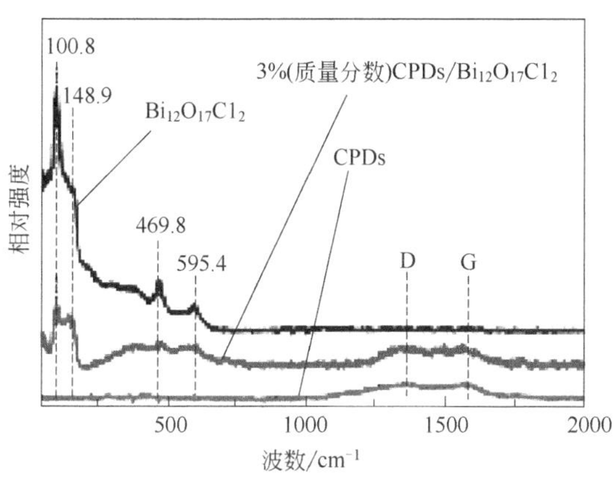

图 4-9　$Bi_{12}O_{17}Cl_2$ 单体的拉曼谱

（2）结构分析

对光谱谱带的分析也是进行物质结构分析的基础。结构分析又分为定性分析和半定量分析。

拉曼谱的定性分析主要是基于拉曼谱峰移动$\Delta\nu$来判断样品中相关因素的变化，根据上面提到的影响因素，结合样品制备条件和其他测试结果，判断产生了哪些影响因素。拉曼谱峰移动$\Delta\nu$表示分子的跃迁能级差改变了，说明相较于原来的样品，新样品中有某种因素能改变分子结构，导致能级差的改变。晶格在不被破坏情况下，晶粒大小、缺陷、杂质引起的晶格被压缩或拉伸就产生了应力，表现为峰位位移。

半定量分析是根据物质对光谱的吸光度的特点，对物质的量进行分析。一般而言，晶体材料的拉曼光谱拥有尖锐、高强度的拉曼峰，而非晶材料的拉曼峰大多很宽，强度较低。这两种状态（全结晶和全非晶）可以视为拉曼光谱的极端，而中间态（部分结晶）的拉曼光谱无论是峰强还是峰宽（尖锐程度）都介于二者之间。

定量分析方法如下：通过软件对拉曼峰进行拟合，可以较为准确地计算出峰的半高宽和强度，再和其他技术方法比较和校正，可以用来作为定量测量结晶度的方法。图 4-10 中通过虚线标出峰是玉米油中脂质的峰。通过对比峰强可以看出，随着时间的推移，油的峰强度减弱，说明油中脂质逐渐被氧化。

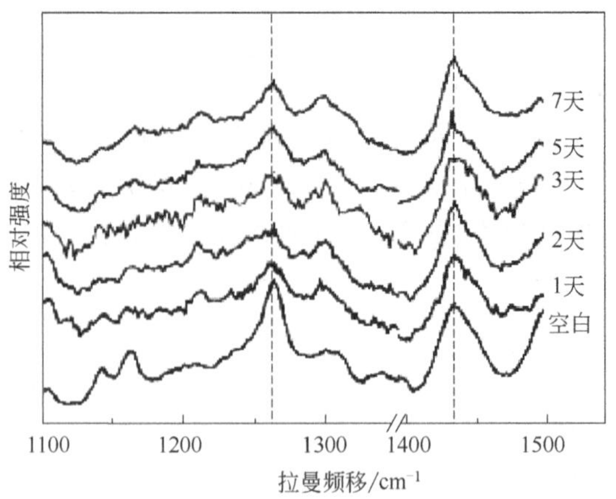

图 4-10　玉米油拉曼谱随时间的变化[14]

下面进一步给出拉曼谱的应用实例。

图 4-11 是纯 Bi_2O_3 纳米颗粒和 g-C_3N_4/Bi_2O_3 复合物的拉曼谱[15]。在 60.3cm^{-1}、92.7cm^{-1}、112.2cm^{-1}、123.3cm^{-1}、139.5cm^{-1}、351.5cm^{-1} 和 501.7cm^{-1} 处的拉曼峰都属于单斜 α-Bi_2O_3 的特征峰。其中在 123.3cm^{-1}、139.5cm^{-1} 和 501.7cm^{-1} 处的峰属于 α-Bi_2O_3 中 Bi—O 的振动模。在 314.1cm^{-1} 和 447.9cm^{-1} 处的两个宽峰属于 β-Bi_2O_3 相的特征峰。故从拉曼谱中可以知道制备的 g-C_3N_4/Bi_2O_3 复合物中不但含有 α-Bi_2O_3，也含有 β-Bi_2O_3 相。

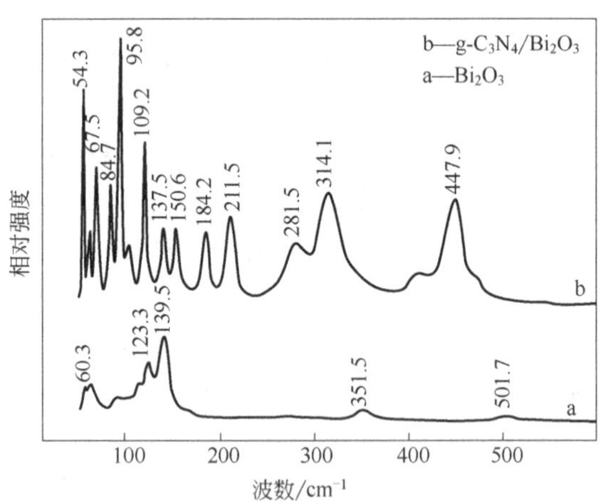

图 4-11　纯 Bi_2O_3 纳米颗粒和 g-C_3N_4/Bi_2O_3 的拉曼谱[15]

图 4-12 是 $Ni_{1-x}Fe_xO$（x=0.00、0.02、0.04、0.06、0.08，简写为 NF0、NF2、NF4、NF6、NF8）的拉曼谱[16]。在 400～600cm^{-1} 处的拉曼峰是一级声子 1TO=440cm^{-1} 和 1LO=560cm^{-1} 的叠加。这些拉曼峰只有掺杂后或者在纳米颗粒中

才出现，在纯的 NiO 和块体 NiO 中没有发现。故可以推断：400～600cm^{-1} 的拉曼峰是由于晶格畸变引起的。同时，1025cm^{-1} 的峰归属于 NiO 的 2LO 纵向伸缩振动模，是二级声子带，其随着掺杂量的增加而增强。

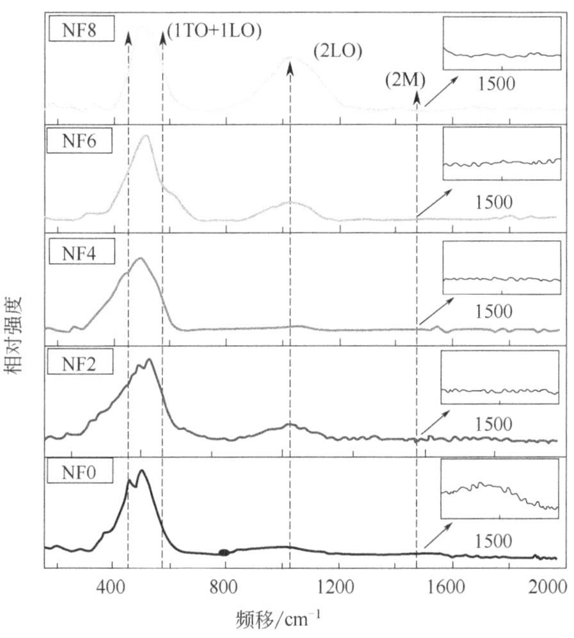

图 4-12　$Ni_{1-x}Fe_xO$ 的拉曼谱[16]

图 4-13 是 $FeVO_4$、BiOCl 和 $FeVO_4$@BiOCl 的拉曼谱。$FeVO_4$@BiOCl 是核-壳结构，$FeVO_4$ 是核，BiOCl 是壳[17]。从图 4-13 中可以看出，核-壳材料 $FeVO_4$@BiOCl 的拉曼谱中壳 BiOCl 的拉曼谱几乎看不到，而 $FeVO_4$ 中有些拉曼谱得到增强。$FeVO_4$ 拉曼散射峰的加强可能来自于异质结 $FeVO_4$/BiOCl 生成的内建场的作用。$FeVO_4$ 是 n 型半导体，BiOCl 是 p 型半导体；在异质结 $FeVO_4$/BiOCl 中内建场方向由 $FeVO_4$ 指向 BiOCl。异质结附近，$FeVO_4$ 和 BiOCl 晶格中分别带净的正电荷和净的负电荷。由于激光是一种电磁波，故带净电荷的晶格与激光的耦合更强烈，晶格振动加剧，增加光的散射强度，改变了峰位置。尤其是具有磁性的 $FeVO_4$，可能受到内建场的影响更大，即使它是核。而 BiOCl 也会受到内建场的影响而其拉曼散射增强，但由于其是壳，在复合物 $FeVO_4$@BiOCl 中含量很少；加之纯 BiOCl 的拉曼散射本来不是很强，故在复合物 $FeVO_4$@BiOCl 的拉曼谱中，即使 BiOCl 是壳，其拉曼峰依然减弱，几乎看不见。值得一提的是，从以上分析可知，激光散射过程中的耦合作用至少涉及如下相关因子：晶格振动、$FeVO_4$ 的磁场、异质结处的内建场以及入射激光。

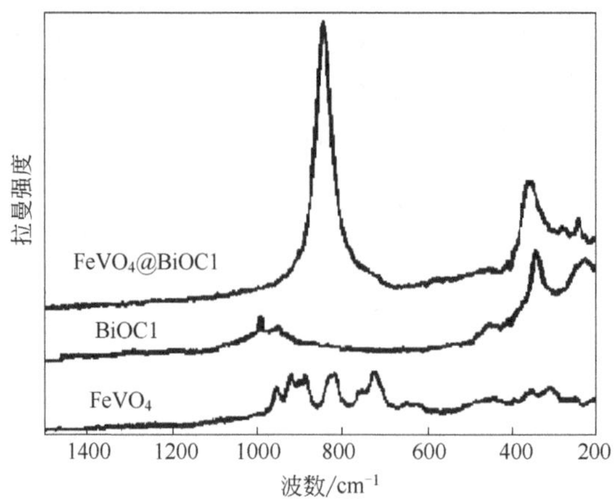

图 4-13　$FeVO_4$、BiOCl 和 $FeVO_4$@BiOCl 的拉曼谱[17]

4.3　材料输运性能测试与数据分析

4.3.1　影响热导率与电导率的因素

4.3.1.1　影响电导率的因素

由材料的电导率公式$\sigma=nq\mu=1/\rho$（其中，n 为载流子浓度，q 为电量，μ为载流子迁移率，ρ为电阻率）可知，材料的电导率由载流子浓度、载流子迁移率决定。而载流子迁移率又受很多其他因素的影响。下面逐一阐述。

（1）载流子浓度

对于非简并半导体，导带中载流子（电子）浓度 n_0 和导带有效状态密度 N_c 表达如下[18]：

$$n_0 = N_c \exp\left(-\frac{E_c - E_F}{k_B T}\right)$$

$$N_c = 2 \times \frac{(2\pi m_n^* k_B T)^{3/2}}{h^3}$$

式中　m_n^*——导带底电子有效质量；

k_B——玻尔兹曼常数；

T——热力学温度；

h——普朗克常数；

E_c——导带底能量；

E_F——费米能级。

E_c 和 E_F 与材料的内禀性质（材料成分、晶相、杂质种类和含量、缺陷、晶粒尺寸等）有关，也与温度 T 有关。这些因素对载流子浓度的影响情况各异。这里不赘述，需要了解的话可以参考有关半导体物理学等书籍。

对于金属，金属元素原子最外层电子与原子核的结合力弱，极易摆脱原子核的束缚而变成自由电子，这些自由电子的浓度随温度变化不大。金属导电就是由于金属中的自由电子定向运动导致的。金属的导电性与杂质和缺陷有关，杂质越多，导电性越差；晶格完整性越被破坏，载流子迁移率越小，电导率就越小。

（2）载流子迁移率

载流子迁移率（μ）是衡量载流子在材料中迁移难易的内禀物理量。

$$\mu = q\bar{\tau} / m_n^*$$

其中，$\bar{\tau} = 1/P$，为载流子的平均自由时间，等于散射概率 P 的倒数[18]。

对杂质半导体，有电离杂质散射（概率 P_i）、晶格振动散射（概率 P_l）、合金散射（概率 P_a）、晶界散射（概率 P_g）等多种散射机制存在，因而总散射概率 P 等于各种散射机制的散射概率之和，即

$$P = P_i + P_l + P_a + P_g + \cdots$$

一般来说，金属中杂质与缺陷散射对电导率的影响不依懒于温度，而主要与杂质和缺陷的密度成正比。在杂质浓度比较小时，可以认为晶格振动和杂质、缺陷的散射是相互独立的，总的散射概率是两种散射机制的散射概率之和，即 $P = P_i + P_l$。

归纳起来，影响电导率的因素主要有：材料成分、晶相、晶粒尺寸、杂质、缺陷、温度。

4.3.1.2　影响热导率的因素

固体的导热本质是物质内部微观粒子相互碰撞、传递能量的结果。固体中主要的热传导载体是电子、声子和光子。光子传导是由较高频率的电磁辐射产生的。一般情况下只考虑电子和声子传热。

在非单一载流子传导的情况下，特别是在高温下，本征热激发导致电子和空穴混合导电，材料的热导率随之增加。因为本征激发产生空穴-电子对，它们在输运过程中会产生复合，会放出能量大于等于材料禁带宽度的热量，从而额外贡献热传导，这种现象称为双极扩散[19]。考虑双极扩散，材料热导率 κ 可表示为：

$$\kappa = \kappa_c + \kappa_L + \kappa_B$$

式中　κ_c ——载流子热导率；

κ_L ——声子热导率（即与晶格相关的热导率）；

κ_B ——双极扩散对热导率的贡献。

根据 Wiedemann-Franz 定律，载流子热导率：

$$\kappa_c = L_0 \sigma T$$

式中，L_0为洛伦兹常数，对于金属，L_0通常为定值 $2.45\times10^{-8}V^2/K^2$。

而声子热导率：

$$\kappa_L = \frac{1}{3} C_V v l$$

式中 C_V——定容比热容；

v——平均声子传播速率；

l——声子的平均自由程，大小由晶体中声子的散射机制所决定，$l = v\tau_c$。

弛豫时间 τ_c 一般为多种散射机制共同作用的结果，具体可表示为：

$$\frac{1}{\tau_c} = \frac{1}{\tau_B} + \frac{1}{\tau_U} + \frac{1}{\tau_D} + \frac{1}{\tau_r} + \cdots$$

式中 τ_B——晶界散射对应的弛豫时间；

τ_U——声子 U 过程散射对应的弛豫时间；

τ_D——点阵缺陷散射对应的弛豫时间；

τ_r——共振散射对应的弛豫时间。

一般来说，热电材料中通常是多种散射机制共存，但各种散射机制的主要作用区各不相同，晶界散射在低温下起主要作用，点缺陷散射和共振散射则作用在中高温区域，声子 U 过程散射则往往发生在高温区。

4.3.2 电导率

4.3.2.1 电导率测试原理简介

电导率是材料基本的电学性质之一，目前商业设备上最常用的测量方法为四探针法，其原理简单、测量方法成熟。

电导率的测量是利用宏观电学性质与电阻的关系，而电阻率与电导率又是如下的倒数关系：

$$\sigma = \frac{1}{\rho}$$

式中 σ——电导率；

ρ——电阻。

（1）四探针方法测量块体材料测试的电导率

材料电阻的测量是利用电势差和电流的关系进行测量。若材料内部的电场强度均匀分布，其强度 $E = V / l$，流经材料的电流密度 $J = I / A$（V为材料上沿电流方向长度为l的两点之间的电势差；I 为横截面积为 A 的材料上通过的电流总强度)，由此可得电导率的表达式为：

$$\sigma = \frac{J}{E} = \frac{Il}{VA} \tag{4-1}$$

如上所述，公式（4-1）由如下前提条件得出：材料内部电场强度均匀。但实际的材料会因为各种原因存在或多或少的不均匀，因而很难满足此条件。故为了减少误差，四探针电导率测试方法设计了如图 4-14 所示的测试装置。将块体材料制样成规则的长方体或圆柱体，电流源连到样品的两端。不测量样品两端的电压，而是用探针测量样品中间某两点的电压。这样设计的目的就是为了获得测量两点之间的电场是匀强电场。这种测量方法将电流接触点与样品端面之间尽量保持面接触，且接触面越大越好，这样可以保证样品两端面尽量为等位面，故样品内部电场接近匀强电场。在中间一些地方测量是为了避开样品的边缘效应，更能保证样品内部电场是匀强电场。而电压表的探针要求与样品形成点接触，且接触面积越小越好，以降低触点对样品内电场分布的影响。

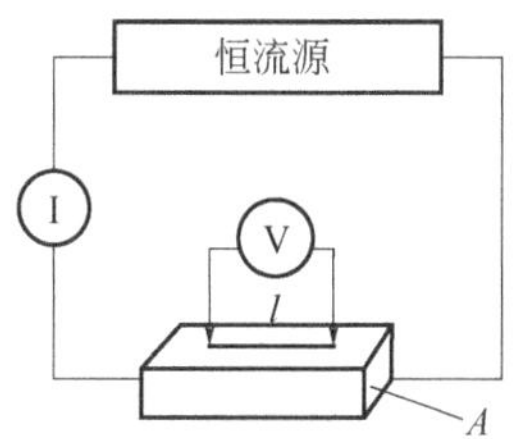

图 4-14　四探针法测试块体样品电导率示意图

（2）四探针法测量薄层或薄膜材料的电导率

对于薄层或薄膜材料，为了获得平面内的匀强电场，通常要求样品的横向尺寸足够大，而其厚度 t 又比探针间距 l 小得多，此时四探针电导率测试装置如图 4-15 所示。图左边为直线等距四探针，右边为四方形四探针。用四根金属探针同时压在被测样品的平整表面上，利用恒流源给 1、4 两个探针通以小电流 I，然后在 2、3 两个探针上用高输入阻抗的电压表测量电压 V_{23}，最后根据理论公式计算出样品的电阻率 $\rho = 1/\sigma$。普遍理论公式为：

$$\rho = \frac{2\pi t V_{23}}{I} / \ln\left(\frac{r_{42} \times r_{13}}{r_{43} \times r_{12}}\right)$$

式中，r_{ij}（i，j=1,2,3,4）为探针间间距。

对于直线等距四探针，利用 $r_{12} = r_{43} = l$，$r_{13} = r_{42} = 2l$，得：

$$\rho = \frac{\pi t}{\ln 2} \times \frac{V_{23}}{I}$$

对于正方形四探针，利用 $r_{12} = r_{43} = l$，$r_{13} = r_{42} = \sqrt{2} l$，得：

$$\rho = \frac{2\pi t}{\ln 2} \times \frac{V_{23}}{I}$$

在对半导体扩散薄层的实际测量中常常采用与扩散层杂质总量有关的方块电

阻 R_s，它与扩散薄层电阻率的关系为 $R_s=\rho/X_j$，这里 X_j 为扩散所形成的 pn 结的结深。这样对于横向无限大薄层样品，方块电阻可以表示如下：

对于直线等距四探针：$R_s=\dfrac{\rho}{X_j}=\dfrac{\pi}{\ln 2}\times\dfrac{V_{23}}{I}$

对于正方形四探针：$R_s=\dfrac{\rho}{X_j}=\dfrac{2\pi}{\ln 2}\times\dfrac{V_{23}}{I}$

在实际测量中，通常被测的样品不是半无限大样品（半无限大样品是指样品厚度及任意一根探针距样品最近边界的距离远大于探针间距），如果这一条件不能得到满足则必需引入修正系数对结果进行修正，可通过查询仪器样品厚度修正系数表和样品形状及测量位置的修正系数表获得。

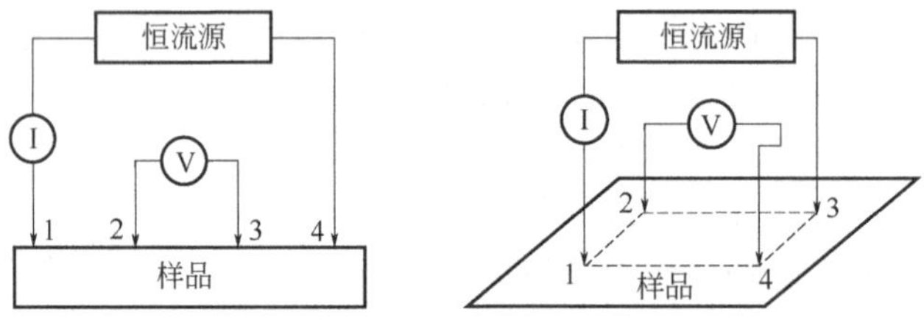

图 4-15　四探针法测试薄层或薄膜电导率示意图

4.3.2.2　电导率数据分析实例

图 4-16 为某半导体材料不同温度下电导率测量值。AB 段，温度较低，载流子主要由杂质电离提供，载流子浓度 n 随温度升高而增加，散射主要受电离杂质散射影响，此时迁移率 μ 随温度的升高而增大，所以，电导率 σ 随温度升高而增加；BC 段，温度继续升高，此时杂质已全部电离，本征激发还不十分显著，载流子浓度 n 基本上不随温度变化，晶格散射上升为主要矛盾，迁移率 μ 随温度升

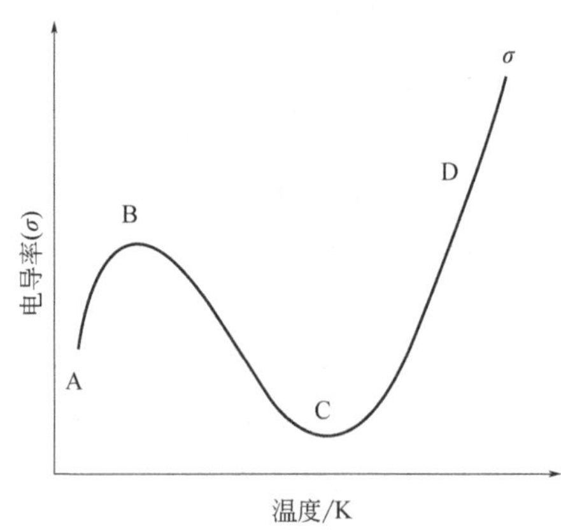

图 4-16　某半导体材料电导率随温度的变化

高而降低，所以，电导率 σ 随温度升高转而降低；CD 段，温度升高进入半导体本征激发区，大量本征载流子的产生对电导率 σ 的影响远远超过迁移率 μ 减小对电导率的影响，这时，本征激发成为电导率的主导因素，杂质半导体的电导率 σ 随温度的升高而急剧增加，表现出与本征半导体相似的特性。

对于多数金属材料，其良好的导电性是由金属中的自由电子定向漂移运动导致的。金属中的原子实在其位置附近振动。这种振动的剧烈程度与金属的温度有关，温度越高，振动越剧烈，此时自由电子与这种原子实之间的碰撞机会就越多，也就越阻碍电子的定向运动，因而金属的电导率随温度的升高而减小。

测量电导率随温度的变化曲线可以获得材料的相变信息。图 4-17 是 TiO_x 块体电导率（σ）与温度的关系曲线[20]，表 4-2 是 TiO_x（x=1.77，1.83，1.90，2）体系中相和多子类型与 x 的关系。从图 4-17 可以看出，x=1.77、1.83、1.90、2 时，随着 x 的增大，σ 在所有的测量温度范围（室温～1000℃）内都减小，只是各个成分随温度的变化规律有差别。x=1.77 时，σ 在所有测试温度范围内最大，且在 0～300℃随温度的升高而增加，在 300℃后 σ 随温度的升高而减小；同时在 300℃时 σ 有一突变，说明发生了相变。x=1.83 时，在 500℃之前，σ 随温度的升高而增加；大于 500℃时，σ 随温度升高略微下降。x=1.90 时，σ 随温度的升高而缓慢增加。x=2.00 时，σ 变化非常小。从此材料别的测试里可以知道，x 在 1.77～2.0 范围内 TiO_x 是 n 型半导体，以电子导电为主；且在此成分范围内，TiO_x 陶瓷晶相为金红石相。但 x 在 1.77～2.0 范围内 TiO_x 必定含有氧缺位。氧缺位能增加陶瓷的导电性能，同时氧缺位会破坏晶格的完整性，减少载流子的导电性能。这两个相互竞争的机制随温度变化的趋势不同。氧缺位随温度的升高而增加，使电导率增加；而缺陷以及晶格振动随温度的升高对载流子的散射增加，因而减小电导率。故造成了 σ 在某个温度可能存在极值。

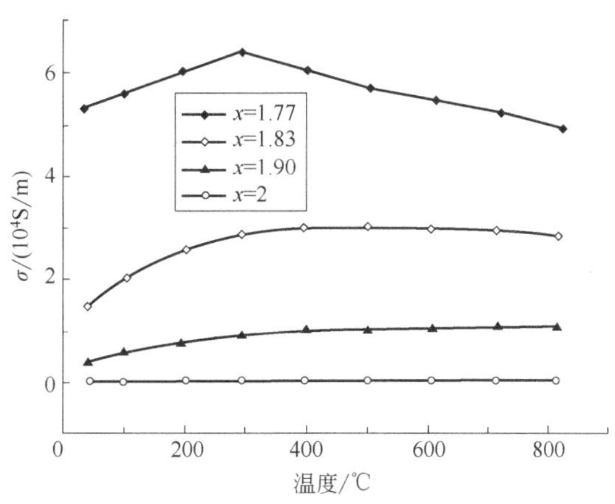

图 4-17　TiO_x 块体的电导率与温度关系曲线

表 4-2　TiO_x 体系中相和多子类型与 x 的关系

<table>
<tr><td>x 值</td><td>$1.0\leqslant x<1.25$</td><td>$1.25\leqslant x<1.5$</td><td>$1.5\leqslant x<\frac{5}{3}$</td><td>$\frac{5}{3}\leqslant x<1.9$</td><td>$1.9\leqslant x<2$</td></tr>
<tr><td rowspan="2">相和结构</td><td>TiO（γ）</td><td>TiO（γ）$+Ti_2O_3$</td><td rowspan="2">Ti_2O_3
（三角）
$+Ti_3O_5$
单斜</td><td rowspan="2">TiO_x
（多相，都是与
$Ti_{10}O_{19}$ 类似的三斜）</td><td rowspan="2">TiO_x
金红石</td></tr>
<tr><td>TiO（α）</td><td>（三角）</td></tr>
<tr><td rowspan="2">导电类型</td><td>随着温度
升高</td><td>随着温度
升高</td><td>随着温度
升高</td><td rowspan="2">n</td><td rowspan="2">n</td></tr>
<tr><td>n→p</td><td>p→n</td><td>p→n</td></tr>
</table>

图 4-18 是方古矿 $Co_{1-x}Ni_xSb_3$（x=0.01，0.04，0.06，0.08）块体材料的 σ 随温度的变化曲线[21]。从图中可以看出，$Co_{1-x}Ni_xSb_3$（x=0.01，0.04，0.06，0.08）块体材料的 σ 随温度的升高而增加，也随 Ni 掺入量的增加而增加。可能的解释如下。纯方古矿 $CoSb_3$ 晶体结构中有天然的空洞，部分掺杂的 Ni 被塞入该空洞中。Ni 的塞入相当于间隙缺陷，该间隙缺陷一方面会散射电子，另一方面会有多余的电子变成自由电子。因为塞入之前，晶体的原子核外已经满足核外 8 个电子的泡利不相容原理。故空洞中的 Ni 释放出的电子变成自由电子，增加材料中电子的浓度。纯方古矿 $CoSb_3$ 晶体是 n 型半导体。故电子浓度增加意味着多子浓度增加，因而 σ 随着 x（Ni 掺入浓度）的增加而增加。所有样品的 σ 随温度的升高而有不同程度的增加，这是半导体材料的特征。说明 $Co_{1-x}Ni_xSb_3$ 具有一定的半导体特征。但随着 x 的增加，半导体特征越来越淡化，向金属性质转变。这是因为随着 Ni 含量的增加，载流子浓度增加到大幅度高于本征电子浓度，由 Ni 提供的电子占主导，这个电子不随温度的增加而改变，类似金属中电子。

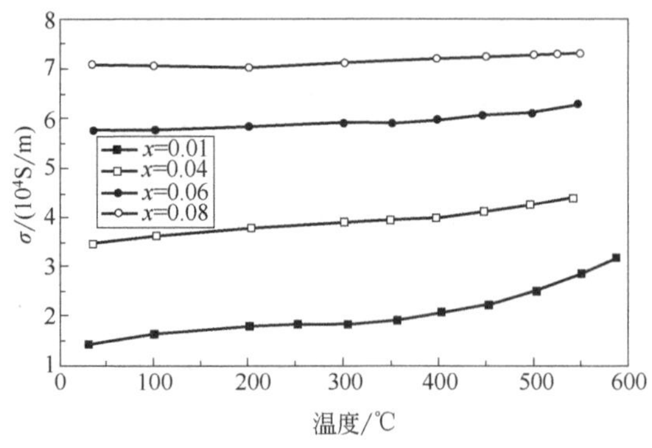

图 4-18　方古矿 $Co_{1-x}Ni_xSb_3$ 块体材料 σ 随温度的变化曲线

图 4-19 是颗粒相同的情况下，$Co_{0.9}Ni_{0.1}Sb_3$ 和 $Co_{0.8}Ni_{0.2}Sb_3$ 块体材料有孔洞

（2μm）和没孔洞的 σ-T 曲线的对比。从图中可以看出，对于这两种块体，有孔洞的和没孔洞的 σ-T 曲线基本一致。说明材料中的宏观孔洞对材料的 σ 几乎没有影响。

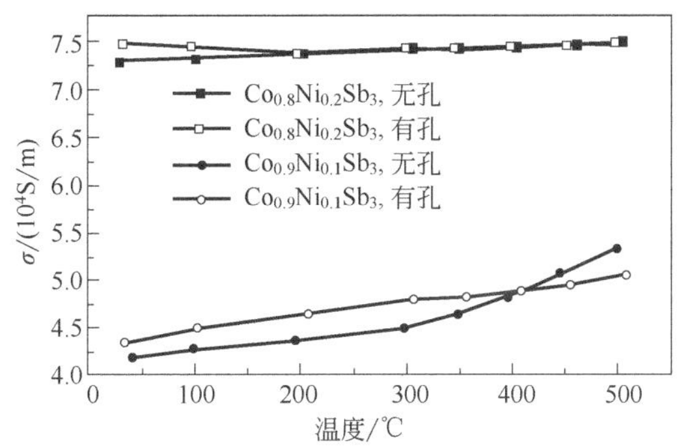

图 4-19　颗粒相同的情况下，$Co_{0.9}Ni_{0.1}Sb_3$ 和 $Co_{0.8}Ni_{0.2}Sb_3$ 块体材料有孔洞和没孔洞的 σ-T 曲线对比

4.3.3　热导率

4.3.3.1　热导率测试原理简介

测量热导率需要对测试环境进行热绝缘以便于定量计算热量，减少误差。但由于辐射、传导、对流等多种热交换形式的存在，精确测量热导率需要实现热绝缘，其难度远远大于电绝缘。针对热绝缘难的问题，目前主要发展了稳态法[22,23]和非稳态法[24]两大热导率测试的方法。其中稳态法（包括热流法、保护热流法、热板法等）根据 Fourier 方程直接测量热导率，但温度范围与热导率范围较窄，主要适用于在中等温度下测量中低热导率材料。非稳态法则应用范围较为宽广，尤其适合于高热导率材料以及高温下的测试。

（1）稳态法

稳态法是热导率测量中最早使用的方法，如图 4-20 所示，将待测样品置于加热器和散热器之间，在一端施加稳定的热源，使之处于稳态，通过测量样品两端的温差及样品中流过的热流密度来计算材料热导率。

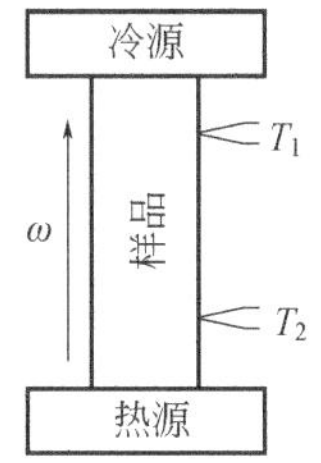

图 4-20　稳态法测量热导率原理示意

理想条件下，处于稳态的系统中，热量只在样品内部传导而不与外界发生其他形式的热交换。根据热传导的傅里叶定律，材料中流过的热流密度可表示为：

$$J_T = -\kappa \frac{dT}{dx} \tag{4-2}$$

式中 J_T——热流密度；

κ——材料的热导率；

dT/dx——材料两端的温度梯度。

将样品做成板状等规则形状的样品，可以通过测量流过样品的热流密度与样品两端的温度差，结合样品尺寸，算出材料的热导率。通常做成平面壁的形状。

① 单层平面壁稳定热传导。设有一均质的面积很大的单层平面壁，厚度为 b，壁的两面温度分别为 T_1、T_2，热流为 Q，壁面积为 A。平面壁内的温度只沿垂直于平面壁的 X 轴方向变化，如图 4-21 所示。此时式（4-2）变为：$\frac{Q}{A}=-\kappa\frac{dT}{dx}=-\kappa\frac{T_2-T_1}{b}$，则：

$$\kappa=\frac{b\left(\frac{Q}{A}\right)}{T_1-T_2} \tag{4-3}$$

② 多层平面壁稳定热传导。在工业生产中常见多层壁，如锅炉的炉强、薄膜与基底。对垂直于壁的测量可以采用如图 4-22 所示的多层平面壁模型。图 4-22 为三层平面壁。每一层适合用公式（4-3），经过推导可以得到如下公式（中间推导过程略去，读者感兴趣可以自己推导）：

$$\sum_{i=1}^{n}\frac{b_i}{\kappa_i}=\frac{t_1-t_{n+1}}{\frac{Q}{A}} \tag{4-4}$$

式中 t——温度；

b——壁厚度；

Q——单位时间经过截面的热量。

式（4-4）可以用来计算多层平面壁之间的热量分配。具体方法这里不展开。

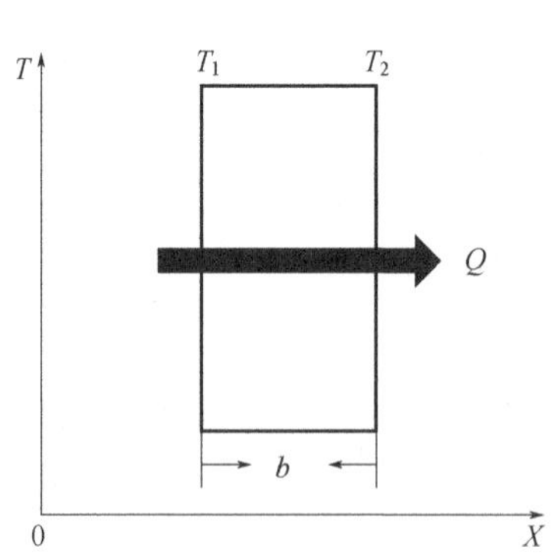

图 4-21 热流沿垂直于平面壁的面积很大的单层平面壁的传热示意图

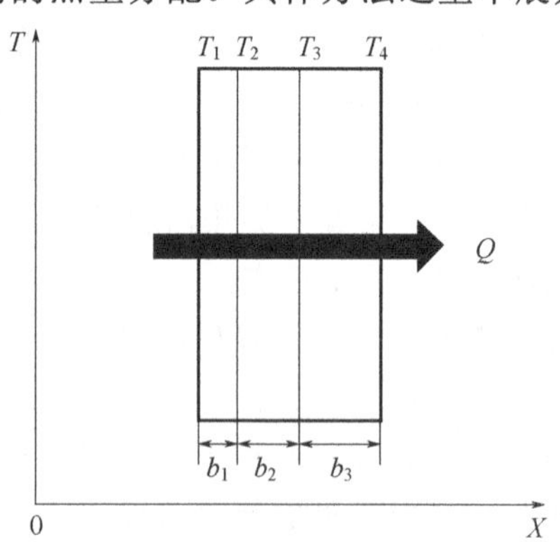

图 4-22 热流沿垂直于平面壁的面积很大的多层平面壁的传热示意图

在稳态测量中，热流密度 $J_T=\dfrac{Q}{A}$ 可通过加热器的功率直接计算得到，称为稳态直接测量法。在稳态直接测量法中，样品与加热器和散热器之间存在热阻，并且加热器与环境间存在热辐射和热传导，容易产生较大的误差。针对这一问题，在稳态法的基础上衍生出比较测量法。比较测量法是将待测样品置于两个热导率已知的参考样品之间，通过测量两端参考样品中的热流密度间接计算出待测样品内的热流密度。

图 4-23 为比较法测量材料热导率的示意图，待测样品在参考标样 1 和参考标样 2 之间。假设参考标样的热导率为 κ_{ref}，理想条件下，待测样品与参考标样之间无热阻，根据热导率公式可推算出待测样品的热导率：

$$\kappa_s=\frac{1}{2}\times\frac{l_s}{\Delta T_s}\left(\frac{\Delta T_1}{l_1}+\frac{\Delta T_2}{l_2}\right)\kappa_{ref}$$

式中　ΔT_s ——样品上 c、d 两点处热电偶所测温差；

l_s ——c、d 两点之间的距离；

ΔT_1，ΔT_2 ——参考标样上 a、b 两点和 e、f 两点之间的温度差；

l_1，l_2 ——参考标样上 a、b 两点和 e、f 两点之间的距离。

稳态测量法是基于一系列边界条件下求解热传导等式所得到的结果，实际测量中很难满足边界条件，会导致较大的测量误差。样品表面的辐射热损失是造成测量误差的主要因素。为减少因气体对流和热传导引起的辐射热量损失，稳态直接测量法需要将测试系统置于高真空（10^{-4}～10^{-5}Torr）环境下。除此之外，连接样品与外界之间的热电偶也会通过热传导造成热量损失，一般尽量使用细的热电偶导线。样品尺寸对测试结果也有重要影响。一方面，为减少与环境之间的热交换，尽量减小待测样品的尺寸和比表面积；另一方面，若样品尺寸过小，样品与加热器之间的接触热阻引起的贡献相对值增加，进而增大测量误差。因此，待测样品尺寸的选择应适中。

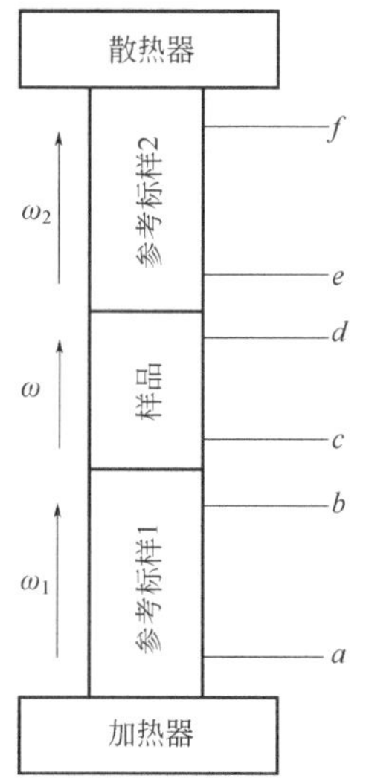

图 4-23　比较法测量热导率原理示意图

（2）非稳态法

非稳态法是针对稳态法中存在的测量时间长、热损失对测量精度影响大等问题发展起来的一种快速测量方法。根据施加热源方式的不同，非稳态法主要包括周期性热流法和瞬态热流法两大类，其基本原理是在样品上施加周期性热流或瞬态（脉冲）热流，然后测量样品的温度变化来计算热导率。

激光闪射法是 20 世纪 60 年代发展起来的瞬态热流法[24]，已成为目前最常用的、比较成熟的热导率测量方法之一。激光闪射法所要求的样品尺寸较小，测量范围宽广，可测量除绝热材料以外的绝大部分材料，特别适合于中高热导率材料的测量。除常规的固体片状材料测试外，通过使用合适的夹具或样品容器并选用合适的热学计算模型，还可测量诸如液体、粉末、纤维、薄膜、熔融金属、基体上的涂层、多层复合材料、各向异性材料等特殊样品的热传导性能。激光闪射法直接测量的是材料的热扩散系数 α，其基本原理如图 4-24 所示。

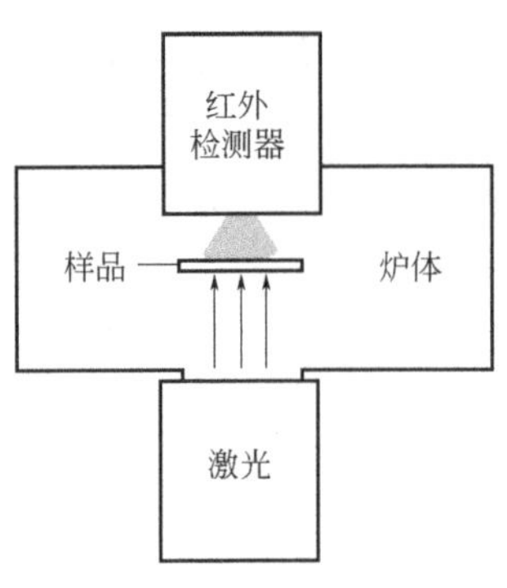

图 4-24　激光闪射法示意

样品水平放置，在一定的设定温度 T（由炉体控制的恒温条件）下，由激光源在瞬间发射一束光脉冲，均匀照射在样品下表面，使其表层吸收光能后温度瞬时升高，并作为热端将能量以一维热传导方式向上表面（冷端）传播。使用红外检测器连续测量样品上表面的温度随时间的变化曲线，如图 4-25 所示。

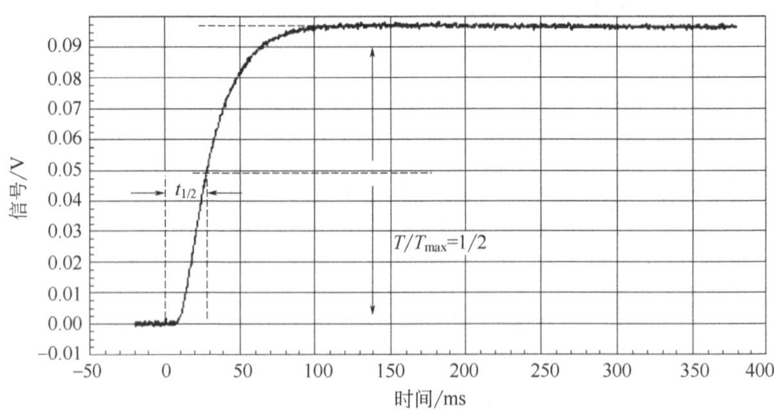

图 4-25　温度-时间变化曲线

在理想情况下，光脉冲宽度接近于无限小，热量在样品内部上下表面为一维传热，外部测量环境为理想的绝热条件，则通过计量图中所示的半升温时间 $t_{1/2}$（定义为样品上表面温度升高值达到最大温度升高值的 1/2 所需的时间，单位 s），由式 $\alpha = 0.1388 l^2 / t_{1/2}$（$l$ 为样品的厚度，单位 cm）即可得到样品在温度 T 下的热扩散系数 α（单位 cm^2/s）。又知样品热导率 κ 可用如下公式描述：

$$\kappa(T) = \alpha(T) \cdot \rho(T) \cdot C_p(T)$$

根据测得的样品的热扩散系数 α，已知样品的比热容 C_p 与密度 ρ，便可计算得到热导率。在测试温度不太高，样品尺寸变化不大的情况下，密度可近似认为与室温时相同。样品比热容 C_p 通过参比法可与扩散系数同时测量得到。

参比法测量样品比热容 C_p 原理简述如下。使用一个与样品面积（或至少由遮光片等控制的实际检测面积）相同、厚度（或至少上表面距检测器距离）相同、表面结构（光滑程度）相同、热物性相近且比热值已知的参比标样（以下简写为 std），与待测样品（以下简写为 sam）同时进行表面涂覆（确保与样品具有相同的光能吸收比和红外发射率），依次测量，在理想的绝热条件下，得到如图 4-26 所示的标样和测试样品温度-时间测试曲线。

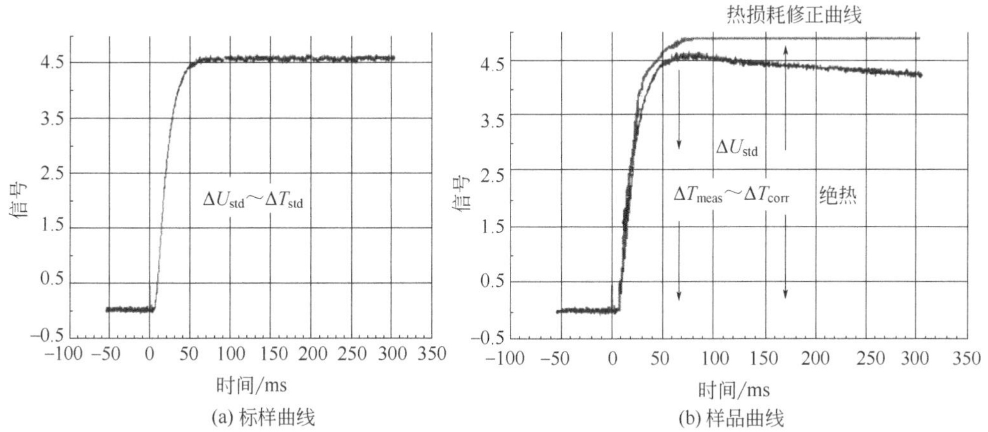

(a) 标样曲线　(b) 样品曲线

图 4-26　参比法测量样品温度-时间变化曲线

根据比热容定义 $C_p = Q/(m \cdot \Delta T)$，可得：

$$\frac{C_{p_{sam}}}{C_{p_{std}}} = \frac{\dfrac{Q_{sam}}{m_{sam} \cdot \Delta T_{sam}}}{\dfrac{Q_{std}}{m_{std} \cdot \Delta T_{std}}}$$

式中　Q ——样品吸收的热量；

ΔT ——样品吸热温升；

m ——样品质量。

在检测面积相同的前提下，若下表面受照光强度（取决于光源稳定性）均匀一致、吸收比［取决于有效表面积（光洁度）与颜色（可由涂覆控制）］相同，则 $Q_{std} = Q_{sam}$；若上表面红外发射率［取决于环境温度稳定性、有效表面积（光洁度）与颜色（可由涂覆控制）］及距检测器距离（通常取决于厚度）相同，则 ΔT 与 ΔU 的换算因子固定，可将上式中的 ΔT 用检测器信号差值 ΔU （纵坐标）代替，上式可转换为：

$$C_{p_{sam}} = C_{p_{std}} \frac{m_{std} \cdot \Delta U_{std}}{m_{sam} \cdot \Delta U_{sam}}$$

显然，在测试样品质量 m_{sam}、参比标样 $C_{p_{std}}$ 和质量 m_{std} 已知的情况下，从图上读取 ΔU 值，即可计算出试样的比热容 $C_{p_{sam}}$。

目前，绝大部分测量材料热导率的方法为非稳态参比法——激光闪射法。将样品做成规定的形状和尺寸，选择合适的参比样品（如待测样品为金属或者合金，则选择金属参比样品；如待测样品为半导体，则选择半导体参比样品；如待测样品为绝缘体材料，则选择陶瓷参比样品），同时在样品和参比样品的两面均匀涂敷一层吸光材料（一般是石墨喷剂），待干燥后则能测出样品的比热容和热扩散系数 α（测试仪器直接给出各个测试温度点的比热容和扩散系数），通过 α=0.1388$l^2/t_{1/2}$ 计算可得各个测试温度点的热导率。

值得一提的是，上面测试方法得到的热导率为材料所有因素贡献的热导率。读者可以分析材料中哪些因素是热导率的主要贡献者，再忽略其他影响很小的因素，将其中的部分因素推算出来。比如，对于通常的半导体材料，其热导率主要来源于电子热导率 κ_e 和声子热导率 κ_L，则其测量的热导率 $\kappa = \kappa_e + \kappa_L$。由于 $\kappa_e = L_0\sigma T$，故 $\kappa_L = \kappa - L\sigma T$。注意，式中的 κ 和 σ 的值必须是同一温度下的值。但 κ 和 σ 的测量是分开进行的，其实际测量温度常常偏离事先设定的值，故很难做到一致。此时需要分别画出 κ-T 曲线和 σ-T 曲线，在设定点附件选择要考察的温度，分别在 κ-T 曲线和 σ-T 曲线上读出此温度时的 κ 和 σ 值并代入公式得到此温度对应的 κ_L 估算值。

4.3.3.2 热导率实例数据分析

图 4-27 为 SnSe 单晶样品总热导率随温度的变化关系[25]。从图 4-27（a）可

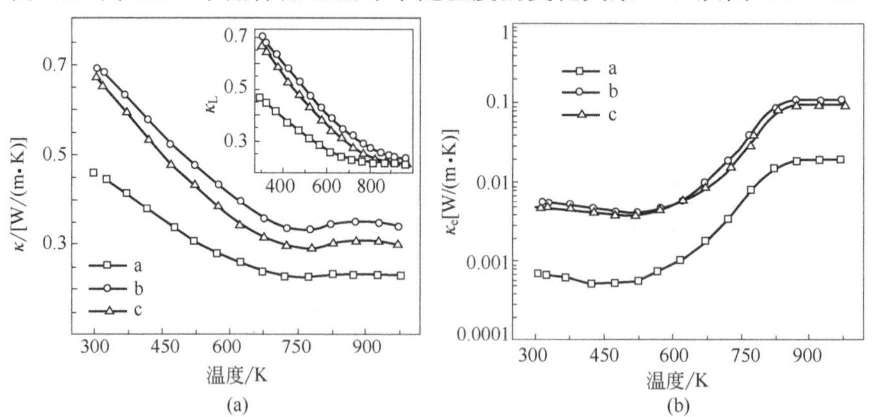

图 4-27 SnSe 总热导率 κ、电子热导率 κ_e 和晶格热导率 κ_L 随温度的变化关系

图中 a、b、c 表示单晶 SnSe 的 a、b、c 方向。单晶 SnSe 的 a、b、c 方向对应的晶格常数分别为 a=11.49Å，b=4.44Å，c=4.135Å。

以看出，与多数热电材料相比，SnSe 样品的总热导率值极低，而且测量值随着温度的升高而继续下降，在 973K 时降至 0.23～0.34W/（m・K）范围。根据 $\kappa_e = L_0\sigma T$ 计算得 SnSe 样品载流子热导率 κ_e，如图 4-27（b），显然 SnSe 样品载流子热导率很小，可见，样品的总热导率的主要贡献来自于晶格热导率 κ_L。又因为未掺杂的 SnSe 样品是单晶，是一种非简并半导体，可以认为晶界散射 τ_B、点阵缺陷散射 τ_D 和共振散射 τ_r 很弱，那么 SnSe 单晶样品总热导率的下降其主要原因就是温度升高，晶格振动加剧，增加了对声子的散射，晶格热导率降低。

多晶块体材料中如果有不同晶格的纳米微结构，则对材料的热导率起很大的散射作用，从而大大降低热导率；但对电导率影响没有热导率那么大。图 4-28（a）～（c）分别是 $AgPb_mSbTe_{m+2}$ 的电导率（σ）和 Seebeck 系数（S）、热导率（κ）以及高分辨电子显微镜照片[26]。从图（c）可以看出，块体材料中有纳米结构近似 1.4Å 的不同相。所以图 4-28（b）中热导率在室温时只有 2.2W/（m・K）。但电导率有 10^6S/m 数量级的值。说明这种纳米结构的存在对电导率影响不大。

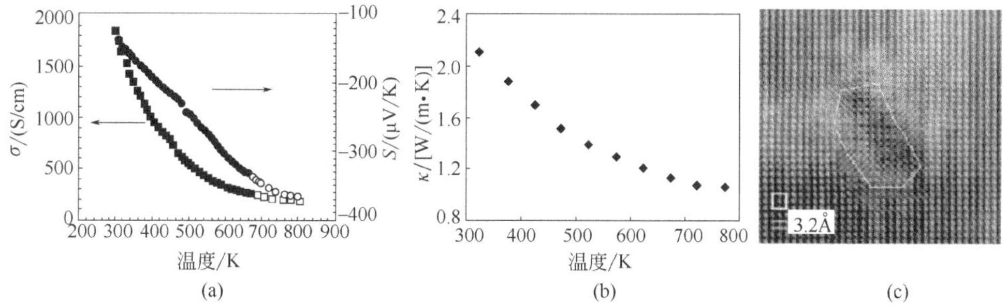

图 4-28　$AgPb_mSbTe_{m+2}$ 的（a）电导率（σ）与 Seebeck 系数（S）、（b）热导率（κ）和（c）高分辨电子显微镜照片[26]

图 4-29 是超离子合金 $Cu_{1.94}Al_{0.02}Se$ 的 κ、σ、S、ZT（热电材料的绩效因子）的温度依赖性结果[27]。其中下标“ac”和“al”分别表示测试的方向为垂直压制样品时的压力方向和平行压力方向。该工作的 SEM 结果表明，在垂直压力的面上块体材料的微结构呈现层状结构。从热导率的结果来看，这种层状结构对热导率的影响较大，但对 S 和 σ 的影响不大。故在垂直层结构方向的热电性能明显优于平行层结构时的热电性能。另外，可以看出，无论垂直还是平行层结构方向，$Cu_{1.94}Al_{0.02}Se$ 的 κ 都在 1 左右，很小。这是由于 $Cu_{1.94}Al_{0.02}Se$ 是超离子材料，其中有部分铜离子能像在液体中一样运动，故其热导率也犹如液体一样很低，拉低了 $Cu_{1.94}Al_{0.02}Se$ 的整体热导率。

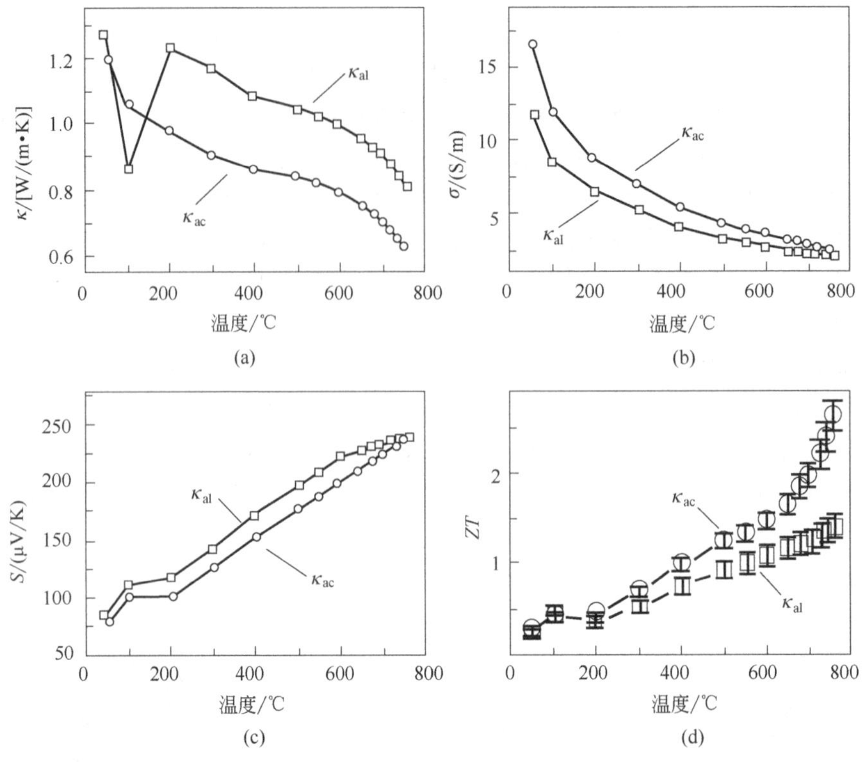

图 4-29 超离子合金 $Cu_{1.94}Al_{0.02}Se$ 的 κ、σ、S、ZT 的温度依赖性结果

4.4 材料中载流子寿命测试与数据分析

4.4.1 载流子寿命的影响因素

在热平衡条件下，电子不断地由价带激发到导带，产生电子空穴对，与此同时，它们又不停地因复合而消失。平衡时，电子与空穴的产生率等于复合率，从而使半导体中载流子的密度维持恒定。载流子间的复合使载流子逐渐消失，这种载流子平均存在的时间，就称之为载流子寿命。

影响载流子寿命的因素很多，总的来说与材料种类、载流子复合机制和材料中的载流子浓度、电子与空穴的相对势能等有关。复合中心的存在大大增加载流子复合的概率。深能级、缺陷都是复合中心。

载流子寿命的测试方法有：瞬态谱法、光电导衰减法、光致发光光谱法、正电子湮没谱法。下面分别介绍其原理和数据分析实例。

4.4.2　瞬态吸收光谱

4.4.2.1　瞬态吸收光谱的原理简介

瞬态吸收光谱（TAS）是一种常见的超快激光泵浦探测技术，是研究发光或者非辐射复合等过程中激发态的弛豫过程的有力工具，可以用来测量光生载流子的寿命，也可以追踪一些基本的化学过程，诸如溶剂化、化学反应、构象变化、溶液或固体汇总的激子能量或电子转移等。

简单来说，TAS 的测试是利用光泵脉冲将样品激发到激发态，随后用探针脉冲监测回到基态的弛豫过程的这样一种技术。如图 4-30 所示，在该技术中，需要使用两个具有时间延迟的飞秒脉冲，其中能量较高、时间较前的作为泵浦光以激发样品中的电子到激发态；能量较低、时间延后的作为探测光以探测处于激发态和基态时样品对光的吸收，以此获取样品的光生载流子寿命。对于泵浦探针技术而言，时间分辨率本质上是由激光的脉冲宽度决定的，其带宽在几百千兆赫兹到太赫兹之间，目前，实现的最短脉宽小于 10fs。

TAS 测试的基本过程如下所述。一束飞秒脉冲激光被分束片分成两束。其中，用能量较强的一束作为泵浦（pump）光照射待测样品，使得待测样品的基态分子被激发到激发态；用另一束能量较弱的飞秒脉冲激光与特定物质相互作用，产生超连续白光，作为探测（probe）光去照射待测样品。通过调控电动的数控平移台，使泵浦光和探测光存在一定的延时（τ），使两束光照射到待测样品的时间不一样。延时是为了将照射样品处于有激发态电子和没激发态电子的不同状态。分别测量有泵浦光照射时待测样品对探测光的吸收［$A(\lambda)$］和没有泵浦光照射时待测样品对探测光的吸收［$A_0(\lambda)$］（注意：两种情况是照射同一样品的同一点）。定义差分吸收谱$\Delta A(\lambda,t)=A(\lambda,t)-A_0(\lambda,t)$。在测量过程中记录下$\Delta A(\lambda,t)$，以此可以评估和激发态以及光诱导物种形成相关的信号。

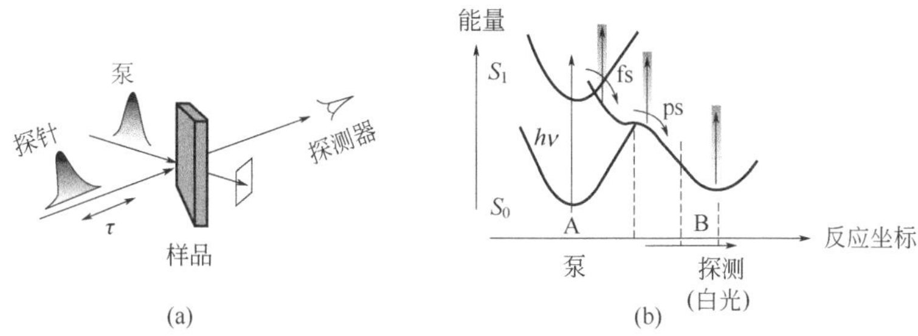

图 4-30　（a）泵浦-探测技术示意图和（b）飞秒瞬态吸收原理示意图[28]

对于特定的波长的$\Delta A(\lambda)$，照射在同一样品上时，除了是否有激发态这一因素以外，其他因素对 $A(\lambda)$产生的影响在 $A(\lambda,t)$和 $A_0(\lambda,t)$中完全相同，在$\Delta A(\lambda,t)=$

$A(\lambda,t)$-$A_0(\lambda,t)$中抵消，故$\Delta A(\lambda)$反映的只是激发态光子的影响。但不同的波长下的吸收机制不同，故$\Delta A(\lambda)$也是波长的函数，测得的数据是随波长λ、延迟时间τ变化的三维数据。通过机械光学延迟平台改变泵浦光与探测光之间的光程差，从而改变泵浦光和探测光之间的延迟时间τ，同时记录下该延迟时间下$\Delta A(\lambda)$的光谱变化，可以得到一个和λ、τ有关的三维函数图像$\Delta A(\lambda,\tau)$。一般$\Delta A(\lambda,\tau)$的三维图像的波长范围从300～1100nm不等，时间尺度从几飞秒到几纳秒不等。

从$\Delta A(\lambda,\tau)$的三维图像中，可以获得两种信息：① 从在某一时刻$\Delta A(\lambda,\tau)$随波长的变化，即瞬态吸收谱中获取物质和结构种类信息。由于不同的吸收峰对应不同的吸收机制，故可以从瞬态吸收谱中分析出吸收物质和结构。瞬态谱分析较简单，分析方法类似红外光谱的分析方法。②分析在某一波长λ下$\Delta A(\lambda,\tau)$随延迟时间的变化过程，从而读取该波长下激发态粒子数目随时间的变化过程。从中分析得到许多动力学信息，比如此波长λ下的光生载流子的寿命。图4-31是不同的动力学机制对应的弛豫时间。

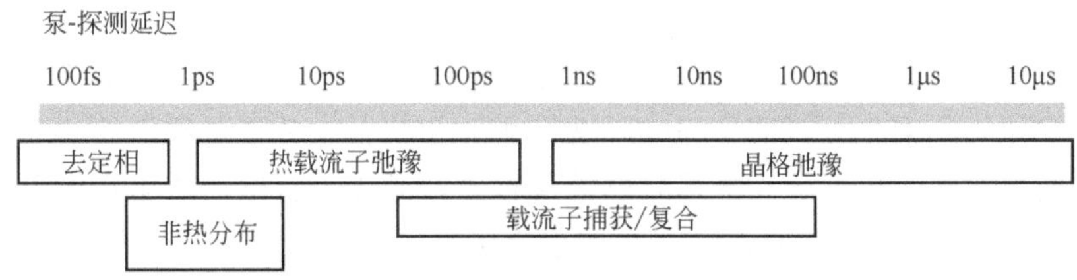

图4-31 不同的动力学机制对应的弛豫时间

实际上探测器测量的是透射率（T）。T与$\Delta A(\lambda)$的关系为（中间推导过程感兴趣的可以参考其他资料）：$\Delta A=\frac{1}{2.303(-\Delta T/T)}$，其中$\Delta T$为透射率的变化。故测量$\Delta T$同样可以获取和$\Delta A(\lambda)$一样的信息。比如，随着泵浦光和探测光之间延时（$\tau$）的连续变化，接收到的透过待测样品的探测光的信号强弱会随之变化（此时测试的是透射率T），这说明在待测样品的激发态上的粒子数发生了变化。这样，我们就得到了待测样品的激发态衰退动力学信息。

动力学的分析比瞬态吸收谱的分析要复杂，分如下两种情况：

① 单一动力学分析——单一波长时的瞬态吸收谱分析。分析单一的动力学只能在动力学模型非常简单的条件下才能实现，通常使用指数衰减模型来进行拟合，在拟合曲线上有可能获得载流子的捕获，界面转移以及光生载流子寿命信号。而某波长λ下的光生载流子的平均寿命τ_L为指数衰竭规律下函数值从t=0开始下降到原来的1/e所对应的时间，有些也采用从t=0开始下降到原来的1/2所对应的时间，记为$\tau_{1/2}$。

② 复杂的光谱实验，通常遵循三个基本的分析步骤。

a．评估数据复杂性，即对从度量中检测到的组件数量进行评估。

b．基于对所要研究的光化学系统的理解建立一个光物理或机械模型。

c．概念模型验证。而这种验证则需要瞬态吸收光谱测试以及其他的光谱实验的结合相互验证，比如红外飞秒瞬态吸收、飞秒荧光上转换、多脉冲实验等。

$\Delta A(\lambda)$谱除了与上述提到的是否有激发态电子以及波长有关外，还和样品的光照经历有关。如图 4-32 所示，飞秒瞬态吸收实验中由于各种光照经历可能接收到三种不同机理的信号。当没有泵浦光作用于待测样品时，样品处在基态的分子会对探测光有一定的吸收，其吸收的强度由处在基态的粒子的数量和样品的吸收系数决定。对于确定的样品，这个吸收 $A_0(\lambda)$应该是一定的。故作为测试的参考。当有泵浦光作用于待测样品时，会有如下三种信号：①由于泵浦光会将待测样品的基态分子激发到激发态，因此，处在样品基态上的粒子数显著减少，而相应的激发态上的粒子数会显著增加。此时再用探测光照射同一部分待测样品时，可能发生由于基态粒子数变少而使待测样品对探测光的吸收 $A(\lambda)$减少的情况［图 4-32（b)］，这种情况叫作基态漂白。②也可能发生由于被激发到激发态的分子继续吸收一定波长的探测光的能量跃迁到更高的激发态上而使待测样品对探测光的吸收增加的情况。③还可能发生激发态的样品处于非稳定状态，被探测光照射时发生受激辐射或自发辐射作用回到基态的情况。

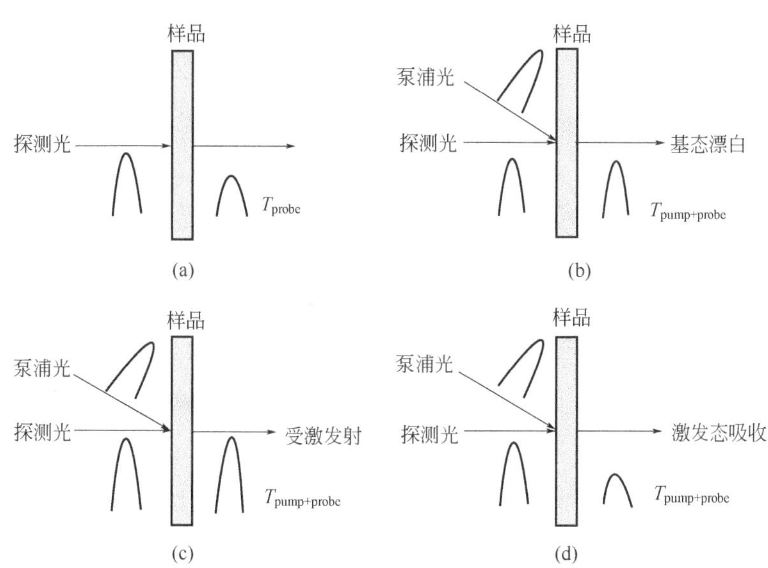

图 4-32　TAS 信号解释原理图

以上这些情况对应的$\Delta A(\lambda)$的值总结在表 4-3 中。

表 4-3　对 TAS 信号的机理解释总结

TAS 信号类型	对 TAS 信号的解释
类型Ⅰ：基态漂白	当一定量的分子在基态被泵浦脉冲激发到激发态，被激发到激发态的样品对探测光的基态吸收少于未被激发且处于基态的样品对探测光的基态吸收，从而导致在相关的波长范围内得到一个负ΔA信号
类型Ⅱ：激发态吸收	当样品吸收泵浦光后跃迁到激发态，处于激发态的粒子在探测脉冲的作用下进一步吸收能量跃迁到更高的能级上，从而使得探测器探测到一个正的ΔA信号
类型Ⅲ：受激辐射	处于激发态的分子在外来辐射的作用下会弛豫回到基态，并辐射光子，在这个过程中，样品会产生荧光，导致进入探测器的光强增加，产生一个负的ΔA信号

注：有泵浦光照射时待测样品对探测光的吸收为$A(\lambda)$，没有泵浦光照射时待测样品对探测光的吸收为$A_0(\lambda)$，$\Delta A(\lambda)=A(\lambda)-A_0(\lambda)$。

4.4.2.2　TAS 的实例数据分析

如图 4-33 所示，显示的是亚水杨基苯胺在 390nm 激发光激发后分子内质子转移的瞬态吸收光谱图，不同的吸收峰分别对应着样品不同的物理状态。在 300～350nm 吸收范围，随着τ（泵浦脉冲与探测光脉冲时间间隔）的增加，ΔA由小于 0 变成大于 0，小于 0 可能是样品处于类型Ⅰ或者Ⅲ的物理状态，而大于 0 说明样品处于物理状态Ⅱ。如图 4-33 所示，300～365nm 吸收范围对应的过程为刚开始泵浦激发到激发态的物理状态过程。而从ΔA开始大于 0 到ΔA峰值对应的吸收波长范围属于激发态吸收范围，同时可能伴随光产物的吸收。在ΔA峰值到开始变负对应的吸收波长范围，除了激发态吸收、光产物的吸收，还有激发态电子与空穴的复合发出的荧光。在（ΔA峰值后）负值的范围，荧光继续持续一段时间，属于纯粹的受激发射。

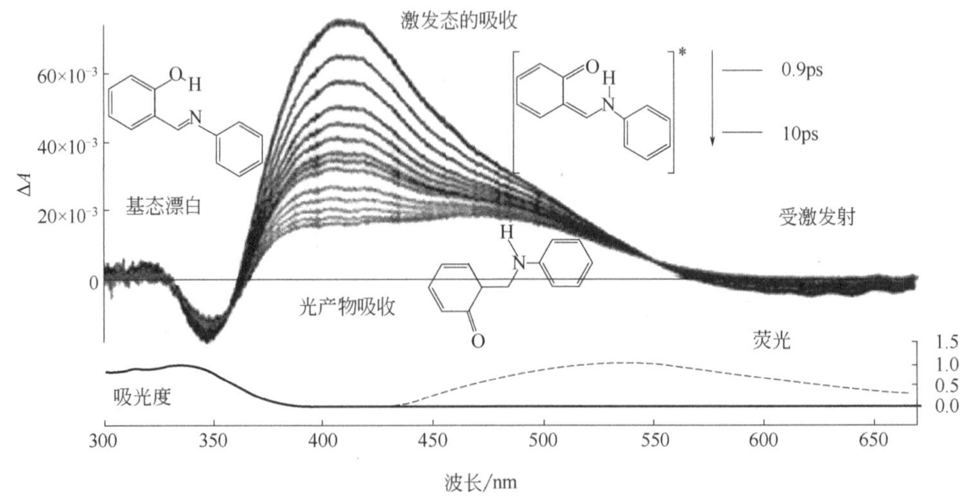

图 4-33　亚水杨基苯胺在 390nm 激发光激发后分子内质子转移的瞬态吸收

以上例子说明同一种材料在同一测量过程中，不同结构部分经历不同的物理状态。这是因为同一探测光下，有些结构可能被激发，有些还没有激发。有些地方可能向更高能量激发，有些机制不会。以上例子同时说明，材料的不同电子激发机制对应的波长范围不尽相同。

据上所述，通常瞬态吸收光谱以两种类型出现，一种是吸光度与波长的关系，另一种是吸光度与延迟时间的关系。从图 4-34（a）可以得到不同延迟时间下，不同信号类型的强弱，以及确定存在的信号类型；从图 4-34（b）可以得到不同样品或不同的探测波长下光生载流子弛豫衰退的信息 [24]。图 4-34（a）表明：在光子能量 2.1eV 以下，$\Delta A>0$；且随着 τ 的增加吸收率减小；说明在光子能量 2.1eV 以下，从测试开始到 200ps 范围内，材料处于Ⅱ型物理状态，即材料被激发后处于更高的激发吸收态，而不是基态漂白过程。也说明被激发的电子的能级到更高能量的激发态之间能量差至少等于或低于 1.68eV，光生载流子寿命至少大于 200ps。换成光子能量 2.1eV 以上后，样品从开始测试到 200ps 时间里，吸收率越来越小，对应的应该是受激辐射过程伴随更大的荧光辐射过程。故换成光子能量 2.1eV 以上后，样品的物理状态更像激光发射状态。图 4-34（b）表明，随着氮化时间的延长，样品的光生载流子寿命延长。

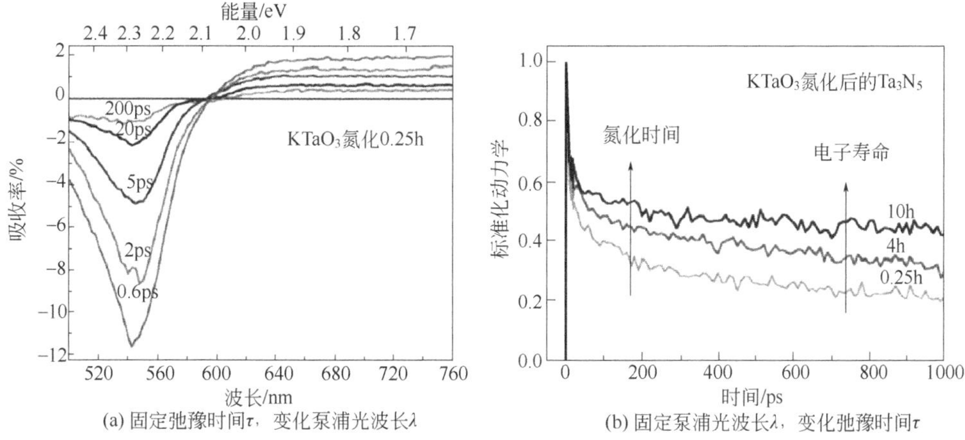

(a) 固定弛豫时间τ，变化泵浦光波长λ　(b) 固定泵浦光波长λ，变化弛豫时间τ

图 4-34　两种类型的 TAS 光谱

图 4-35（a）～（d）分别为 $SrTiO_3$、La-$SrTiO_3$、Cr-$SrTiO_3$、3% La，Cr-$SrTiO_3$ 颗粒的 TAS 谱。实验条件为：激发光波长 355nm，N_2 气氛，泵每个脉冲能量 1.0mJ，脉冲频率为 10Hz[29]。从图 4-35 可以看出，所有的观察时间里，都存在以 825nm 和 765nm 为峰值的宽吸收带。根据以往的研究可知此宽吸收带对应被带隙中陷阱捕获的载流子吸收。从图 4-35（b）可以看出，同样测试条件下 La-$SrTiO_3$ 的 TAS 和 $SrTiO_3$ 的类似。但从图 4-35（e）可以看出，当在空穴捕获剂甲醇气氛下，$SrTiO_3$

对光的吸收比在 N_2 气氛下低很多，说明在 $SrTiO_3$ 中载流子以光生空穴为主；而在 O_2 气氛下，$SrTiO_3$ 对光的吸收比在 N_2 气氛下高很多，是因为捕获了电子后，剩余光生空穴更多，增加了对光的吸收。从图 4-35（c）可以看出，$SrTiO_3$ 中掺入 Cr 后，在 400～800nm 波长范围内，只有一个峰值为 600nm 的宽吸收峰，825nm 和 765nm 为峰值的宽吸收带不见了，且对光的吸收强度降低。这是因为 Cr 的杂质能级在带隙与空穴的陷阱能级重叠。结合 XPS 结果（这里未给出数据），可知 Cr-$SrTiO_3$ 中 Cr 为 Cr^{3+}和 Cr^{6+}的混合价。这个峰值在 600nm 的宽吸收带对应价带顶和导带底之间的 Cr^{3+}和 Cr^{6+}对应的能级。从图 4-35（f）可知，和 N_2 气氛下的 TAS 相比，La-$SrTiO_3$ 在 O_2 气氛和甲醇气氛下衰竭得很快，尤其是甲醇气氛。说明在 La-$SrTiO_3$ 中可能存在光生电子和光生空穴吸收光，但光生空穴更多。

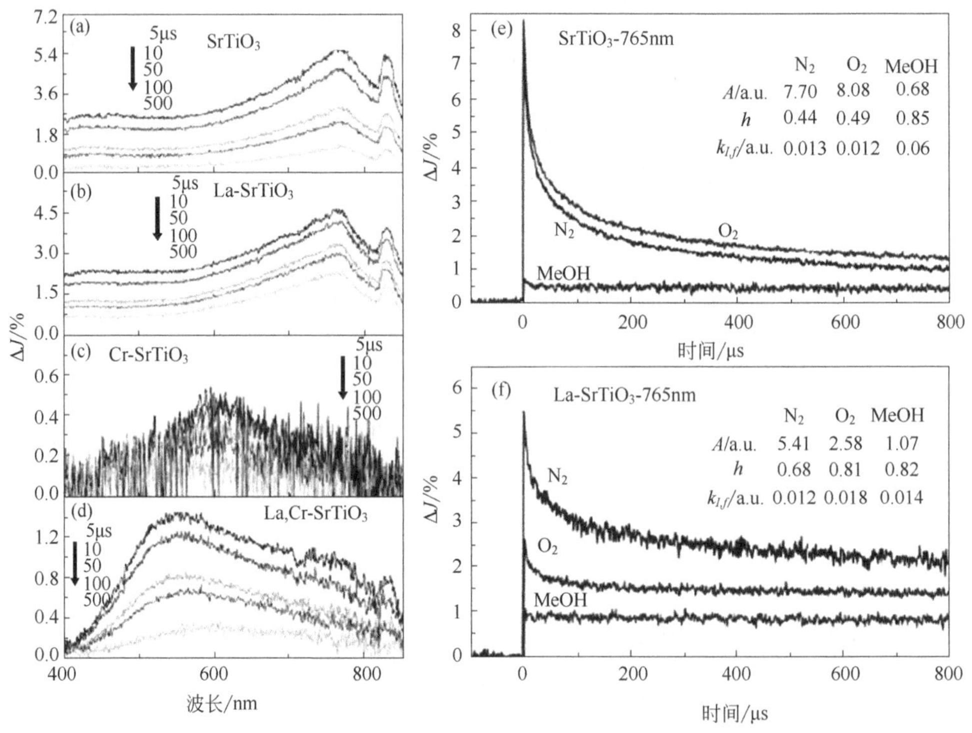

图 4-35 （a）$SrTiO_3$、（b）La-$SrTiO_3$、（c）Cr-$SrTiO_3$、（d）3% La，Cr-$SrTiO_3$ 颗粒的 TAS 谱以及（e）$SrTiO_3$ 和（f）La-$SrTiO_3$ 颗粒对 765nm 的光吸收率随时间的衰竭曲线

实验条件：激发光波长 355nm，N_2 气氛，泵每个脉冲能量 1.0mJ，脉冲频率为 10Hz。

陈等[30]以 320nm 的飞秒激光泵浦，对水中的 g-C_3N_4 在 450～700nm 范围进行 TAS 探测（图 4-36）。结合其他论文文献，将 450～570nm 的负信号归结于来自

$g-C_3N_4$ 的中性的单重态激子的基态漂白信号（PB），在 570～700nm 的正信号归结于来自 $g-C_3N_4$ 的自由电子的激发态吸收信号。

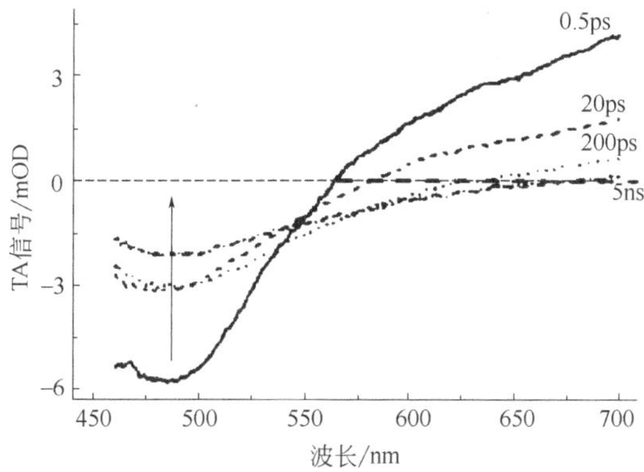

图 4-36　$g-C_3N_4$ 在水中的瞬态吸收光谱

如图 4-37 所示，吴等[31]对样品 Keto-1 乙腈溶液在 N_2 中测试 TAS 光谱，得到 $\tau_{1/2}$ 大概为 3ms，可将其作为寿命的判断依据。而在空气中测得的寿命为 420ns。表 4-4 给出了香豆素酮类化合物在不同气氛条件下的寿命（$\tau_{1/2}$ 值，在乙腈中）。

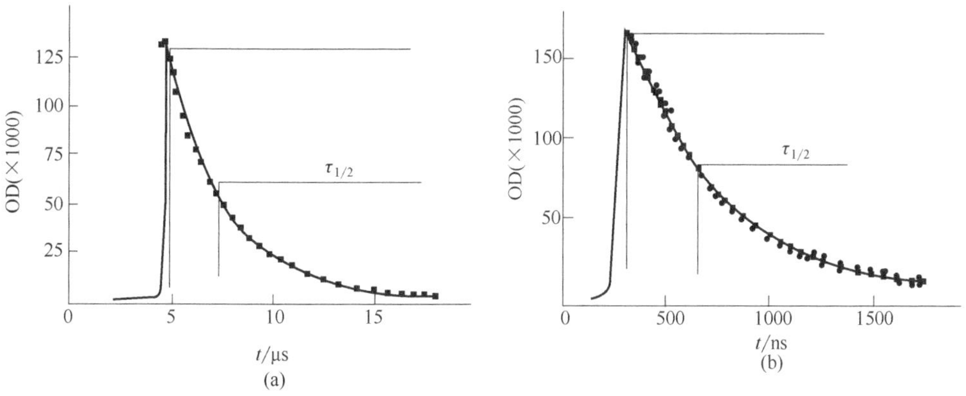

图 4-37　Keto-1 乙腈溶液在 N_2（a）和空气（b）中瞬态产物衰减曲线

表 4-4　香豆素酮类化合物在不同气氛条件下的寿命

化合物	在氮气中的寿命/μs	在空气中的寿命/ns
Keto-1	3.0	420
Keto-3	3.5	515
Keto-4	8.5	531

4.4.3 光电导衰减法

4.4.3.1 光电导衰减法测量少数载流子寿命的原理

测量少数载流子寿命的意义：半导体中，少数载流子的寿命对双极型器件的电流增益、正向压降和开关速度起着决定性的作用。半导体太阳能电池的环能效率、半导体探测器的探测率、发光二极管的发光效率和光催化材料的量子效率也和少数载流子的寿命有关。因此少数载流子的寿命的测量一直受到广泛关注。

温度恒定的半导体在没有外来激励的情况下，其内部的多数载流子和少数载流子浓度处于热平衡状态。当给予半导体一个外部激励后，这种平衡就会被打破，在半导体内部产生额外的载流子，成为非平衡载流子。外部激励消失后，被激发到导带的电子回落到价带，与价带的空穴复合，非平衡载流子消失，重新回到热平衡状态。

大多数情况下，受外部激励产生的非平衡少数载流子远远少于多数载流子，而又远多于平衡时的少数载流子。故相对于非平衡多数载流子，非平衡少数载流子对半导体器件的影响处于主导、决定的地位，所以在一般情况所讨论的非平衡载流子是指非平衡少数载流子。以下讨论的情况亦为$\Delta n \ll n_0$，即小注入情况，热平衡被打破后的恢复速率取决于过剩的非平衡少数载流子，即非平衡少数载流子的寿命。

光电导衰减法是一种经典的测量非平衡少数载流子寿命的标准方法，常用于半导体少子寿命的测量。光电导测量技术的基本工作原理是：外部光激励使得样品里产生非平衡少数载流子，由于电导率与载流子数目成正比，故材料的电导率增加。撤除光照后测量材料的光电导随时间的变化就可以得到非平衡载流子的衰减信息；撤除光照后电导率逐渐减小到一稳定值，这一过程的实质是非平衡载流子逐渐复合的过程。故分析光照后电导率随时间的变化可以得到非平衡少数载流子的寿命。

这些额外的少数载流子在样品的暗电导基础上产生额外的光电导，亦即载流子浓度的变化导致了样品光电导的变化：

$$\Delta\sigma = (\mu_n \Delta n + \mu_p \Delta p)qW = \Delta n(\mu_n + \mu_p)qW \tag{4-5}$$

式中 Δn，Δp——光照下增加的电子密度和空穴密度；

μ_n，μ_p——电子和空穴的迁移率；

W——样品的厚度。

不考虑陷阱效应，电子和空穴成对产生，即$\Delta n = \Delta p$。

式 4-5 表明：不考虑陷阱效应的情况下，非平衡载流子引起的电导率的增加量与非平衡载流子数目成正比。

以下将介绍具体的测试方法，这些方法在实际测试过程中极力将对非平衡载

流子 Δn 引起的电导率 $\Delta\sigma$ 增加的测试转化为对非平衡载流子引起的电压增加 ΔV、电流增加 ΔI 或者微波功率增加 ΔP 的测试。并且调节仪器的测试条件，使得最终 $\Delta V \propto \Delta n$（当转化为 ΔV 的测试时），或者 $\Delta I \propto \Delta n$（当转化为 ΔI 的测试时），或者 $\Delta P \propto \Delta n$（当转化为 ΔP 的测试时）。

根据半导体产生非平衡载流子的方式的不同，有三种基本的测量少数载流子寿命的方法。

（1）瞬态光电导衰减法（TPCD）

利用一个脉冲宽度远小于非平衡少子寿命的脉冲光源照射样品表面，脉冲光源消失后，通过监测样品光电导的衰减来实现对半导体样品中的非平衡载流子浓度随时间衰减情况的监测。测量非平衡载流子消失的速率 $\frac{\mathrm{d}(\Delta n)}{\mathrm{d}t}$ 和非平衡载流子浓度 Δn。由载流子浓度变化等于复合率，有：

$$\frac{\mathrm{d}(\Delta n)}{\mathrm{d}t} = -\frac{\Delta n}{\tau_{\mathrm{eff}}} \tag{4-6}$$

τ_{eff} 为少数载流子的有效寿命，使用光电导衰减测试方法测得的少数载流子寿命皆为有效寿命。对式（4-6）进行积分后得：

$$\Delta n = n_0 \mathrm{e}^{-\frac{t}{\tau_{\mathrm{eff}}}}$$

对于瞬态光电导衰减，在激励光源熄灭后，非平衡载流子浓度的衰减曲线直接反映其随时间的指数衰减变化过程。

测试得到的可能是 $\Delta I = I_0 \mathrm{e}^{-\frac{t}{\tau_{\mathrm{eff}}}}$ 或者 $\Delta V = V_0 \mathrm{e}^{-\frac{t}{\tau_{\mathrm{eff}}}}$ 的形式，则其中的 τ_{eff} 为少数载流子的有效寿命。

（2）稳态光电导衰减法（SSPCD）

稳态光电流衰减法使用稳定的光源使样品的非平衡载流子产生率 G 保持稳定。调节光强，使得非平衡载流子的产生率 G 和复合率相等，以此来获得非平衡少子寿命。本方法可以测试很低寿命的半导体材料，通过调整激发光源的光强，可以调整少子寿命的测量下限。

在稳态光电导衰减测量下，非平衡载流子产生率与少子有效寿命之间的关系可作如下表示：

$$G = \frac{\Delta n}{\tau_{\mathrm{eff}}} \tag{4-7}$$

式（4-7）把整个半导体样品中的非平衡载流子的产生率看作是均匀分布的，但在实际应用中，整个样品中非平衡载流子的产生并不是均匀的，故认为 Δn 是一个平均值。

(3)准稳态光电导衰减法(QSSPC)

准稳态光电导衰减原理与稳态类似,区别在于准稳态光电导衰减使用一个光强缓慢下降的脉冲光源,其脉冲宽度远大于非平衡少数载流子寿命,因此可认为在整个过程中,半导体样品处于准稳态。有效寿命表示为:

$$\tau_{\mathrm{eff}}=\frac{\Delta n(t)}{G(t)-\dfrac{\partial \Delta n}{\partial t}}$$

准稳态光电导衰减法使用的脉冲光源衰减时间很长,约为少子寿命的 10 倍以上,故而在测试非常低寿命(<200ns)的样品时,衰减时间内样品非平衡载流子浓度处于稳态。其能支持的少数载流子寿命范围非常宽,以美国 Sinton WCT-120 少子寿命测试仪器为例,其测量范围为 100ns～10ms。QSSPC 方法优于其他测试寿命方法的一个重要之处在于它能够在大范围光强变化区间内对过剩载流子进行绝对测量,直接就能够测得过剩载流子浓度,因此可以直接得出少子寿命与过剩载流子浓度的关系曲线。瞬态和准稳态方法在实际的测试应用中最为常见。

光电导衰减法根据测量手段的不同,目前又有直流光电导衰减法、高频光电导衰减法、微波光电导衰减法,其中直流光电导衰减法和微波光电导衰减法均为针对少子寿命的标准测试方法。在本文中,分别介绍直流光电导衰减、微波光电导衰减和准稳态光电导衰减三种常用测试方法。

① 直流光电导衰减与高频光电导衰减。直流光电导衰减法的测试装置如图 4-38 所示。瞬态脉冲光源照射到半导体样品上,激发样品中的非平衡载流子,引起样品电导率的变化,在与恒流电源串联的检测电路中,样品上的电压亦发生变化,在脉冲结束后,通过检测样品上 ΔV - t 曲线便可检测非平衡少数载流子寿命 τ_{eff}。

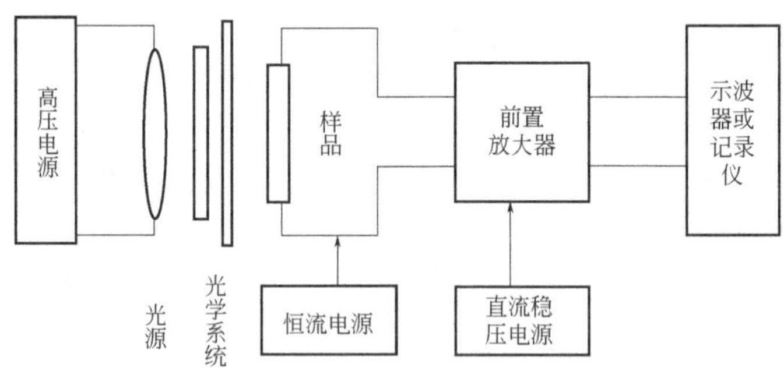

图 4-38　直流光电导衰减法测试示意图

直流光电导衰减是一种无损的标准测试方法。半导体样品电阻:

$$R=\frac{l}{S}\rho=\frac{l}{S}\times\frac{1}{\sigma}$$

式中　S——横截面积；

l——长度。

热平衡状态下，半导体样品两端的电压：

$$V = IR$$

脉冲光源照射到样品上时，样品两端电压变化量：

$$\Delta V = I\frac{l}{S}\Delta\left(\frac{1}{\sigma}\right) \tag{4-8}$$

其中

$$\Delta\left(\frac{1}{\sigma}\right) = \frac{1}{\sigma} - \frac{1}{\sigma_0} = -\frac{\Delta\sigma}{\sigma\sigma_0} \tag{4-9}$$

式中　σ_0——暗电导；

σ——光激励后样品电导。

由式（4-8）、式（4-9）得：

$$\Delta V = -I\frac{l}{S}\times\frac{\Delta\sigma}{\sigma\sigma_0} \tag{4-10}$$

在小注入情况下，$\sigma \approx \sigma_0$，$\left|\dfrac{\Delta\sigma}{\sigma_0}\right| \ll 1$，式（4-10）变化为：

$$\Delta V = -I\frac{l}{S}\times\frac{\Delta\sigma}{\sigma_0^2} \tag{4-11}$$

结合式（4-11）得：$\Delta V \propto \Delta n$，半导体样品两端电压变化正比于非平衡载流子浓度的变化，在脉冲光源熄灭后，得到的衰减曲线直接反映少数载流子寿命。高频光电导衰减法以直流光电流衰减法原理为基础，用高频电场代替直流电场，以电容耦合或阻容耦合代替欧姆接触，从而达到无接触无需在样品上制备电极的效果。图 4-39 是高频光电导衰减法的测试示意图，与直流光电导不同，其采

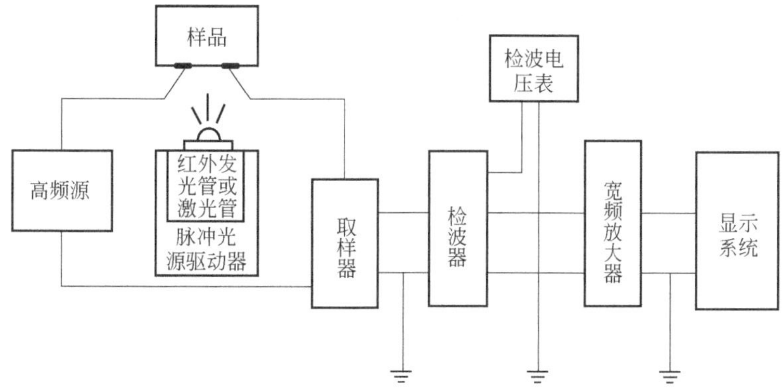

图 4-39　高频光电导衰减法测试示意图

用高频恒压电源，当脉冲光源照射到半导体样品上时，产生附加光电导，样品电导率增大，流经样品的电流增大，系统测量的是 ΔI - t 曲线。在脉冲结束后，光电导按指数规律衰减，电流恢复到热平衡状态，高频电流经过检波后，由光电导引起的信号由显示系统采集并显示，呈现一条 $\Delta I = I_0 e^{-\frac{t}{\tau_{eff}}}$ 的指数衰减曲线，可据此得出少数载流子寿命 τ_{eff}。

② 微波光电导衰减。微波光电导衰减也是一种瞬态测试方法，图 4-40（a）为微波光电导衰减法测少子寿命原理图。

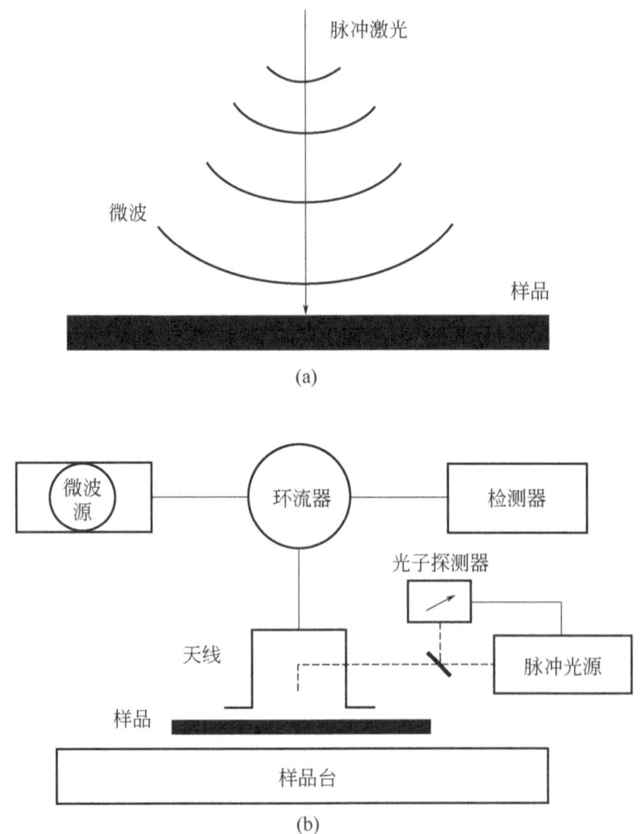

图 4-40　（a）微波光电导衰减法测少子寿命原理图和（b）微波光电导衰减法测试示意图

使用特定功率密度且能量略大于禁带宽度的短脉冲激光激发样品，使得样品光电导增加，在脉冲结束后，光电导随时间指数衰减，间接反映了少数载流子的指数衰减过程。微波光电导衰减法使用微波探测装置代替传统测量电路，用反射回来的微波功率随时间的变化曲线来记录光电导的衰减。图 4-40（b）为微波光电导衰减法测试示意图。

在小注入的情况下，可以认为测得的微波反射功率与样品暗电导率成正比：

$$P(\sigma_0) \propto \sigma_0 \tag{4-12}$$

式中，$P(\sigma_0)$为未激励时的微波反射功率；σ_0为样品暗电导。有脉冲光源激励产生非平衡载流子时，样品电导率$\sigma = \sigma_0 + \Delta\sigma$。此时微波反射功率：

$$\Delta P \propto (\sigma_0 + \Delta\sigma) \tag{4-13}$$

式（4-13）在σ_0处 Taylor 级数展开并忽略高次项，减去式（4-12）得：

$$\Delta P = P(\sigma_0 + \Delta\sigma) - P(\Delta\sigma) \approx \Delta\sigma \left.\frac{\partial P}{\partial \sigma}\right|_{\sigma=\sigma_0} \tag{4-14}$$

故有$\Delta P \propto \Delta\sigma$，即反射的微波功率变化量与电导率的变化成正比。

微波光电导衰减使用的脉冲激光的光斑可以做到几个到十几个，甚至更小的尺寸，在照射过程中，只有这个尺寸范围的区域才会被激发产生非平衡载流子，也就是得到的结果是局域区域的少子寿命值，由此微波光电导衰减既可以进行单点测量也可以进行连续扫描测量，得到少子寿命 mapping 图。

③ 准稳态光电导衰减。前面我们已经对准稳态光电导衰减作了简要的介绍。脉冲光源照射到样品上产生的光电导变化引起样品上光电压或光电流的变化，通过射频电感耦合测得。图 4-41 是准稳态光电导测量系统示意图。

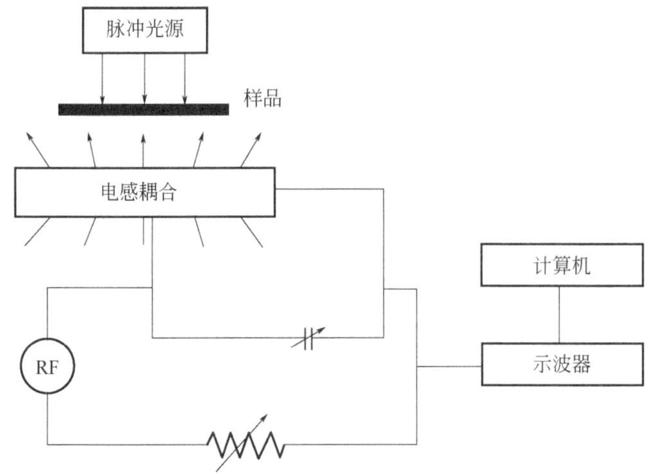

图 4-41　准稳态光电导测量系统示意图

准稳态光电导衰减法要求非平衡载流子浓度值Δn的绝对测量和产生率G的精确测量。产生率G随着光强的变化而变化，通过一个光电探测器测量入射到样品表面的光通量，再结合样品参数可得出G。射频电路电感耦合测试样品的光电导，这个电路输出的时间分辨信号被示波器记录，最终经过计算机处理得出少子寿命。通过测试在不同光照强度下的有效寿命和过剩载流子浓度，可以得到少子有效寿命随着过剩载流子浓度变化曲线[32]。

影响少子寿命的因素：非平衡载流子寿命是一个结构灵敏的参数，它与材料的种类、微结构、完整性、某些杂质的含量以及样品的表面状态有密切的关系。具体如下：

① 主要受载流子的复合机理（直接复合、间接复合、表面复合、Auger 复合等）及其相关因素的影响。对于 Si、Ge 等间接跃迁的半导体，因为导带底与价带顶不在布里渊区的同一点，故导带电子与价带空穴的直接复合比较困难，需要有声子等的参与才能满足动量守恒。此时的间接复合过程主要是通过复合中心的复合过程，故其决定少数载流子寿命主要受通过复合中心的间接复合过程的影响，即受复合中心的数目、种类等的影响。例如半导体中有害杂质和缺陷造成的复合中心（种类和数量）对这些半导体少数载流子寿命的影响极大。所以，为了增长少数载流子寿命，就应该去除有害的杂质和缺陷；相反，若要减短少数载流子寿命，就可以加入一些能够产生复合中心的杂质或缺陷（例如掺入 Au、Pt，或者采用高能粒子束轰击等）。对于 GaAs 等直接跃迁的半导体，因为导带底与价带顶都在布里渊区的同一点，故决定少数载流子寿命的主要因素就是导带电子与价带空穴的直接复合过程。因此，这种半导体的少数载流子寿命一般都比较短。

② 少量深能级杂质能大大缩短少子寿命。过渡金属杂质往往是深能级杂质，如 Fe、Cr、Mo 等杂质。

③ 电导率越大，载流子迁移越快，载流子复合速率也越大，因而少子寿命也越短。

④ 温度变化强烈影响少子寿命。但是影响规律十分复杂。一般为随温度上升少子寿命先降后升。

⑤ 材料内部内建场（如材料的自发极化、异质结的内建场、氧空位造成的局域电场）能有效分离电子和空穴，故能有效延长载流子寿命。

4.4.3.2 光电导衰减法测量少数载流子寿命的数据分析

我们已经介绍了几种常用的光电导衰减法的测量原理，非平衡载流子小注入的情况下，$\Delta V \propto \Delta n$。根据国家标准 GB/T 1553—2009，当样品中的光电导调幅非常小时，观察到的光电压衰减时间常数等于非平衡载流子衰减的时间常数：

$$\Delta V = \Delta V_0 \mathrm{e}^{-\frac{t}{\tau_{\mathrm{eff}}}}$$

高频光电导衰减测试时，在满足测试条件情况下调节示波器旋钮使显示的光电导信号与示波器上的标准指数曲线重合，得到光电导信号随时间变化的标准曲线，如图 4-42（a）所示，此时读出 $\Delta V_0 / \Delta V = 1/\mathrm{e}$ 所对应的时间值，即为测得的少子寿命。

测试得到的少子寿命是多因素作用下的结果，是整个样品的有效寿命，是所有复合作用叠加的最终效果。假设单相无内建场样品内的载流子分布是均匀的，样品前后表面复合速率分别为 S_{front} 和 S_{back}，测试样品的有效寿命表达如下：

$$\frac{1}{\tau_{\text{eff}}}-\frac{1}{\tau_{\text{rad}}}-\frac{1}{\tau_{\text{auger}}}=\frac{1}{\tau_{\text{SRH}}}+\frac{S_{\text{front}}+S_{\text{back}}}{W} \tag{4-15}$$

式中　τ_{auger}——俄歇复合寿命；

τ_{rad}——辐射复合寿命；

τ_{SRH}——借助于复合中心复合模型（Shockley-Read-Hall 复合模型）描述缺陷复合中心引起的少子复合寿命；

W——样品厚度。

如果测试的样品内存在少子捕获陷阱，在脉冲结束后，非平衡载流子的浓度将维持较高水平并持续一段时间，衰减曲线的尾端会被拉得很长，如图 4-42（b）所示。此时从衰减曲线的头端向尾端进行测量，会发现在接近尾端处少子寿命增加。当样品中的陷阱幅度超过 20%时，便不适宜使用高频光电导衰减法进行测量。如果测得衰减曲线上部衰减迅速，如图 4-42（c）所示，显示此时表面复合效应明显，一般取下降到 60%以后的衰减曲线。通常使用滤光片滤去短波光以减少其在样品表面的强吸收作用。

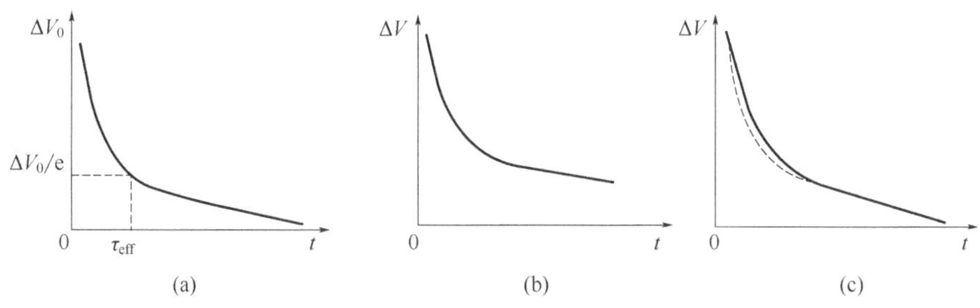

图 4-42　（a）ΔV-t 曲线；（b）陷阱效应；（c）表面复合

使用微波光电导衰减法时，调节时间及电压值得到所需的指数衰减信号曲线部分，选取好衰减曲线后，将一条指数函数曲线拟合到电压与时间的衰减曲线上，并据此得出少子寿命。

注意：微波光电导衰减法不适用于薄膜半导体样品，当样品的厚度接近或小于入射辐射的吸收系数的倒数时，衰减曲线可能会由于额外载流子产生过程的空间相关性而扭曲。

通过移动样品位置，重复测试步骤，可以获得样品少子寿命分布图。图 4-43 所示为样品的少子寿命微波信号映射和少子寿命分布图。图像上的不同颜色代表不同区域内的少子寿命，不同地方影响少子寿命的因素不同，如结构、杂质和缺陷等类型和浓度的不同，测试到的少子寿命不同。故通过少子寿命分布图可研究样品的均匀性。

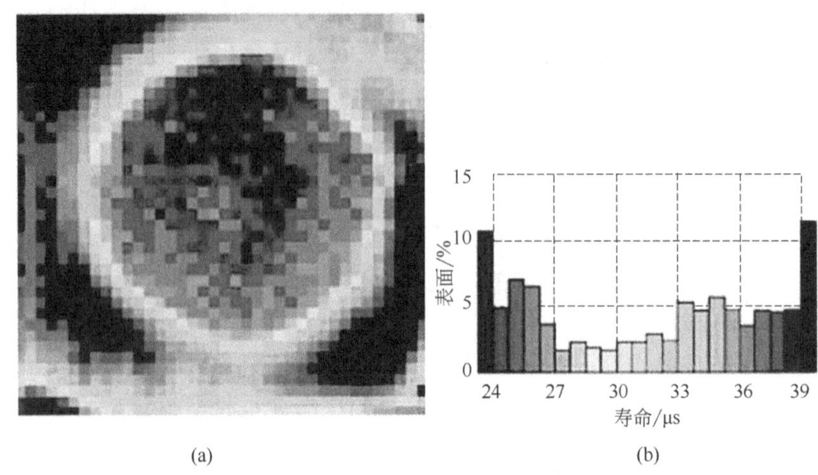

图 4-43　样品的少子寿命微波信号映射和少子寿命分布图[33]

少子寿命和剩余载流子浓度有关。利用准稳态光电导衰减可测量非平衡载流子的绝对浓度，得到 τ_{eff} - Δn 关系曲线。利用 τ_{eff} - Δn 关系曲线可以分析材料中与剩余载流子浓度相关的因素，比如缺陷。图 4-44 为准稳态光电导衰减测量的某样品在 200℃不同时间退火的样品的 τ_{eff} - Δn 关系曲线。从该曲线可以看出，退火能很大幅度延长样品少子寿命，且会一定程度改变 τ_{eff} - Δn 曲线的峰值位置。原因可能是退火能减少某些缺陷，减少了载流子的复合中心。

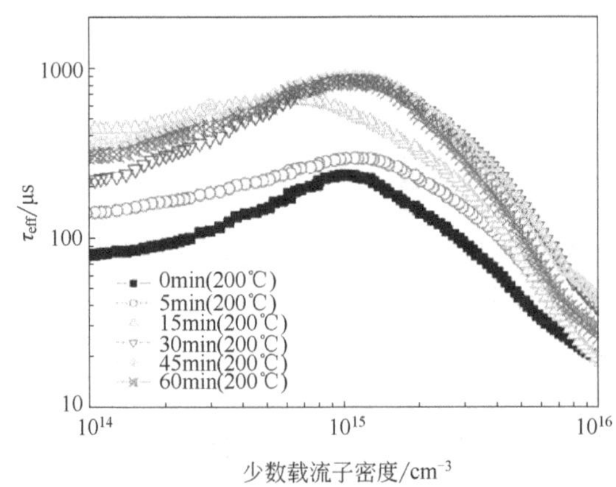

图 4-44　准稳态光电导衰减测量的某样品在 200℃不同时间退火的样品的 τ_{eff} - Δn 关系曲线[34]

通过监测某个样品的某个处理过程的载流子寿命，可以动态监测这个过程与少子寿命相关的某些机制和因素随处理过程的动态变化。图 4-45（a）、（b）分别是 p 型硅晶片在 2.02kHz 时的交流表面光伏谱（ac SPV）、微波脉冲激电导衰减谱（μPCD）[35]，用以研究用氢氟酸（HF）洗后该 p 型硅晶片表面对电荷捕获情况的变化。从图（a）可以看出，随着清洗时间的延长，其表面势逐渐增加。从图（b）可以看出，在用 HF 清洗前，p 型硅晶片的 μPCD 信号很快衰减。这表明在耗尽层表面势很深。

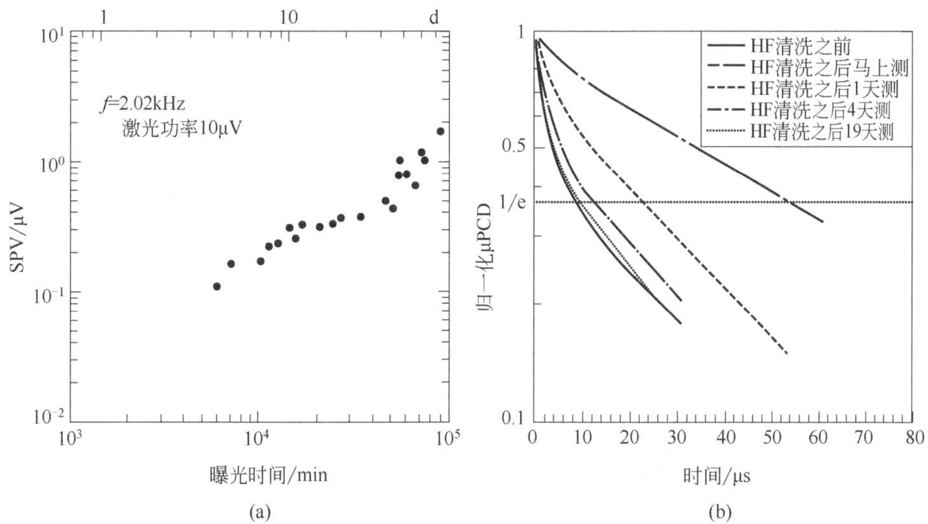

图 4-45　p 型硅晶片在 2.02kHz 时的（a）交流表面光伏谱（ac SPV）和（b）微波脉冲激电导衰减谱（μPCD）

用 MWPCD 测试的数据没有 QSSPC 等的准确。所以常常用 QSSPC 来校准 MWPCD 测试的数据。图 4-46 就是用 QSSPC 测试校准 MWPCD 测试的 B 掺杂硅

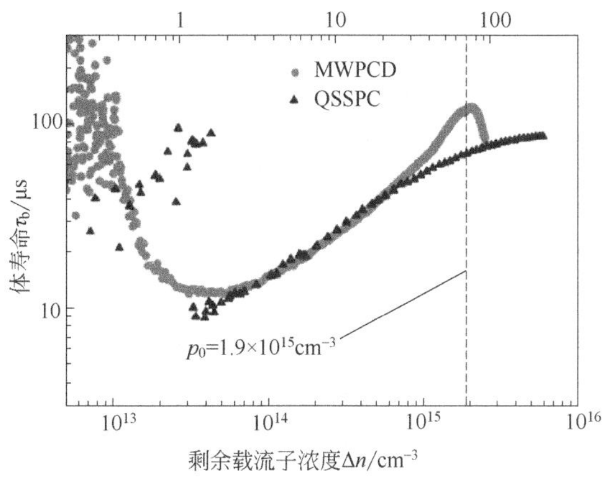

图 4-46　用 QSSPC 测试校准 MWPCD 测试的 τ_{eff} - Δn 关系数据

晶片的 τ_{eff} - Δn 关系数据[36]。从图 4-46 可以看出，这两种技术测量的数据大部分还是很吻合的。但在低浓度和 10^{15}～$10^{16}cm^{-3}$ 范围内 MWPCD 测到的材料体寿命 τ_b 比 QSSPC 测到的要大。这可能是由于存在横向扩散，导致这些扩散后的载流子也被计入寿命延长的载流子中。

4.4.4 时间分辨光致发光谱

4.4.4.1 时间分辨光致发光谱研究非平衡载流子寿命的原理

被激发的电子在脉冲光信号结束后陆续回到基态复合，部分或者全部能量差以光的形式放出，即荧光效应，也叫光致发光（photoluminescence，PL）。荧光强度随时间而降低。当所有的激发载流子回到基态复合完成时，荧光强度变为 0。因此，通过测试 PL 随时间的变化，可以知道光生载流子寿命；在此实验数据基础上，以荧光强度作为纵坐标，时间作为横坐标，画出“时间分辨荧光强度-时间”点，拟合出曲线，此曲线叫作时间分辨光致发光谱（times-resolved PL，TRPL）。一般情况下，我们把拟合曲线中光脉冲结束后荧光强度下降至初始强度的 1/e 时的时间作为材料载流子的平均寿命 τ_{eff}。

关于测试得到的载流子寿命，以下几条值得注意：

① 当你只用单一的材料进行光致发光分析时，荧光寿命表示的是这个材料中的载流子寿命，即复合率高低；当你使用一个带有诸如载流子传输层的复合材料进行测试时，光激发产生的载流子会分别被两种载流子传输层抽取，导致两种载流子的分离，被分离的载流子是不会复合产生荧光的，所以这时的光致发光寿命表示载流子传输层抽取载流子的能力强弱，即载流子转移能力，此时荧光寿命越短，说明载流子转移能力越强。

② 收集到的本征荧光是由电子空穴发生直接复合产生的。如果是陷阱捕获，那么要区分是浅陷阱还是深陷阱，浅陷阱只捕获一种载流子，捕获一种载流子后另一种载流子也可能在此与之复合，但产生的荧光比本征荧光能量低，并且复合率与辐射复合相差无几；深陷阱能捕获两种载流子，可以作为复合中心，且捕获效率比浅陷阱高得多，两种载流子在这里容易复合，但释放的能量往往以声子发射的形式变成晶格振动的热能，所以没有荧光，一般都是测试本征荧光的寿命来看载流子寿命，所以缺陷的存在会缩短寿命，而载流子迅速分离会减少辐射复合量所以也会缩短荧光寿命。这一点和前面几节所述相同。从以上阐述也可以看出，荧光寿命和以上测试的寿命有些出入，只测试直接带隙半导体直接复合的寿命。

4.4.4.2 TRPL 谱研究非平衡载流子寿命的实例数据分析

可以通过测量不同工艺处理的样品的载流子寿命，定性分析工艺对样品产生的影响。图 4-47 所示是使用脉冲氢灯（脉宽 2ns）作为紫外光源，激发光波长为

325nm 得到的不同温度处理的 $CsPbCl_3$ 薄膜的 TRPL 谱[37]。利用仪器响应函数（IRF），对荧光结果进行解卷积拟合，得到薄膜的平均寿命（表 4-5）。可以看到 $PbCl_2$ 经 80℃退火后制备的 $CsPbCl_3$ 薄膜具有最高的荧光寿命，意味着 80℃退火后制备的 $CsPbCl_3$ 薄膜缺陷态最少。

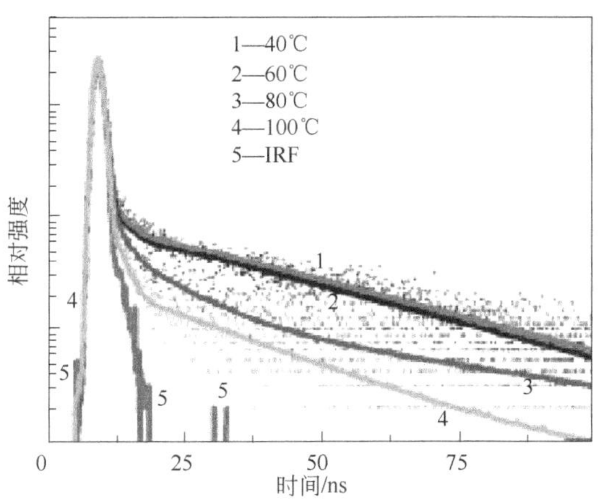

图 4-47　不同 $PbCl_2$ 退火温度下制备的 $CsPbCl_3$ 薄膜的 TRPL

表 4-5　不同 $PbCl_2$ 退火温度下制备的 $CsPbCl_3$ 薄膜的平均寿命和缺陷态密度

T/℃	τ/ns	N_{defect}/cm^{-3}
40	37.0	8.67×10^{17}
60	40.7	5.20×10^{17}
80	44.3	6.45×10^{16}
100	40.0	4.24×10^{17}

除此之外，可通过对比材料掺杂前后载流子寿命，找出掺杂对载流子寿命的影响规律。图 4-48（a）是超高速扫描照相机记录下的 MoS_2 和 Re 掺杂 MoS_2 单层膜的光致发光图片；图 4-48（b）是 MoS_2 和 Re 掺杂 MoS_2 单层膜在 677nm（蓝线）和 662 nm（红线）的动态 TRPL 谱[38]。图 4-48（a）清晰地给出了 MoS_2 和 Re 掺杂 MoS_2 单层膜光致发光随时间的变化。从图中可以看出，Re 掺杂 MoS_2 单层膜中的载流子复合得更快。图 4-48（b）进一步证明了 MoS_2 和 Re 掺杂 MoS_2 单层膜载流子复合情况的差别：Re 掺杂 MoS_2 单层膜载流子总体寿命为 9.0ps，而 MoS_2 单层膜的载流子总体寿命为 13.7ps。因此，Re 掺入 MoS_2 单层膜里会缩短载流子寿命。

除以上的应用以外，我们还可以找出少子寿命随位置的变化，研究材料的非均匀性，也可以找出某些物理量之间的关联。如图 4-49 和图 4-50 所示，Chen

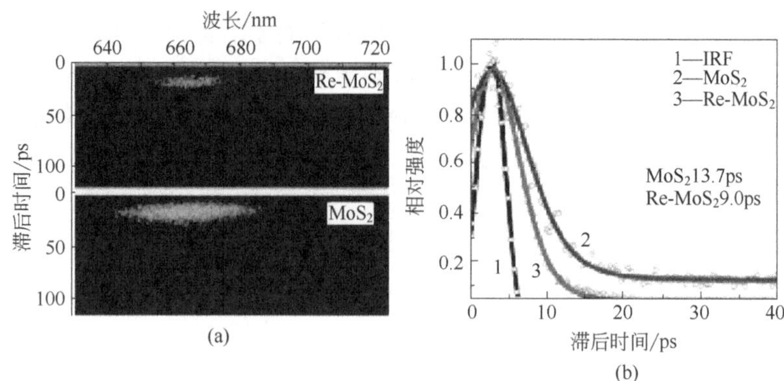

图 4-48 （a）超高速扫描照相机记录下的 Re 掺杂 MoS_2 单层膜的光致发光图片；（b）MoS_2 和 Re 掺杂 MoS_2 单层膜在 677nm（蓝线）和 662 nm（红线）的动态 TRPL 谱

等[34]通过研究 4H-SiC 晶片少子寿命和晶片电阻随晶片的分布关系，找出了少子寿命与电阻的定性关系[39]。如图 4-49 所示，n 型 4H-SiC 晶片少子在晶片边沿的寿命比中间部分的寿命长 210ns。在晶片中心有一个大的斑点，其具有较短寿命——40ns。晶片的平均寿命和寿命均值分别为 149.94ns 和 81.28ns。寿命值偏差高达 302.12%，这意味着晶片上分布的少子寿命不均匀。如图 4-50 所示的少子晶片电阻分布，电阻的分布也呈现极度不均匀性，最大的电阻和最小的电阻分别为 0.1820Ω/cm 和 0.4263Ω/cm，电阻的平均值为 0.2816Ω/cm。且晶片中心为低电阻，晶片周边为高电阻。从这里可以看出，电阻和少子寿命之间似乎存在一定的相关性：晶片中少子寿命长的地方电阻大。

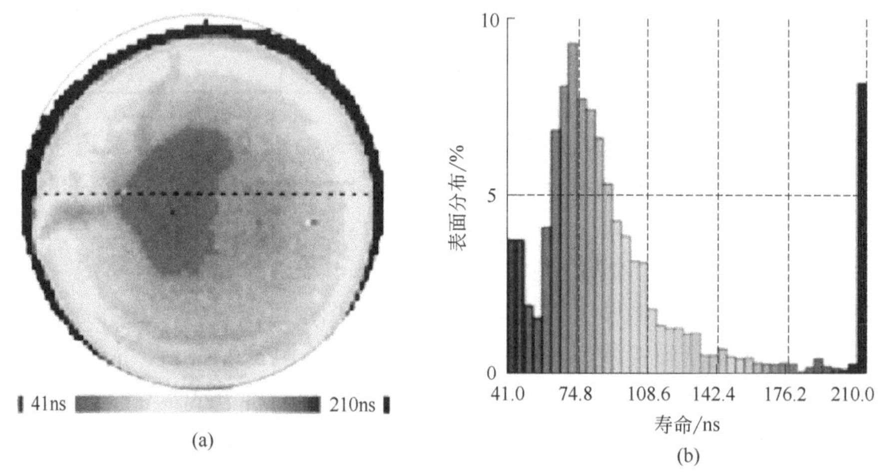

图 4-49 n 型 4H-SiC 基底中（a）少子的寿命分布图谱；（b）表面少子寿命分布数

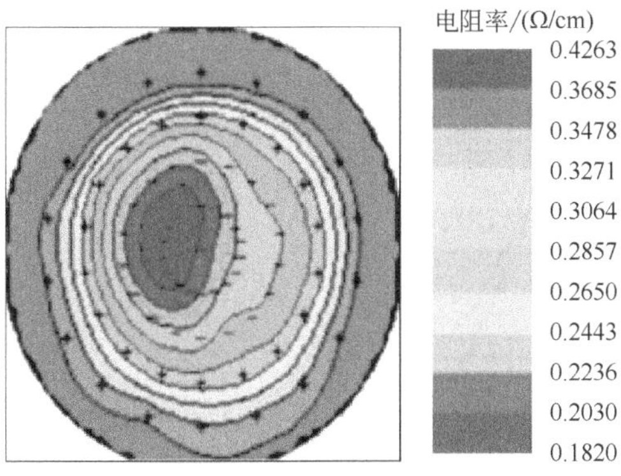

图 4-50　n 型 4H-SiC 晶片基底上电阻分布图

普通的光致发光谱也可以用来研究光催化中光生载流子（非平衡载流子）的寿命。原则上，同一激发光源（光强和波长都相同）光生载流子的寿命越长，其普通光致发光谱的发光强度越弱。图 4-51 是 $La(OH)_3$、In_2S_3 和核-壳结构 $La(OH)_3@In_2S_3$ 复合物的 PL 谱[40]。从图中可以看出，$La(OH)_3$ 和 In_2S_3 的 PL 强度都大于核-壳结构 $La(OH)_3@In_2S_3$ 复合物的 PL 峰强度，说明核-壳结构 $La(OH)_3@In_2S_3$ 复合物中光生载流子寿命更长。

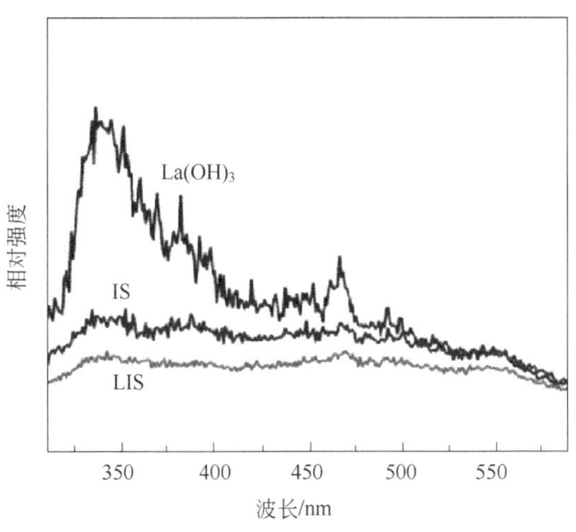

图 4-51　$La(OH)_3$、In_2S_3（IS）和核-壳结构 $La(OH)_3@In_2S_3$（LIS）复合物的 PL 谱

图 4-52 是纯 SnS_2，纯 $BaTiO_3$，复合物 $SnS_2/BaTiO_3$ 中 Sn/Ba 摩尔比分别为 5∶0.5（简写为 S1）、5∶1（S2）和 5∶1.5（S3）的样品的 PL 谱[41]。从图中可以看出，SnS_2 与 $BaTiO_3$ 复合后光生载流子寿命增加了。

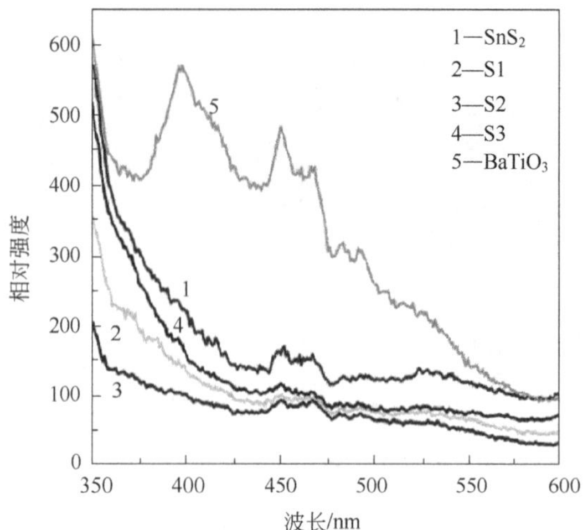

图 4-52　纯 SnS_2、纯 $BaTiO_3$、复合物 $SnS_2/BaTiO_3$ 中 Sn/Ba 摩尔比分别为 5∶0.5（简写为 S1）、5∶1（S2）和 5∶1.5（S3）的样品的 PL 谱

图 4-53 是纯 ZnO、不同银（Ag）负载 ZnO（Ag 的含量按照如下顺序增加：Ag/ZnO-1，Ag/ZnO-2，Ag/ZnO-3）的 PL 谱[42]。从图中可以看出，银的负载有利于延长光生载流子寿命，但不宜太多。

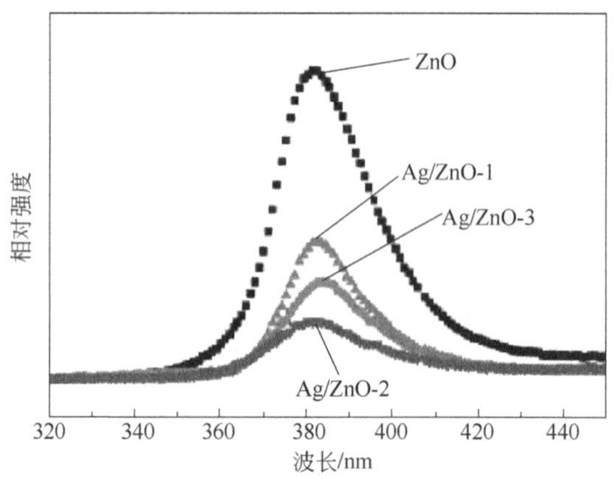

图 4-53　纯 ZnO、不同银（Ag）负载 ZnO 的 PL 谱

读者们还可以拓展更多的利用少子寿命测试技术进行各种恰当的研究。

习　题

1．请阐述晶格和环境交换能量的特征。晶格和环境交换能量时遵循哪些规律？

2．晶格和环境交换热量通过哪些粒子？晶格传导电又通过哪些粒子？

3．请给出影响材料电导率和热导率的主要因素。

4．请给出影响材料中载流子寿命的主要因素。

5．某同学用尿素和锐钛矿的 TiO_2 混合，在 550℃焙烧 1h，她想知道是否有杂质掺入 TiO_2 中，并且想初步确定是什么杂质。你可以用本章学到的什么技术去检验?请给出具体方案，并针对可能的结果给出结论。

6．傅里叶红外谱和拉曼谱哪个对缺陷更敏感？

7．本章学习的测试技术中，哪几种可能能测出材料的相变温度的近似值？

8．为什么说半导体器件中少子的寿命很关键？

9.寿命很短的材料的寿命测试适合用什么方法测试？如果材料中有寿命相差很大的机制存在，要你测出全部机制的寿命，适合采用什么测试方法？

10．图 4-54（a）为 Mn-Zn-Fe（MZF）、MZF@SiO_2（MZF 为核）、MZF@SiO_2/$BiOBr_{0.5}Cl_{0.5}$ 纳米复合物、$BiOBr_{0.5}Cl_{0.5}$ 固溶体的傅里叶红外光谱，图 4-54（b）为 Mn-Zn-Fe（MZF）、MZF@SiO_2（MZF 为核）、MZF@SiO_2/$BiOBr_{0.5}Cl_{0.5}$ 纳米复合物的拉曼谱。

（1）请从图 4-54（a）中找出哪些红外吸收峰可能是 SiO_2 的？哪些可能是 $BiOBr_{0.5}Cl_{0.5}$ 的？并查找相关文献，证实你的猜测。对于峰的移动，可能是由什么因素引起？

（2）请从图 4-54（b）中找出哪些拉曼振动峰可能是 SiO_2 的？哪些可能是 $BiOBr_{0.5}Cl_{0.5}$ 的？并查找相关文献，证实你的猜测。对于峰的移动，可能是由什么因素引起？

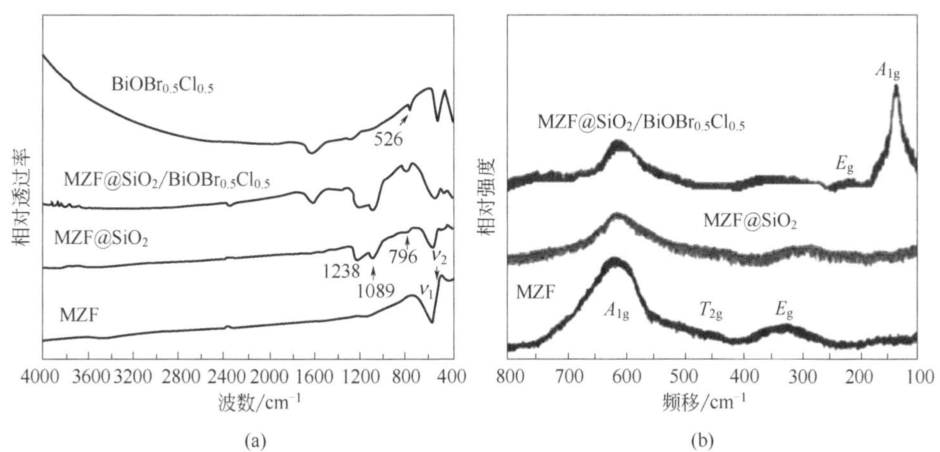

图 4-54 MZF、MZF@SiO_2、MZF@ SiO_2/$BiOBr_{0.5}Cl_{0.5}$ 纳米复合物、$BiOBr_{0.5}Cl_{0.5}$ 固溶体的傅里叶红外光谱（a）及 MZF、MZF@SiO_2 和 MZF@ SiO_2/$BiOBr_{0.5}Cl_{0.5}$ 纳米复合物的拉曼谱（b）

11．图 4-55 是一基底上 F 掺杂 SnO_2 膜（FTO）、$CH_3NH_3PbI_3$、$CH_3NH_3SnI_3$ 的拉曼谱。请观察 $CH_3NH_3SnI_3$ 的振动峰与 $CH_3NH_3PbI_3$ 的振动峰有什么区别？解释为什么？

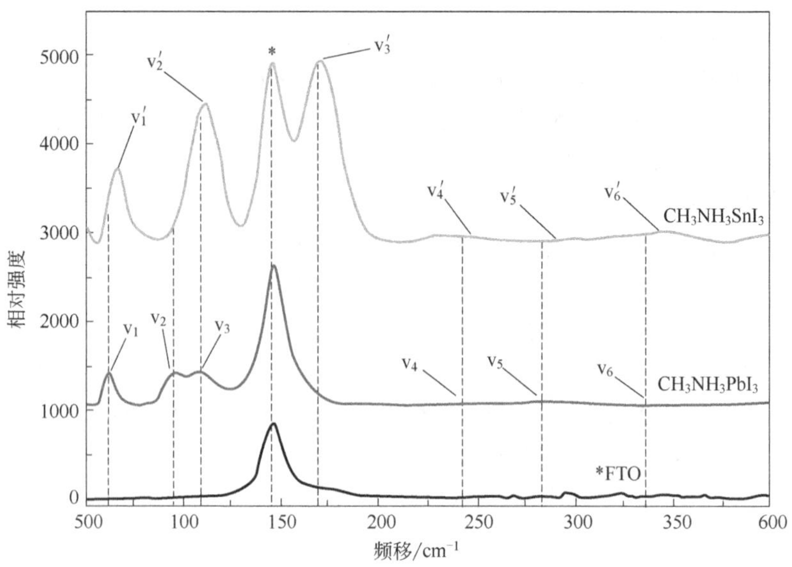

图 4-55 F 掺杂 SnO_2 膜、$CH_3NH_3PbI_3$、$CH_3NH_3SnI_3$ 的拉曼谱

12．图 4-56 为某材料的变温拉曼谱。请问，该材料在 23K、293K、1173K 是一个相吗？为什么？

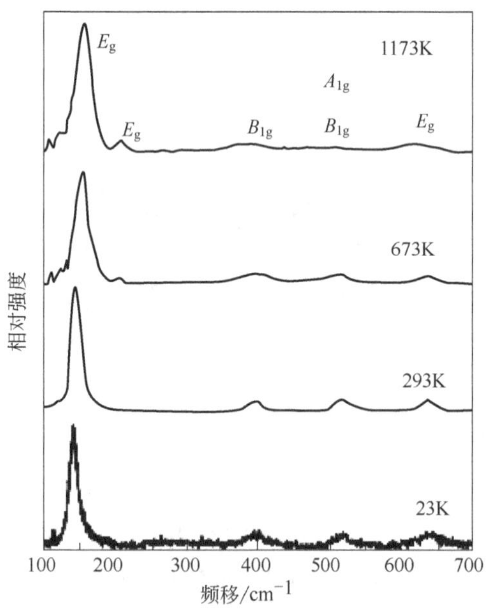

图 4-56 某材料的变温拉曼谱

13．图 4-57（a）、（b）分别为 TiO_x（x=1.77、1.83、1.90、2.0）的电导率和

热导率的温度依赖性曲线。请估算 300℃时的声子对热导率的贡献。并根据热导率的数据，判断成分是否引起材料的相变。

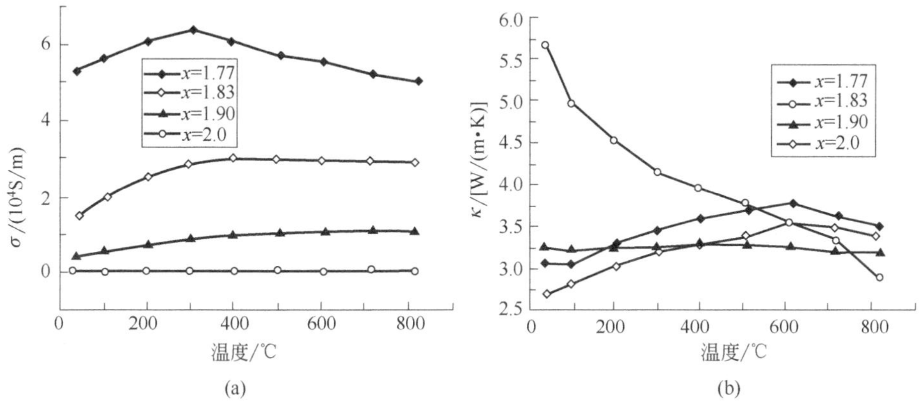

图 4-57　TiO_x 的电导率和热导率的温度依赖性曲线

14．用参比法测量材料的比热容和热扩散系数时，其误差主要来源于哪些情况，你认为应该如何减少误差？

15．在 TAS 谱中，如果ΔA 为正，意味着什么？ΔA 为负又意味着什么？

16．被陷阱捕获的载流子的寿命在什么范围？被激活电子的呢？

17．图 4-58 为 CuO/N-CuO（A）、CuO/N-CuO/N-Cu_2O（B）、CuO/N-CuO/N-Cu_2O/Cu（C）的 PL 谱。分析其结果，并解释这个结果。

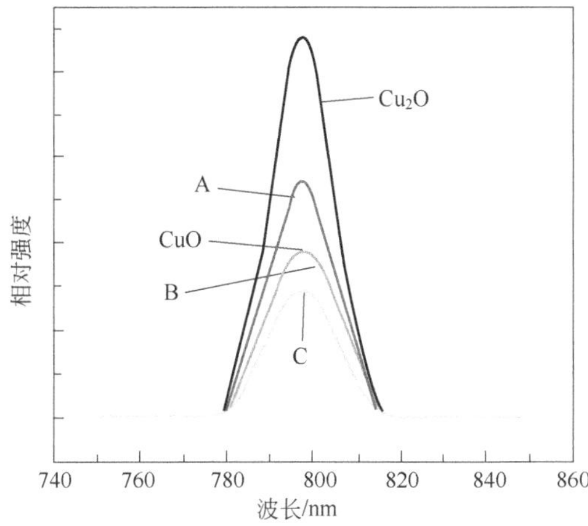

图 4-58　CuO/N-CuO、CuO/N-CuO/N-Cu_2O 和 CuO/N-CuO/N-Cu_2O/Cu 的 PL 谱

18．图 4-59 为从可见到红外区域的 TiO_2 薄膜的 TAS。实验条件：激发脉冲光为 355nm 的激光，激光光强 I_{ex} 为（a）1.1mJ/cm^2、（b）14mJ/cm^2。测试的 TAS

谱为蓝色曲线，其他虚线是根据其他实验条件拟合出来的空穴、捕获电子和导电电子的 TAS 谱。查找资料，看看 Ag_2O 中空穴、捕获电子和导电电子的 TAS 谱的峰位置和 TiO_2 薄膜的相差多大。为什么？

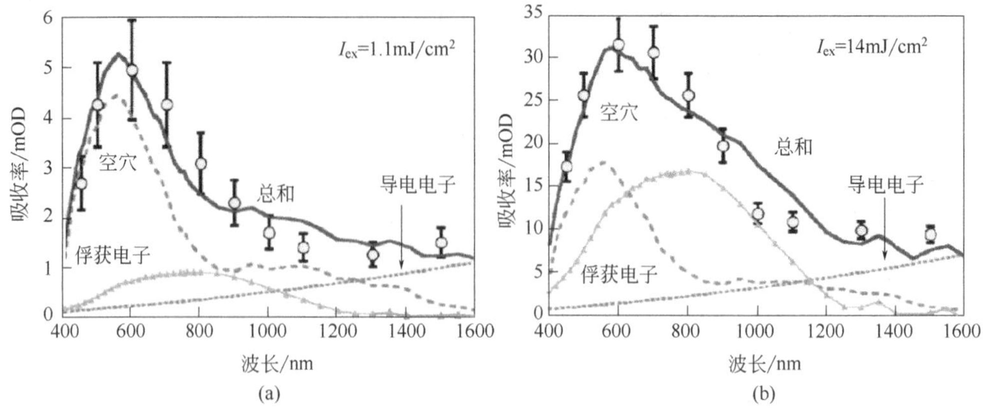

图 4-59　从可见到红外区域的 TiO_2 薄膜的 TAS

参考文献

[1] 杨玉林，范瑞清，张立珠，等．材料测试技术与分析方法［M］．哈尔滨：哈尔滨工业大学出版社，2014．

[2] 左演声，陈文哲，梁伟，等．材料现代分析方法［M］．北京：北京工业大学出版社，2000．

[3] 王晓春，张希艳，等．材料现代分析与测试技术［M］．北京：国防工业出版社，2010．

[4] 李艳青．铋系光催化材料掺杂和界面复合结构的制备、性能及应用研究［D］．济南：山东大学，2016．

[5] Kaewmanee T，Phuruangrat A，Thongtem T，et al．Solvothermal synthesis of Mn–Zn Ferrite（core）@SiO_2(shell)/$BiOBr_{0.5}Cl_{0.5}$nanocomposites used for adsorption and photocatalysis combination［J］．Ceramics International，2020，46（3）：3655-3662．

[6] Dos Santos J M N，Pereira C R，Foletto E L，et al．Alternative synthesis for $ZnFe_2O_4$/chitosan magnetic particles to remove diclofenac from water by adsorption［J］．International Journal of Biological Macromolecules，2019，131：301．

[7] Lim S F，Zheng Y，Zou S，et al．Characterization of copper adsorption onto an alginate encapsulated magnetic sorbent by a combined FT-IR，XPS，and mathematical modeling study［J］．Environmental Science & Technology，2008，42：2551．

[8] Bharathi D，Ranjithkumar R，Vasantharaj S，et al．Synthesis and characterization of chitosan/iron oxide nanocomposite for biomedical applications［J］．International Journal of Biological Macromolecules［J］．2019，132：880．

[9] Akbarzadeh A，Samiei M，Davaran S．Magnetic nanoparticles：preparation，physical properties，and applications in biomedicine［J］．Journal of Alloys and Compounds，2009，472：18．

[10] Nidheesh P V，Gandhimathi R，Velmathib S，et al. Magnetite as a heterogeneous electro Fenton catalyst for the removal of Rhodamine B from aqueous solution [J]. RSC Advances，2014，4：5698.

[11] Niveditha S V，Gandhimathi R. Flyash augmented Fe_3O_4 as a heterogeneous catalyst for degradation of stabilized landfill leachate in Fenton process [J]. Chemosphere，2020，242：125189.

[12] Li W，Ma Q，Wang X，et al. Hydrogen evolution by catalyzing water splitting on two-dimensional g-C_3N_4-Ag/AgBr heterostructure [J]. Applied Surface Science，2019，494：275.

[13] He Q Y，Tang X G，Zhang J X，et al. Raman study of $BaTiO_3$ system doped with various concentration and treated at different temperature [J]. Nanostructured Material，1999，11（2）：287-293.

[14] Jiang Y F，Su M K，Yu T，et al. Quantitative determination of peroxide value of edible oil by algorithm-assisted liquid interfacial surface enhanced Raman spectroscopy [J]. Food Chemistry，2021，344（15）：128709.

[15] Sunaja Devi K R，Mathew S，Rajan R，et al. Biogenic synthesis of g-C_3N_4/Bi_2O_3 heterojunction with enhanced photocatalytic activity and statistical optimization of reaction parameters [J]. Applied Surface Science，2019，494：465.

[16] Abbas H，Nadeem K，Hassan A，et al. Enhanced photocatalytic activity of ferromagnetic Fe-doped NiO nanoparticles [J]. Optik，2020，202：163637.

[17] Eshaq G，Wang S B，Sun H Q，et al. Core/shell $FeVO_4$@BiOCl heterojunction as a durable heterogeneous Fenton catalyst for the efficient sonophotocatalytic degradation of p-nitrophenol [J]. Separation and Purification Technology，2020，231：115915.

[18] 刘恩科，朱秉升，罗晋生. 半导体物理学 [M]. 7 版. 北京：电子工业出版社，2011.

[19] 陈立东，刘睿恒，史讯. 热电材料与器件 [M]. 北京：科学出版社，2018：1-5.

[20] He Q Y，Hao Q，Chen G，et al. Thermoelectric property studies on bulk TiO_x with x from 1 to 2 [J]. Applied Physics Letters，2007，91（5）：052505.

[21] He Q Y，Hu S J，Tang X G，et al. The great improvement effect of pores on ZT in $Co_{1-x}Ni_xSb_3$ system [J]. Applied Physics Letters，2008，93（4）：042108.

[22] Drabble J R，Goldsmid H J. Thermal conduction in semiconductors [M]. London：Pergamon Press，1961.

[23] Bhandari C M，Rowe D M. Thermal conduction in semiconductors [M]. New Dehi：Wieley Eastern Ltd，1988.

[24] Parker W J，Jenns R J，Butler C P，et al. Flash method of determining thermal disffusivity，heat capacity，and thermal conductivity [J]. Journal of Applied Physics，1961，32（9）：1679.

[25] Zhao L D，Lo S H，Zhang YS，et al. Ultralow thermal conductivity and high thermoelectric figure of merit in SnSe crystals [J]. Nature，2014，508：373.

[26] Hsu K F，Loo S，Guo F，et al. Cubic $AgPb_mSbTe_{2+m}$: bulk thermoelectric materials with high figure of merit [J]. Science，2004，303：818.

[27] Zhong B，Zhang Y，Li W Q，et al. High superionic conduction arising from aligned large lamellae and large figure of merit in bulk $Cu_{1.94}Al_{0.02}Se$ [J]. Applied Physics Letters，2014，105：123902.

［28］https://zhuanlan．zhihu．com/p/148701199．

［29］Ichihara F，Sieland F，Pang H，et al．Photogenerated charge carriers dynamics on La-and/or Cr-doped $SrTiO_3$ nanoparticles studied by transient absorption spectroscopy［J］．Journal of Physics and Chemistry C，2020，124：1292．

［30］陈宗威．无机半导体光催化微纳体系的飞秒瞬态吸收光谱研究［D］．合肥：中国科学技术大学，2017．

［31］吴世康，张建科，Fouassier J P，等．香豆素酮类化合物的瞬态研究——Ⅰ．瞬态吸收光谱及其归属等的研究［J］．感光科学与光化学，1989，2：13．

［32］周春兰，王文静．晶体硅太阳能电池少子寿命测试方法［J］．中国测试技术，2007，6：25．

［33］Zhao Y，Wang L J，Min J H，et al．Effect of Au film and absorption groups on minority carrier life of porous silicon［J］．Current Applied Physics，2010，10：871．

［34］Hannachi M，Amri C，Hedfi H，et al．Beneficial effect of two-step annealing via low temperature of vacancy complexes in N-type czochralski silicon［J］．Journal of Electronic Materials，2019，48（1）：509．

［35］Munakata C，Suzuki T．Surface and volume decay times of photoconductivity in n-type silicon wafers［J］．Japanese Journal of Applied Physics，2007，46：243．

［36］Lauer K，Laades A，Übensee H，et al．Photoconductance decay in crystalline silicon［J］．Journal of Applied Physics，2008，104：104503．

［37］吴炯桦，李一明，石将建，等．两步互扩散法制备高性能 $CsPbCl_3$ 薄膜紫外光电探测器［J］．物理化学学报，2021，37（4）：2004041．

［38］Zhu X L，Ding S T，Li L H，et al．Revealing the many-body interactions and valley-polarization behavior in Re-doped MoS_2 monolayers［J］．Applied Physics Letters，2021，118：113101．

［39］Yu J Y，Yang X L，Peng Y，et al．Inhomogeneity of minority carrier lifetime in 4H-SiC substrates［J］．Crystallography Reports，2020，65（7）：1231．

［40］Hu S T，He J F，Chen F M，et al．A new core-shell Z-scheme heterojunction structured $La(OH)_3@In_2S_3$ composite with superior photocatalytic performance［J］．Applied Physics A：Material Science Process，2021，127：11．

［41］Jiao D Y，Chen F M，Wang S F，et al．Preparation and study of photocatalytic performance of a novel Z-scheme heterostructured $SnS_2/BaTiO_3$ composite［J］．Vacuum，2021，186：11．

［42］Liu H R，Hu Y C，Zhang Z X，et al．Synthesis of spherical Ag/ZnO heterostructural composites with excellent photocatalytic activity under visible light and UV irradiation［J］．Applied Surface Science，2015，355：644．

第 5 章

材料中氧缺位与非配位氧的测试以及数据分析

5.1 氧缺位的定义和形成

氧缺位（oxygen vacancy，oVs）是指完美氧化物晶格脱去一个氧原子形成的位点，它具有配位不饱和位点与不配对电子。用公式表示 oVs 的形成过程：

$$MO_x - \delta O_{lattice} = \delta V_O + MO_{x-\delta} + \frac{\delta}{2}O_2$$

式中，M 表示氧化物中除氧以外的其余部分，常常为金属离子；V_O 表示 oVs。

由于 oVs 的存在破坏晶格周期性，且 oVs 周围有丰富的局域电子，因而大幅度改变材料的物理性质、化学性质以及晶体结构等。比如金红石相 TiO_2 中的 oVs 能以几个数量级的幅度增加其导电性[1]；oVs 的存在能改变材料能带结构，提高 p 型半导体价带顶电势[2]，改变材料电子的结合能[3]；由于在能隙处增加缺陷能级因而改变材料的光学性能[4]；高浓度的 oVs 引起材料的相变，甚至导致非态晶等等[5]。材料表面处的 oVs 引起表面晶格畸变，改变材料的表面态，影响其物理和化学性能。比如光催化材料表面的 oVs 能增加光催化反应需要的活性位点，大大提高光催化材料的效率[6]。因而，oVs 对材料的物理与化学性能的调制是前所未有的。

oVs 一般通过以下几种途径获得：

① 氧化物部分还原成金属。具体来说，将制备好的样品在还原气氛（H_2、CO、NH_3、$NaBH_4$ 等）中高温处理。例如，将 69℃饱和蒸汽与 H_2 混合，于 927℃时处理金红石相 TiO_2，得到具有 oVs 的 TiO_2[7]。

② 或者在缺氧环境（N_2气氛、Ar 气氛、 He 气氛），或者真空条件下高温处理样品。如在 Ar 气氛或者空气气氛中高温处理 TiO_2就能在 TiO_2表面产生 oVs。

③ 异价离子掺杂金属氧化物。即用较低价金属离子取代高价离子金属，形成 oVs，或者用较高价阴离子取代较低价阴离子形成 oVs。原理是为了维持静电平衡而产生 oVs。

④ 化学还原法：在材料中加入 Li、Mg、Zn、Al，这些金属能夺取金属氧化物中的 O 而形成 oVs；除此之外，诸如 $NaBH_4$、CaH_2、N_2H_4等还原剂也能夺取金属氧化物中的 O 形成 oVs。

⑤ 阳极氧化的电化学方法可以制备氧缺位[8]。

⑥ 高能粒子轰击金属氧化物。高能粒子包括高能电子、质子、离子。这些高能粒子能优先捕获氧化物表面氧，如用等离子体辐射样品能在样品表面获得 oVs[9]。

⑦ 异质结界面容易生成 oVs。因为在界面和异质结处，金属离子配位低，为了维持静电平衡，也同样产生 oVs。比如，有人在 $LaAlO_3/SrTiO_3$ 的界面观察到大量的 oVs[10]。

随着科学研究的深入，相信能探索出更多在材料中引入 oVs 的方法，读者可以继续总结。

5.2 氧缺位的检测

鉴于 oVs 对材料的物理性能、化学性能和晶体结构等具有显著的影响，对 oVs 的检测显得极为重要。这也是本教材将 oVs 的检测单独列章的原因。也因为 oVs 的存在会在材料的物理性能、化学性能和晶体结构中留下“痕迹”，故具体分析起来很多性能测试中都能观察到这些“痕迹”。检测 oVs 最常用的手段有 XPS、ESR、XAFS、正电子湮没、XRD 精修、Raman 谱和 UV-Vis DRS。下面几节就介绍这几种测试手段。其中 XRD 精修由于在前面没有介绍过，它是一种很有用的技术手段，故这里会对其做更为详细的介绍。

有时候 oVs 的存在与富余氧 O_2^-（表面缺陷处的吸附氧）、O^-（材料体内的富余氧）息息相关。故本章也简单介绍如何测试 O_2^-、O^-。一般用变温氧脱附技术（O_2-TDP）和变温氢还原技术（H_2-TPR）来测试 O_2^-、O^-。

5.2.1 X 射线光电子能谱

X 射线光电子能谱（XPS）测试的原理前面已经介绍过，这里不再赘述。

XPS 是高精度观察材料表面元素化学环境的分析测试技术，其测试成分的精度可达 0.1%。一般分析通过分析 O 1s XPS 精细谱获得 oVs 的信息。将获得的 O 1s

精细谱拟合成 2 个或者 3 个独立的峰，每个峰对应氧原子不同的态。一般来说，529.2～530.5 eV 范围的峰归因于晶格氧，530.5～531.7eV 范围的峰归因于 oVs 吸附的氧[11]，531.8～532.8eV 范围的峰归因于吸附水的氧。如图 5-1 所示，在 $La_{1-x}Sr_xTiO_3$ 钙钛矿粉末的 O 1s 的 XPS 精细图谱中，通过拟合得到 529.23eV、530.75eV 这两个峰。529.23eV 归因于晶格氧；而 530.75eV 这个峰归因于 oVs 吸附的氧。以此推测 oVs 的存在。

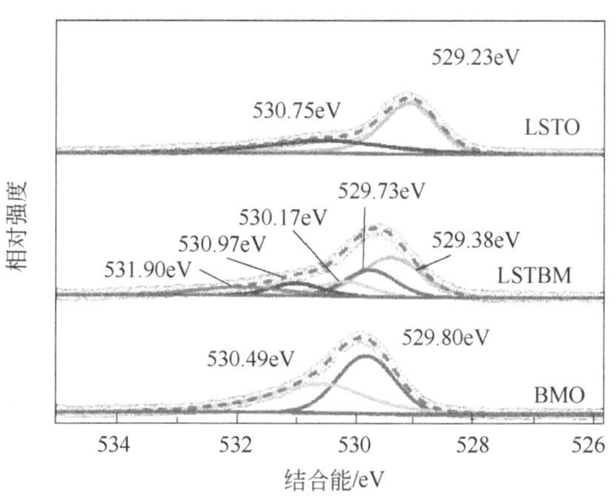

图 5-1　$La_{1-x}Sr_xTiO_3$（LSTO）、$La_{1-x}Sr_xTiO_3/Bi_2MoO_6$（LSTBM）、$Bi_2MoO_6$（BMO）的精细 O 1s XPS 谱

值得注意的是：异质结区域的 oVs 在内建场的作用下，可能和捕获电子分离，造成 oVs 具有更大的结合能。故如图 5-2 所示[3]，在 $La_{1-x}Sr_xTiO_3$（LSTO）与 Bi_2MoO_4（BMO）的复合物（LSTO/BMO，标记为 LSTBM）中，由于在界面一定区域内，出现如图 5-2 所示的内建场，内建场将其范围内的 oVs 与捕获电子的作用力解除，出现自由 oVs，这个自由的 oVs 能量比没解除约束的 oVs 的结合能更高。故在复合物 LSTBM 的 XPS 谱中，除了出现 LSTO 和 BMO 晶格氧的峰（分别为 529.23eV，529.80eV）、oVs（分别为 530.75eV 和 530.49eV），还出现更高结合能的 oVs 的峰（531.90eV）。

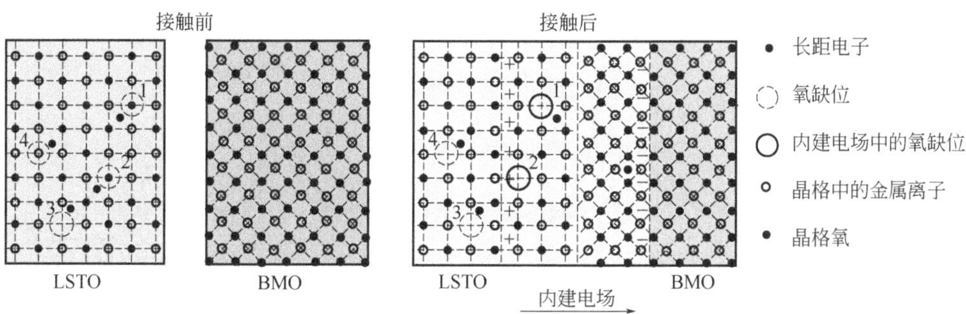

图 5-2　oVs 在内建场中结合能升高的机制示意图[2]

以上这些峰都是拟合出来的，所以一般归属这些峰时要用单相物质做对比，然后再找不能归属的峰是否为 oVs。

XPS 的测试虽然精细，但只能探测材料表面的 oVs，要测试体内的 oVs 需要采用其他测试手段。

5.2.2 X 射线吸收谱

X 射线吸收精细结构谱（Xray absorption fine structure spectroscopy，XAFS）能提供原子尺度的配位信息，是一种强有力的确定金属氧化物原子排列的测试工具。XAFS 包括 X 射线吸收近边谱（XANES）和扩展 X 射线吸收精细结构谱（EXAFS）。EXAFS 可以测试材料中原子的局域结构和化学环境，故在储能、催化、材料、物理、化学和其他领域都有广泛的应用。原子的配位参数可以通过 EXAFS 获得，包括配位距离、配位数目、吸收原子的氧化态及配位化学（如四面体、八面体的配位）等信息。XANES 在探测诸如价态、未占据轨道和电荷迁移方面的信息时比 EXAFS 更灵敏。所以电荷转移效应和吸收原子的空位能够用 XANES 标度。值得提出的是，XAFS 方法对样品的形态要求不高，故此测试方法备受重视，发展迅速。

XAFS 谱测试 oVs 的依据是：XAFS 谱的峰强会由于 oVs 的存在，或者配位数的降低而降低；XANES 谱得到的边位置会因为价态的不同而不同。同时，通过设定空位数计算得到的理论值与实验值的比较，可以推断出异价离子取代后出现的 oVs 数目。

现在举例说明如何从 XAFS 获得的晶格 O（M—O 键）的配位信息和配位键长度分析出 oVs 的存在。因为引入 oVs 后，M—O 的配位数会降低，也可能引起无序度的增加，降低 M—O 峰强。比如 Wintzheimer 团队[12]采用 XPS 和 XAFS 研究了 TiO_2 粉末中的成分、价态和 oVs（图 5-3）。如图 5-3（a）、（b）所示，还原处理后的 TiO_2 的 O 1s 和 Ti 2p 的 XPS 峰都向低能方向移动了，但没有出现 oVs

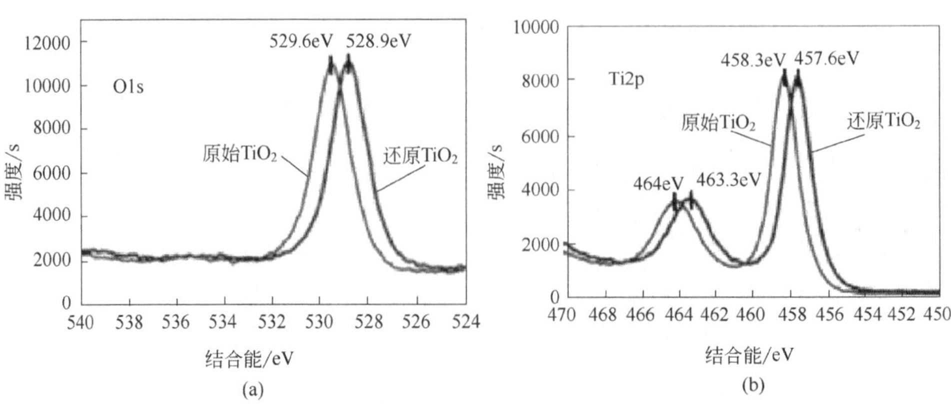

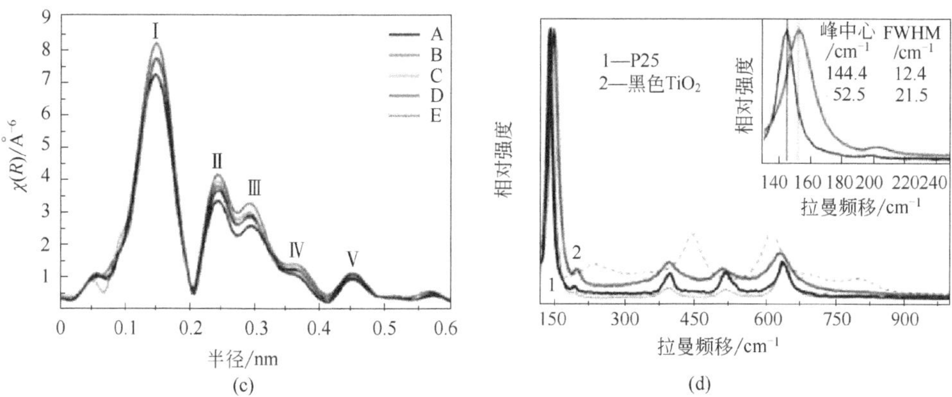

图 5-3 还原处理和未还原处理 TiO_2 的 XPS 谱［(a),(b)］、XAFS 谱［(c)］和 Raman 谱［(d)］对比

图中 FWHM 表示峰的半高宽；1Å=0.1nm

的峰，说明还原处理后的 TiO_2 浅层中未出现 oVs。如图 5-3（c）所示，用 XAFS 研究对比发现，用不同方法制备的 TiO_2 粉末的 XAFS 谱的强度不同，说明样粉末内部具有 oVs，且 oVs 的浓度不同才造成了这些强度上的差别。故 XAFS 能探测体相缺陷，XPS 则不能。一般情况下是结合 XPS 和 XAFS 来研究表面和体相中的 oVs。

图 5-4 给出了细菌纤维素碳（BCC）/$Ti_2Nb_{10}O_{29}$（TNO）复合物以及 BCC/$Ti_2Nb_{10}O_{29-x}$（TNO_x）复合物的 Nb-L2 和 L3 边 XANES 谱[13]。Nb-L2 和 L3 边 XANES 谱分别对应 $2p_{1/2}\rightarrow nd$ 和 $2p_{3/2}\rightarrow nd$ 转变。从图中可以看出，BCC/TNO_x 的强度比 BCC/TNO 的小，说明 BCC/TNO_x 的 Nb 3d 的空穴数目比 BCC/TNO 的少。论文作者将这种情况归因于可能存在的 oVs。

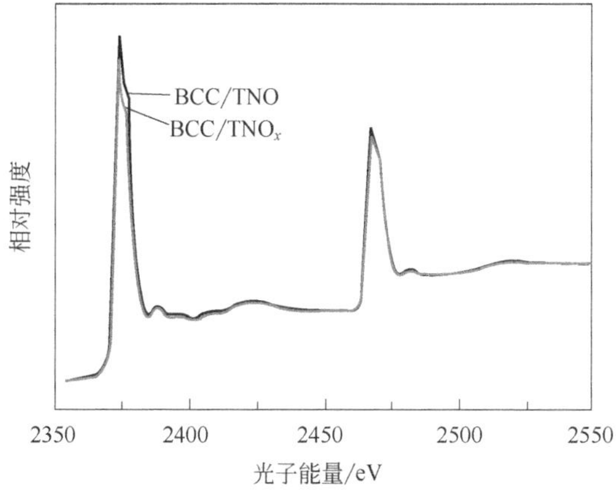

图 5-4 细菌纤维素碳（BCC）/$Ti_2Nb_{10}O_{29}$（TNO）复合物以及 BCC/ $Ti_2Nb_{10}O_{29-x}$（TNO_x）的 Nb-L2 和 L3 边 XANES 谱

图 5-5 是样品 $Sn_{1-x}Fe_xO_2$(x=0.023，0.042 和 0.075)膜中 Fe 的放大的 K 边 XANES 谱，其中有 Fe、FeO、Fe_2O_3 和 Fe_3O_4 标准 Fe 的 K 边 XANES 谱[14]。从图中可以看出，该膜的 Fe 的 K 边 XANES 谱位于 FeO 和 Fe_2O_3 标准谱的中间，且基本与 Fe_3O_4 的谱吻合。故认为 $Sn_{1-x}Fe_xO_2$ 膜中 Fe 是混合价。文献作者通过将这些谱与模拟计算（假设膜中有空位）比较，得出 Fe 取代 Sn 后伴随产生 2 个 oVs 的结论。

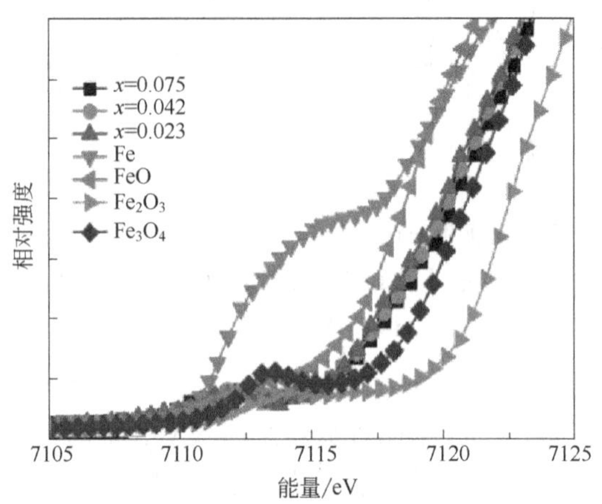

图 5-5　样品 $Sn_{1-x}Fe_xO_2$（x=0.023，0.042 和 0.075）膜中 Fe 的 K 边 XANES 谱

图 5-6 是实验测得的 $Sn_{1-x}Fe_xO_2$(x=0.075)膜的 XANES 谱和模拟的结果对比。从图中可以看出，Fe 取代 Sn 后伴随产生 2 个 oVs 的理论计算的 XANES 谱和实验结果最吻合。故作者认为 Fe 取代 Sn 后伴随产生 2 个 oVs。

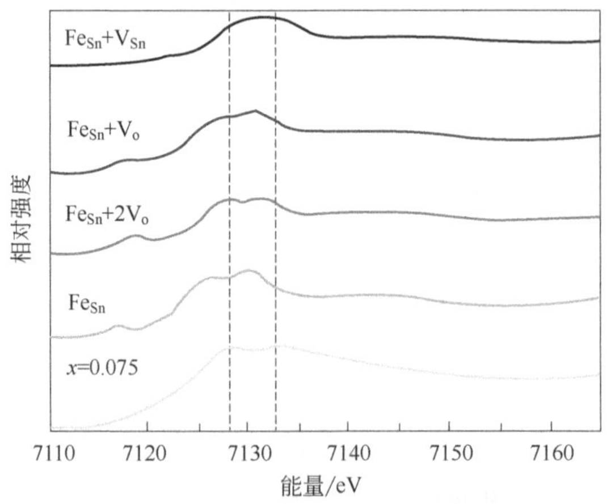

图 5-6　实验测得的 $Sn_{1-x}Fe_xO_2$（x=0.075）膜的 XANES 谱和模拟结果的对比

5.2.3　电子顺磁谱

电子顺磁谱（EPR 或者 ESR）是能直接标度材料中 oVs 的先进技术，能提供表面和块体内未配对电子的特征信息。EPR 能辨别捕获单电子，灵敏度很高。EPR 既能测液态也能测固态物质。

EPR 的测试原理：对应有未配对电子的顺磁样品，存在一个共振频率，能吸收特定频率的电磁波。其频率为：

$$h\nu = g\beta B \tag{5-1}$$

式中　h——普朗克常量；

ν——电磁波频率；

g——常数（对于不同材料，g 可能不同，是材料的特征值）；

β——电子磁矩的自然单位（称波尔磁子）；

B——外加磁场强度。

式（5-1）只适合顺磁样品，且无辐射干扰。EPR 谱中特征信号 $g\approx2.00$ 的信号就是 oVs 捕获电子的信号。此信号的存在意味着 oVs 的存在，此信号的强弱表示 oVs 的多少。

有时候测试的 oVs 的 g 值稍微有所偏离。图 5-7 是 BiOI 和 R-BiOI 样品的 EPR 谱，图中 g=2.004 的信号就来自于 oVs。且从图中可以看出，R-BiOI 的信号比 BiOI 的强，说明 R-BiOI 中 oVs 的含量比 BiOI 中的多[15]。

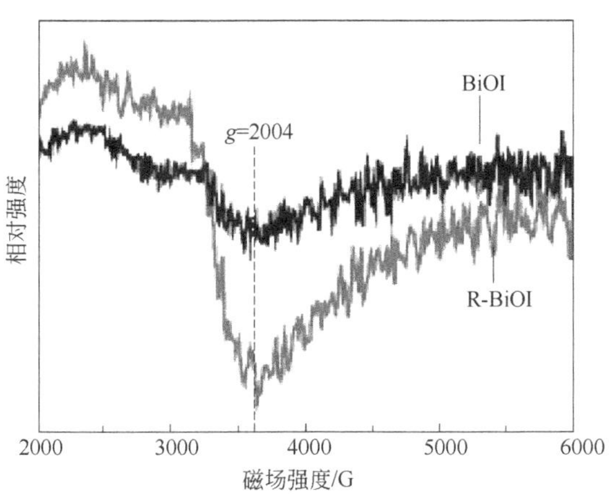

图 5-7　BiOI 和 R-BiOI 的 EPR 谱[15]

图 5-8 是 TiO_2、Au/H：TiO_2、H：Au/TiO_2 的 EPR 谱[16]。从图 5-8 中可以看出，TiO_2 中没有 EPR 信号，故可以判断 TiO_2 中没有 oVs。而 Au/H：TiO_2 中有 g=2.001 和 $g_{//}$=1.953 的信号，认为分别是 oVs 和 Ti^{3+}的信号，故判断 Au/H：TiO_2 中存在

oVs 和 Ti^{3+}。而 H：Au/TiO_2 中分别有 g=2.005 和 $g_{\perp}$ =1.975的信号，也分别归因于 oVs 和 Ti^{3+}的信号，故判断 H：Au/TiO_2 中也存在 oVs 和 Ti^{3+}。从图 5-8 中也可以判断，Au/H：TiO_2 中存在的 oVs 比 H：Au/TiO_2 的多。

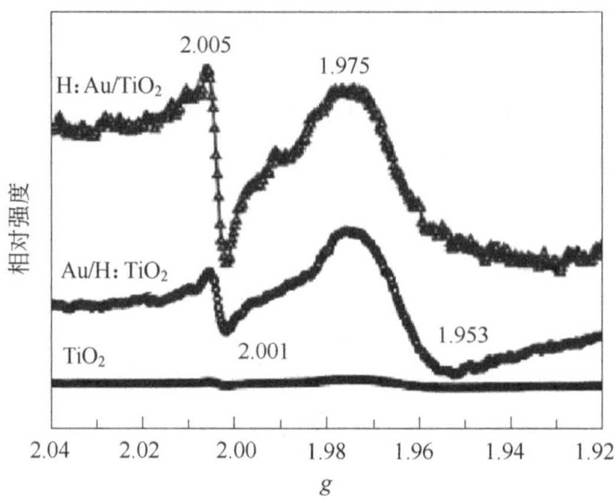

图 5-8　TiO_2、Au/H: TiO_2、H: Au/TiO_2 的 EPR 谱

虽然 EPR 能辨别缺陷的存在，但不能辨别缺陷的类型，比如缺陷到底是阴离子缺陷，还是阳离子缺陷，还是空位，EPR 是分辨不清楚的。当然对于 oVs，还是能根据 g≈2.00 来明确分辨是 oVs，但不能分辨出 oVs 到底是在材料体内还是表面。

5.2.4　拉曼谱

拉曼谱可以测定样品是否形成纯相，印证是否存在 oVs，是否存在局域缺陷。但这种方法是一种定性的不太准确的方法，可以作为辅助测试技术。

有 oVs 存在时，由于破坏了晶格周期性，原有的声子数减少，拉曼谱变弱。如图 5-9 所示，含 oVs 的 Bi_2MoO_6（BMO-0.7）的拉曼谱峰位和 Bi_2MoO_6（BMO）的无差别，但峰强小很多。这是 oVs 引起的[17]。

从这个例子可知，低浓度氧缺位的存在并不改变拉曼峰频移，但会改变拉曼峰的强度。

有时候场中存在的 oVs 导致新的拉曼峰的出现。图 5-10 是 $Bi_2O_2CO_3$、BiOCl（BOCl）与不同比例的 BiOCl/$Bi_2O_2CO_3$ 复合物（BOB5、BOB3、BOB1）的拉曼谱。图中 59.2cm^{-1} 的拉曼峰是 Bi—Cl 的 A_{1g} 模，199.4cm^{-1} 是 Bi—Cl 的 E_g 模，396.7cm^{-1} 是 O 的 E_g 和 B_{1g} 模。但出现了一个 97.2cm^{-1} 模，这是 $Bi_2O_2CO_3$ 和 BiOCl 没有的。Hou 等[18]认为这个新出现的拉曼峰来自于异质结 BiOCl/$Bi_2O_2CO_3$ 处的 oVs。

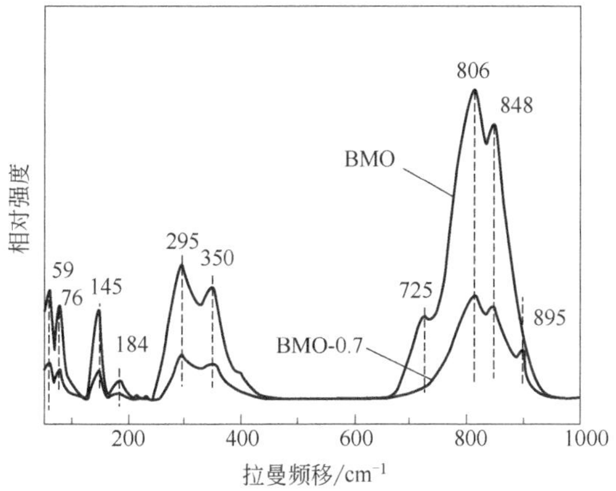

图 5-9　含 oVs 的 Bi_2MoO_6（BMO-0.7）和 Bi_2MoO_6（BMO）的拉曼谱[17]

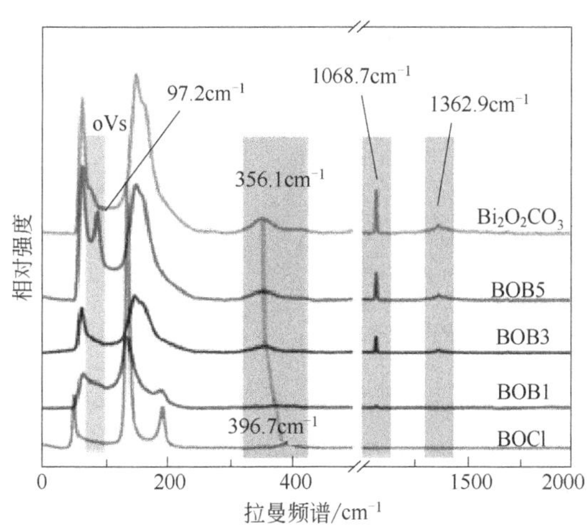

图 5-10　$Bi_2O_2CO_3$、BiOCl（BOCl）与不同比例的 BiOCl/$Bi_2O_2CO_3$ 复合物的拉曼谱[18]

图 5-11 很清晰地通过实验印证了 98cm^{-1} 附近的拉曼峰是由 oVs 引起的[19]。从图 5-11 可以看出，有 oVs 的 BiOCl 在 98cm^{-1} 附近有一个小峰；经过 H_2O_2 处理后由于没有了 oVs，此峰消失；而同时被 H_2O_2 处理和被红外辐射后的 OV-3 的拉曼谱中在 98cm^{-1} 附近又有了一个较小的峰，其强度比没经过处理的 OV-3 的峰要弱，表明被 H_2O_2 处理和被红外辐射后的 OV-3 的 oVs 浓度比没经过处理的 OV-3 的小。读者可以好好体会这种实验设计的思路和技巧。

图 5-12 是 BiOCl（OV-0）、OV-1、OV-2、OV-3 样品（oVs 的含量随这个顺序递增）的 780nm 拉曼谱。图中清晰地表明，拉曼峰强度能灵敏地反映 oVs 浓度的变化，即能很好地测试材料中的 oVs。

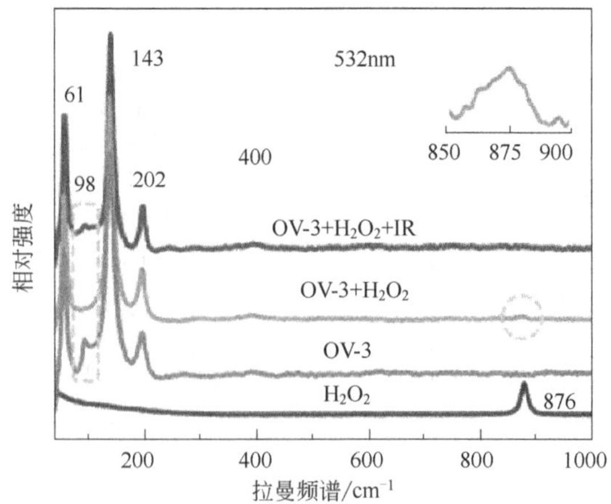

图 5-11 具有一定 oVs 浓度的 BiOCl（标记为 OV-3）样品被 H_2O_2 处理（相当于消除 oVs）及同时被 H_2O_2 处理和被红外辐射后的 OV-3 的拉曼谱[19]

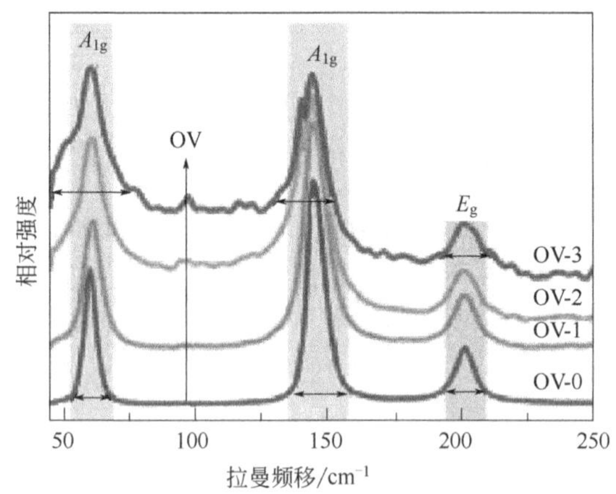

图 5-12 BiOCl（OV-0）、OV-1、OV-2、OV-3 样品的 780nm 拉曼谱

5.2.5 正电子湮没寿命谱

正电子是电子的反粒子，两者除电荷符号相反外，其他性质（静止质量 m_e、电荷的电量 e、自旋）都相同。正电子湮没寿命谱（PALS）是一种独特、灵活、能确定的测试技术。通过将正电子注入材料中，测量正电子在材料中的存在寿命获得相关的物质信息。

测量寿命的原理[20]如下：

当正电子进入物质后，能在短时间内迅速慢化到热能区，同周围物质中的电子相遇而湮没，全部质量转变成电磁辐射（能量为 $2m_ec^2$）——γ 光子，此过程称为正电子湮没。正电子湮没特性同媒质中正电子-电子系统的状态、物质的电子密度和电子动量有密切关系。据此，PALS 可以测量正电子湮没地点的电子浓度。同时，由于正电子优先在低电子密度区域（如缺位、微空位）反应，故是研究缺位、空位等微结构的有效手段。而且，不同类型的缺陷的寿命不同。只要将 PALS 拟合成合适的几个寿命组分，就可以分析出材料中缺陷类型。而对于同类型的缺陷，其 PALS 峰的强度能说明其缺陷浓度的大小。缺陷浓度越大，PALS 峰强度越强。

PALS 测试有如下优点：①对原子尺度的微结构和缺陷的改变非常敏感；②测试无损伤；③能量可调；④通过深度分析可以测量结构非均匀或者有缺陷的样品。

正电子湮没谱用途很广，这里只简单介绍如何定性分析其中氧缺位的浓度。

正电子在材料中的寿命 τ 根据对应寿命的机制常常拟合成多个组成部分：完整晶体中正电子自由湮没对应的短寿命 τ_1（叫作正电子第一寿命），以及由其他特殊机制捕获电子后引起的寿命 τ_2、τ_3、τ_4…。这些机制包括 oVs、界面等。每种机制造成的正电子寿命的长短不同，规律不同。比如材料中若存在 oVs，则 oVs 周围会聚集较大密度的电子，电子被捕获后减小了与正电子一起湮没的概率，故正电子寿命（标记为 τ_2）延长。在无序系统里，空位少，或者来自 oVs 的正电子陷阱浅，会导致电子浓度减小，故此时上述的 τ_1 会增加。一种材料里常常好几种机制起作用。从同种机制造成的正电子寿命谱峰的强弱比较，可以看出其机制的浓度。

正电子湮没的方法测试氧缺位不能像 ESR、XPS 那样给出直接的证据，还是一种辅助的测试技术，起到支持由 XPS 和 ESR 得到的有氧缺位存在的结论的作用。

正电子寿命谱拟合软件有：lifetime、MELT、CONTIN 等。读者可以购买自行学习。

图 5-13 是 500℃退火处理的有 oVs 的 TiO_2 样品（Vo-TiO_2-500）和组装 1%单原子 Pt 的 Vo-TiO_2-500 的样品（1% Pt-Vo-TiO_2-500）正电子寿命测试谱[21]。从图中可以看出，正电子在 1% Pt-Vo-TiO_2-500 中的寿命比在 Vo-TiO_2-500 中的长。由于 Pt 只是和 Vo-TiO_2-500 组装，没有掺入 Vo-TiO_2-500 晶格中，故 τ_1 不会增加，因而是 τ_2 增加。τ_2 的增加主要是由 oVs 引起。说明单原子 Pt 组装在 Vo-TiO_2-500 上时增加了 oVs。文献[21]中的 ESR 测试也证明了这一点。

图 5-14 是 MgO 纳米颗粒的正电子寿命（τ_1、τ_2、τ_3）和相对强度与不同退火温度的变化关系曲线[22]。MgO 纳米颗粒的正电子寿命拟合成三个寿命组元：τ_1［图 5-14（a）］、τ_2［图 5-14（b）］、τ_3［图 5-14（c）］；相对应的强度为 I_1［图 5-14（a）］、I_2［图 5-14（b）］、I_3［图 5-14（c）］。寿命与缺陷类型有关。从图中可以看出，同一个拟合类型的寿命变化不大，说明拟合是合理的。同时，同一类型强度的变化反映同种缺陷的浓度不同，浓度高则强度高。最短的寿命 τ_1 在 0.177～0.189ns 范围［图 5-14（a）］，归因于单空位类缺陷对正电子的捕获。中等的寿命为 348～422ps，归因于大体积开放空位（空位簇）对正电子的捕获［图 5-14（b）］。通过计算 I_2/I_1 可以得出单空位缺陷与大体积开放空位缺陷的相对含量。最长的寿

命 τ_3 为 1.118～1.377ns［图 5-14（c）］，对应着样品中正电子的产生和接下来的氧（O）-正电子湮没。300～700℃热处理样品的 τ_1 的平均寿命为（182.9±4.5）ps，常常归因于自由正电子湮没。

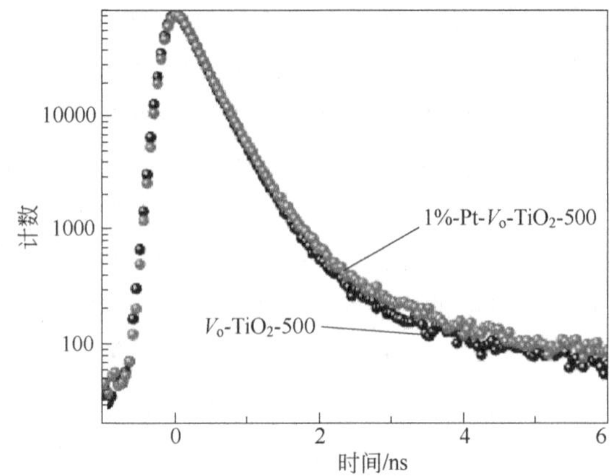

图 5-13　500℃退火处理的有 oVs 的 TiO_2 样品（Vo-TiO_2-500）和含 1% Pt 的 Vo-TiO_2-500 的样品（1% Pt-Vo-TiO_2-500）正电子寿命谱

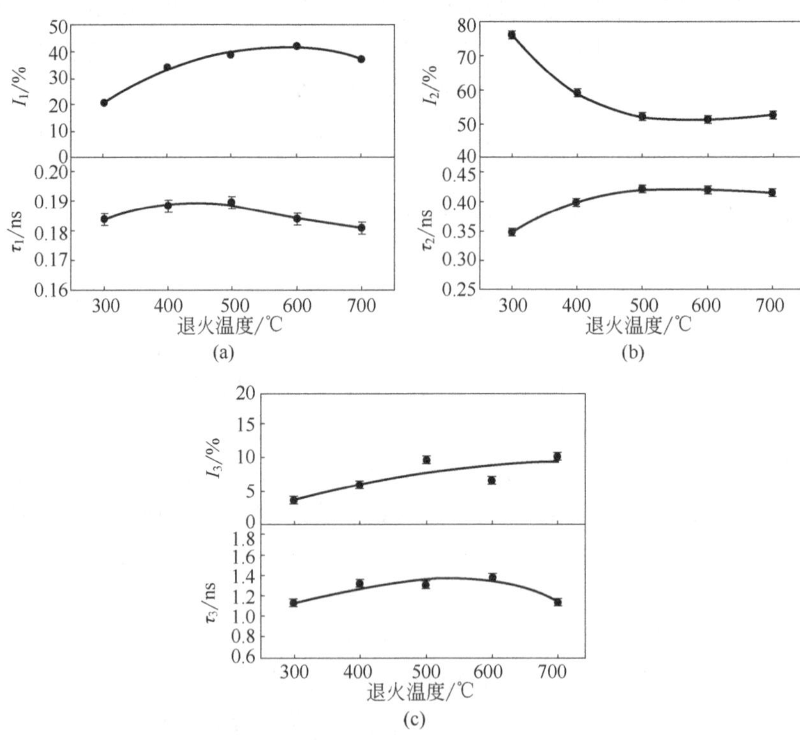

图 5-14　MgO 纳米颗粒的正电子寿命（τ_1、τ_2、τ_3）和相对强度与不同退火温度的变化关系[22]

从图 5-14（a）可以看出，随着退火温度的升高，τ_1 的值先增加再减小。这种现象可以理解为随着退火温度的升高，晶格变得完好一些，故单缺陷浓度降低，因而 τ_1 的值增加。随后随着退火温度的升高，会产生一些诸如空位的缺陷，故 τ_1 减小。τ_2 是最重要的寿命，不同温度处理的样品的正电子 τ_2 平均值为 401ps，来自于大的空位簇，如 Mg 空位或者 oVs。图 5-14（b）表明退火温度在 300℃到 500℃之间，随着退火温度的升高，τ_2 值有所增加，说明空位簇尺寸随着退火温度的升高而增加。退火温度在 500℃以上时，τ_2 值随着退火温度的升高而减小，说明在 500℃以上空位团簇尺寸随退火温度升高是减小的。另外，退火温度在 300℃到 500℃时，随着退火温度的升高，相对强度 I_2/I_1 迅速从 76%降到 51.8%，但退火温度在 500℃时降速很小。理由是 500℃以上温度退火后，样品内晶粒长大了，正电子在界面和表面的湮没变小，故空位簇浓度变小。从这些结果可以推断，纳米 MgO 样品的 τ_2 的空位簇是存在于边界和表面的空位簇。而且可以推断，当退火温度高于 500℃时，这些空位簇浓度变小来自于空位的塌陷和收缩。最长寿命 τ_3 对应于颗粒内部晶粒间区域形成的电子偶素的湮没，其体积大。τ_3 会随颗粒内部晶粒间结构和环境而变化。从图 5-14（c）可以看出：在 300～500℃，随着退火温度的升高，τ_3 迅速从 1.134ns 增加到 1.315ns，但 500℃后却随退火温度升高而减小。这个减小是由于 500℃处理后，颗粒内晶粒合并，减小了颗粒内部晶粒间区域尺寸，故 τ_3 从 500℃后随退火温度升高而减小。但 I_3/I_1 始终随退火温度的升高而增加。

表 5-1 给出了 TiO_2 纳米粉和 TiO_2/rGO 纳米粉（TG）的正电子寿命与相对强度[23]。TiO_2 粉体的正电子寿命谱中拟合出三组元寿命：τ_1、τ_2 和 τ_3。最短的寿命 τ_1 为 0.1985ns，归因于无缺陷晶体自由湮没特性的体缺陷。稍长的寿命 τ_2 为 0.3937ns，归因于 oVs、团簇、同二聚体、三聚体或者更大的表面缺陷对正电子的捕获。TG 的 τ_1 和 τ_3 比 TiO_2 纳米粉的大，但 TG 的 τ_2 比 TiO_2 纳米粉的小。说明在 TiO_2 纳米粉中与 τ_2 相关的机制比 TG 中的浓度高。结合其他的测试结果，论文作者得出 TG 中富含表面 oVs 的结论。

表 5-1　TiO_2 箱和 TiO_2/rGO 纳米粉（简称 TG）的正电子寿命与相对强度

样品	τ_1/ns	τ_2/ns	τ_3/ns	I_1/%	I_2/%	I_3/%	I_1/I_2
TiO_2	0.1985	0.3937	2.29	54.38	43.86	1.763	1.23
TG	0.2069	0.3864	2.313	50.1	48.3	0.669	1.03

5.2.6　XRD 精修

对于材料研究而言，XRD 可能是最基本但也是最重要的一个表征。然而，最常用的多晶衍射法有一些固有的缺点，它得到的谱峰重叠严重，从而造成大量材料结构信息损失。1967 年，荷兰科学家 Hugo M.Rietveld 提出了对中子衍射数据进行 Rietveld 全谱拟合的方法，克服了多晶衍射的不足。后来，人们也开始采用 Rietveld 方法对 XRD 数据进行拟合精修，即将重叠峰通过拟合分离，从而获得多晶材料的各种结构信息。现在，XRD 精修已经得到了广泛应用。故此，这里简单介绍 XRD 精修的应用，详细介绍如何进行 XRD 精修。

XRD 精修是由 XRD 衍射谱强度反推物质物相结构的方法，常见的就是 Rietveld 精修方法。XRD 精修有强度和扫描速度要求。强度达到 5000 以上较佳。强度由扫描速度决定，扫描速度越慢，获得的 XRD 的强度越强。故样品的 X 射线衍射（.raw 文件）要用慢的扫描速度，才能收集到较精确的数据。一般步长=0.02°，扫描速度=2°/min，做完一个 XRD 图谱大概要用两个小时。另外，图谱的分辨率也是 XRD 精修质量的保证。光源尺寸越小，衍射缝宽度越窄，越有利于提高颜色图谱的分辨率。如果 Cu 源测试结果强度无法满足要求，可以尝试选择 Mo 源。表 5-2 为一些 XRD 精修常规测试条件。

表 5-2　一些 XRD 精修常规测试条件

仪器	管电流、电压	扫描方式	角度范围
Bruker D8.	Cu 靶，40kV，40mA	步宽 0.02°，每步停留 4s	5°～110°
Philips PW 1830	Cu 靶，35kV，25mA	步宽 0.02°，每步停留 15s	10°～80°
Philips PW 3710	Cu 靶，40kV，40mA	步宽 0.05°，每步停留 5s	5°～85°

5.2.6.1 XRD 精修的应用

XRD 精修的典型应用主要有如下六大类：①晶体结构的确定和修正；②点阵常数的测定；③物相定量分析；④获得键长键角信息；⑤应力应变分析；⑥其他。

（1）晶体结构的确定和修正

方法如下：①对于一个未知的晶相，通过建立合适的初始结构模型，再对结构进行精修以得到与实验数据相匹配的衍射谱就可以确定其晶体结构。②而对于已知晶体结构的修正，XRD 精修的应用则更为广泛。通常而言，由于制备方法、材料掺杂、材料形态的不同，我们制备材料的方法都与已有基材料的晶体结构或者文献中的结果稍有偏差。此时以理想结构或者文献报道的数据为基础建立初始结构，通过 XRD 精修对初始结构进行修正，以得到我们制备材料的准确结构信息。精修的效果一般看两个参数：可信度因子 R_{wp} 和方差 χ^2。R_{wp} 最好小于 15%，χ^2 要小于 4。

（2）点阵常数的测定

晶胞的点阵常数是指晶胞的边长（a，b，c）及其夹角（α，β，γ）这 6 个参

数。虽然可以从普通的 XRD 得到这些点阵常数，但由于峰的重叠，导致误差较大。采用精修方法可以将这些重叠的峰分开，从而获得正确的衍射线的晶面指数和精确的点阵常数。由于材料的性能对点阵常数很敏感，故通过精修 XRD 得到的点阵常数能更好地揭示材料性能的差异。

（3）物相定量分析

XRD 精修可以定量分析所有物质中的相的含量，包括化学分析法等一些方法不能分析的物质的相，且由于能分离叠加峰使得 XRD 精修方法成为物相定量分析最为准确的方法。此外，XRD 精修不仅能通过无标量法获得全晶态样品中各物相的含量，还可以通过添加标样的方法计算非晶态相的含量。

（4）计算键长、键角和配位数

键长、键角和配位数是从另一个角度描述材料的重要参数，对材料的性能影响很大。通过对材料键长、键角的了解，更能对材料性能进行调控，掌握调制规律，设计优良的材料。通过 XRD 精修，可以得到晶体的键长、键角参数。如果氧的配位数小于 1，说明存在 oVs。氧的配位数越低，oVs 浓度越高。用 XRD 精修得到的 oVs 存在的证据可靠。

（5）应力应变分析

多晶样品不是完美的晶体，其内部存在由晶格畸变引起的应力和由应力引起的应变。这些应力和应变会影响多晶衍射得到的 XRD 的衍射峰，通过 XRD 精修我们可以得到峰形函数的参数，同时得到应力应变的信息。这些都有利于我们对材料的性能进行解释，或者为我们的制备工艺提供参考。

（6）其他

以上是常见的应用，XRD 精修还可以研究材料在不同状态下的相转变，计算温度因子，获得德拜温度，测定晶粒尺寸，得到原子坐标，占位度因子等等。

XRD 精修得出的晶体结构合适与否基于以下判断：利用最小二乘法，把实验的数据和理论的数据进行多次拟合计算，直到得到的误差因子在足够允许小的范围内才被认为是合理的精修结果，即：$R_{wp}<15\%$，$\chi^2<4$。

精修前需要准备以下数据：①实验测得的 TXT 文本格式的 XRD 数据。②初始结构的标准谱数据，标准谱可以从相关数据库中获得，也可以从 Jade 软件里得出。具体方法这里不进一步阐述。读者可以自行学习。③这种材料的 cif 文件。具体方法可参考如下网页：https://jingyan.baidu.com/article/fc07f9899086e812ffe519ac.html。

精修 XRD 还需要如下软件：①精修软件，常用的精修软件有 fullPro 和 gsas。在此我们推荐用 fullPro，因为它具有更加可视化的窗口。②格式转化软件，如 Powder X。将 XRD 输出的测试结果的格式转化成精修软件能识别的数据。

5.2.6.2 几种重要且常用的 XRD 精修应用实例

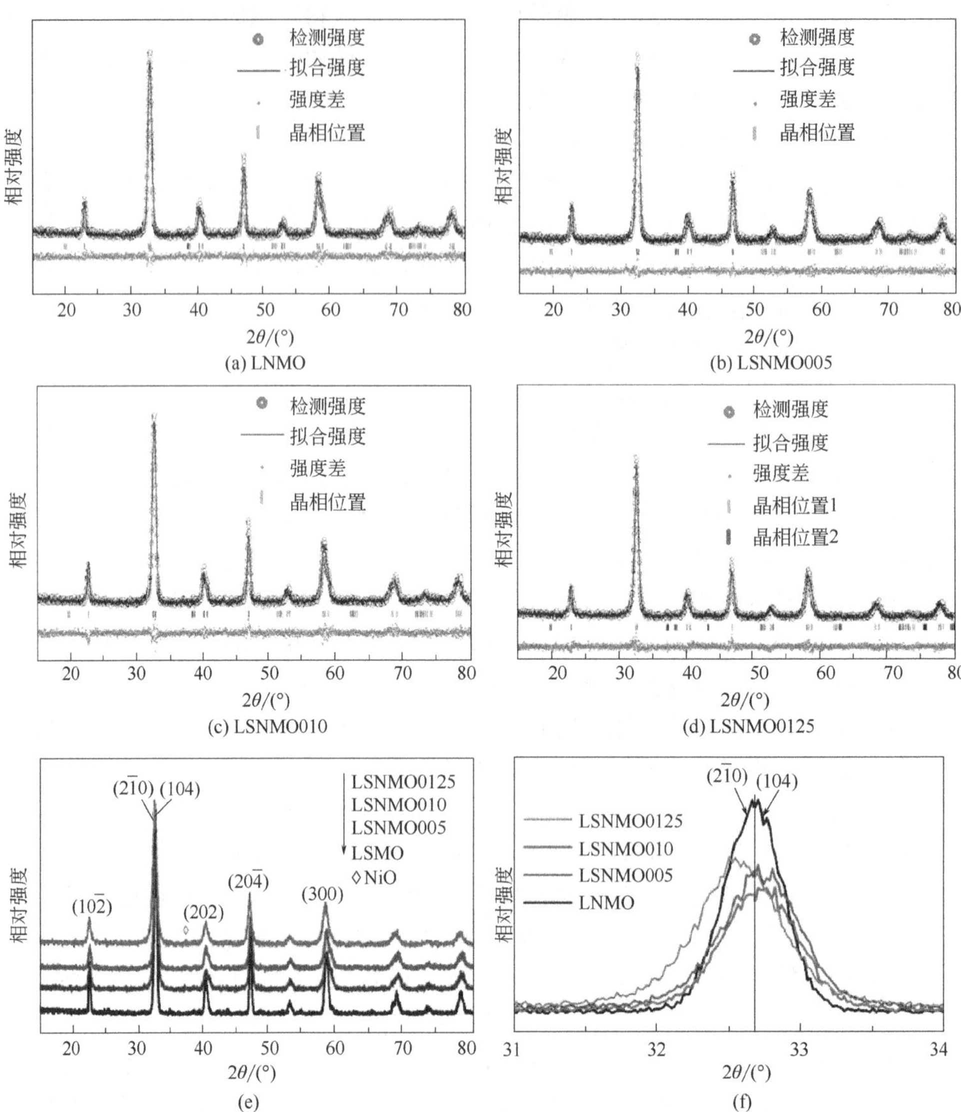

图 5-15 $La_{2-x}Sr_xNiMnO_6$（x=0，0.05，0.10，0.125，分别标记为 LSMO、LSNMO005、LSNMO010 和 LSMO0125）的（a）～（d）XRD 精修图，（e）普通 XRD，（f）普通 XRD 在 32°～33°范围内衍射峰的放大图

华南师范大学何琴玉课题组[2]制备了 $La_{2-x}Sr_xNiMnO_6$（x=0，0.05，0.10，0.125，分别标记为 LSMO，LSNMO005，LSNMO010，LSMO0125）和 NiO 的粉末样品。考虑到掺杂引起 XRD 衍射峰弥散和晶格常数等的变化，测量了 XRD 精修图谱，

并进行了 XRD 精修。图 5-15（a）～（d）是基于纯 La_2MnO_6 晶体结构，用 GSAS 软件为样品 LSMO、LSNMO005、LSNMO010 和 LSMO0125 精修过的 XRD 图。从图中可以看出，精修得到的 XRD 与原始数据吻合得很好，其可靠度分别为：10.47%＜R_{wp}＜13.43%，都小于 15%，且 1.058＜χ^2＜1.386，都小于 4。从精修图可知，LSMO、LSNMO005、LSNMO010 是纯相，而 LSMO0125 却不是纯相，因为 LSMO0125 中掺了 5%的 NiO，说明 5%的 NiO 已经掺杂过量。从普通 XRD［图 5-15（e）］中很难辨别出 NiO 相（不知是噪声还是 XRD 衍射峰）。故 XRD 精修能分析出普通 XRD 不能分析出来的相。

通过 XRD 精修进一步得到了如表 5-3 中所示的 $La_{2-x}Sr_xNiMnO_6$ 的结构参数（包括原子配位和占位度因子）。从表中可以看出，Sr^{2+}占据 La^{3+}位后影响了 La 和 O 的配位。值得注意的是，O 的配位数小于 1，说明存在 oVs。且随着 Sr^{2+}掺入量的增加，oVs 的含量增加。从图 5-15（f）可以看出掺入的 Sr 对衍射峰的强度和位置的影响。

表 5-3　通过 XRD 精修得到的 $La_{2-x}Sr_xNiMnO_6$ 的结构参数（包括原子配位和占位度因子）

样品	原子	x	y	z	占据概率	R_{wp}	χ^2
LNMO	La	0.2496	0.2496	0.2496	0.9968	13.43%	1.386
	Ni1	0	0	0	0.872		
	Mn1	0	0	0	0.13		
	Ni2	0.5	0.5	0.5	0.15		
	Mn2	0.5	0.5	0.5	0.85		
	O	0.7978	0.6917	0.2511	0.9901		
	/	/	/	/	/		
LSNMO005	La	0.24966	0.24966	0.2496	0.96313	10.87%	1.058
	Ni1	0	0	0	0.85		
	Mn1	0	0	0	0.14784		
	Ni2	0.5	0.5	0.5	0.145		
	Mn2	0.5	0.5	0.5	0.85		
	O	0.75342	0.76161	0.24615	0.9807		
	Sr	0.24963	0.24963	0.24963	0.0245		
LSNMO010	La	0.24949	0.24949	0.24949	0.9038	11.83%	1.096
	Ni1	0	0	0	0.30373		
	Mn1	0	0	0	0.68779		
	Ni2	0.5	0.5	0.5	0.12305		
	Mn2	0.5	0.5	0.5	0.84756		

续表

样品	原子	x	y	z	占据概率	R_{wp}	χ^2
LSNMO010	O	0.7582	0.7356	0.2469	0.9703		
	Sr	0.25433	0.25433	0.25433	0.043		
LSNMO0125	La	0.25025	0.25025	0.25025	0.91331	10.74%	1.147
	Ni1	0	0	0	0.49		
	Mn1	0	0	0	0.5		
	Ni2	0.5	0.5	0.5	0.5		
	Mn2	0.5	0.5	0.5	0.5		
	O	0.7968	0.6931	0.2639	0.99		
	Sr	0.19702	0.19702	0.19702	0.05758		

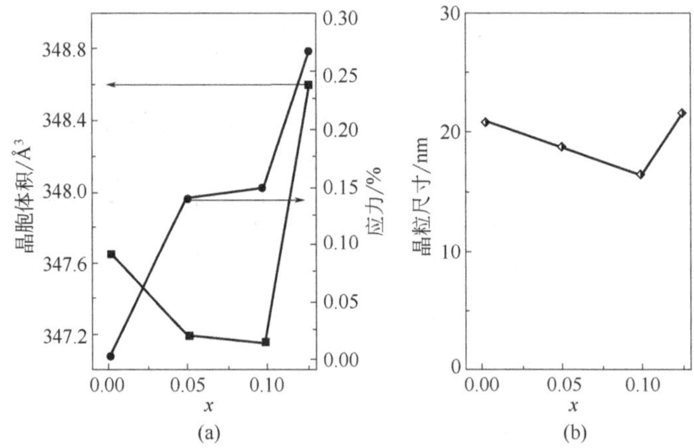

图 5-16 $La_{2-x}Sr_xNiMnO_6$ 体系的原胞体积、晶格应力随 Sr 掺入量 x 的变化

通过精修 XRD 获得了原胞体积和晶格应力。图 5-16 是 $La_{2-x}Sr_xNiMnO_6$ 体系的原胞和晶格应力随掺入量 x 的变化。从图中可以看出，原胞体积起初随 Sr 掺入量的增加而减小；但随着 $x>0.10$，原胞体积随 Sr 掺入量的增加而迅速增加。原因可能是 Sr^{2+}的离子半径（11.3nm）大于 La^{3+}的离子半径（10.61nm）。另外，Sr^{2+}的掺入带来 oVs。前一个因素会让 $La_{2-x}Sr_xNiMnO_6$ 体系的原胞体积随 x 的增加而增加，后一个因素会随 x 的增加导致 $La_{2-x}Sr_xNiMnO_6$ 体系的原胞体积减小。在 $x<0.10$ 时，后者占主导；在 $x>1.0$ 时，前者占主导。从表 5-3 可以看出，从 x=0，x=0.05，x=0.10 到 x=0.125，氧的占有率分别为 0.9901、0.9807、0.9703 和 0.99，则其 oVs 分别为 0.0099、0.0193、0.0297 和 0.01。故 oVs 起初随着 x 的增加而增加，在 x=0.10 时达到最大，然后随着 x 的增加而减小。跟以上猜测很吻合。

晶格应力用 $\frac{|V_{undoped}-V_{doped}|}{V_{undoped}}\times 100\%$ 来标度。从图 5-16 可以看出，应力随着 x 的增加而增加。而晶粒尺寸的变化规律和晶胞体积的变化规律相似。原因可能是 Sr^{2+}的离子半径为 11.3nm，而 La^{3+}的离子半径为 10.61nm，故 Sr^{2+}替代 La^{3+}会引起晶胞应力的增加。同时，随着 Sr 掺入量的增加，oVs 增加，也增加了晶格的应力。

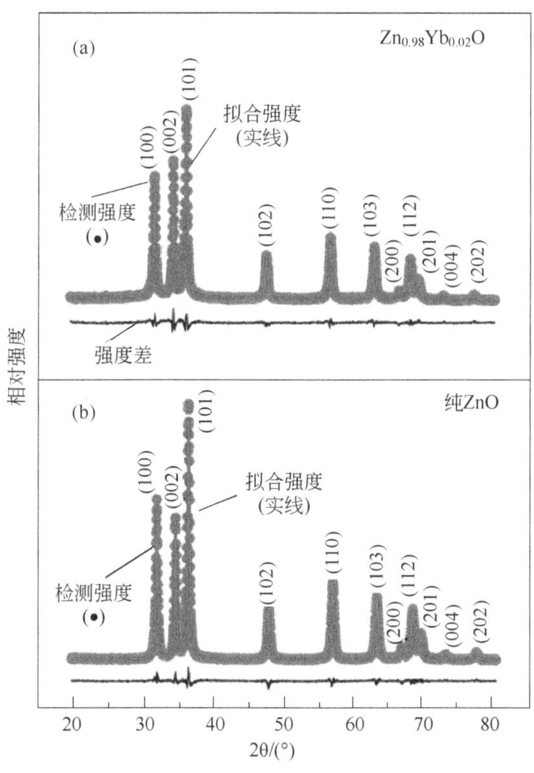

图 5-17 200℃退火的 $Zn_{0.98}Yb_{0.02}O$ 和纯 ZnO 纳米颗粒的 XRD 精修图

图 5-17（a)、(b）分别是 200°C 退火的 $Zn_{0.98}Yb_{0.02}O$ 和纯 ZnO 纳米颗粒的 XRD 精修图（Rietveld 方法）[24]。这两个样品的 XRD 峰都与 ZnO 的四方纤锌矿结构符合（JCPDS *file* No. 79-0206)。因此以 JCPDS *file* No. 79-0206 的相作为 $Zn_{0.98}Yb_{0.02}O$ 和纯 ZnO 纳米颗粒 XRD 的基本结构模型，对获得的 $Zn_{0.98}Yb_{0.02}O$ 和纯 ZnO 纳米颗粒的 XRD 进行精修。从精修图中可以看出无其他相，只有四方纤锌矿相。故 Yb^{3+}完全掺入 ZnO 晶格中去了。从精修图也可以看出，$Zn_{0.98}Yb_{0.02}O$ 的衍射峰和纯的 ZnO 相比向低角度方向偏移（图 5-18)，说明 Yb 取代 Zn 后晶格常数变大了。这是因为 Yb^{2+}的离子半径（93Å）比 Zn^{2+}的离子半径（74 Å）要大。随着 Yb^{3+}掺入 ZnO 晶格中，XRD 的衍射强度明显减小，这是因为晶格周期性遭

了到一定程度的破坏。

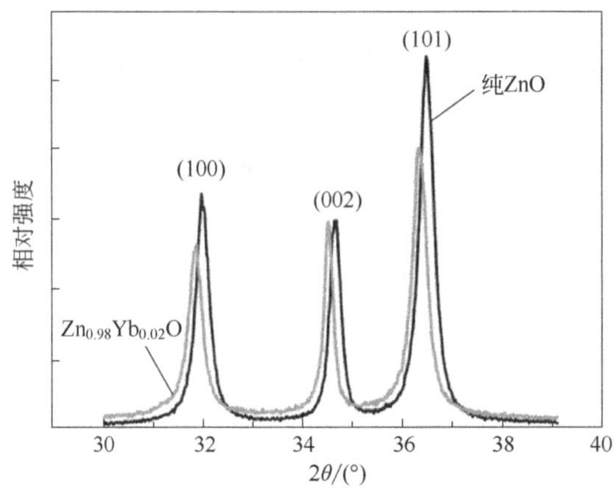

图 5-18 在（100)、(002)、(101）附近放大的 XRD 图

大半径的离子取代小半径的离子时用 Scherrer 公式［式（2-2)］计算晶粒的平均尺寸误差较大。因为应力产生晶格畸变，破坏晶格周期性，导致衍射峰弥散——不是晶粒尺寸变化引起的弥散。解决这一问题的办法是采用 Hall-Williamson（H-W）方法，用以下公式对晶格中的应力和晶粒平均尺寸进行计算：

$$\beta \cos\theta = K\lambda / D + 2\varepsilon \sin\theta \tag{5-2}$$

式中 β——X 射线衍射峰的半高宽；

θ——布拉格衍射角；

K——常数 0.89；

λ——X 射线的波长，0.154184nm；

D——晶粒的平均尺寸；

ε——晶格的内应力。

图 5-19 是根据公式（5-2）和获得的 XRD 图画出的 H-W 图。直线与纵坐标轴的截距为晶粒的平均尺寸，斜率为应力的大小。从图 5-19 可以估算出 $Zn_{0.98}Yb_{0.02}O$ 与纯 ZnO 的平均晶粒尺寸分别为 28nm 与 26.5nm；其晶格应力分别为 2.9×10^{-3} 和 3.1×10^{-3}。估算出的应力表明 ZnO 中 Yb^{3+}取代 Zn^{2+}会产生晶格畸变。

图 5-20 是样品 $Bi_{0.8}Ba_{0.2}Fe_{1-x}Ta_xO_3$（$x$=0，0.05，0.10，0.15，简称为 BBFTO-0，BBFTO-5，BBFTO-10，BBFTO-15）的 XRD 精修图[25]。图 5-20（a）～（c）都是基于 $BiFeO_3$ 和 $Bi_{25}FeO_{39}$ 的标准谱做的 XRD 精修。精修后的图与原始数据很吻合。说明制备的 BBFTO-0、BBFTO-5 和 BBFTO-10 中含有 $BiFeO_3$（BFO）和 $Bi_{25}FeO_{39}$。而图 5-20(d)的 XRD 精修图是基于 $BiFeO_3$(BFO)、$Bi_{25}FeO_{39}$、Bi_3TaO_7、烧绿石的标准 XRD 精修图。精修图与原始数据吻合得很好，说明制备的 BBFTO-15 中含 $BiFeO_3$(BFO)、$Bi_{25}FeO_{39}$、Bi_3TaO_7、烧绿石相，也说明掺杂引起 $Bi_{0.8}Ba_{0.2}FeO_3$

的结构变化。通过 XRD 图谱在 2θ 为 21°～23°与 31°～33°之间放大的图（图 5-21）可以看出，（012）的峰没有劈裂，有完整的（110）/（104）合并峰。这些结果表明在制备的 BBFTO 陶瓷里有结构转变。这种合并可能是由掺杂引起的从菱方到正交或者四方相的相变，个别的工作里有类似的结果[26]。图 5-21（b）中（110）/（104）合并峰意味着 5%和 10%的 Ta 并没有掺入 $Bi_{0.8}Ba_{0.2}FeO_3$ 晶格里去，而 BBFTO-15 中就出现了明显的 Bi_3TaO_7 峰。

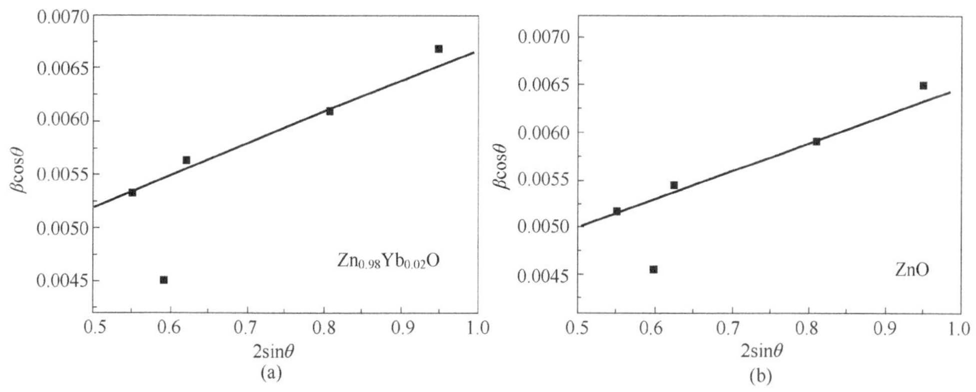

图 5-19 （a）$Zn_{0.98}Yb_{0.02}O$ 与（b）纯 ZnO 的 Hall-Williamson（H-W）图

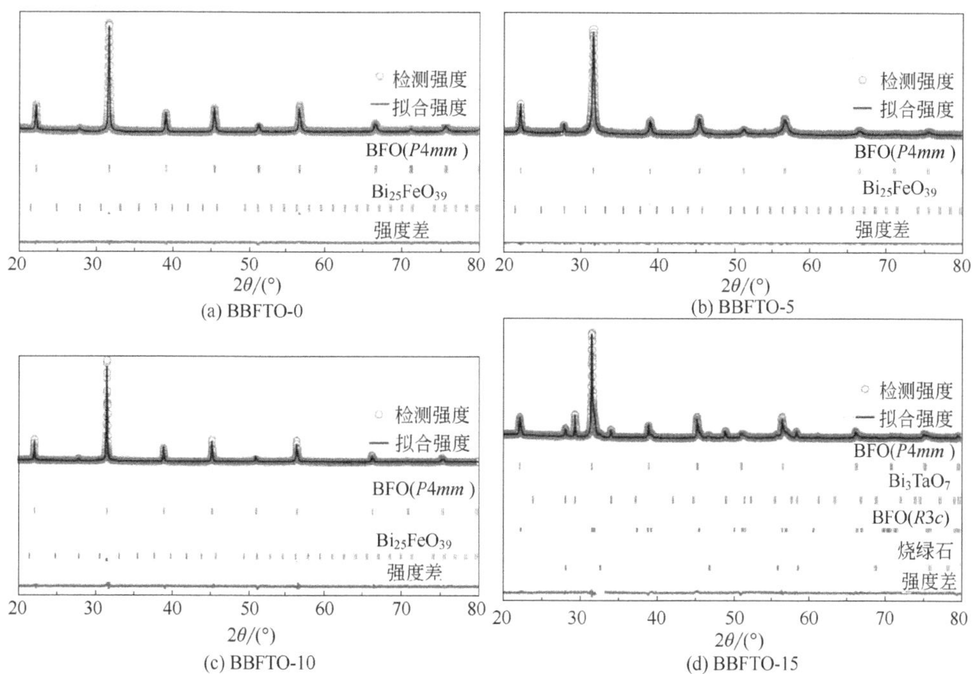

图 5-20 $Bi_{0.8}Ba_{0.2}Fe_{1-x}Ta_xO_3$ 的 XRD 精修图

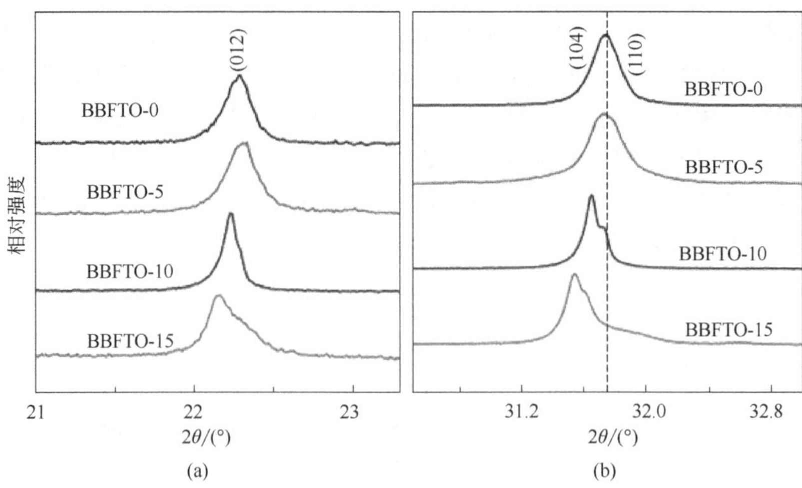

图 5-21 XRD 图谱在 2θ 为 21°～23°与 31°～33°之间放大的图

表 5-4 给出了制备的 BBFTO 体系中通过 XRD 精修后得到的相以及相的含量、晶格参数和这些结果的可靠度。

表 5-4 制备的 BBFTO 体系通过 XRD 精修后得到的相以及相关数据

样品	存在的相	晶胞参数	精修参数（Rietveld）
BBFTO-0	*P4mm*	a=b=3.982083Å	R_p=27.3
	92.99%	c=3.989875Å	R_{wp}=16.4
		V=63.267Å^3	R_{exp}=10.3
	*I*23	a=b=c=10.097683Å	χ^2=2.533
	$Bi_{25}FeO_{39}$	V=1029.592Å^3	
	7.01%		
BBFTO-5	*P4mm*	a=b=3.990723Å	R_p=18
	93.66%	c=3.990000Å	R_{wp}=13.5
		V=63.544Å^3	R_{exp}=9.91
	*I*23	a=b=c=10.088032Å	χ^2=1.855
	$Bi_{25}FeO_{39}$	V=1026.643Å^3	
	6.34%		
BBFTO-10	*P4mm*	a=b=3.997126Å	R_p=21.4
	95.47%	c=3.996061Å	R_{wp}=15
		V=63.845Å^3	R_{exp}=7.5
	*I*23	a=b=c=10.088032Å	χ^2=2.99
	$Bi_{25}FeO_{39}$	V=1026.643Å^3	
	4.53%		

续表

样品	存在的相	晶胞参数	精修参数（Rietveld）
BBFTO-15	*P*4*mm*	a=b=4.005229Å	R_p=17.6
	53.7%	c=4.001991Å	R_{wp}=12
		V=64.199Å^3	R_{exp}=8.93
	*R*3*c*	a=b=5.611780Å	χ^2=2.06
	40.58%	c=13.905967 Å	
		V=379.257Å^3	
	Fm-3*m*	a=b=c=5.479192Å	
	Bi_3TaO_7	V=164.494Å^3	
	5.73%		
	Fd-3*m*	a=b=c=10.514294Å	
	烧绿石	V=1162.359Å^3	

注：1Å=0.1nm。

5.3　表面吸附氧和体内富余氧测试与数据分析

可以用变温脱氧附技术（O_2-TDP）和变温氢还原技术（H_2-TPR）来测试表面吸附氧（O_2^-）和体内富余氧（O^-）。

5.3.1　O_2-TDP 和 H_2-TPR 的测试原理

O_2-TDP 是先让样品在 O_2/N_2 混合气氛中充分吸附氧（O），然后在不同的温度下测脱附 O 的含量，这个含量就代表材料的表面吸附 O 的能力。

H_2-TPR 是在变温和氢气/氩气混合气氛下消耗 H_2 的量。主要是利用 H 与 O 的反应。从消耗的 H_2 的量算出 O 的量。由于吸附氧、表面晶格氧和材料内晶格氧的氧化顺序从易到难，故可以判断出各种氧的含量。

5.3.2　O_2-TDP 和 H_2-TPR 测试数据分析

图 5-22 是催化剂 $Ce_{1-x}Mn_xO_2$（x=0,0.1,0.3,0.5,0.7）的 O_2-TDP 曲线。从图中可以看出，这 5 个样品在 90℃附近都有一个氧的脱附峰，这个峰属于表面吸附氧 O_2^-的脱附[27]。原因是 MnO_x 进入 CeO_2 形成相对均匀的固溶体，容易在表面和材料内部形成 oVs。当 Mn 的含量增加时，催化剂 $Ce_{1-x}Mn_xO_2$ 在 376℃、570℃和 760℃附近出现 3 个脱附峰。前两个峰归因于原子吸附的 O^-；760℃附近的 O 的脱附峰

归因于晶格 O 的脱附，由 $Mn^{4+}\rightarrow Mn^{3+}\rightarrow Mn^{2+}$和 $Ce^{4+}\rightarrow Ce^{3+}$的转变引起[27]。而且，随着 Mn 掺入量的增加，催化剂 $Ce_{1-x}Mn_xO_2$ 的氧脱附峰的强度逐渐增加，脱附温度逐渐降低；说明 oVs 逐渐增加，且 oVs 很丰富。但当 x=0.3 时，这个趋势发生了改变。原因从 XRD 的结果可以知道，出现了第二相 MnO_x。

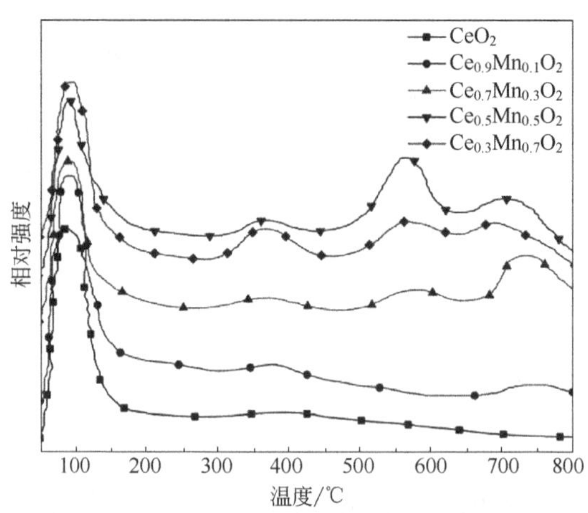

图 5-22　催化剂 $Ce_{1-x}Mn_xO_2$ 的 O_2-TDP 曲线

图 5-23 是催化剂 $Ce_{1-x}Mn_xO_2$（x=0,0.1,0.3,0.5,0.7）的 H_2-TPR 曲线。从图中可以看出，各个样品的 H_2-TPR 曲线都有三个明显的还原峰。低温的还原峰对应吸附氧的还原，中温的还原峰对应表面晶格氧的还原，高温的还原峰对应晶格氧的还原。随着 Mn 掺入量的增加，对应于吸附氧和表面晶格氧的还原峰对应的

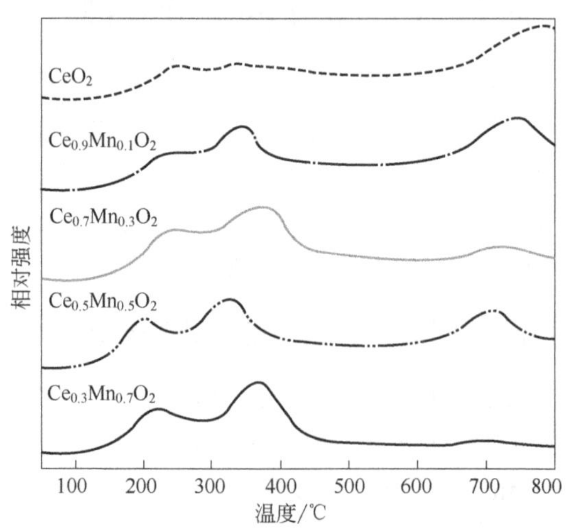

图 5-23　催化剂 $Ce_{1-x}Mn_xO_2$ 的 H_2-TPR 曲线

温度迅速降低。同时，随着 Mn 掺入量的增加，对应于吸附氧和表面晶格氧的还原峰的强度增加，且表面晶格氧对应的峰强明显大于吸附氧对应的峰强，说明低温时是表面吸附氧与氢气反应，而晶格里的 Mn^{4+}变成 Mn^{3+}。中温区域的还原峰随着 Mn 掺入量的增加向低温方向移动很厉害，说明氢的氧化过程主要是表面晶格氧参与。在此过程中的情形很有可能是这样：当 Ce^{4+}氧化 Mn^{3+}成为 Mn^{4+}时形成 oVs，此时造成表面晶格氧的形成和流动，晶格氧就以这样的方式参与氢的氧化过程。Mn 的掺入使得 Ce^{4+}还原成 Ce^{3+}且 oVs 的形成更多样化。氧缺位的形成增加了晶格氧形成的形式，增加光催化剂的性能。

图 5-24 是 Bi_2MoO_6（BMO）、$La_xSr_{1-x}TiO_3$（LSTO）、Mo/（Mo+Ti）=0.07 的复合物 $Bi_2MoO_6/La_xSr_{1-x}TiO_3$（LSTBM7）的 H_2-TPR 图谱[3]。从图中可以看出，BMO 的 H_2-TPR 只有一个在 591℃的还原峰，说明 BMO 中只有晶格氧。在 LSTO 中有一个从 175～500℃的宽峰和 600℃的还原峰，前者归因于表面晶格氧的还原，后者归因于内部晶格氧的还原。LSTBM7 分别在 258℃、398℃、457℃和 591℃出现 4 个还原峰。第一个和第二个分别对应 oVs 吸附的氧和表面晶格氧的还原。457℃附近的还原峰可能对应异质结 LSTO/BMO 处 oVs 吸附的氧的还原。591℃归因于晶格氧的还原。

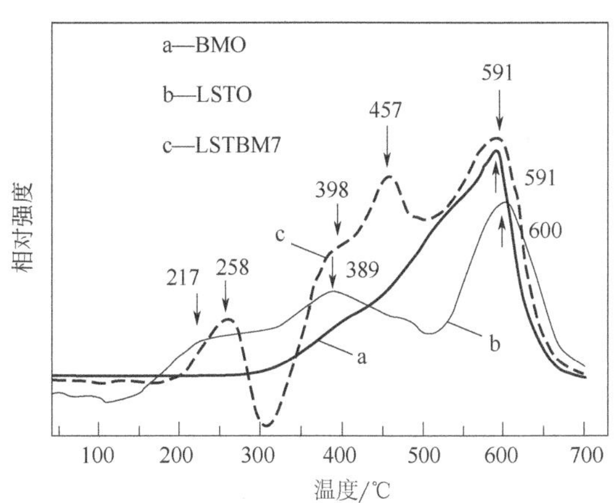

图 5-24　Bi_2MoO_6（BMO）、$La_xSr_{1-x}TiO_3$（LSTO）、Mo/（Mo+Ti）=0.07 的复合物 $Bi_2MoO_6/La_xSr_{1-x}TiO_3$（LSTBM7）的 H_2-TPR 图谱

习　题

1. O 1s XPS 精细谱中，氧缺位的能量范围一般为多少?有没有可能超出这个范围?请以“O 1s”和“oxygen vacancy”为关键词查阅近两年的文献，看看是否不在那个范围内，并记录下原因。

2. 总结本章测试氧缺位的技术的优缺点，并根据测试精度从大到小给本章涉及的技术排队。

3. 要在 TiO_2 中形成氧缺位，可以采用哪些方法。请一一阐述，并说明其中的理论依据。

4. 图 5-25 为某材料的 ESR 谱，请判断该材料中是否存在氧缺位。

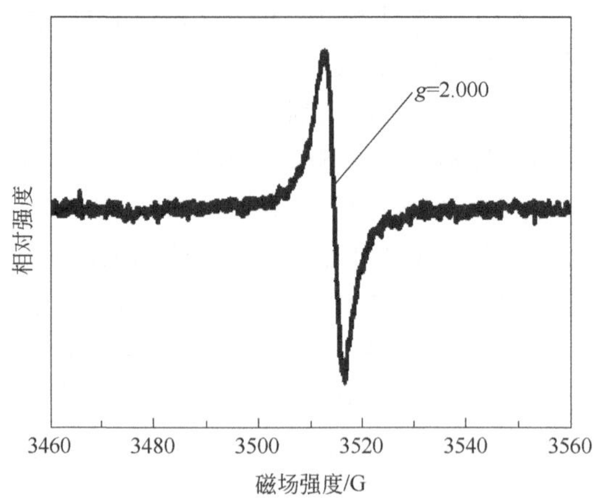

图 5-25　某材料的 ESR 谱

5. 购买锐钛矿相的 TiO_2，然后在马弗炉中 550℃处理 45min。将得到的样品做精修 XRD，看其中有哪些相，晶格常数是多少?求出键长、配位数等，判断是否存在氧缺位。(本题中提出的测试材料可以更换，比如换成你正在研究的某种金属氧化物材料)

6. 有条件将第 5 题中获得的样品测试拉曼谱和正电子湮没谱，看看是否存在氧缺位，并讨论是否和第 5 题测试结果吻合。

7. 请阐述表面吸附（O_2^-）和体内富余氧（O^-）测试的原理，并给出如何分析表面吸附（O_2^-）和体内富余氧（O^-）的数据。

参考文献

[1] He Q Y，Hao Q，Chen G，et al. Thermoelectric property studies on bulk TiO_x with x from 1 to 2 [J]. Applied Physics Letters，2007，91（5）：052505.

[2] Yu X Y，He J F，Zhang Y M，et al. Effective photodegradation of tetracycline by narrow-energy band gap photocatalysts $La_{2-x}Sr_xNiMnO_6$（x=0,0.05 0.10 and 0.125）[J]. Journal of Alloys and Compounds，2019，806：451.

[3] Liu B，Fan Z L，Zhai W J，et al. Photoreduction properties of novel Z-scheme structured $Sr_{0.8}La_{0.2}$（$Ti^{4+}_{1-\delta}Ti^{3+}_{\delta}$）$O_3/Bi_2MoO_6$ composites for the removal of Cr（Ⅵ）[J]. RSC Advances，2021，11：

14007.

[4] Wang Q，Zhang S，He H，et al. Oxygen vacancy engineering in titanium dioxide for sodium storage [J]. Chemistry：An Asian Journal，2021，16：3.

[5] He H，Huang D，Pang W，et al. Plasma-induced amorphous shell and deep cation-sites doping endow TiO_2 with extraordinary sodium storage performance [J]. Advanced Materials，2018，30：1801013.

[6] Zhang S，Yang H，Huang H，et al. Unexpected ultrafast and high adsorption capacity of oxygen vacancy-rich WO_x/C nanowire networks for aqueous Pb^{2+} and methylene blue removal [J]. Journal of Materials Chemistry A，2017，5：15913.

[7] 陈启元，陈海霞，尹周钃，等. 氧缺位型 TiO_2 的制备、表征及其光催化析氧活性 [J]. 物理化学学报，2007，23（12）：1917.

[8] Wang G，Yang Y，Ling Y，et al. An electrochemical method to enhance the performance of metal oxides for photoelectrochemical water oxidation [J]. Journal of Materials Chemistry. A，2016，4：2849-2855.

[9] Dou S，Tao L，Wang R，et al. An electrochemical method to enhance the performance of metal oxides for photoelectrochemical water oxidation [J]. Advanced Materials，2018，30：1705850.

[10] Zhong Z，Xu P X，Kelly P J. Polarity-induced oxygen vacancies at $LaAlO_3/SrTiO_3$ interfaces [J]. Physical Review B，2010，82：165127.

[11] Abdullah S A，Sahdan M Z，Nafarizal N，et al. Influence of substrate annealing on inducing Ti^{3+} and oxygen vacancy in TiO_2 thin films deposited via RF magnetron sputtering [J]. Applied Surface Science，2018，462：575.

[12] Wintzheimer S，Szczerba W，Buzanich A G，et al. Discovering the determining parameters for the photocatalytic activity of TiO_2 colloids based on an anomalous dependence on the specific surface area [J]. Particle & Particle Systems Characterization，2018，35：1800216.

[13] Deng S J，Zhang Y，Xie D，et al. Oxygen vacancy modulated $Ti_2Nb_{10}O_{29-x}$ embedded onto porous acterial cellulose carbon for highly efficient lithium ion storage [J]. Nano Energy，2019，58：355.

[14] Fu Y T，Sun N，Feng L，et al. Local structure and magnetic properties of Fe-doped SnO_2 films [J]. Journal of Alloys and Compounds，2017，698：863.

[15] Fan W，Li H，Zhao F，et al. Boosting the photocatalytic performance of（001）BiOⅠ：enhancing donor density and separation efficiency of photogenerated electrons and holes [J]. Chemistry Communication，2016，52：5316.

[16] Xie S，Li M，Wei W，et al. Gold nanoparticles inducing surface disorders of titanium dioxide photoanode for efficient water splitting [J]. Nano Energy，2014，10：313.

[17] Huang C J，Ma S S，Zong Y Q，et al. Microwave-assisted synthesis of 3D Bi_2MoO_6 microspheres with oxygen vacancies for enhanced visible-light photocatalytic activity [J]. Photochemistry Photobiology Science，2020，19：1697.

[18] Hou W D，Xu H M，Cai Y J，et al. Precisely control interface oVs concentration for enhance 0D/2D $Bi_2O_2CO_3$/BiOCl photocatalytic performance [J]. Applied Surface Science，2020，530：147218.

[19] Mao C，Cheng H，Tian H，et al. Visible light driven selective oxidation of amines to imines with BiOCl：does oxygen vacancy concentration matter? [J]. Applied catalysis B：Environmental，2018，228：87.

[20] Ye K H，Li K S，Lu Y R，et al. An overview of advanced methods for the characterization of oxygen vacancies in materials [J]. Trends in Analytical Chemistry，2019，116：102.

[21] Cai S N，Wang L M，Heng S L，et al. Interaction of single-atom platinum-oxygen vacancy defects for the boosted photosplitting water H_2 evolution and CO_2 photoreduction：experimental and theoretical study [J]. Journal of Physical chemistry C，2020，124：24566.

[22] El-Shaer A，Abdelfatah M，Mahmoud K R，et al. Correlation between photoluminescence and positron annihilation lifetime spectroscopy to characterize defects in calcined MgO nanoparticles as a first step to explain antibacterial activity [J]. Journal of Alloys and Compounds，2020，817：152799.

[23] Ahmed G，Raziq F，Hanif M，et al. Oxygen-cluster-modifed anatase with graphene leads to effcient and recyclable photo-catalytic conversion of CO_2 to CH_4 supported by the positron annihilation study [J]. Scientificreports，2019，9：13103.

[24] Bhakta N，Inamori T，Shirakami R，et al. Room temperature magnetic ordering and analysis by bound magnetic polaron model of Yb^{3+} doped nanocrystalline zinc oxide（$Zn_{0.98}Yb_{0.02}O$）[J]. Materials Research Bulletin，2018，104：6.

[25] Islam M R，Islam M S，Zubair M A，et al. Evidence of superparamagnetism and improved electrical properties in Ba and Ta co-doped $BiFeO_3$ ceramics [J]. Journal of Alloys and Compounds，2018，735：2584.

[26] Pradhan S，Roul B. Effect of Gd doping on structural，electrical and magnetic properties of $BiFeO_3$ electroceramic [J]. Journal of phyiscs and Chemistry of solids，2011，72（10）：1180.

[27] Liang Q，Wu X，Weng D，et al. Oxygen activation on Cu/Mn-Ce mixed oxides and the role in diesel soot oxidation [J]. Catalysis Today，2008，139（1）：113.

第 6 章

磁性能测试原理与数据分析

磁性能和电性能是功能材料利用最常多的性能。磁性能指矿物受外磁场被吸引或排斥的现象。在一般情况下，矿物质受磁场排斥的力量非常微弱。因此在鉴定、分选和一般研究矿物时所指的磁性主要指矿物受外磁场吸引的性质。按照物质在外磁场中表现出来磁性的强弱，可将其分为抗磁性物质、顺磁性物质、铁磁性物质、反铁磁性物质和亚铁磁性物质。大多数材料是抗磁性或顺磁性的，它们对外磁场反应较弱。铁磁性物质和亚铁磁性物质是强磁性物质，通常所说的磁性材料即指强磁性材料。对于磁性材料来说，磁化曲线和磁滞回线是反映其基本磁性能的特性曲线。铁磁性材料一般是 Fe、Co、Ni 及其合金，稀土元素及其合金，以及一些 Mn 的化合物。磁性材料按照其磁化的难易程度，一般分为软磁材料及硬磁材料。

本章主要介绍如何测量磁性材料的磁性能。由于磁性材料在直流和交流磁场中被激励的机制有差异而表现出差异的效果，因而磁性能测量分为直流磁性测量和交流磁性测量。

直流磁性，也被称为静态磁性，是指物质在直流稳恒磁场中表现出来的磁性。交流磁性，也被称为动态磁性，是指物质在交变磁场中表现出来的磁性，即外加磁场是随着时间变化的。

6.1 直流磁性测量原理与数据分析

物质在稳恒磁场中所测得的各项磁性参数即为直流磁性参数，包括饱和磁感应强度 B_S、剩余磁感应强度 B_r、矫顽力 H_c、初始磁导率 μ_a 和最大磁导率 μ_m 等。因为直流磁性参数都能在磁化曲线和磁滞回线上体现出来，故普遍地，通过测量如图 6-1 所示的静态磁化曲线和磁滞回线来实现直流磁性测量。

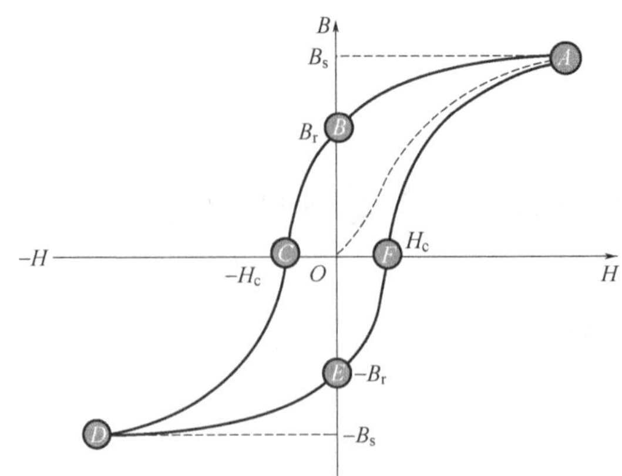

图 6-1 铁磁材料磁化曲线和磁滞回线

如图 6-1 中 *OA* 曲线所示，物质的磁感应强度 *B* 随着外加磁场 *H* 的增加而增加，直至磁化达到饱和。B_S 称为饱和磁感应强度。磁化达到饱和后，慢慢地减小外加磁场 *H*，则 *B* 也会减小。但 *B* 并不按照磁化曲线 *OA* 反方向进行，而是按另一条曲线 *AB* 改变。当 *H* 减小到零时，$B=B_r$。B_r 为剩余磁感应强度。如要使 $B=0$，则必须加上一个反向磁场 H_c，称为矫顽力。当反向 *B* 继续增加时，最后又可以达到反向饱和$-B_S$，即可达到图中的 *D* 点。如再沿正方向增加 *B*，则又得到另一半曲线 *CDEF*。直流磁性参数由材料的自身磁特性和磁化过程共同决定，与材料的尺寸形状、电学性质和测试条件如磁场的频率、波形、振幅等无关。

① 材料的磁特性来源于原子磁矩。原子磁矩包括电子轨道磁矩、电子自旋磁矩和原子核磁矩。

② 磁化过程是指磁性物质在磁场中其磁化状态随着磁场由零变大再继续变化时所发生的变化。这里也可理解为“磁性经历”，即从某一磁化状态 $B(H)$到达另一磁化状态所经过的路径。

测量材料直流磁性的方法主要有冲击法（ballistic galvanometer）、热磁仪（thermomagnetometry apparatus）、磁天平（gouy magnetic balance）、振动样品磁强计（vibrating sample magnetometer）四种方法。下面我们一一介绍这四种测试方法的原理，同时给出实例数据进行分析。实际上，这四种方法也同时适用于交流磁性能的测量。

6.1.1 冲击法

6.1.1.1 冲击法测量直流磁性能原理

冲击法是测量环状磁性材料最常用的方法。它的实质是电磁感应，即以法拉第电磁感应定律为测量原理。如图 6-2 所示，样品上分别缠绕着匝数为 N_1 的磁化线圈和匝数为 N_2 的感应线圈，磁化线圈与磁化电路相连，感应线圈与测量电路相连。当电流流经磁化电路，磁化线圈会产生感应磁场。改变磁化电路的电流会使感应磁场 H 发生变化，材料的磁感应强度 B 也会随之变化，进而改变感应线圈的磁通量，在感应线圈两端就会产生一电动势。所以磁通量变化的同时，会有电流流过测量电路中的冲击电流计，记录下冲击电流计上的偏转角度可以计算得到对应的 H 和 B[1]。

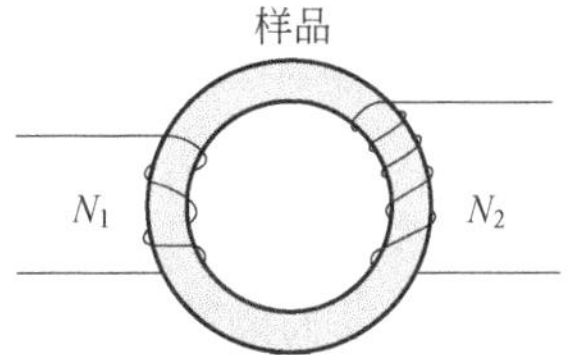

图 6-2　冲击法测量直流磁性能原理示意

冲击法测量环状磁性材料的电路图如图 6-3 所示。图中 D 为环形磁性材料。N 为感应线圈，n 为测量线圈。G 为冲击电流计，A 为直流电流表。R_1、R_2、R_3、R_4 均为电阻。K_2 和 K_3 为双向开关，K_1 为普通开关。M 为标准互感器。整个电路图可以分为三个回路：电源和互感器构成的冲击常数测量回路，用于测量冲击常数；电源和磁性材料构成的感应回路，可产生磁场造成磁通量的变化；以及冲击电流计所在的测量回路，可以观察实验测量结果。使开关 K_2 和 K_3 闭合，感应回路正常工作，此时流经感应线圈 N 的电流为 I，N 产生的磁场大小为 H：

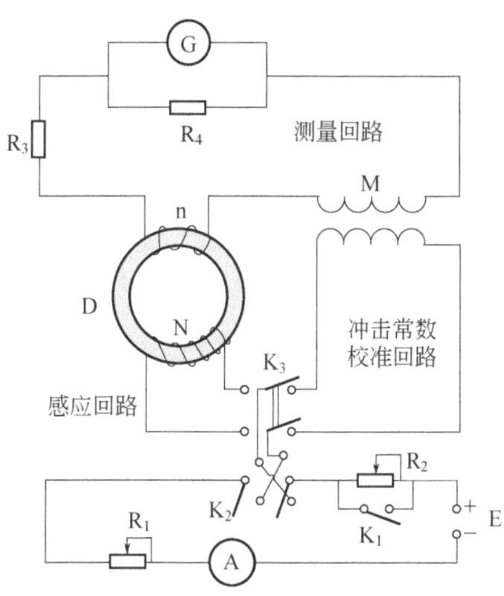

图 6-3　冲击法磁性能测量电路图

$$H = \frac{NI}{L}$$

式中，N 代表磁化线圈的匝数；I 代表流经磁化线圈的电流，A；L 代表环形磁性材料的平均周长，m。材料被 N 产生的磁场磁化，其磁感应强度大小为 B。保持开关 K_3 闭合，利用换向开关 K_2，改变感应回路的电流方向，使电流从 I 变为 $-I$，一瞬间电流的变化 $\Delta I=2I$，这个变化在很短的时间（t 秒）内结束。则磁感线圈 N 产生的磁场也从 H 变到 $-H$，材料的磁感应强度从 B 变为 $-B$，所以磁性材料中的磁通量发生变化，变化量为：

$$\Delta \Phi = N_2 \Delta BS$$

式中，S 为材料的横截面积。根据法拉第电磁感应定律，磁通量变化会使得测量线圈处产生一个感应电动势：

$$e=-\frac{\mathrm{d}\Phi}{\mathrm{d}t}=-\frac{N_2\mathrm{d}BS}{\mathrm{d}t}$$

测量回路在该电动势下的电流为：

$$i_0=\frac{e}{r}=-\frac{\mathrm{d}\Phi}{\mathrm{d}t}\times\frac{1}{r}$$

式中，r 为测量回路中的等效总电阻。此时冲击电流计中的电量为：

$$Q=\int_0^t i\mathrm{d}t=-\frac{1}{r}\int_0^{\Phi_t}\mathrm{d}\Phi=-\frac{N_2\Delta BS}{r}=-\frac{2N_2BS}{r} \tag{6-1}$$

根据冲击电流计的原理：脉冲电流流经电流计时，会引起电流计内线圈的偏转，该偏转角度与电量成正比：

$$Q=C\alpha \tag{6-2}$$

式中，C 为冲击电流计的冲击常数；α 为脉冲电流流经电流计所引起的最大偏转。联立式（6-5）和式（6-6）可得：

$$B=\frac{C\alpha r}{2N_2S} \tag{6-3}$$

α 可由检流计上的示数或者光标观察得出，由上式可以计算得到磁感应强度 B。

冲击电流计的冲击常数 C 可由电路中的冲击常数校准回路进行测定。保持开关 K_2 闭合，使 K_3 断开，此时冲击常数校准回路断路。然后闭合开关 K_3，则该回路（包括标准互感器主线圈）中的电流从 0 突然增加至 I_1，同时，标准互感器的副线圈两端会产生感应电动势 e_1：

$$e_1=-M\frac{\mathrm{d}I_1}{\mathrm{d}t} \tag{6-4}$$

式中，M 为标准互感器的互感系数。设感应电动势 e_1 在测量回路中产生的感生电流为 i_1：

$$i_1=\frac{e_1}{r} \tag{6-5}$$

该电流通过检流计会引起检流计发生偏转，设通过检流计 G 的电量为 Q_1，偏转角度为 α_1。联立式（6-4）和式（6-5）可得：

$$e_1=-M\frac{\mathrm{d}I_1}{\mathrm{d}t}=i_1r$$

将 dt 移至等式右边并对等式两边进行积分：

$$-M\int_0^I\mathrm{d}I_1=r\int_0^t i_1\mathrm{d}t$$

$$-MI_1=rQ_1$$

根据式（6-2）可得：

$$Cr = -\frac{MI_1}{\alpha}$$

显然，已知标准互感器的互感常数 M（H）和测量回路的等效总电阻 r（Ω），选定电流 I_1，在冲击电流计上测出偏转角 α，就可以计算出冲击常数 C。将偏转角 α 和冲击常数 C 代入式（6-3）可以得到磁感应强度 B。改变磁场强度 H 的值，就能测出不同的磁感应强度 B，根据 H-B 的对应关系，可以画出磁化曲线和磁滞回线。上述测量方法被称为换向冲击法。该方法存在一定的局限性，因为该方法是通过改变磁化电路的电流使感应磁场 H 发生变化，而感应线圈所产生的磁场比较小，若想测量完整的磁化曲线，则需要材料在磁场较小的情况下能达到磁饱和，所以它只适用于易于磁化的软磁材料。

若想测量硬磁材料的磁性能，则需要改变外磁场的产生方式，并把试样的外形由环状改为柱状。因为硬磁材料达到磁饱和状态所需的外磁场非常大。其测量原理如图 6-4 所示。试样上缠绕有测量线圈 n，该线圈与冲击检流计相连，用于测量试样的磁感应强度 B。磁场强度 H 的大小可由测量线圈 n_1 测量得出，线圈 n_1 与另一冲击检流计相连，试样以及测量线圈被固定于两个磁极之间。测量 H 时应取出试样，并保持两磁极之间的距离与放有试样时相同。通过改变两磁极之间的磁场强度 H，来测量不同磁场强度 H 下的试样磁感应强度 B，从而得到磁化曲线和磁滞回线。由于磁极的剩余磁化强度会对测量结果造成影响，为了使测量更为准确，应把试样做得尽可能长些，长度应大于 50mm。

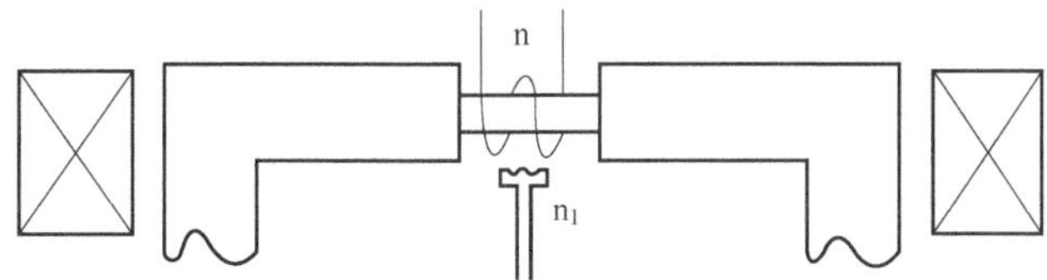

图 6-4　强磁场测量硬磁材料原理示意

6.1.1.2　冲击法测量直流磁性能实例数据分析

下面介绍一下冲击法在冶金学中的有关应用实例[2]。

钢在淬火后，由于马氏体的转变不彻底，会残留有奥氏体。残余奥氏体对钢的性能，如塑性、强度、韧度等，有显著的影响。人们对奥氏体的研究存在着一定的争议。有观点认为钢中残余奥氏体是一种有害组织，它不仅降低钢的淬火硬度，还会造成接触疲劳强度的下降，影响零件的尺寸稳定性。也有研究表明，钢中稳定的残余奥氏体非但无害，反而有助于提高材料的抗撕裂性能和韧性。因此，对钢中残余奥氏体进行定量分析是很有必要的。

我们以只含有马氏体、奥氏体和无磁碳化物（不含其他顺磁性碳化物）的钢为对象进行讨论。钢材经过淬火，除了得到淬火马氏体外，还有残余奥氏体 γ。其中马氏体具有磁性，是强磁性相，而奥氏体无磁性，是顺磁性相。而无磁性碳化物没有磁性且含量极少。因为材料的磁化强度为组成材料所有相的磁化强度之和，因此材料的饱和磁化强度 M 为：

$$M=\frac{V_{\mathrm{M}}}{V}M_{\mathrm{M}}+\frac{V_{\gamma}}{V}M_{\gamma} \tag{6-6}$$

式中，V_{M} 是马氏体的体积；V_{γ} 是奥氏体的体积；V 是材料的体积；M_{M} 是马氏体的饱和磁化强度；M_{γ} 是残余奥氏体的饱和磁化强度。因为奥氏体为顺磁性物质，磁化率和磁导率较小，需要很大的外加磁场才能对其进行磁化，所以 $M_{\gamma}\approx0$，由式（6-6）可得到材料中马氏体的相对体积含量 C_{M}：

$$C_{\mathrm{M}}=\frac{V_{\mathrm{M}}}{V}=\frac{M}{M_{\mathrm{M}}}\times100\% \tag{6-7}$$

但材料中马氏体的饱和磁化强度 M_{M} 比较难以测量，因此用马氏体体积含量为 100%的标准试样的饱和磁化强度 M_0 进行替换，故式（6-7）也可写为：

$$C_{\mathrm{M}}=\frac{M}{M_0}\times100\% \tag{6-8}$$

则奥氏体的相对体积含量为：

$$C_{\gamma}=\frac{V_{\gamma}}{V}=1-C_{\mathrm{M}}=\frac{M_0-M}{M_0}\times100\% \tag{6-9}$$

已知标准试样的饱和磁化强度 M_0，只需测量出材料的饱和磁化强度即可得到钢中残余奥氏体含量。我们采用冲击法，将磁化电流调整为一合适值，使得外加磁场足够大以测量饱和磁化强度。因为冲击法测量得到的是磁场强度 H 和磁感应强度 B，而 $H=\frac{B}{\mu_0}-M$，所以式（6-9）可以写为：

$$C_{\gamma}=\frac{B_0-B}{B_0-H}\times100\% \tag{6-10}$$

式中，B_0 为标准试样的磁感应强度。根据式（6-3）我们知道为冲击电流计的最大偏转 α 与磁感应强度 B 成正比，所以钢中残余奥氏体含量也可以用 α 来表征：

$$C_{\gamma}=\frac{\alpha_0-\alpha}{\alpha_0-\alpha_{\mathrm{H}}}\times100\% \tag{6-11}$$

式中，α_0 是测量标准试样时的冲击偏转角；α 是测量待测材料时的冲击偏转角；α_{H} 是无样品时测量电磁铁两极头之间的磁场强度时的冲击偏转角。

若钢中不仅含有马氏体、奥氏体和无磁碳化物，还存在着一些顺磁性化合物，因为顺磁性化合物会对样品的总饱和磁化强度产生影响，所以测量过程会烦琐一点，但仍能通过类似的方法对样品钢的残余奥氏体含量进行测量。此时材料的饱和磁化强度 M 为：

$$M = C_{\mathrm{M}}M_{\mathrm{M}} + C_{\gamma}M_{\gamma} + C_{\mathrm{c}}M_{\mathrm{c}} \tag{6-12}$$

与式（6-6）相比，上式多了顺磁性化合物项。式中，C_{M} 是马氏体的相对体积含量；C_{γ} 是奥氏体的相对体积含量；C_{c} 是顺磁性化合物的相对体积含量；M_{M} 是马氏体的饱和磁化强度；M_{γ} 是残余奥氏体的饱和磁化强度；M_{c} 是顺磁性化合物的饱和磁化强度。易知 $C_{\mathrm{M}} + C_{\gamma} + C_{\mathrm{c}} = 100\%$。在该情况下奥氏体的相对含量为：

$$C_{\gamma} = \frac{V_{\gamma}}{V} = 1 - C_{\mathrm{M}} - C_{\mathrm{c}} = \left(\frac{M_{\mathrm{M}} - M}{M_{\mathrm{M}}} - C_{\mathrm{c}}\right) \times 100\% \tag{6-13}$$

但想要测量材料中马氏体的饱和磁化强度 M_{M} 比较难，所以用马氏体体积含量为100%的标准试样的饱和磁化强度 M_0 进行替换，故式（6-13）也可写为：

$$C_{\gamma} = \frac{V_{\gamma}}{V} = 1 - C_{\mathrm{M}} - C_{\mathrm{c}} = \left(\frac{M_0 - M}{M_0} - C_{\mathrm{c}}\right) \times 100\% \tag{6-14}$$

标准试样的选取对钢中残余奥氏体的测量准确性有着十分重要的影响。因此对标样的选取标准十分严格：其宏观上的外形尺寸大小以及内在所含的马氏体类型都应该与试样钢一致，且饱和磁化强度也要与试样相等。为了获得符合标准的试样，通常会对试样进行热处理，如淬火后用液氮或液氦进行冷处理，在适当温度下进行一段时间的回火等。

冲击法也可应用于材料饱和磁致伸缩系数的测量。磁致伸缩系数是衡量磁致伸缩现象的基本物理参数之一。所谓磁致伸缩现象，指的是物质在外加磁场的作用下，材料的形状尺寸发生弹性变化的现象。磁致伸缩现象可分为线磁致伸缩和体磁致伸缩两种。线磁致伸缩指的是铁磁物质在被磁化时，其长度沿某个方向伸长或者缩短；而体磁致伸缩指的是物质在被磁化时，体积发生膨胀或收缩。由于材料的体磁致伸缩现象没有线磁致伸缩现象明显，而且体磁致伸缩现象是三维的，研究和应用起来比二维的线磁致伸缩现象要难，所以大部分磁致伸缩材料都是线磁致伸缩材料，磁致伸缩系数一般也是指线磁致伸缩系数。

饱和磁致伸缩系数则指的是当外加磁场的大小达到材料的饱和磁化强度时，材料所产生的最大形变。它与材料的组成、结构等自身性质有关，因为饱和磁致伸缩系数与材料的其他磁学性能相互关联，所以是研究材料磁学特性的基本物理参量之一。对于一些材料，磁致伸缩系数过大会对其应用造成一定的不良影响，限制它的应用范围。而在航空、电子、机械等领域，人们希望利用材料的磁致伸缩效应来制造性能优异的传感器、换能器以及探测系统等。磁致伸缩系数越大，电磁能与机械能之间的转换效率越高，应用的范围越广泛。

以测量非晶态合金的饱和磁致伸缩系数 λ_s 为例。由于非晶态合金是通过快速凝固的方法制备得到的，不像正常的金属合金，缓慢冷却时会有结晶的过程。所以非晶态合金不存在或只有少部分晶体的有序结构，其内部原子排布呈“短程有序，长程无序”的状态。因此非晶合金不存在磁晶各向异性，其磁致伸缩系数是各向同性的，各个方向可以取相同的值，进而 λ_s 成为一个重要的本征磁性参数。

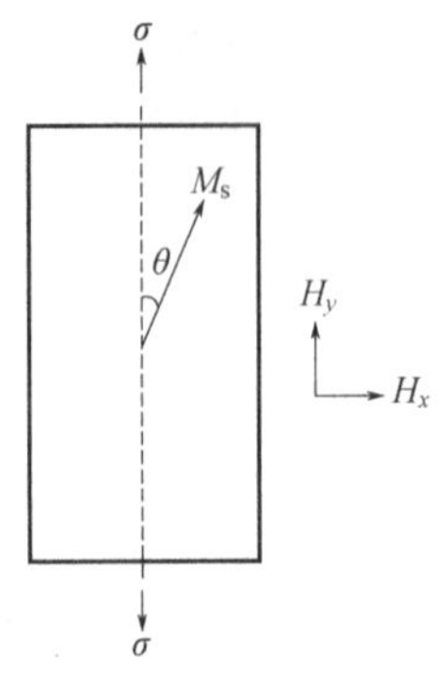

图 6-5　零位冲击法测量非晶合金的 λ_s 原理图[3]

如图 6-5 所示为测量的原理图，该方法也被称为零位冲击法。图中纵向为 y 方向，横向为 x 方向。在非晶态合金薄带的带轴方向（y 方向）施加足够大的直流磁场 H_y，使材料磁化达到饱和，若此时无其他外场，材料的饱和磁化强度方向将平行于 y 方向。在施加 H_y 的同时，还存在一个沿 x 方向的足够大的稳恒磁场 H_x，使得饱和磁化强度 M_S 发生偏转，偏转的角度大小为 θ，设 $0<\theta<90°$。除了磁场，沿 y 方向还有一个大小为 σ（Pa）的张应力。

此时材料处于稳定的单畴状态。磁致伸缩效应是通过各种相互作用产生的，此时系统中存在四种能量，分别是应力能 E_σ、与外场相互作用能 E_m、退磁能 E_d 和各向异性能 E_k。根据能量守恒定理，系统的总能量密度 E 是这四种能量之和，即：

$$
\begin{aligned}
E = E_\sigma + E_m + E_d + E_k = \frac{3}{2}\lambda_s\sigma\sin^2\theta - \mu_0 H_x M_s \sin\theta - \mu_0 H_y M_s \cos\theta + \\
\frac{1}{2}\mu_0 M_s^2 (N_x - N_y)\sin^2\theta + E_k
\end{aligned}
\tag{6-15}
$$

式中，λ_s 为试样的饱和磁致伸缩系数；N_x 为沿 x 方向的退磁因子；N_y 为沿 y 方向的退磁因子；M_s 为试样的饱和磁化强度（单位体积的磁矩）；σ 为沿 y 方向的单位面积所受到的张应力。

磁化达到稳定时，整个系统的能量取最小值（能量最低原理），所以 $\frac{\partial E}{\partial \theta}=0$。对式（6-15）两边求导可得：

$$
\begin{aligned}
0 = 3\lambda_s\sigma\sin\theta\cos\theta - \mu_0 H_x \cos\theta - \mu_0 H_y \sin\theta + \\
\mu_0 M_s^2 (N_x - N_y)\sin\theta\cos\theta + E_k'(\theta)
\end{aligned}
\tag{6-16}
$$

由于非晶合金不存在磁晶各向异性，其磁致伸缩系数是各向同性的，所以 λ_s 不是 θ 角的函数。式中 $E_k'(\theta)$ 为 $\frac{\partial E_k}{\partial \theta}$。将上式两端同除以 $\mu_0 M_s \sin\theta\cos\theta$ 可得：

$$\frac{3\lambda_s\sigma}{\mu_0 M_s}=\frac{H_x}{M_x}-\frac{H_y}{M_y}-(N_x-N_y)-\frac{E_k'(\theta)}{\mu_0 M_x M_y} \tag{6-17}$$

式中，$M_x=M_s\sin\theta$，$M_y=M_s\cos\theta$。使横向磁场 H_x 和角度 θ 保持不变，将式（6-17）两边对 σ 求偏导。因为 θ 和 H_x 恒定，所以 M_x、M_y、$E_k'(\theta)$ 也保持恒定，最终得到利用冲击法测量非晶合金饱和磁致伸缩系数 λ_s 的基本公式：

$$\lambda_s=\frac{\mu_0 M_s}{3\cos\theta}\times\frac{\partial H_y}{\partial\sigma} \tag{6-18}$$

式（6-18）表明，若使 H_x 和 θ 保持不变，已知 M_S，当张应力改变量为 $\Delta\sigma$ 时，测出相对应的 y 方向磁场改变量 ΔH_y，即可求得试样的磁致伸缩系数 λ_s。

式（6-18）中的 $\cos\theta$ 可由 y 方向磁通量 Φ_y 和饱和磁通量 Φ_s 之比求得，即：

$$\cos\theta=\frac{\Phi_y}{\Phi_s} \tag{6-19}$$

式中，Φ_y 为横向磁场 H_x=0 时，试样达到饱和磁化状态下的磁通量。已知材料的横截面积为 S，则 $\Phi_y=\mu_0 M_y S$。

在冲击电流法电路中，对线圈环绕的试样施加张应力，则试样的磁化状态也会随之变化，引起感应线圈的磁通量变化，在感应线圈两端就会产生感生电动势。所以改变张应力时，会有电流流经测量电路中的冲击电流计，记录下冲击电流计上的偏转角度就可以计算得到对应的磁场改变量 ΔH_y。

虽然冲击法具有稳定、精度高、灵敏度高和刻度是线性的等优点，但传统冲击检流计的偏转不会停留在某一稳定值，而是在达到某一最大值之后又立刻返回，这要求测试人员要读数准确、快速，否则会带来读数误差。而且换向冲击法无法进行连续的测量，每次测量都要手动调整开关。如需要对磁化强度进行动态记录，测量它的连续变化过程，则要采用下文所述的热磁仪。

6.1.2　热磁仪

6.1.2.1　热磁仪测量磁性能原理

热磁仪其原理是将磁学量转换成力学量（偏转量）而进行测量的，故又称磁转矩仪。图 6-6 是热磁仪的原理示意图。

图 6-6 中 1 是待测样品，样品的标准尺寸是 3mm×30mm（长度与直径比大于或等于 10）；2 是电磁铁的两个磁极，电磁铁之间为均匀磁场，磁场强度大于或等于 24×10^4A/m（3000Oe）；3 是弹性系统，通常是钨丝、磷铜丝或石英丝，用于平衡材料在磁场内产生的转矩；4 是支持杆，用于固定样品（垂直方向），一般用耐热的细陶瓷管；5 是平面反射镜，能将光源发出的光反射到读数标尺上；6 是读数标尺，用以读出试样的转角；7 是光源。

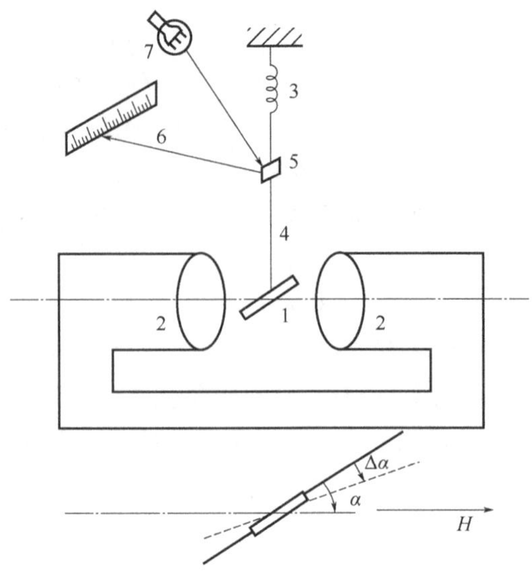

图 6-6 热磁仪测量磁性能原理图[2]

样品固定在支持杆上，与磁极轴同一水平面，但与磁场方向成 α 角［如图 6-6 底部（俯视图）所示］，且样品中心与磁极轴的中心重合。支持杆上还有反射镜，样品和反射镜通过一弹性丝悬挂在均匀磁场中，样品被磁化，其磁化强度为 M。样品在磁场中会受到一力矩，样品发生转动，带动着悬丝扭动，该力矩大小 T_1 为：

$$T_1 = VMH\sin\alpha \tag{6-20}$$

式中，V 为样品体积；M 为样品的磁化强度；H 为磁场强度；α 是样品与磁场方向的夹角。样品在该力矩的作用下转动了 $\Delta\alpha$ 大小的角度，此时样品所受力矩变为：

$$T_2 = VMH\sin(\alpha - \Delta\alpha) \tag{6-21}$$

而弹性丝的转动会产生一个反力矩：

$$T_3 = K\Delta\alpha \tag{6-22}$$

式中，K 为弹性系统的弹性常数。平衡时 T_2=T_3，即：

$$VMH\sin(\alpha - \Delta\alpha) = K\Delta\alpha$$

$$M = \frac{K\Delta\alpha}{VH\sin(\alpha - \Delta\alpha)} \tag{6-23}$$

光源发出的光经过反射镜反射到读数标尺上，$\Delta\alpha$ 可以通过读数标尺读出。该方法测量材料的磁化强度 M 有一定困难，棒状材料的退磁因子会对测量产生一定的影响，而且相关弹性常数 K 和夹角 α 比较难测量。它的优点在于能对材料的磁化强度进行一个连续的测量。

6.1.2.2　热磁仪测量磁性能实例数据分析

下面简单介绍一下热磁仪在钢的相分析上的应用[2]。

钢在回火过程中组织发生转变，马氏体和奥氏体分解，必然导致磁化强度发生变化，故可以采用饱和磁化强度随回火温度的变化作为相分析的根据。通过观察饱和磁化强度的变化，来判断不同相分解发生的温度范围。我们可以使用热磁仪来测量钢在回火过程中的饱和磁化强度变化。

因为回火过程中温度会变化，所以在电磁铁两磁极之间放置有一个加热炉，用于控制温度。支持杆把样品固定在电炉内部。加大电流使电磁铁间的磁场强度增大，直到读数标尺上的光点稳定在一点，此时样品达到饱磁化。温度的升高和降低会引起磁化强度的变化，从而造成读数标尺上光点的变化。将实验过程中的温度以及对应的磁化强度记录下来，即可得到钢在回火过程中饱和磁化强度随温度的变化关系图。

在回火过程中奥氏体分解的产物都属于铁磁性相，会引起饱和磁化强度的升高；马氏体分解析出的碳化物属于弱铁磁相，会引起饱和磁化强度的下降。回火过程中析出的碳化物 θ 相（Fe_3C）、χ 相（Fe_3C_2）和 ε 相（$Fe_{2.4}C$）的居里温度分别为 210℃、265℃和 380℃。也就是说回火过程的温度高低和组织变化都会对磁化强度造成影响。

图 6-7 是 T10 钢淬火试样回火时饱和磁化强度随回火温度变化曲线图。从曲线 1 可以看出，在 20～200℃之间，随着温度上升磁化强度缓慢下降，冷却时不

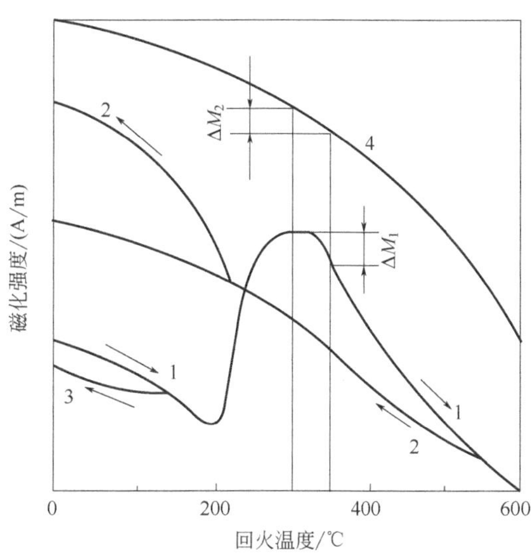

图 6-7　T10 钢淬火试样回火时饱和磁化强度变化曲线[2]

沿原曲线恢复到原始状态，而沿曲线 3 升高。这说明样品组织发生了变化，我们把这一过程称为回火第一阶段的转变。若排除组织转变对样品磁化强度的影响，曲线呈下降趋势，是符合饱和磁化强度随温度的变化规律的。但温度下降时曲线是不可逆的，说明不仅有温度的影响，而且样品组织发生了变化，即从马氏体中析出了碳化物，导致样品饱和磁化强度下降，因此曲线 3 在曲线 1 的下方。这是组织转变的不可逆性导致磁化强度的不可逆变化。

温度位于 200～300℃之间是回火的第二阶段，其特点是磁化强度随温度升高而急剧增大。此时影响样品磁化强度变化的因素主要有三点：一是温度的升高仍然会导致饱和磁化强度下降；二是对于碳化物析出的 θ 相和 χ 相来说，该温度范围已接近或超过它们的居里点，将引起磁化强度下降；三是奥氏体分解生成的回火马氏体（强铁磁相）会引起磁化强度的上升。但综合来说磁化强度随着温度升高而升高，说明在这些因素中残余奥氏体的分解和转变占主导地位。

300～350℃是回火过程的第三阶段。在 300℃左右样品的磁化强度达到最大值，继续加热，则磁化强度持续下降。在 300～350℃温度区间内磁化强度下降的幅度最为剧烈。就温度对磁化强度的影响而言，由于该温度区间与铁的居里点（770℃）相差很大，不会是磁化强度显著下降的原因。就组织变化对磁化强度的影响而言，我们将淬火钢的 *M-t* 曲线 1 和工业纯铁的 *M-t* 曲线 4 作对比，可以发现：300～350℃工业纯铁磁化强度的变化 ΔM_2，远远小于淬火钢的变化 ΔM_1。这说明组织变化才是磁化强度显著变化的主要因素。该温度区间 θ 相和 χ 相都属于顺磁性相，它们不影响磁化强度的变化；而残余奥氏体分解，会产生铁磁性相组织，只能导致饱和磁化强度升高，也不是引起磁化强度剧烈下降的原因。因此只有从 ε 相变成顺磁相以及马氏体的持续分解来解释磁化强度为什么剧烈下降了。

350～500℃是回火过程的第四阶段。该阶段 *M-t* 曲线单调下降。但此时的 *M-t* 曲线与相同温度区间退火过程的曲线不一致（曲线 1 在曲线 2 的上方），说明试样组织仍未分解、反应完全，没有达到平衡状态，由此可得该阶段淬火钢中的相变仍在进行。但因为 350～500℃与铁的居里点还是相差几百摄氏度，所以温度的影响依旧不明显。磁化强度随温度单调下降的主要原因是 χ 相和铁作用生成 Fe_3C，造成了铁素体基体的相对含量减小。

500℃以上的回火过程，磁化曲线依旧单调下降。但是该阶段的曲线下降是可逆的。即它与磁化强度随着温度下降而上升的退火曲线是重合的（曲线 1 和曲线 2 重合）。这说明该阶段淬火钢组织已经分解、反应完全，达到平衡状态。所以组织变化对磁化强度的影响已经不存在了，温度成为了磁化强度变化的唯一因素。虽然在此温度范围内完成了渗碳体的聚集与球化，但这个组织分布的变化无法体现在饱和磁化强度曲线变化上。

多数中、低合金钢淬火试样回火时的饱和磁化强度变化规律与 T10 钢类似。

热磁测定法本质上是热重测定法，通过对样品施加一个梯度磁场，由此产生的吸引力会对铁磁或亚铁磁性样品的重量造成影响。样品重量的变化取决于磁场梯度的方向。用于温度测量的仪器包括一个具有足够灵敏度的常规热天平和一个能给试样施加梯度磁场的装置。因为研究的是磁性有序材料，所以不需要强磁场，实际上对于许多应用来说并不希望有强磁场的存在。因此，施加磁场的装置通常是小型永磁体。如果有进一步的需求，可以使用更强的永久磁铁或电磁铁。有些情况下，加热试样的炉子本身能够产生恒定的磁场。另一些情况，加磁装置在炉子外面，这样该装置就不会被加热，使磁场能够保持恒定。

另外值得注意的是，如果样品可以自由旋转或移动，可能会对测量结果造成影响，因为磁引力不仅会被体系中的化学或热力学因素影响，还会受到简单的几何因素影响。此外，磁引力几乎总是随着温度的升高而降低。因此，当温度接近样本的居里温度时，这种影响会变弱，因而更难检测到。

除了应用于钢的相分析，热磁法还应用于草酸盐分解的热分析中。草酸盐指的是由草酸根离子［$C_2O_4^{2-}$或（COO）$_2^{2-}$］与其他金属离子组成的化合物。常见的草酸盐有草酸钙（CaC_2O_4）、草酸铵［$(NH_4)_2C_2O_4$］、过渡金属草酸盐和稀土草酸盐等。金属草酸盐的热分解（升温）根据分解过程可以分为两类。第一类分解时不会发生还原反应：碱金属、碱土金属、稀土金属和最稳定的过渡金属草酸盐。在惰性条件下，它们会分解生成碳酸盐，释放二氧化碳。进一步反应，碳酸盐会在更高的温度下分解，释放出二氧化碳，形成金属氧化物。第二类分解时则会发生还原反应：大部分的过渡金属草酸盐都属于这一类。它们在惰性气氛中通过一步反应，直接分解还原为金属，并只释放二氧化碳。

钴和镍的草酸盐都属于后一类，在惰性条件下直接分解形成金属。它们溶解在水溶液中形成的金属阳离子均具有稳定的+2价态，而且这些离子具有几乎相同的半径。若把草酸根离子加入含有镍离子和钴离子的混合溶液，溶解度较低的草酸盐二水合物$MC_2O_4 \cdot 2H_2O$（M为Ni^{2+}或Co^{2+}）的固溶体会在室温下沉淀。因为两种离子的电荷和固态离子半径非常相似，所以固溶体的成分组成可以在一个很大的范围内变化，但是晶格常数随组成的变化很小。由于两种草酸盐之间的相似性，出现了以下两个问题：

① 这些固溶体，以$MC_2O_4 \cdot 2H_2O$为例，热分解过程是作为一个整体进行分解，还是以分离的草酸钴和草酸镍的形式各自分解？

② 这些固溶体，以$MC_2O_4 \cdot 2H_2O$为例，热分解过程是直接分解产生均匀的合金，还是产生各种单质金属的混合物？

由于钴金属单质和镍金属单质X射线衍射图案非常相似，而且它们的氧化物的X射线衍射图案也非常相似，所以通过XRD的技术难以进行区分。若使用热重-差热分析（TG-DTA）法，是能够区分整体分解和个体单独分解的，从而回答第一个问题。若作为固溶体的形式整体进行分解，TG-DTA 曲线上会只含一个脱水吸热峰（200℃左右）和一个热分解吸热峰（380℃左右）；若以物理混合物的形式各自分解，TG-DTA 曲线上会含两个脱水吸热峰和两个热分解吸热峰。峰的位置与单成分草酸盐（草酸钴或草酸镍）的脱水温度和热分解温度有关。结果证明草酸盐固溶体是以一个整体进行分解的。

但是热重分析无法回答第二个问题，即不能区分反应产物是合金还是金属混合物，因为这些现象无法在重量损失曲线中得到反映。

然而热磁法（TM）能够很好地回答第二个问题，因为钴和镍都是铁磁性物质，纯钴和纯镍的居里温度相差很大：钴是 1131℃，而镍的居里点较低，为 361℃。对于合金而言，通过热磁法测量可得固溶体（面心立方）的磁性转变温度（居里温度）会随着组分含量变化，形成一段温区，且温区非常宽，能从钴的 1130℃平稳变化到镍的 361℃。

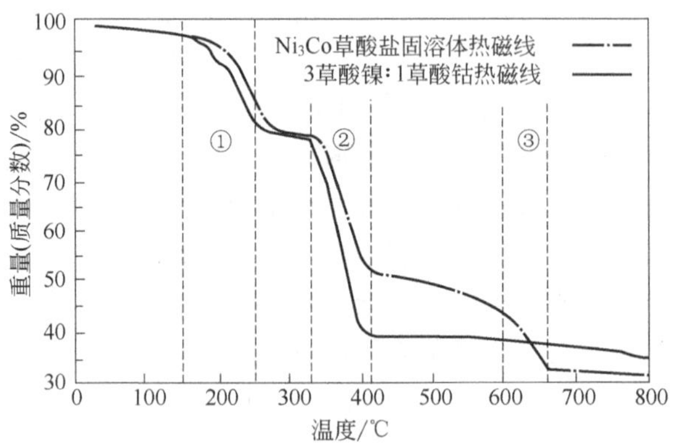

图 6-8 钴镍共沉淀物和混合草酸的 TM 曲线[4]

图 6-8 所示是氩气气氛，升温速率为 10℃/min 时，固溶体草酸盐的热磁曲线和草酸镍、草酸钴两者水合物的混合物（Ni∶Co=3）的热磁曲线。热磁曲线的测量温度最高达到 800℃。

纵坐标表示的是视重量（apparent weight）百分比，视重量表示由磁力产生的测量重量增加，其表达式为 $w = kvH(\partial H / \partial n)$，其中，$k$ 是每单位体积的磁化率，v 是样品体积，H 是磁场强度，（$\partial H/\partial n$）是磁场强度梯度。因为 v、H 和（$\partial H/\partial n$）在 TM 测量中是固定的，所以表观重量 w 与 k 值线性相关。当温度接近居里点时，样品失去磁性，表观重量 w 消失（材料不再对磁体有反应）。

根据图 6-8，0～800℃的温度范围，随着温度逐渐上升，草酸镍钴的 TM 曲线主要发生 3 次重量损失，分别对应图中的①、②、③三个区间。而草酸镍和草酸钴物理混合物的 TM 曲线也主要发生 3 次重量损失，分别对应图中的①、②、

600～800℃三个区间。在图中①所示温区，即 150～250℃范围内，两类物质的 TM 曲线下降趋势相似，是因为样品在该温度下都发生脱水，晶体脱去结晶水属于化学变化，在脱水过程中晶体的晶型和形貌都会发生变化，导致物质磁化率下降，重量损失。因为两类物质的曲线形状相似，所以难以进行区分。

在图中②所示温区，即 330～420℃范围，物质发生热分解，物质磁化率下降，草酸镍钴和物理混合物的 TM 曲线都是下降的。因为草酸镍钴固溶体热分解产生 Co-Ni 合金（Ni∶Co=3∶1），而物理混合物热分解产生单质镍和单质钴。值得注意的是，物理混合物的重量损失水平明显更大，这是因为它热分解产生的单质镍的居里温度仅为 361℃。镍在该温度下自发极化强度为零，从铁磁性变为了顺磁性，产物磁化率下降。

在图中③所示温区，即 600～650℃范围，草酸镍钴的重量损失非常明显。根据 Co-Ni 合金相图，当 w(Ni)=75%时，合金的居里温度约为 630℃。所以说草酸镍钴的热分解产物此时由铁磁性变成了顺磁性，产物磁化率下降。这与图 6-8 中固溶体的 TM 曲线在 630℃左右的变化非常一致。显然，在草酸盐固溶体的热分解过程中，直接形成了相对均匀的合金。而物理混合草酸盐从约 600～800℃重量一直在减少，这是因为单质金属在有限的程度上发生反应，产生非常不均匀的成分，使得它的居里温度拓宽为一定范围的磁性转变温区。

热磁仪能够测量温度与材料磁化率的关系，下文所述的磁天平也能起到同样的效果。

6.1.3　磁天平

磁天平主要应用于弱磁质（顺磁质与抗磁质）磁化率的测量，也可以用来研究材料的磁化强度 M_s 与温度的关系。

磁天平通过测量试样在非均匀磁场中所受的力来获得材料的磁性参数[5]。如果配合使用电炉或杜瓦瓶，并在不同温度下测量，就可以确定材料的居里温度等。图 6-9 为磁天平的工作原理示意。

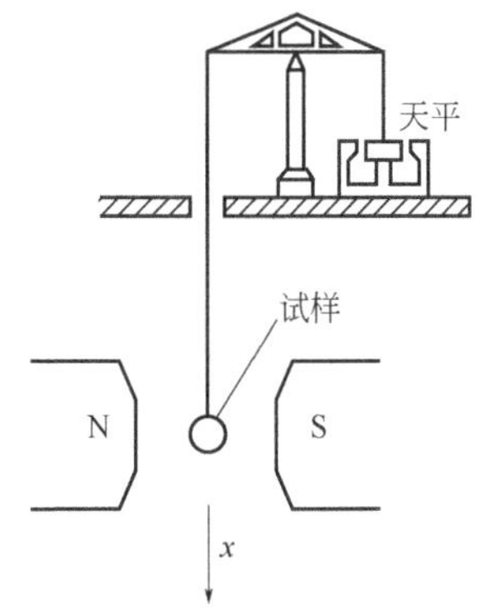

图 6-9　磁天平工作原理示意[2]

将一个小试样放入一非均匀磁场，试样会被磁化，产生的磁化强度为 M，并且受到一个沿磁场梯度方向的力 F[6]。如果试样是顺磁体，则 F 将与 dH/dx 增大的方向相同，如果试样为是抗磁性体，则两者方向相反。那么样品所受磁力：

$$F_x = \mu_0 VM\mathrm{d}H / \mathrm{d}x$$

$$F_x = \mu_0 \chi VH\mathrm{d}H / \mathrm{d}x \tag{6-24}$$

式中，μ_0是真空磁导率；V是小试样的体积；χ是单位体积磁化率；H和dH/dx分别是试样所处位置的磁场强度及磁场梯度。这里的非均匀磁场可以由经过特殊设计，使磁极头呈一定曲面的电磁铁得到。测出沿x轴上各点的H，就可以得到$\mathrm{d}H/\mathrm{d}x$。

如果所用试样为长条形，且与x轴平行放置，则受磁力F_x，对式（6-24）积分得到：

$$\begin{aligned}F_x &= \int_V \mu_0 \chi H \frac{\mathrm{d}H}{\mathrm{d}x}\mathrm{d}V = \int_{x_1}^{x_2} \mu_0 \chi H \frac{\mathrm{d}H}{\mathrm{d}x} S\mathrm{d}x \\ &= \mu_0 \chi \int_{H_1}^{H_2} SH\mathrm{d}H = \frac{1}{2}\mu_0 \chi S(H_1^2 - H_2^2)\end{aligned} \quad (6\text{-}25)$$

式中，S是试样的截面积；H_1和H_2是试样两端处的磁场强度。因此，只要知道F_x的值，就可以通过式（6-25）求出χ。我们可以用天平测出F_x：

$$F_x = mg$$

上式中，m是法砝的质量，当天平平衡时，有

$$\frac{1}{2}\mu_0 \chi S(H_1^2 - H_2^2) = mg$$

$$\chi = 2mg / \left[\mu_0 S(H_1^2 - H_2^2)\right] \quad (6\text{-}26)$$

这种方法称为 Gouy 法，它是一种积分法。利用该法求出磁化率χ后，可直接由$M = \chi H$求出M值。

例如，下面是一个以莫尔氏盐［$(NH_4)_2Fe(SO_4)_2 \cdot 6H_2O$］为标准样，测量硫酸亚铁（$FeSO_4 \cdot 7H_2O$）和亚铁氰化钾［$K_4Fe(CN)_6 \cdot 3H_2O$］的磁化率进而确定其电子结构的实例[7]。

取一只洁净干燥的样品管，先在磁场外称取此样品管的质量（$W_{管}$），然后把样品管放入磁场中称取其在磁场中的质量（$W'_{管}$）。把样品管从磁场中取出，装入高度为h=100mm 的莫尔氏盐，在磁场外称得质量（$W_{管+样}$），再将其放入磁场，10min 后，称得其在磁场中的质量（$W'_{管+样}$）。称三次取平均值。将样品尽量倒入回收瓶，把倒空的样品管分别在磁场外和磁场中称取质量，再装入硫酸亚铁样品，用同样的方法测得其在无磁场和有磁场时的质量。另一种样品亚铁氰化钾也进行相同的操作。实验在室温 16.7℃下进行。

由式（6-25）可知，样品受到磁力：

$$F_x = \mu_0(\chi - \chi_0)\int_H^{H_0} SH\mathrm{d}H \quad (6\text{-}27)$$

式中，μ_0是真空磁导率；χ是单位体积磁化率；χ_0是空气的体积磁化率；S是样品的截面积；H和H_0分别是试样底端和顶端处的磁场强度[8]。

通常情况下，H_0 为当地的地磁场强度，可以忽略不计，则样品受到的力为：

$$F_x = \frac{1}{2}\mu_0(\chi - \chi_0)SH^2 \tag{6-28}$$

用天平分别称出空样品管和装有被测样品的样品管在磁场外和磁场内时的质量变化[9]，有：

$$\Delta W = W' - W \tag{6-29}$$

显然，样品受到此不均匀磁场的作用力为：

$$F_x = (\Delta W_{管+样} - \Delta W_{管})g \tag{6-30}$$

于是有：

$$\frac{1}{2}\mu_0(\chi - \chi_0)SH^2 = (\Delta W_{管+样} - \Delta W_{管})g \tag{6-31}$$

整理后得：

$$\chi = \frac{2(\Delta W_{管+样} - \Delta W_{管})g}{\mu_0 SH^2} + \chi_0 \tag{6-32}$$

考虑到 χ_0 值很小，可以忽略，所以：

$$\chi = \frac{2(\Delta W_{管+样} - \Delta W_{管})g}{\mu_0 SH^2} \tag{6-33}$$

式中，χ 为物质的体积磁化率，简称磁化率，表示单位体积内磁场强度的变化，反映物质被磁化的难易程度。化学上常用摩尔磁化率 χ_{m} 来表示磁化程度，它与 χ 的关系为：

$$\chi_{\mathrm{m}} = \frac{\chi M}{\rho} \tag{6-34}$$

式中，M、ρ 分别为样品的摩尔质量与密度。将式（6-33）代入式（6-34），得：

$$\chi_{\mathrm{m}} = \frac{2(\Delta W_{管+样} - \Delta W_{管})gM}{\mu_0 SH^2\rho} \tag{6-35}$$

考虑到 $\rho = \frac{m}{Sh}$，可得：

$$\chi_{\mathrm{m}} = \frac{2(\Delta W_{管+样} - \Delta W_{管})ghM}{\mu_0 mH^2} \tag{6-36}$$

其中，m 为无磁场时样品的质量，即：

$$m = W_{管+样} - W_{管} \tag{6-37}$$

在精确的测量中，通常用莫尔氏盐来标定磁场强度，在 16.7℃下它的摩尔磁化率 $\chi_{m标}$ 为 0.128cm³/mol。由式（6-35）可得样品的摩尔磁化率 $\chi_{m样}$：

$$\chi_{m样}=\frac{m_{标}\times(\Delta W_{管+样}-\Delta W_{管})\times M_{样}}{m_{样}\times(\Delta W_{管+标}-\Delta W_{管})\times M_{标}}\times\chi_{m标} \tag{6-38}$$

表 6-1　文献[7]中的实验数据记录

项目		$W_{无}$/g			$W'_{有}$/g		
		W_1	W_2	W_3	W'_1	W'_2	W'_3
莫尔盐	空样品管	12.9859	12.9858	12.9860	12.9855	12.9856	12.9855
	空样品管+样品	16.8098	16.8098	16.8099	16.8255	16.8256	16.8257
硫酸亚铁	空样品管	12.9841	12.9841	12.9843	12.9858	12.9858	12.9858
	空样品管+样品	17.3384	17.3385	17.3385	17.3605	17.3604	17.3603
亚铁氰化钾	空样品管	12.9861	12.9861	12.9861	12.9859	12.9858	12.9858
	空样品管+样品	17.0217	17.0217	17.0217	17.0213	17.0213	17.0213

结合表 6-1 的实验数据，可以得到 $FeSO_4\cdot7H_2O$ 的 $\chi_m=9.99\times10^{-2}\text{cm}^3/\text{mol}>0$，是顺磁性物质。再由：

$$\chi_m=\frac{N_A\times\mu_m^2}{3kT},\quad k=1.38\times10^{-23}\text{J}/\text{K} \tag{6-39}$$

$$\mu_m=\sqrt{n(n+2)}\mu_B,\quad \mu_B=9.274\times10^{-24}\text{J/T} \tag{6-40}$$

得 $n=3.9\approx4$，即 $FeSO_4\cdot7H_2O$ 含有 4 个未成对电子。同理可得 $K_4Fe(CN)_6\cdot3H_2O$ 的 $\Delta W_{管+样}-\Delta W_{管}$=0，所以 $\chi_m=0$，其是抗磁性物质，n=0，即没有未成对电子。

与上面的积分法不同，还可以根据式（6-24）建立一种测量磁化率的微分方法——Faraday 法。原理如下：

样品所受磁力为：

$$F_x=\frac{1}{2\mu_0}\chi V\frac{\partial B^2}{\partial x} \tag{6-41}$$

式中，B 为磁感应强度。

由于样品的质量 m 比体积 V 更容易精确测量，所以一般选择测量样品的质量磁化率 χ_g[10]，这时式（6-41）可以改写为：

$$F_x=\frac{1}{2\mu_0}\chi_g m\frac{\partial B^2}{\partial x} \tag{6-42}$$

样品的质量磁化率：

$$\chi_g = \frac{2\mu_0 F_x}{m\left(\frac{\partial B^2}{\partial x}\right)} \tag{6-43}$$

根据式（6-43），若能准确得到 m、F_x 和 $\frac{\partial B^2}{\partial x}$，则样品的质量磁化率可求[6]。

如参考文献[10]中就用 Faraday 磁天平法测量了一些常见材料的磁化率。常守威等[10]进行了磁极头设计和励磁电路的改进，使对于给定的励磁电流，磁场 B 和磁场的分布 $\frac{\partial B}{\partial x}$ 都是确定的，从而式（6-42）中的 $\frac{\partial B^2}{\partial x}$ 可看作常数。因此只要用天平称出样品的质量 m 及所受磁力 F_x，即可得 χ_g。测量结果如表 6-2 所示。

表 6-2　一些材料的室温磁化率[10]

材料	状态	样品质量 m /10^{-6}kg	所受磁力 F_x /10^{-6}kgf	磁化率 χ_g /($4\pi\times10^{-9}$ m^3/kg)
Al	小圆柱	144.86	1.54	0.623
Cu	小圆柱	518.83	−0.78	−0.088
Ti	小圆柱	289.09	15.79	3.198
Ag	片状	432.03	−1.34	−0.181
Zn	颗粒	269.59	−0.69	−0.149
石英	小圆管	432.13	−3.39	−0.459
$CuSO_4\cdot5H_2O$	粉末	43.45	4.39	5.917

注：1kgf=9.80665N。

两种方法的比较：一方面由于 Gouy 法所根据的原理是求作用于单位长度物体所受的力，所以它和 Faraday 法相比较，对测量具有微弱磁性物质的磁化率具有较大的灵敏度。另一方面，Gouy 法需要较多的样品，而有的时候对于某些样品得不到一定数量，则不能用 Gouy 法进行准确测量。而且 Gouy 法要求样品在直径细小的样品管中应尽量紧密填充，这就使从样品中抽去吸附型气体（如空气）更加困难。所以 Gouy 法和 Faraday 法都各有长短，在实验室中要根据具体情况选择合适的测量方法。

总之，在磁天平法中，χ、M 等磁学量的测量都归结为力的测量。而测力的方法很多，除天平外还可以用电测方法。如使用差动变压器，可以实现自动测试。

6.1.4 振动样品磁强计

振动样品磁强计（vibrating sample magnetometer，VSM）是一种应用范围广泛的磁性测量仪器[11]。它适用于测量如磁性粉末、磁性薄膜、各向异性材料、超导材料、磁记录材料、单晶等各种磁性材料[12]，可以得到磁滞回线、起始磁化曲线、退磁曲线以及温度特性曲线、IRM（等温剩磁）曲线和DCD（直流剩磁）曲线等内容。并且具有灵敏度高、操作简单、快速和界面友好等优点。图 6-10 是它的原理示意，它是采用比较法来进行测量的。

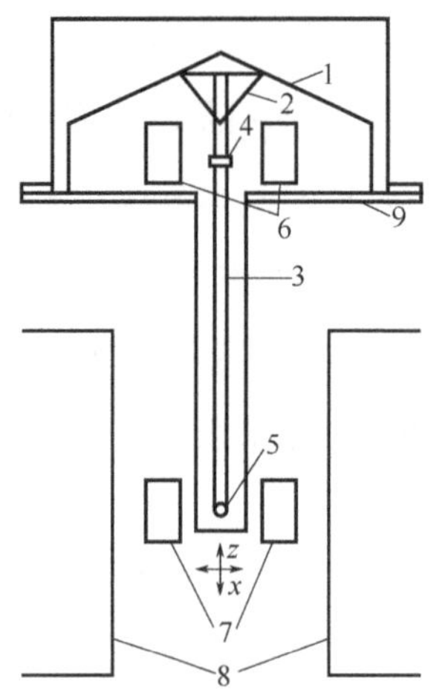

图 6-10 振动样品磁强计原理示意[2]

1—扬声器（传感器）；2—锥形纸环支架；3—空心螺杆；4—参考样品；5—被测样品；6—参考线圈；7—检测线圈；8—磁极；9—金属屏蔽箱

通常把使用 VSM 测量磁性参数的样品做成球形（图 6-10），设其磁性为各向同性，并将其置于均匀磁场中。当样品的尺寸远小于样品到检测线圈的距离时，我们可以近似将样品小球看作一个磁矩为 m 的磁偶极子，其磁矩在数值上等于球体中心的总磁矩，而样品被磁化所产生的磁场[13]，等效于磁偶极子平行于磁场方向时所产生的磁场。

如图 6-10 所示，当样品球沿检测线圈方向做小幅振动时，在线圈中产生的感应电动势正比于在 x 方向的磁通量变化：

$$e_s = -N\left(\frac{\mathrm{d}\phi_s}{\mathrm{d}x}\right)_{x_0}\frac{\mathrm{d}x}{\mathrm{d}t} \tag{6-44}$$

式中，N 为检测线圈匝数。样品在 x 方向以角频率 ω、振幅 δ 振动，其运动方程为：

$$x = x_0 + \delta\sin\omega t \tag{6-45}$$

设样品球心的平衡位置为坐标原点，则线圈中的感生电动势为：

$$e_s = G\omega\delta V_s M_s\cos\omega t \tag{6-46}$$

式中，G 为常数，由下式决定：

$$G = \frac{3}{4\pi}\mu_0 NA\frac{z_0(r^2 - 5x_0^2)}{r^2} \tag{6-47}$$

式中，r 为小线圈位置，且 $r^2 = x_0^2 + y_0^2 + z_0^2$；$A$ 为线圈的平均截面积；V_s 为样品体积；M_s 为样品的磁化强度。

由于式（6-46）准确计算 M_s 比较困难，因此实际测量中常用比较法，即用已知磁化强度的标准样品，如镍球来进行相对测量[13]。如已知标样的饱和磁化强度为 M_c，体积为 V_c，设标准样品在检测线圈中的感应电压为 E_c，用比较法则可以得到与样品的饱和磁化强度 M_s 有关的关系式，即：

$$\frac{M_s}{M_c}=\frac{E_s}{E_c}\times\frac{V_c}{V_s} \tag{6-48}$$

如果样品球的直径为 D，并且仪器电压读数分别为 E_s' 和 E_c'，则 M_s 可求：

$$M_s=\left(\frac{E_s'}{E_c'}\right)\left(\frac{D_c^3}{D_s^3}\right)M_c \tag{6-49}$$

由式（6-49）可知，检测线圈中的感应电压与样品的饱和磁化强度 M_s 成正比，只要保持振动幅度和频率不变，则感应电压的频率就是定值，所以测量十分方便。

图 6-11 所示是微机控制的 VSM 电子线路方框图。由图可知，它主要包括：

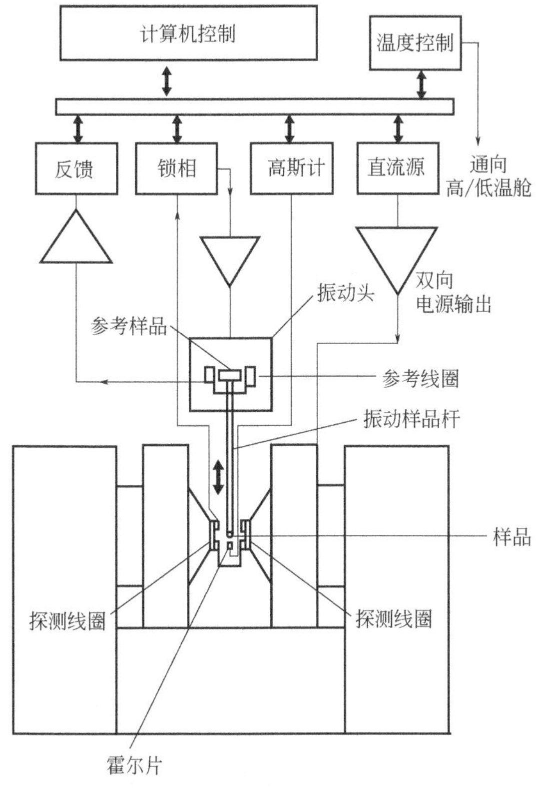

图 6-11　VSM 电子线路图[2]

① 稳定、可靠的振动系统。

② 数字化控制的磁场源（超导线圈或电磁铁）。

③ 锁相放大器，用于线圈感应信号的选频和放大。正是锁相放大技术的发展才使得 VSM 测量准确度得以提高，克服了其他电子测量线路中的零点漂移问题。

④ 辅助同步信号源，与样品振动同频率，用来精确控制样品振幅[14]。

⑤ 磁场测量系统。

⑥ 控温系统（如果需要测量温度特性）。

⑦ 计算机，负责控制测试及结果的处理。

磁滞回线是振动样品磁强计最常测量的曲线，我们可以很容易地从曲线上得到材料的饱和磁化强度、剩余磁化强度、矫顽力等重要磁参数[15]。如参考文献[15]中就是采用美国 MicroSence 公司生产的 EV9 型振动样品磁强计，测量得出了磁性样品 CoZr 薄膜的磁滞回线（图 6-12）。

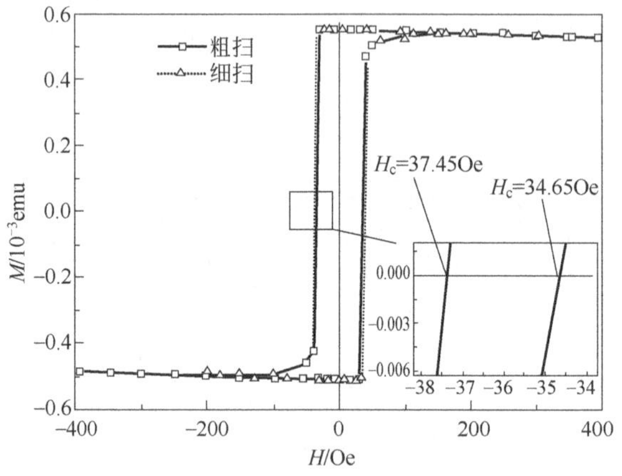

图 6-12　CoZr 薄膜磁滞回线[15]

首先根据粗扫程序得到磁滞回线（图 6-12 正方形框回线），可以知道样品的饱和场为 152Oe，剩余磁化强度为 0.56×10^{-3}emu，矫顽力为 34.65Oe。为了获得样品更准确的磁滞回线，再有针对性地调小测试中外磁场的步长，从而通过细扫程序获得图 6-12 三角形框的磁滞回线，此时得到的矫顽力为 37.45Oe。由图 6-12 可以看出，细测与粗测的矫顽力相比差值为 2.8Oe，精确了许多。矫顽力作为表征材料软磁和硬磁最重要的参数，对软磁材料的测量非常有意义。根据测试结果可知，通过适当地变动程序，可以获得更严谨的磁滞回线，从而得到样品更精确的磁参数[15]。

下面一个实例展示了利用改进的振动样品磁强计测量应变对磁性薄膜磁滞回线的影响，从而体会薄膜中的逆磁致伸缩效应。

磁致伸缩材料置于磁场中会改变形状。磁致伸缩效应的表征方法通常是施加磁场并测量大块样品的尺寸变化。位移测量通常通过电容测量或使用光学干涉测量来完成。当磁化强度增加到饱和值时，样品长度的百分比变化称为饱和磁致伸缩。而逆磁致伸缩效应，是材料在受到机械应力时磁性的变化。它有很多实际应用，如磁传感器和数据存储，因此有测量逆磁致伸缩效应的方法是很必要的。逆磁致伸缩效应的表征方法即对样品施加应变并检查其磁性的变化。

Benjamin Buford 等提出了一种测量应变对薄膜磁性的影响的方法，通过使用可调夹具对 VSM 内的样品进行应变，并测量由此产生的磁滞回线。

首先设计样品架，如图 6-13 和图 6-14 所示，样品架由两部分组成：上半部分刚性安装在振动杆的末端，有两个向下的脊，间隔 4.23mm。下半部分由四根线向上拉动，由弹簧拉紧，它有两个向上的脊，间隔 7.73mm。一个 1cm 见方的样品夹在两部分之间。其在测量过程中向样品基底施加已知的弯曲应力。该设计的主要特点是重量轻和轴对称，以避免引入振动杆的横向振动。磁致伸缩膜被放置在样品架的两个内部脊之间，其中施加的应变是均匀的。不锈钢弹簧位于磁场之外，以避免磁干扰，并连接到安装在振动杆上的可调张紧系统，如图 6-15 所示。张紧系统由一个螺纹管组成，该螺纹管可以围绕振动杆旋转，同时抵靠刚性连接到振动杆的止动件。带有内螺纹的弹簧连接组件在管上上下移动，以调节弹簧的张力。通过从样品架上悬挂已知重量并测量弹簧拉伸来校准施加的力。并通过旋转螺纹管来定位弹簧连接组件，可以原位复制相同的拉伸。

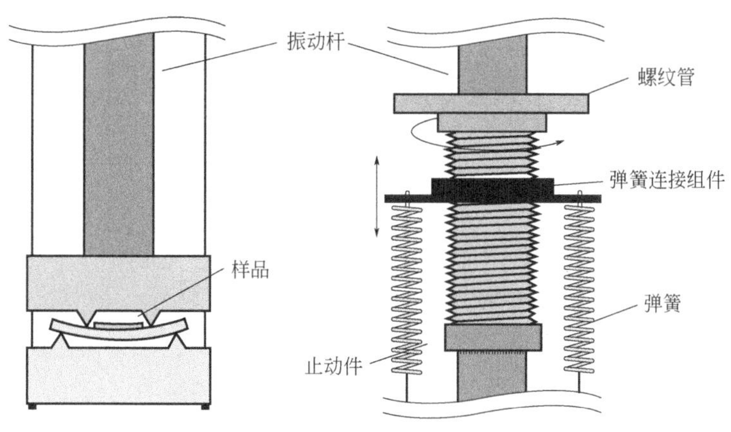

图 6-13　弯曲夹具和可调张紧系统示意[16]

样品架表现出较小的顺磁响应。对于具有小磁矩的样品，测量不带样品的样品架，或者最好是带有裸露衬底的样品架，并从薄膜的测量结果中减去。

这里研究了应变对沉积在石英衬底上的 FeGa 薄膜的影响。从 $Fe_{81.6}Ga_{18.4}$ 靶溅射沉积 57nm 厚的 galfenol 膜。选择 galfenol 是因为它的磁致伸缩系数相对较高，易于通过溅射沉积。衬底宽度为 7.58mm，厚度为 0.508mm。

样品首先安装在 VSM 上，使用标准样品架测量无应变磁滞回线（由于固定样品所需的力很小，不可能在弯曲夹具内测量无应变状态下的样品)。然后将样品放入弯曲夹具中，调整弹簧长度以获得 7N 至 20N 的所需作用力，并记录此时的磁滞回线，如图 6-16 所示。可以通过旋转 VSM 组件来改变所施加的场的方向，图 6-17 中可以看到平行和垂直于外加场施加的应变对 galfenol 薄膜矫顽力的影响。

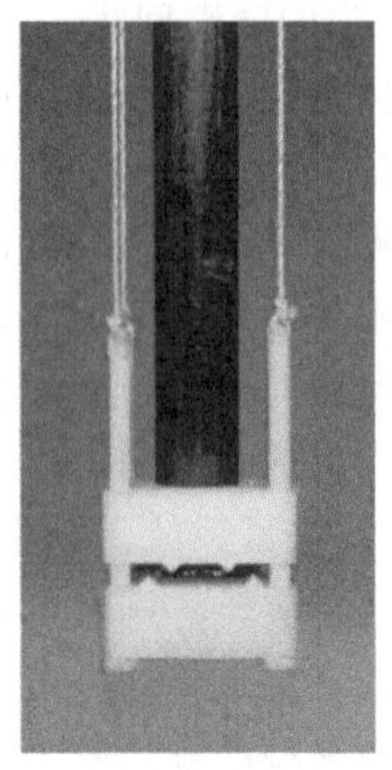

图 6-14　弯曲夹具的图像[16]

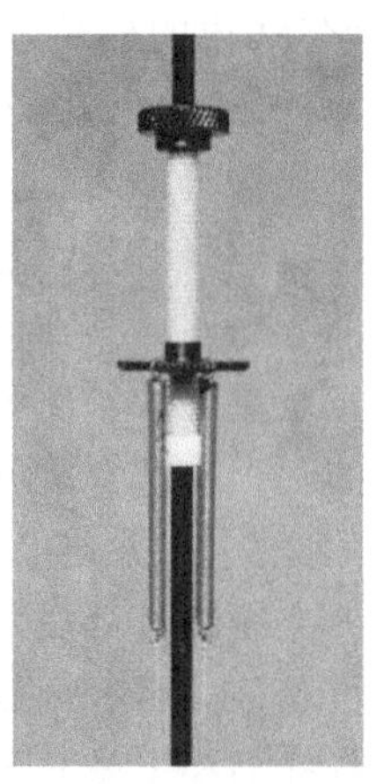

图 6-15　可调张紧系统的图像[16]

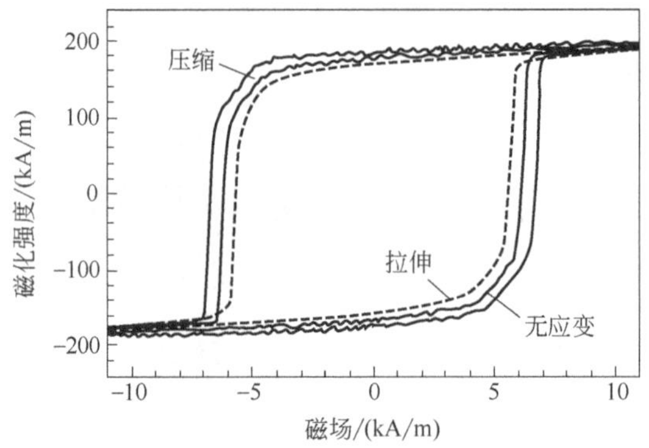

图 6-16　在无应变、压缩和拉伸应变条件下测量的 galfenol 薄膜的磁滞回线

虽然这里没有计算，但一些应用，如力传感器，需要精确计算饱和磁致伸缩。有了磁化过程的一些数据，就有可能从逆磁致伸缩测量中确定磁致伸缩常数。

对于一个处在外磁场中的材料，如果突然改变外磁场的方向或大小，其磁化强度并不会发生突变，而是随时间逐渐变化，我们称这一现象为磁黏滞或者磁后效[17]。下面是一个用振动样品磁强计测量磁黏滞系数 S 的实例。

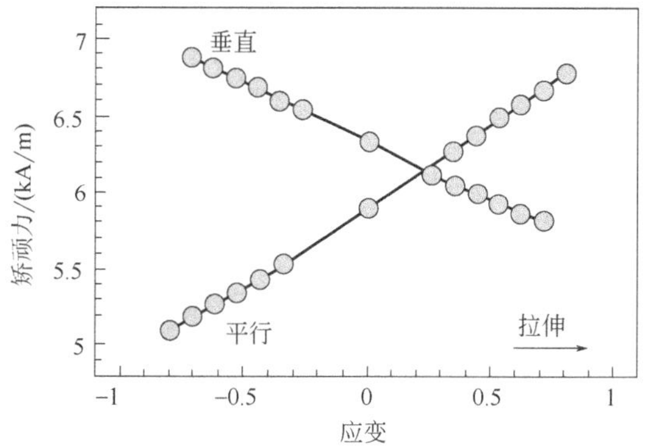

图 6-17　在平行于和垂直于外加磁场的外加应变下测量的矫顽力[16]

首先对样品（$FePt_{3nm}/C_{1nm}$）$_{10}$ 磁记录多层膜施加一个外磁场使它达到磁化饱和，然后把磁场反向，大小变为 H_c，即施加一个反方向的矫顽力场$-H_c$，待磁场稳定后开始计时，并且可以直接通过 7407 型 VSM 得到在$-H_c$的外磁场下样品的磁化强度 M 随时间 t 变化的曲线图（图 6-18），图中的点对应了 t=20s、40s、60s、…共 50 个不同时刻的磁化强度 $M(t)$。图 6-19 则是相应的 $M(t)$-ln$t$ 线性关系图，所以图中直线的斜率就是样品（$FePt_{3nm}/C_{1nm}$）$_{10}$ 的磁黏滞系数。

$$S=-dM/d\ln t$$

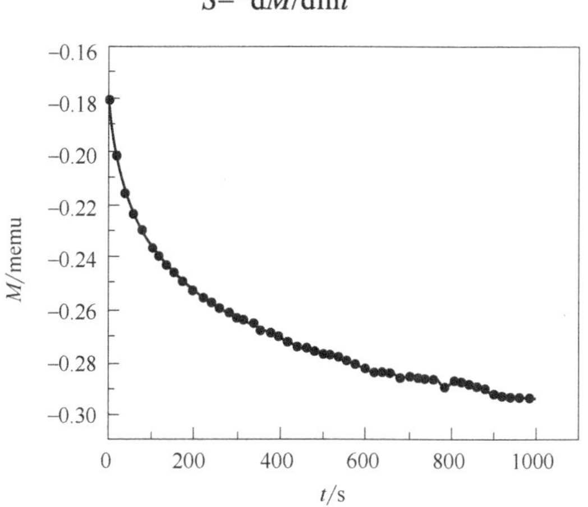

图 6-18　（$FePt_{3nm}/C_{1nm}$）$_{10}$ 的 M-t 曲线[18]

下面是利用 VSM 测量掺杂铁氧体的磁性的实例。

在过去的几十年里，随着社会对先进技术应用需求的不断增长，磁性材料已经成为一类非常重要的材料，激起了研究者们合成具有新特性的新型磁性材料的兴趣。磁性材料的磁各向异性、抗磁性、顺磁性、铁磁性、反铁磁性和亚铁磁性

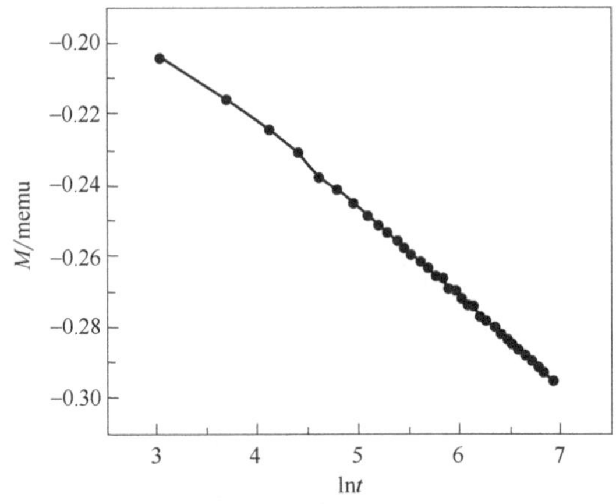

图 6-19 （$FePt_{3nm}/C_{1nm}$）$_{10}$的 M-ln$t$ 曲线[18]

使它们适用于生物技术、电信和电子工业等各种领域。在各种磁性材料中，尖晶石铁氧体被认为是一种非常重要的磁性材料，因为它能很好地结合磁特性和电特性，这使得它成为各种工业应用的极佳选择，并且它的物理性能可以根据所需的技术应用而得到增强，因此，世界各地都在广泛地研究尖晶石铁氧体。一般来说，AB_2O_4是尖晶石铁氧体的化学式，其中 A 与是四方位离子半径相近的二价金属离子，B 是八面体位的三价金属离子。阳离子在 A、B 位的分布为：（A 位最强）A←Zn^{2+}、Cd^{2+}、Ga^{3+}、In^{3+}、Mn^{2+}、Fe^{3+}、Mn^{3+}、Fe^{2+}、Mg^{2+}、Cu^{2+}、Co^{2+}、Ti^{4+}、Ni^{2+}、Cr^{2+}→B（B 位最强）。因此，二价金属离子（M^{2+}）在 A 位的分布和三价 Fe^{3+}在 B 位的分布通常用 $(M^{2+}_{1-\delta}Fe^{3+}_{\delta})^{Tet}_{A}[M^{2+}_{\delta}Fe^{3+}_{2-\delta}]^{Oct}_{B}O_4$ 来表示，其中 δ 是三价金属离子从 A 位到 B 位的分布分数，二价金属离子的 1−δ 部分保留在 A 位。δ=0 时，A 位完全被 M^{2+}占据，B 位被 Fe^{3+}占据，形成正常的尖晶石（正常的铁氧体只有 $ZnFe_2O_4$和 $CdFe_2O_4$）。δ=1 时，A 位全部被 Fe^{3+}占据，B 位一半被 Fe^{3+}占据，形成反尖晶石（如 $NiFe_2O_4$）。总的来说，$0<\delta<1$ 时，尖晶石铁氧体属于正型和负型的混合形式。在所有尖晶石铁氧体中，钴铁氧体是最有吸引力的材料之一，因为它们具有独特的特性，包括：高 H_c、适度的饱和磁化强度、极高的硬度、巨大的各向异性、化学稳定性和高电阻率。钴铁氧体可用于化学传感器、高密度记录系统、高质量过滤器、移相器、变压器铁芯、磁共振成像、皮肤组织成像和其他生态应用等领域。由于其高稳定性和高机械强度，钴铁氧体也可用于微波器件。钴铁氧体（$CoFe_2O_4$）具有反尖晶石结构，Co^{2+}在八面体位置，而 Fe^{3+}在八面体和四面体位置中均匀分布。从结构形态来看，尖晶石铁氧体的特性与其成分配比和合成路径密切相关。如 Zn 和 Cd 的掺杂浓度不同使钴铁氧体的磁性发生变化。

B.Chunfeng 等[19]用 Lakeshore 7407 型振动样品磁强计对固相反应法制备的掺

锌尖晶石 $CoFe_2O_4$ 的磁性进行了测量。

图 6-20 显示了 $Co_{1-x}Zn_xFe_2O_4$（x=0、0.2、0.4 和 0.6）粉末在室温下的磁滞回线图。随着锌离子含量的增加，样品的饱和磁化强度先增大后减小。对于 $Co_{0.8}Zn_{0.2}Fe_2O_4$ 样品，饱和磁化强度达到最大值 62.98A・m²/kg。其机理是尖晶石钴铁氧体的饱和磁化强度与正离子在四面体 A 位和八面体 B 位的分布有关。由于锌离子占据铁氧体 A 位的趋势，$Co_{1-x}Zn_xFe_2O_4$ 样品的离子分布可表示为：

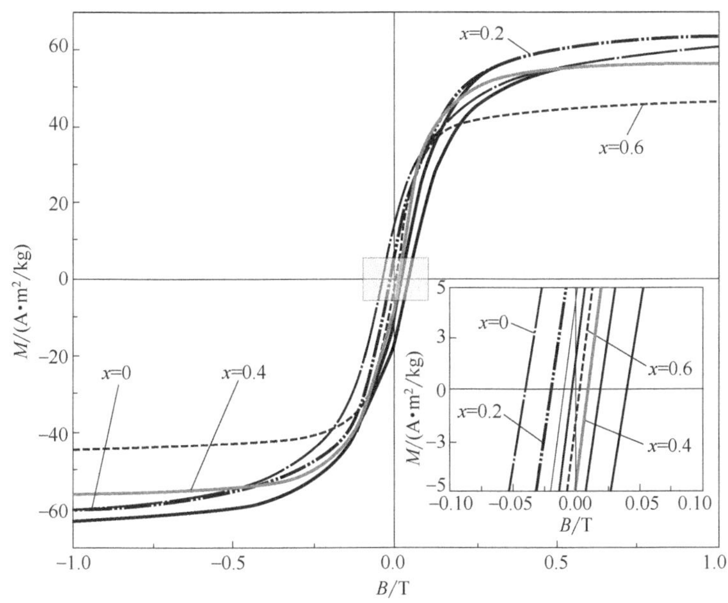

图 6-20　$Co_{1-x}Zn_xFe_2O_4$（x=0，0.2，0.4 和 0.6）粉末的磁滞回线[19]

$$\left(Co^{2+}_{1-\delta-x}Zn^{2+}_{x}Fe^{3+}_{\delta}\right)^{Tet}_{A}\downarrow\left[Co^{2+}_{\delta}Fe^{3+}_{2-\delta}\right]^{Oct}_{B}\uparrow O_4$$

其中 δ 表示 Co^{3+}在 B 位的分布分数，以及 Fe^{3+}在 B 位的相应分布分数，上下箭头表示 A 位和 B 位的磁矩。中子实验结果表明，$CoFe_2O_4$ 中 B 位 Co 离子的分布分数约为 0.68。由于 Zn^{2+}是非磁性离子，Co^{2+}和 Fe^{3+}的磁矩分别为 $3\mu_B$ 和 $5\mu_B$。因此，掺锌尖晶石钴铁氧体的分子总磁矩（M）可以表示为：

$$M=\left[3\delta+5(2-\delta)-3(1-\delta-x)-5\delta\right]\mu_B=(7-4\delta+3x)\mu_B$$

结果表明，$Co_{1-x}Zn_xFe_2O_4$ 的总磁矩与 x 和 δ 值有关，但在此次实验中，在 x=0.2 时获得了最高的饱和磁化强度。这可以解释为大量的 Zn 掺杂使得 B 位上的锌离子增多，而 B 位上的离子产生了 B-B 交换作用力。因此，A-B 间的超交换作用被削弱，并且该 B 位的磁离子被相邻磁离子的 B-B 交换作用所改变。由于磁矩是反平行的，B 位的总磁矩减小，饱和磁化强度和居里温度降低。$Co_{1-x}Zn_xFe_2O_4$ 样品的饱和磁化强度、剩余磁化强度、矫顽力和居里温度如表 6-3 所示。在 x=0.2 时，$Co_{1-x}Zn_xFe_2O_4$ 样品的饱和磁化强度增加到 62.98A·m²/kg，然后随着 Zn 含量的进一步增加而降低。随着 Zn 掺杂量的增加，薄膜的剩余磁化强度和矫顽力单调下降。

表 6-3 $Co_{1-x}Zn_xFe_2O_4$（x=0、0.2、0.4 和 0.6）粉末的饱和磁化强度（M_s）、剩余磁化强度（M_r）、矫顽力（H_c）和居里温度（T_c）[19]

x	0	0.2	0.4	0.6
M_s/（A·m²/kg）	60.20	62.98	56.13	45.38
M_r/（A·m²/kg）	14.95	8.51	4.58	1.72
H_c/Oe	407.6	199.7	97.5	33.7
T_c/℃	467	369	253	127

钴铁氧体是一种居里温度高的硬磁材料，在居里温度下，铁磁性物质转变为顺磁性物质。图 6-21 描绘了 $Co_{1-x}Zn_xFe_2O_4$（x=0,0.2,0.4 和 0.6）化合物在外加磁场 B=0.05T 下的 M-T 曲线。测量保持在铁磁状态，直到它转变为顺磁状态。随着锌含量的增加，居里温度逐渐降低，在 x=0，0.2，0.4 和 0.6 时，居里温度的绝对值分别为 467℃、369℃、253℃、127℃。居里温度的高低取决于尖晶石结构亚晶格中 A-B 位磁性离子间的超交换作用强度。其原因是锌离子浓度过高增强了 B-B 交换作用，而 A-B 超交换作用减弱，导致居里温度降低。

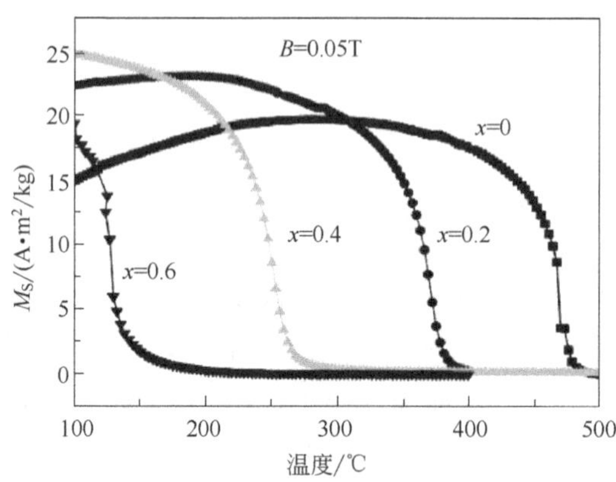

图 6-21 $Co_{1-x}Zn_xFe_2O_4$（x=0，0.2，0.4 和 0.6）样品温度函数的饱和磁化强度（M_s）[19]

对于 $Co_{0.8}Zn_{0.2}Fe_2O_4$ 样品，由于存在大量的 Co^{3+}，饱和磁化强度达到最大值 62.98A·m²/kg，随着 Zn 离子掺杂浓度的增加，饱和磁化强度降低。其中 Zn 离子的存在降低了 B 位 Fe 对总磁化强度的正贡献。此外，由于 A 位和 B 位超交换作用的减弱，剩余磁化强度、矫顽力和居里温度也不断降低。

M. Shakil 等[20]通过化学共沉淀法合成了镉掺杂钴铁氧体（$Cd_{0.375}Co_{0.625}Fe_2O_4$）和锌镉共掺杂钴铁氧体（$Zn_xCd_{0.375-x}Co_{0.625}Fe_2O_4$，$x = 0.0,0.075,0.125,0.25$）。样品的磁滞回线如图 6-22 所示，可以看到这些磁滞回线都很窄，所以 $Zn_xCd_{0.375-x}Co_{0.625}Fe_2O_4$ 的每个样品本质上是一个软磁体。对这些样品的分析表明，磁性能随着锌掺杂浓度的增加而变化。M_r、M_s 和 H_c 的计算值列于表 6-4，观察到的 M_r、M_s 和 H_c 的差异可能是因为成分、晶体结构、颗粒大小及其在晶格位置的排列不同。对于 $Zn_{0.125}Cd_{0.25}Co_{0.625}Fe_2O_4$ 样品，M_s 值最大，为 9.17emu/g。此外，通过增加锌浓度，M_s 值从 4.68emu/g 降低到 2.96emu/g。镉掺杂钴铁氧体的饱和磁化强度为 1.96emu/g。由于镉离子的非磁性行为，获得了较低的 M_s 值。钴铁氧体的 H_c 值在 329.3～1408Oe 范围内，$Cd_{0.375}Co_{0.625}Fe_2O_4$ 样品的 H_c 值最大（为 576Oe），而 $Zn_{0.25}Cd_{0.125}Co_{0.625}Fe_2O_4$ 样品的 H_c 值最小（为 501Oe），可以得出，随着锌掺杂量的增加，制备的铁氧体的 H_c 也降低。这是因为与镉和钴相比，锌的非磁性行为和较低的磁各向异性。

表 6-4　$Zn_xCd_{0.375-x}Co_{0.625}Fe_2O_4$（$x$=0.0,0.075,0.125,0.25）的 M_r、M_s 和 H_c 值[20]

合金样品	M_s/（emu/g）	M_r/（emu/g）	H_c/Oe
$Cd_{0.375}Co_{0.625}Fe_2O_4$	1.96	0.37	576
$Zn_{0.075}Cd_{0.3}Co_{0.625}Fe_2O_4$	4.68	0.23	529
$Zn_{0.125}Cd_{0.25}Co_{0.625}Fe_2O_4$	9.17	1.17	516
$Zn_{0.25}Cd_{0.125}Co_{0.625}Fe_2O_4$	2.96	0.60	501

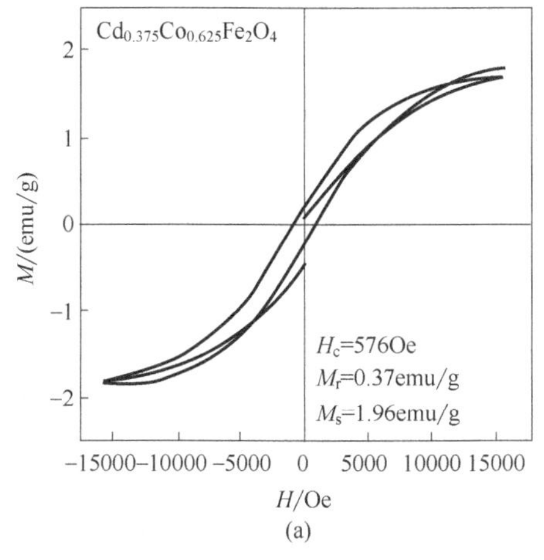

(a)

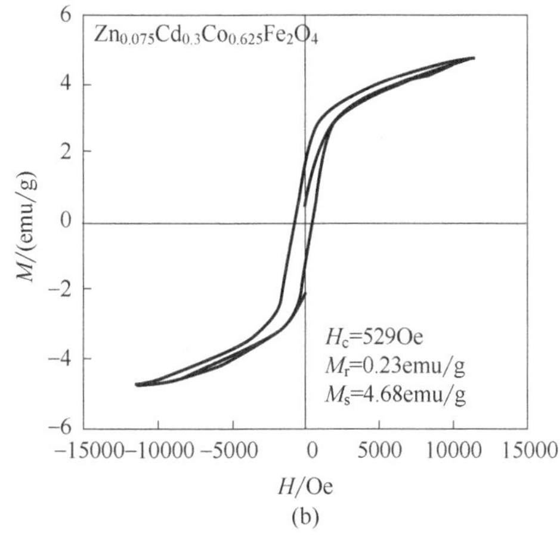

(b)

图 6-22

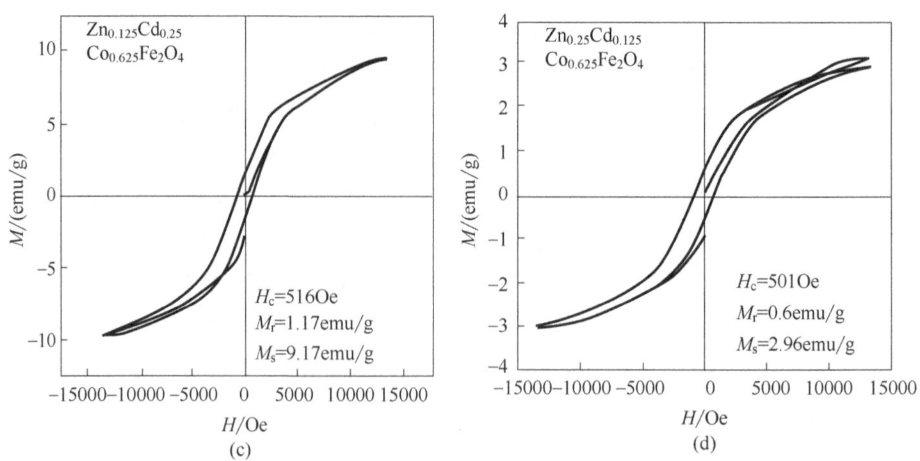

图 6-22 $Zn_xCd_{0.375-x}Co_{0.625}Fe_2O_4$（$x$ = 0.0,0.075,0.125,0.25）的磁滞回线[20]

下面一个实例研究了用溶胶-凝胶法制备的 $Ba_{0.99}Sm_{0.01}TiO_3$（BSmT1）样品的磁性能[21]。样品由纳米尺寸（33.2nm）的微晶组成。利用振动样品磁强计（VSM）技术测量了不同温度和不同磁场下的磁化强度，温度范围为 2～300K，磁场范围为 0～10 kOe。

具有通式 ABO_3 的钙钛矿结构的陶瓷由于其有趣的物理性质（结构、光学、压电等）而被广泛研究，可以通过改变它的这些物理性质来满足工业需要，因为其晶体结构可容纳不同类型的掺杂剂。钛酸钡 $BaTiO_3$（BT）是研究最为广泛的钙钛矿材料之一，它具有优异的介电、压电和铁电性能，是电容器、传感器、非易失性存储器、热敏电阻、动态随机存取存储器（DRAM）和可调微波器件等多种技术应用的候选材料之一。通过在 A 位或 B 位引入合适的掺杂剂，可以提高这类材料的化学和物理性能。在钙钛矿结构中，A 位被配位数较高的离子占据，B 位被配位数相对较低的离子占据。因此，掺杂剂在 A 位或 B 位的掺入可以决定钛酸钡的物理性质，特别是磁性钛酸钡。在这方面，人们在理论和实验上都致力于研究同时具有铁电性和磁性的材料。这些工作大多集中在过渡金属元素（TM）掺杂的影响，因为 TM 离子可以实现铁磁性。此外，这些离子很容易取代钛酸钡基体中的钛。在 $BaTiO_3$ 中引入 Mn、Fe 和 Co 等过渡金属元素离子首先会影响其介电常数和介电损耗，并在该材料中引入与铁电性共存的铁磁性。特别地，认为铁掺杂钛酸钡中的铁磁有序性源于 Fe^{3+}-O^2-Fe^{4+}的双交换作用。

尽管许多研究都集中在过渡金属元素对钛酸钡材料介电性能的影响以及其中产生的磁有序类型上，但稀土离子对钛酸钡材料磁性能的影响却鲜有报道。钐离子的一个重要特性是其价自由度。此外，观察到的钐价态变化可用于许多技术应用，如高密度写入、读取和擦除三维光学存储设备。为此，Fouad Es-saddik 等研究了钐对 BSmT1 样品磁性的影响。他们测量了 BSmT1 样品的磁化强度 M，并根据获得的磁化数据确定了磁化率 χ 和熵变（$-\Delta S_M$）。

为了研究 BSmT1 的磁性，Fouad Es-saddik 等研究了 BSmT1 的磁化强度与温度和外加磁场的关系，并从磁熵变的角度研究了 BSmT1 的磁热效应。

在图 6-23（a）～（d）中可以观察到，随着温度的升高，磁化强度首先降低，并且发现在 25K 到 75K 的温度范围内所有磁化强度都存在异常。事实上，当磁场强度增加时，观察到的异常（M_{an}）变得更加明显。

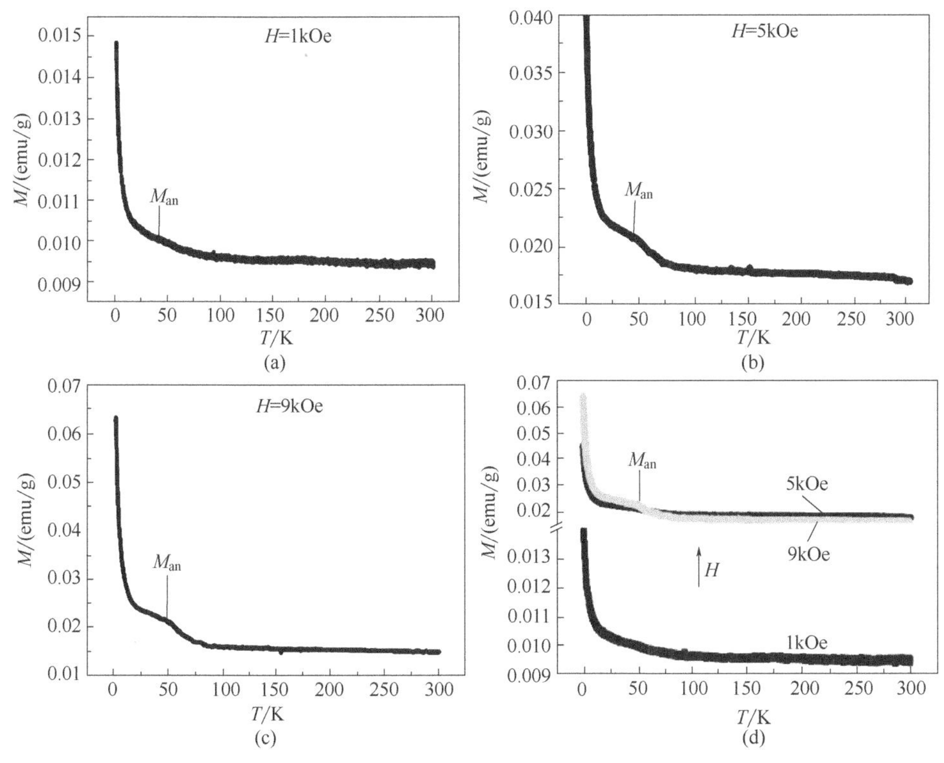

图 6-23　磁化强度与温度的关系[21]

材料在 2K、5K、10K、20K、50K、100K、200K 和 300K 下的磁滞回线如图 6-24 所示。样品的磁化强度是通过在不同温度（从 2K 到室温）下施加-10kOe 到 10kOe 范围的磁场来测量的。

在非常低的温度（T<20K）下，BSmT1 的磁化曲线即使在 10K 下也没有饱和，并且显示出矫顽场（H_c）和剩磁（M_r）的轻微不对称［图 6-24（a）～（c）］。这两个温度参数在 T=10K 左右达到最大值，超过该温度后下降（表 6-5）。这种现象表明可能存在着比较强的铁磁（F）和反铁磁（AF）相互作用，随着温度的升

高，这种相互作用因铁磁相互作用而减少。此外，观察到矫顽场（表 6-5 和图 6-25）随着温度的降低而增加，这表明各向异性在 20K 左右随着反铁磁成分的出现变得相对重要。

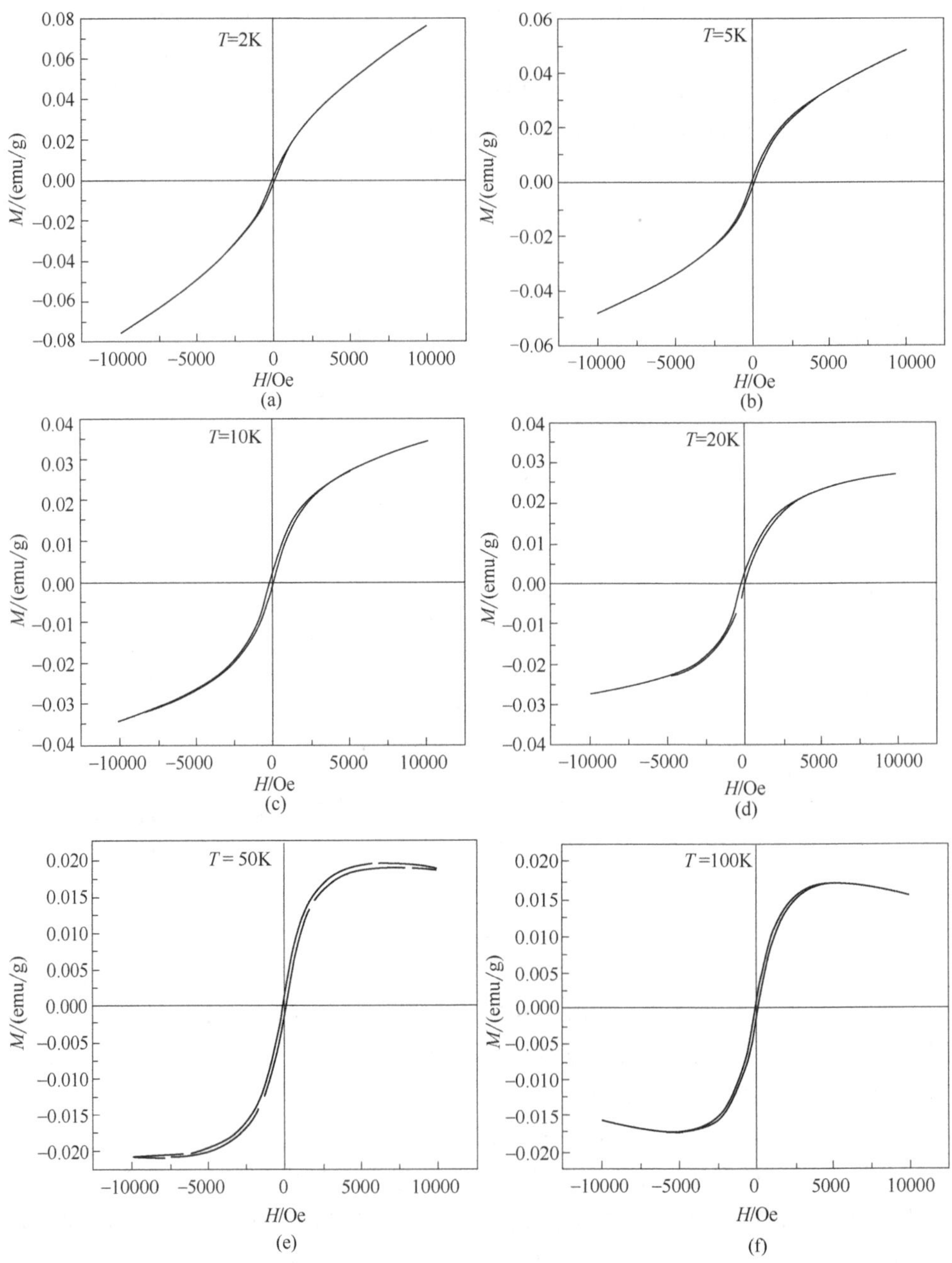

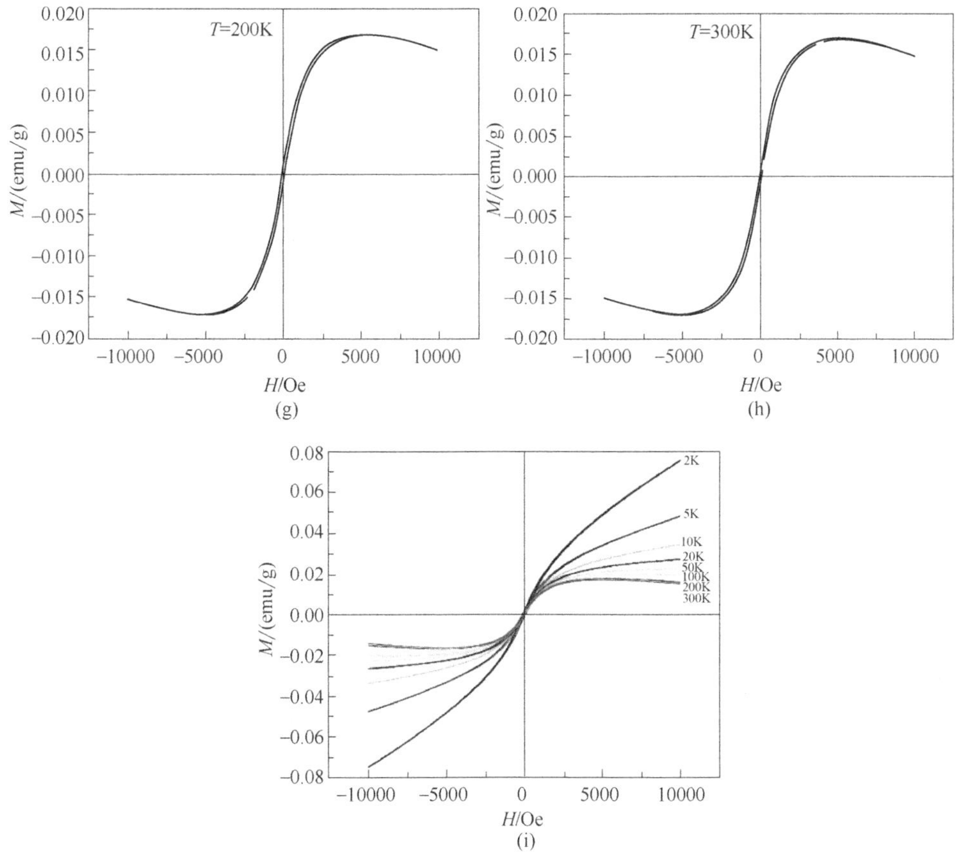

图 6-24 BSmT1 在不同温度下的磁滞回线[21]

表 6-5 不同温度下 BSmT1 的矫顽力和剩磁[21]

T/K	H_{1c}/kOe	H_{2c}/kOe	M_{r1}/（emu/g）	M_{r2}/（emu/g）
2	-62.0864	76.6210	−0.00111	0.00123
5	-80.0735	78.5278	−0.00126	0.00134
10	-93.2150	92.7634	-0.0013	0.00128
20	-96.1589	90.6437	−0.00112	0.00116
50	-82.8710	80.7675	−0.00112	0.00105
100	-73.6308	77.0392	-9.34151×10^{-4}	0.00100
200	-68.8855	57.5477	-7.93837×10^{-4}	8.64442×10^{-4}
300	-54.5187	47.4301	-6.26977×10^{-4}	7.38221×10^{-4}

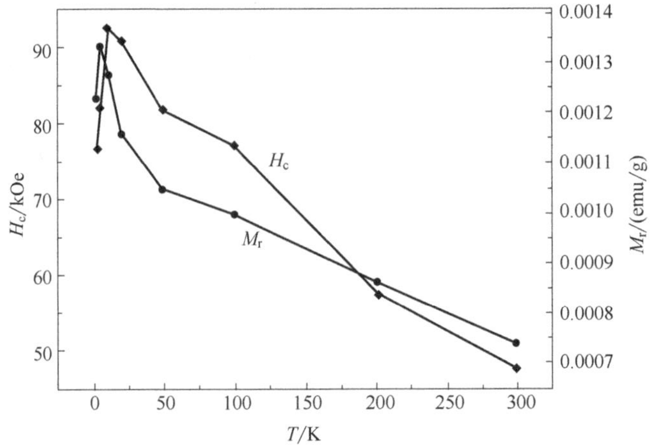

图 6-25 剩磁（M_r）和矫顽场（H_c）与温度的关系[21]

在 20K≤T≤100K 的区间内，磁化达到饱和，有利于样品内的铁磁有序。对于 100K≤T≤300K，弱铁磁性存在于抗磁组分（DI）中。所观察到的抗磁性可能来自于钛酸钡，因为钛酸钡本质上是抗磁性的。观察到的铁磁性可能来自 Sm^{3+}，低温（20K 以下）下的反铁磁性可能是由于 Sm^{2+}的存在。事实上，对钐的存在及其两个价态+2 和+3 已经有了研究，在 20K 以下的低温下，钐的价态可能从+3 变化到+2，Sm^{2+}在三方晶系中反铁磁有序。值得注意的是，当温度低于约 90℃（183K）时，$BaTiO_3$ 原子呈菱形结构排列（极轴方向为<1 1 1>）。

因此，为了解释所获得的磁滞回线（不同磁相共存）的结果，在磁场 H 中使用了布里渊函数和附加的线性项（χ_{cor}），其中考虑了反铁磁或抗磁相的存在，如下：

$$M = M_s\left[\frac{2J+1}{2J}\coth\left(\frac{2J+1}{2J}x\right)-\frac{1}{2J}\coth\left(\frac{1}{2J}x\right)\right]+\chi_{cor}H \tag{6-50}$$

式中，M_s 是饱和磁化强度；$x=\dfrac{g_J J\mu_B H}{k_B T}$；$H$ 是有效场，$H = H_{app}+H_{mol}$。

式中，H_{app} 和 H_{mol} 是外加的 Weiss 分子磁场；k_B 是玻耳兹曼常数；μ_B 是玻尔磁子；χ_{cor} 表示磁化率，抗磁性贡献为负，反铁磁性贡献为正。

为了方便起见，有效场（$H_{app}+H_{mol}$）可被视为与外加磁场成比例。因此，磁化强度与有效磁场的变化可表示为磁化强度与 H_{app} 的变化。

利用修正的布里渊函数[式(6-50)]和不同的 J 对磁数据进行拟合。发现 J=1/2 的值（如图 6-26 所示）导致了磁化数据的良好拟合。这个值（J=1/2）可能分配给 Sm^{3+}。

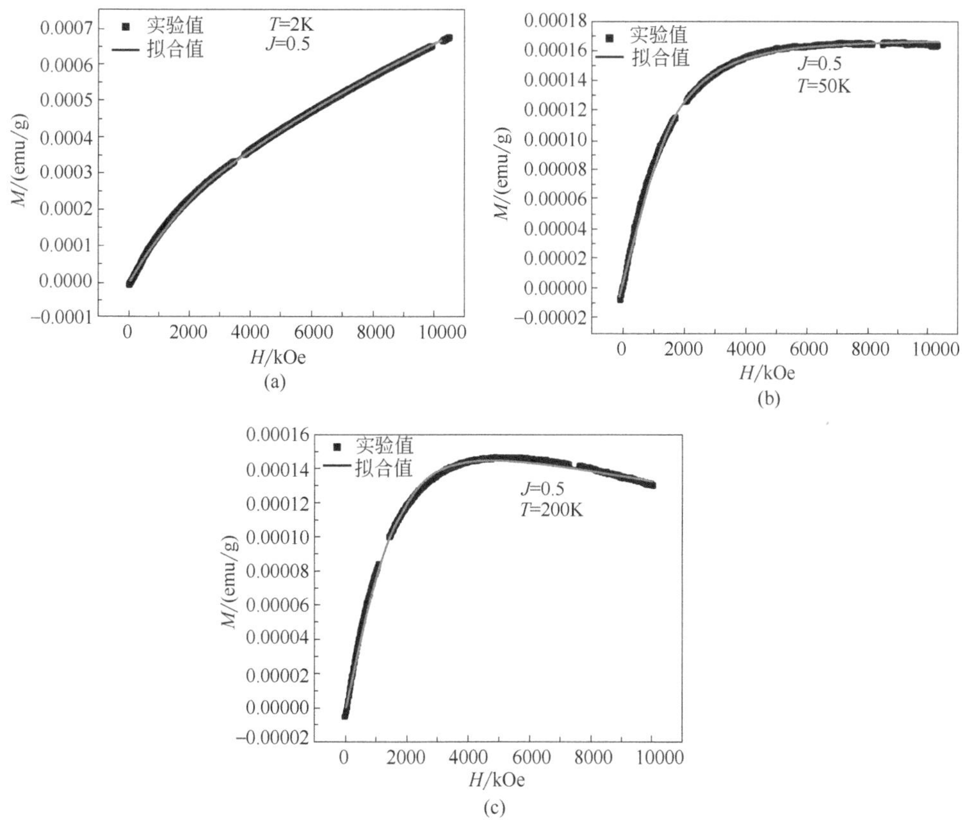

图 6-26　不同温度下磁化强度与外加磁场的拟合

从拟合程序中提取的饱和磁化强度(M_s)、磁化率(χ_{cor})和 Chi-sqr 系数(J=0.5)见表 6-6。Chi-sqr 的较低值证实了磁数据与该模型的良好拟合。

表 6-6　J=0.5 时 BSmT1 的 M_s 和计算磁化率（ χ_{cor} ）[21]

T/K	M_s/（emu/g）	χ_{cal}/（emu/g Oe）	Chi-sqrt（模拟）
2	0.02093	5.52698×10^{-6}	8.2449×10^{-12}
5	0.0186	2.95384×10^{-6}	4.8207×10^{-12}
10	0.0186	1.58488×10^{-6}	4.7277×10^{-12}
20	0.0186	8.45244×10^{-7}	4.1310×10^{-12}
50	0.0186	0	3.1296×10^{-12}
100	0.0186	-2.56465×10^{-7}	3.5800×10^{-12}
200	0.0186	-3.02244×10^{-7}	3.3917×10^{-12}
300	0.0186	-3.17081×10^{-7}	4.0685×10^{-12}

表 6-6 和图 6-27 中出现的磁化率（χ_{cor}）的数值和热行为证实了图 6-24 中观察到的磁化行为。

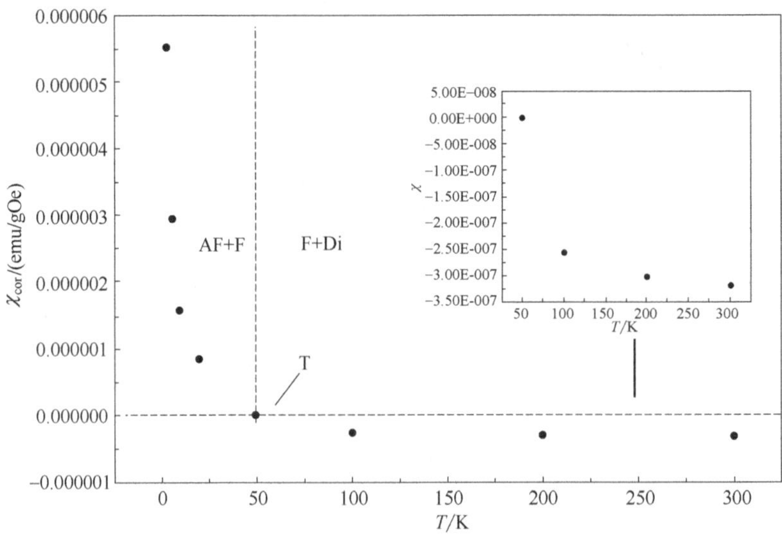

图 6-27　BSmT1 对温度的敏感性[21]

事实上，对于 $T<20K$，磁化率显示出下降的正值，表明铁磁和反铁磁相互作用之间的竞争减少。当温度为 $20K<T<100K$ 时，以铁磁序为主，当温度为 $T>100K$ 时，发生了逆磁效应。

使用众所周知的表达式计算磁化率：

$$\chi = \frac{dM}{dH}\bigg|_{H\to 0} \tag{6-51}$$

磁化率的倒数 χ^{-1} 绘制为温度的函数，见图 6-28。

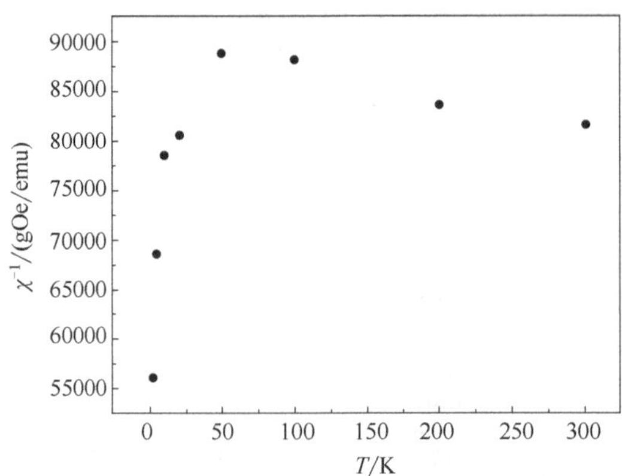

图 6-28　BSmT1 的磁化率的倒数与温度的关系[21]

在整个温度区间内，观察到的变化不遵循 Curie-Weiss 行为，因为磁化率的倒数随温度升高而降低。在尖晶石结构的 $BaSm_2TiO_3$ 样品中也观察到了 χ^{-1} 的行为。

根据磁化率，使用以下公式计算 20K 和 50K（铁磁区间）温度下的有效磁矩 μ_{eff}（μ_B）：

$$\mu_{eff}^2 = \frac{3\chi k_B T}{N_A \mu_0 \mu_B^2} \tag{6-52}$$

式中，T、k_B、N_A、μ_0 和 μ_B 分别是绝对温度、玻耳兹曼常数、阿伏伽德罗常数、真空磁导率和玻尔磁子。

该参数与温度有关，并随温度升高而增加（表 6-7）。Sm^{3+}的磁矩 μ_{eff} 取决于温度。

表 6-7　从磁化数据中提取的 Sm^{3+}的 μ_{eff} 值[21]

T/K	μ_{eff}（μ_B）
20	1.69
50	2.46

剩磁比（R）由以下关系式定义：

$$R = \frac{M_r}{M_s} \tag{6-53}$$

这是一个重要的参数，用于了解所研究化合物的各向同性性质。R 的计算值在 0.036～0.067 之间。参数 R 在 T=5K 附近达到最大值，然后下降（T>5K），表明铁磁序和反铁磁序之间的强竞争效应逐渐减弱。在 50K 以上，参数 R 显著降低（图 6-29）。

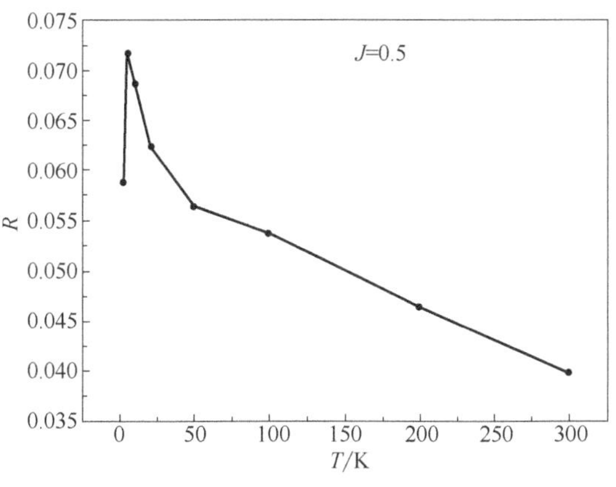

图 6-29　R 与温度的关系[21]

观察到的磁化异常（M_{an}）可以解释为由于 Sm^{2+}的 AF 贡献，导致的随温度降低而发生的强磁各向异性（F 和 AF 竞争）。

根据麦克斯韦公式，利用热力学理论计算了磁熵变（$-\Delta S_M$）引起的磁热效应。

$$\Delta S_M(T,\Delta H)=\int_{H_1}^{H_2}\frac{\partial M}{\partial T}\mathrm{d}H \tag{6-54}$$

在小离散场和温度区间下，该表达式变为：

$$\Delta S_M(T,\Delta H)=\sum_i \frac{M_{i+1}(T_{i+1},H_i)-M_i(T_{i+1},H_i)}{T_{i+1}-T_i}\Delta H \tag{6-55}$$

式中，M_i 和 M_{i+1} 是在磁场 H 下 T_i 和 T_{i+1} 处测得的磁化强度。

在这个例子中，熵变是在 5K 的温度区间内、在 5kOe 的磁场下计算的。图 6-30 说明了熵变（$-\Delta S_M$）的热行为，我们可以在整个温度范围内看到 $-\Delta S_M$ 的正信号，证实了 BSmT1 中的铁磁特性，正如在磁滞回线上观察到的那样。

此外，$-\Delta S_M$ 的热变化（图 6-30）与磁化强度 M 的热变化相似，显示出与磁化中观察到的异常相同的异常。

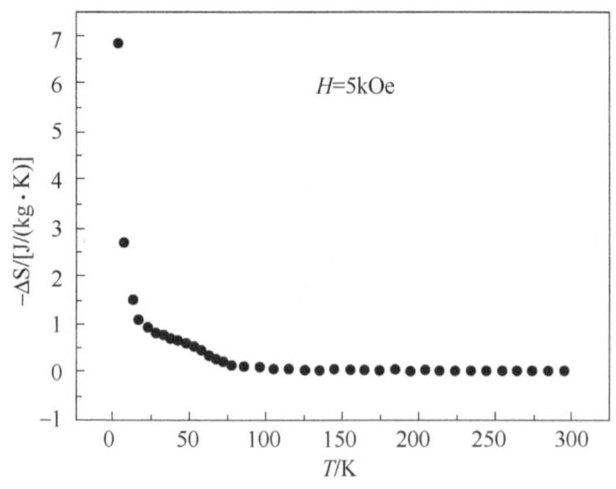

图 6-30　H=5kOe 时熵变与温度的关系[21]

本例通过对 $Ba_{0.99}Sm_{0.01}TiO_3$ 在不同温度和磁场下的磁化强度的测量，研究了其磁性能。不同磁场下的磁化强度随温度的变化曲线表明，磁化强度随温度的升高而降低，并在 20～75K 之间出现异常，表明铁磁性和反铁磁性之间的竞争具有很强的各向异性，这种异常随着磁场（H）的增大而变得越来越明显。特别是，磁滞回线显示了一系列相的存在：在 100K 到 300K 之间具有的铁磁性相，可能来自 Sm^{3+}，同时存在 $BaTiO_3$（纯样品）贡献的抗磁性；接着是铁磁相在 20K 到 50K 之间的普遍存在；以及竞争的铁磁和反铁磁相在 20K 以下的共存，反铁磁相归因于 Sm^{2+}，它在低温下出现。熵的热变化表现出与磁化相似的行为。用修正的布里渊函数拟合了 M-H 回线，特别是拟合得到的磁化率值和磁化强度与磁场的关系是一致的。

振动样品磁强计的优点是：灵敏度高，可以测量 10^{-5}～10^{-7}（emu）范围的磁化强度，因此可以测量微小试样；几乎没有漂移，能长时间进行测量（稳定度可达 0.05%/d）；并且可以进行高、低温和角度相关特性的测量，也可用于交变磁场测定材料动态磁性能。唯一的缺点是测量时由于磁化装置的极头不能夹持试样，因此是开路测量，必须进行退磁修正，而且不能用于测试材料的磁导率。

6.2　交流磁性测量原理与数据分析

磁性材料在交变磁场中表现出的磁特性称为交流磁化特性，其与前面研究的静态磁特性不同，它不但与物质本身的磁性有关，还与励磁电流的幅度、频率、波形等因素有关。因此，要想恰当地选择测量方法以及分析测量结果，首先了解磁性材料的动态磁特性是非常必要的。

当磁性材料处于一个振幅、频率一定的交变磁场中，便被周期地反复磁化，这种过程称为循环磁化。其磁状态沿着一个对称的回线 $ac'a'ca$（图 6-31）变化，这个回线即为材料的动态磁滞回线。由于在动态情况下，反复磁化一周所耗费的能量不仅仅是磁滞损耗和微观涡流损耗之和，还与宏观涡流损耗和磁黏滞性引起的损耗有关，所以动态回线所包围的面积总是大于静态回线（$ab'a'ba$）的面积[22]。

动态磁滞回线的形状与磁感应强度的幅度有关，在弱交变磁场中，呈椭圆形状[23]；而在较强磁场下，其形状则与静态典型磁滞回线相似，只是稍微胖一些，但当频率增高时也趋于椭圆形，图 6-32 就表示了这种情况。

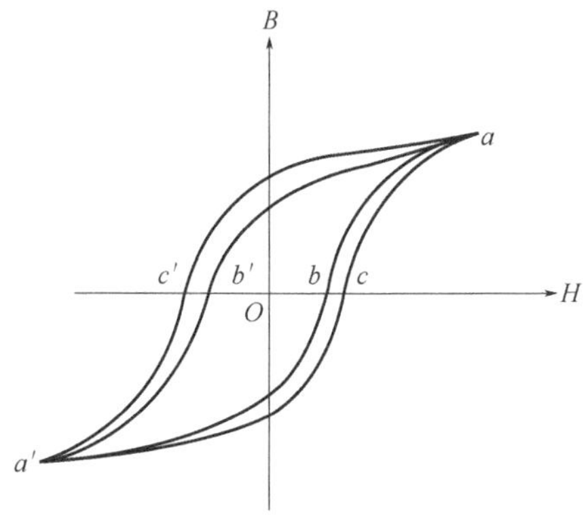

图 6-31　动、静态磁滞回线[22]

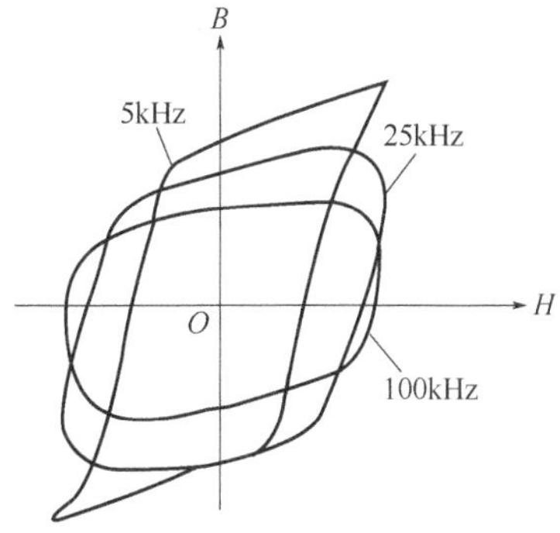

图 6-32　Fe-Ni 合金片在不同频率下的动、静态磁滞回线

如果改变交变磁场强度的大小，而保持其频率不变，就可以得到不同的动态磁滞回线[24]。例如当强度由弱到强的交变磁场作用在铁磁材料上时，会得到一簇面积由小到大向外扩张的交流（或动态）磁滞回线，如图 6-33 所示。其中面积最大的磁滞回线就是饱和交流（或动态）磁滞回线[25]。这些磁滞回线在第一象限顶点的连线 Oa_1a_2a 即为铁磁材料的基本交流（或动态）磁化曲线。在磁化曲线上任一点的磁感应强度 B_m 和磁场强度 H_m 的比 $\mu_m = \dfrac{B_m}{\mu_0 H_m}$，被称为振幅磁导率（$\mu_0 = 4\pi \cdot 10^{-7}\mathrm{H/m}$）。

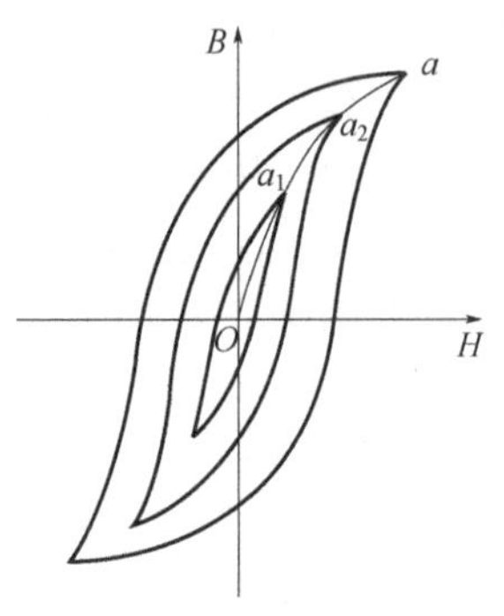

图 6-33　铁磁材料的磁滞回线和磁化曲线[25]

磁场在不停地变化，而磁化强度的变化落后于磁场的变化[24]。在弱交变磁场和高频的情况下，当交变场按 $H = H_m \sin\omega t$ 的正弦规律变化时，可以推出 B 的变化也基本上符合正弦规律，但 B 总是落后 H 一个 δ 角，即 $B = B_m \sin(\omega t - \delta)$。

根据磁导率定义，可得复数磁导率 μ 为：

$$
\begin{aligned}
\mu &= B/H = B_m \exp\left[i\left(\omega t - \delta\right)\right] / H_m \exp(i\omega t) \\
&= \left(\frac{B_m}{H_m}\right)\cos\delta - i\left(\frac{B_m}{H_m}\right)\sin\delta = \mu' - i\mu''
\end{aligned}
\tag{6-56}
$$

其中，$\mu' = \dfrac{B_m}{H_m}\cos\delta$，$\mu'' = \dfrac{B_m}{H_m}\sin\delta$。其 δ 角的正切 $\tan\delta$ 称为损耗角，$\tan\delta = \dfrac{\mu''}{\mu'}$，其倒数 $1/\tan\delta$ 称为品质因数 Q，也是表征软磁材料在高频应用时的性能指标。

测试的动态磁参量很多，但基本上为与动态磁滞回线相关的磁参量，以及与实际使用状态有关的二次谐波量、记忆磁芯参量等。动态磁性测量应注意测试条件，包括波形条件、样品尺寸和状态（先要退磁，使样品磁中性化）、测量顺序及样品温升问题等。

6.2.1 伏安法

对材料在交变磁场下的磁化曲线的测量，伏安法是最简单与最方便的测试方法。

伏安法是以电磁感应为基础的测量方法，基本的实验思路是通过测量一些比较容易测量的物理量，例如电流、电压等，以此来表征磁化曲线中磁场强度 H 和磁感应强度 B，主要是因为这两个物理量不能直接用一些常规的仪表进行测量，所以通过电学量和磁学量之间的对应关系，来进行间接的测量测试。具体方法为：根据安培环路定律和法拉第电磁感应定律把磁场强度 H 和磁感应强度 B 的测量转化为测量电流与电压，即把 H-B 曲线测量转换成 I-U 曲线测量，从而确定磁滞回线。当施加不同最大值的周期电流时，通过电压表与电流表测量电路中的电压与电流，电流与电压又与磁感应强度 H 和磁场强度 B 之间有确定的函数关系，以此来绘制磁化曲线。这种利用物理量内在函数关系进行间接测量的方式是物性测量过程中非常有用的手段。

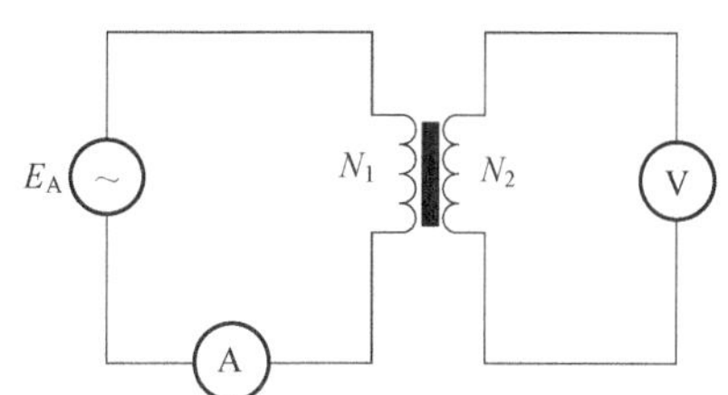

图 6-34 伏安法测试原理图[2]

图 6-34 所示为伏安法测试原理图。使用的仪表有安培计 A 和伏特计 V。N_1 为主线圈的匝数，N_2 为副线圈的匝数，它们分别缠绕在待测样品上（样品为环形）。E_A 为输出电流大小可调节的正弦交流电源。设主线圈 N_1 中的电流在安培计上显示为 I，那么，在电源为正弦波的条件下，样品中的峰值磁场强度 H_m 计算为：

$$H_{\mathrm{m}} = \frac{\sqrt{2}N_1 I}{l_{\mathrm{e}}} \tag{6-57}$$

式中，l_e 为样品的平均磁路长。由于电源是交流的，故会在电路 N_1 线圈处产生交变的磁通量，同时通过待测样品传递给测量线圈 N_2。由法拉第电磁感应定律可知，变化的磁场产生电场，故 N_2 中会产生感应电动势 e_2：

$$e_2 = -N_2 A_{\mathrm{e}} \frac{\mathrm{d}B}{\mathrm{d}t} \tag{6-58}$$

式中，A_e 为样品的有效截面积。

对 e_2 的电动势求平均值，可以得到

$$\overline{E} = \frac{2}{T}\int_{t_1}^{t_1+\frac{T}{2}} e_2 \mathrm{d}t = -\frac{2}{T}\int_{t_1}^{t_1+\frac{T}{2}} N_2 A_{\mathrm{e}} \frac{\mathrm{d}B}{\mathrm{d}t} = -\frac{2N_2 A_{\mathrm{e}}}{T}\left[B\left(t_1+\frac{T}{2}\right)-B\left(t_1\right)\right] \tag{6-59}$$

我们认为电路中正弦交变电源在一个周期内是严格反对称的，且峰值为 I_m，相对应的交变磁场峰值为 B_m，则可得：

$$B\left(t_1+\frac{T}{2}\right)-B\left(t_1\right) = -2B_{\mathrm{m}} \tag{6-60}$$

联立式（6-59）与式（6-60）可得平均电动势为：

$$\overline{E} = 4N_2 A_{\mathrm{e}} f B_{\mathrm{m}} \tag{6-61}$$

式中，f 为磁化电流的频率；A_e 为样品的有效截面积。

上式的平均电压可通过在副线圈 N_2 两侧的电压表的示数来进行读取记录，由

此可以确定磁感应强度 B。如果想利用有效值来计算磁感应强度，考虑到电压表的读数一般为一段时间内的电压的平均值，所以即使电压是正弦周期地变化，但周期极短，我们仍然可以简单地认为有效值与平均值存在简单的正比例关系，此时得到有效值电压为：

$$E_e = 4.44 N_2 A_e f B_m \tag{6-62}$$

对于是使用有效值电压还是平均电压来计算 B_m 的问题，可以视电压表读取的电压为瞬时值或者是有效值来灵活地选取公式计算[2]。

至此，利用伏安法对样品磁滞回线的测量的理论推导过程已经完备，利用式(6-57)与式（6-61），我们可以完成电学量与磁学量之间的转化，从而确定 H_m 与 B_m 的值，进而可以绘制交流磁化曲线 $B_m = f(H_m)$。利用这一曲线我们还能确定材料的振幅磁导率（amplitude permeability）。振幅磁导率即当磁场强度随时间做周期性变化且其平均值为零，而且材料在开始时处于规定的中性化状态时，由磁感应强度的峰值与磁场强度的峰值之比，再除以真空下的磁导率，得到的一种相对磁导率。

由以上过程可以发现，伏安法测量磁化曲线十分方便，但实际测量中并不推荐该种方法，主要是其误差较大，可达 10%～15%，且不能测量交流磁损耗。误差的主要来源有：

① 电路中安培表与伏安计中的内阻，以及电路中不同组件的连接处，对其读取电压电流会产生直接的影响，例如电压表测的是 N_2 两端的电压值，而公式中的电压值是 N_2 中感应电动势的平均值。电压表内阻越小，这一误差变得越大。故实验中采用内阻较小的整流式电压表，但可以预见其仍具有相当程度的误差。

② 由于电源是正弦交变电流的，于是在实验处理中简单地将线圈处的磁场认为是正弦变化的，实际上由于非线性磁导率的影响，磁场的变化并非严格的正弦变化，但考虑到畸变率一般不大于 5%，所以在实验中忽略了这种情况。

③ 磁化曲线的准确性，相当程度上依赖于仪表的精度，在高频条件下，仪表的精度会大幅降低，还有本身交变电源的频率在输出时会有一定的波动，这些都会造成相当程度的误差。

④ 在动态磁测量中所用样品，为减少其退磁场的影响，一般采用闭磁路而截面为矩形的环状结构。若用条状样品，也要设法成为闭路结构[26]。

⑤ 对交流磁性的测量，线圈磁化的波形受线圈的圈数影响，需要调整到适合的圈数，也要考虑减少分布参数的影响，即尽量让样品均匀磁化，还要注意测量仪器的量程和灵敏度。在交流磁性的测量中，铁损最终转化为热量，使样品的温度升高，在高频高磁感应强度下，样品温度升高更严重。可以采用恒温油浴等方法控制温度恒定，否则会极大地影响测试精度[26]。

还有值得注意的是，在实验过程中不同几何形状，如样品的形状为圆环或其他形状，这些因素对同一种磁性材料的磁化曲线及磁滞回线的观测与分析会有影响。由于磁化曲线和磁滞回线所反映的某些磁性参量（剩磁和矫顽力等）属于组织结构敏感磁性参量，因此可以观测不同几何结构的铁磁材料的磁化曲线和磁滞回线，来研究几何形状对磁性能的影响[25]。

在伏安法的基础上，可以考虑进一步优化，最简单的莫过于直接对电流表、电压表进行改造，通过电压电流与磁性能参数的关系，直接在表盘处进行重新标定，从而把电压表或电流表变成直接读取磁场的仪表，其优点是可以使实验者对磁场的调节更加直观，对磁场的测量也更加可靠。

在伏安法的使用上，除了在交变磁场测量中使用，还可以利用反常霍尔效应来测量物质在直流或交流电流下的磁滞回线[27]。

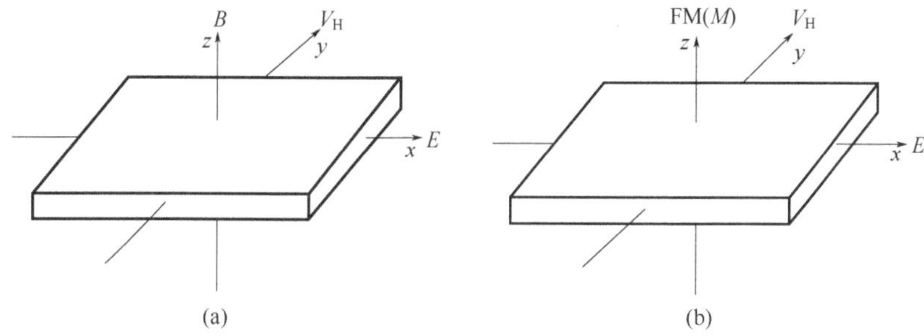

图 6-35　霍尔效应示意图[27]

实验原理从经典的霍尔效应出发去理解，其中霍尔效应如图 6-35 所示，当一个非磁性的金属或半导体片放置在 x-y 平面内，电场 E 沿 x 方向，磁场 B 垂直于片面而沿 z 方向。对于霍尔效应，可以理解为：样品外施加垂直磁场，样品中运动的空穴或者电子受到洛伦兹力的作用往样品两侧不断积累，产生了电势差。新产生的电场逐渐增大，最终电场力与洛伦兹力相互抵消，此时样品两侧的电压为霍尔电压。其横向霍尔电阻率 ρ_{xy} 的大小依赖于外加磁场的大小，表达式为：

$$\rho_{xy} = R_0 B$$

式中，R_0 称为正常霍尔系数，它的大小与载流子数目成反比，符号取决于载流子的类型。这种现象称为正常霍尔效应（ordinary Hall effect）。然而在如图 6-35 所示铁磁性（FM）的金属材料样品里，在正常霍尔效应的基础上，横向电阻率（ρ_{xy}）额外增加了一项磁化强度 M 的贡献，且额外增加的一项正比于 M。当样品达到饱和磁化时，它就变成了常数。

铁磁性（FM）的金属材料样品横向霍尔电阻率 ρ_{xy} 与磁场 B 的典型关系是：霍尔横向电阻率 ρ_{xy} 先随 B 迅速线性增加，接着线性缓慢增加，直线斜率变小。这并不能用公式解释，这类反常的行为被称为反常霍尔效应（anomalous Hall effect)。由于它与自发磁化有关，原来也称为自发霍尔效应（spontaneous Hall effect)。一般地，经验上表达成：

$$\rho_{xy} = \frac{V}{I} d = R_0 B + R_s M$$

式中，R_s称为反常霍尔系数，它的量级相对正常霍尔系数R_0较大，且会随着温度有较大变化。另外，在铁磁金属中，即使在z方向没有外加磁场B，仅有x方向的电场时，也会出现横向霍尔电压：

$$V_H = \left(\frac{R_0 I}{t}\right) B \cos\alpha + \left(\frac{\mu_0 R_S I}{t}\right) M \cos\theta$$

式中，第一项是正常霍尔效应的电压；第二项则是由反常霍尔效应产生的电压；t为膜厚；B为样品内的磁感应强度；M为磁化强度；α为外加磁场H与膜面法线向量之夹角；θ则为M与膜面法线向量之夹角。一般情况下，$R_s \gg R_0$，则可简化为

$$V_H = (\mu_0 R_S I / t) M$$

上式中，一般情况下，μ_0、R_s、I、t均为常数，或者可以很容易计算得到，所以测量得到的反常霍尔电压V_H与样品的磁化强度成正比，由此完成了磁学量到电学量的转换，只需测量出样品的V_H-H曲线，即可得到M-H曲线（磁滞回线）。而进一步分析发现，对同种材料，通以同等的电流时，膜厚越薄，霍尔电压越大，反常霍尔效应越明显，所以反常霍尔效应对膜厚较薄的样品磁特性测量具有独特的优势[27]。

伏安法的介绍到此为止，虽然其具有相当程度的误差，但伏安法对设备的要求相对较低，且操作简单，所以在一些条件有限或者只需要粗略测试的实验过程中，还是可以看见伏安法的使用。

6.2.2 示波法

对于材料在交变磁场下的磁化曲线的测量，示波法是针对伏安法的一些缺点升级而来的测试方法，并由于其方法直观简便，常用于大学本科物理实验室中。其中示波器（oscilloscope）是一种能够显示电压信号动态波形的电子测量仪器。它能够将时变的电压信号转换为时间域上的曲线，原来不可见的电气信号就转换为在二维平面上直观可见的光信号，因此能够分析电气信号的时域性质。一般分为模拟示波器和数字示波器。

模拟示波器采用的是模拟电路（示波管，其基础是电子枪）电子枪向屏幕发射电子，发射的电子经聚焦形成电子束，并打到屏幕上。屏幕的内表面涂有荧光物质，这样电子束打中的点就会发出光来。

数字示波器则是数据采集、A/D 转换、软件编程等一系列技术制造出来的高

性能示波器。数字示波器的工作方式是通过模拟转换器（ADC）把被测电压转换为数字信息。数字示波器捕获的是波形的一系列样值，并对样值进行存储，存储限度是判断累计的样值是否能描绘出波形，随后，数字示波器重构波形。数字示波器可以分为数字存储示波器（DSO）、数字荧光示波器（DPO）和采样示波器。

模拟示波器要提高带宽，需要示波管、垂直放大和水平扫描全面推进。数字示波器要改善带宽只需要提高前端的A/D转换器的性能，对示波管和扫描电路没有特殊要求。加上数字示波管能充分利用记忆、存储和处理，以及多种触发模式，基本取代了模拟示波器。

利用示波法测量磁性能原理的核心设计与伏安法采用的原理基本一致，不同于伏安法的电压表、电流表的人工读数，示波法将其参数输入示波器，可以直观地得到磁化曲线，对比伏安法具有相当的优越性。

示波器法对于样品的要求不高，相比较于伏安法需要将样品加工成圆环或者易于线圈缠绕的形状，其适用范围更广，不仅适用于环状的样品，也可用于开启磁路试样测量。其中开启磁路试样测量是指在磁性测量中，根据不同的测量要求和可能构成样品外形的条件而采用条状、片状、环形和球形等样品形状。在磁化一非闭合形状的物体时，由于在物体两端形成了“表面磁荷”，因此总要产生一个附加磁场，在物体内部，这个附加磁场总是与外磁场反向，因此我们称它为退磁场。磁通经过的闭合路径叫作磁路，开启磁路则为非闭合磁路，此时样品具有较大的退磁场，影响测试精度。

用示波器观测磁滞回线的电路如图6-36所示。主线圈和副线圈 n_1 和 n_2 的匝数分别为 N_1 和 N_2。与伏安法类似，正弦交流电源产生正弦交流电，由法拉第电磁感应定律可知，变化的正弦电流会在主线圈 n_1 中产生磁化磁场 H，磁场沿样品传播，在副线圈 n_2 可同步检测到变化的磁场，由此在副线圈 n_2 产生感应电动势 ε_2，感应电动势 ε_2 输出端并联电容 C，构成积分电路，输入示波器中，虽然其示波器显示的并非真实的磁感应强度 B，但经过额外的换算还是可以得到真实的磁感应强度，在示波器中则由此来显示磁化曲线的变化趋势。

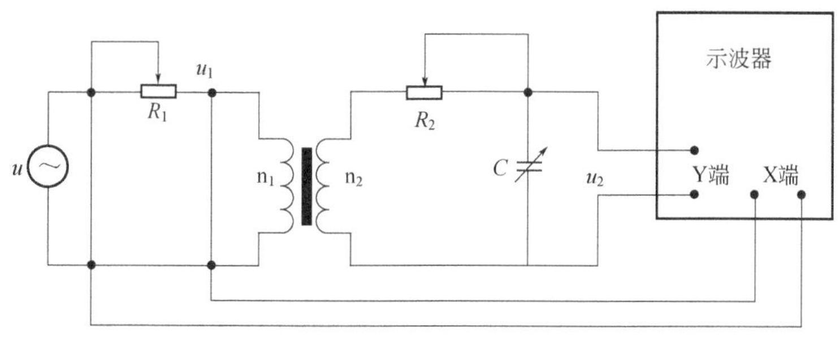

图6-36　示波器法原理图[2]

具体细节为当交流电源输出角频率为 ω 的交变电流 i_1 时，忽略副线圈中互感电流，或者计算互感电流的大小，修正其对感应电流的影响，由安培环路定理 $Hl = N_1 i_1$，而 R_1 两端的电压 $u_1=R_1 i_1$，所以可得：

$$H = \frac{N_1}{lR} u_1 \tag{6-63}$$

式（6-63）表明，R_1 两端的 u_1 与磁场强度 H 具有简单的线性关系。对样品中磁感应强度的测量，设铁磁样品的截面积为 S，样品的平均磁路长度为 l，根据电磁感应定律，副线圈 n_2 中的感应电动势 ε_2 为：

$$\varepsilon_2 = -N_2 S \frac{dB}{dt} \tag{6-64}$$

不考虑副线圈 n_2 中的自感电动势，此时的电流 i_2 可表示为：

$$i_2 = \frac{\varepsilon_2}{\sqrt{R_2^2 + \left(\frac{1}{\omega C}\right)^2}} \tag{6-65}$$

若适当选择 R_2 和 C 的值，使 $R_2 \gg \frac{1}{\omega C}$，则有：

$$i_2 \approx \frac{\varepsilon_2}{R_2} \tag{6-66}$$

电容 C 两端的电压为：

$$u_c = \frac{Q}{C} = \frac{1}{C}\int i_2 dt = \frac{N_2 S}{CR_2} B \tag{6-67}$$

由此可得：

$$B = \frac{CR_2}{N_2 S} u_c \tag{6-68}$$

式（6-68）表明：磁感应强度 B 与电容 C 两端的电压 u_c 成正比[2]。

示波器的作用主要是可以直观地观察到磁化曲线的图形，由图 6-36 可见，示波器的 X 输入端与 R_1 的两端相连，此时输入数据为电压 u_1，示波器 X 方向上的示数的相对大小可以间接反映磁化强度 H 的相对大小；同理，示波器的 Y 轴输入端与电容 C 的两端相连，此时输入数据为电压 u_c，示波器 Y 方向上的示数的相对大小可以间接反映磁感应强度 B 的大小。交变电流在周期性的变化中，示波器上的光点将描绘出一条完整的磁滞回线，每个周期都重复此过程，形成稳定的磁滞回线[25]。

需要特别说明的是，此方法需要先对样品进行退磁，再由初态开始让输入交变电压由弱到强依次对样品进行磁化，得到面积由小到大的一簇磁滞回线，这些磁滞回线的正顶点的连线才是相对准确的铁磁材料的交流磁化曲线。观测磁滞回线时，可分别调节示波器坐标轴的分度值，使显示屏上能够清晰完整地显示出磁滞回线。

值得注意的是，到目前为止，虽然可以在示波器中直观地观测到样品的磁滞回线的大致轮廓，但对于其具体数值却不能在示波器中直接读出。要正确读取样品的磁性参数，如 H_c、B_s 等，则需要对示波器的坐标轴进行定标，即确定示波器上每一分度值所代表的 H 或 B，具体操作在本节不做赘述。

此外，在观测磁化曲线时仍然有许多细节值得注意：

① 选择合适的励磁和探测电路参量（R_1，N_1，R_2，N_2，C）。比如线圈匝数的选择上，式（6-63）和式（6-65）分别是在忽略线圈的互感电流和自感电动势的情况下得到的，所以需要尽可能地减少线圈的自感与互感，如增大正副线圈之间匝数的比例大小，就可以很好地降低自感与互感的影响[25]。

② 在实验过程中，交流电源的周期性的变化是磁学量可以转化为电学量的基本条件，所以必须要求电源输出稳定的正弦交变电流，这对磁感应强度 B 与磁场强度 H 的相对大小的测量至关重要[25]。

③ 公式（6-66）是在 $R_2 \gg \dfrac{1}{\omega C}$ 的条件下推导的，其间不可避免地忽略了 u_c 与 B 的相位差，若相位差过大，会影响回线的相对位置，使回线显示不准确。应选择合适的 R_2C 值，使其 u_c 与 B 的相位差尽可能小，以获得正常的磁滞回线[25]。

还有值得注意的是，还可以使用示波法测量居里温度。其中居里温度属于物质磁性能中的一个本征属性，我们认为物质都是由原子构成，原子可以简单地认为是由原子核与电子组成。在目前认可的原子模型中，原子核固定不动，核外电子绕原子核运动，由于电子带电，因而具有轨道磁矩；电子还具有自旋这个内禀属性，因而具有一个额外的自旋磁矩。相对于质子、中子的磁矩，电子的磁矩比它们大三个数量级[28]。由此认为宏观物质的磁性主要来源于电子磁矩，这是一切物质磁性的来源。过高的温度会改变原子的磁矩排列，从而导致物质磁性的消失。200 多年前一位著名的物理学家在自己的实验室里发现了磁石的一个物理特性，就是当磁石加热到一定温度时，它原来的磁性就会消失，这位伟大的物理学家就是居里夫人的丈夫——皮埃尔·居里，后来人们把这个温度叫居里点（Curie point），又叫居里温度（Curie temperature，T_c）或磁性转变点。居里温度由此定义为磁性材料在铁磁性物质或亚铁性磁物质和顺磁性物质之间改变的温度。其内在机制为当铁磁物质被磁化后具有很强的磁性，但随着温度的升高，金属点阵热运动的加剧会影响磁畴磁矩的有序排列，当温度达到足以破坏磁畴磁矩的整齐排列时，磁畴消失，内部磁矩趋于混乱，平均磁矩变为零，铁磁物质的磁性消失变为顺磁物质，与磁畴相联系的一系列铁磁性质（如高磁导率、磁滞回线、磁致伸缩等）全部消失，相应的铁磁物质的磁导率转化为顺磁物质的磁导率。铁磁性消失时所对应的温度即为居里温度。列出几种常见材料的居里温度：Fe（铁）1043K、Co（钴）1403K、Ni（镍）631K、Gd（钆）289K，等等。物质居里温度的测量对于电气类特别是热工仪表及传感器类的仪器正常工作有重要意义，因此对物质居里温度的测量显得尤为必要。

文献[29]中采用了示波器进行居里温度的测量。实验原理为磁性材料在某一温度下，材料会突然由铁磁性转变为顺磁性，而顺磁性的饱和磁场相对较小，磁力远小于铁磁材料，就像突然失去磁性一样。基于此原理，可以利用居里温度处磁力的突变来测量居里温度。具体方法为在铁质小圆柱体外套上一个圆柱形螺旋压缩弹簧，弹簧正常伸展时略高于圆柱体上表面，将样品放置于小圆柱上表面，其中样品略大于圆柱上表面且与弹簧接触，由于受到磁力与重力的共同作用，样品将克服弹簧的弹力，与小圆柱体相连接。将整个系统固定于绝热装置中，并将其浸泡在高温硅油中，放置加热源。浸泡在高温硅油中的目的是保证样品被整体加热，避免局部温度过高，影响实验结果。在不断加热的过程中，在临界居里温度附近，样品会转变为顺磁性物质，磁力基本消失，会被弹簧弹起来，记录此时的温度，即为居里温度。此方法常见于大学物理实验中，装置的连接、弹簧的老化等不可控因素较大，于是引入了示波器进行改进[29]。

优化后的测量线路如图 6-37 所示。与示波法测量磁滞回线类似，但将样品置于高温硅油中充分浸泡。加热源不断地加热高温硅油，高温硅油将热量均匀地传递给样品，当温度在居里点以下时，示波器上显示的相对磁滞回线变化不大，但当温度升高到居里温度附近时，一点微小的温度变化，都可能使示波器上的磁滞回线突然消失，记录此时的温度即为样品的居里温度。考虑到硅油与样品间的热平衡需要时间，实际操作中仍然会有些误差，所以常用于初步测定样品的居里温度，以便于在精度更高的实验中可以确定大致的温度范围。

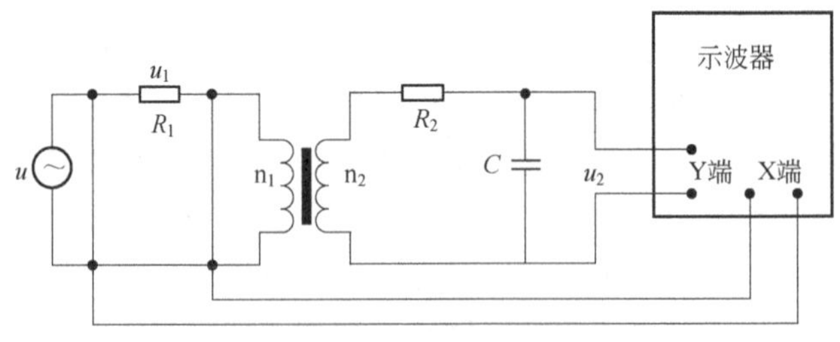

图 6-37　测量居里点的示波器法[29]

示波器的引入可以直观地观察到磁滞回线，但却没有详细具体的数据显示，只可以简单通过磁滞回线的形状判断样品是软磁材料或者是硬磁材料。得益于科学技术的不断发展，可以在示波器的基础上，利用 LabVIEW 软件，串口总线，连接电脑与示波器，实现磁滞回线数据在电脑上的自动采集和处理。其中LabVIEW（laboratory virtual instrument engineering workbench）是一种图形化的编程语言的开发环境，是专为测试、测量和控制应用而设计的系统工程软件，它提供了一种图形化编程方法，可直观显示应用的各个方面，包括硬件配置、测量数据和调试。这种可视化方法可轻松集成任何供应商的测量硬件，使用程序框图直观地表示复杂的逻辑，开发数据分析算法，以及设计自定义工程用户界面。

文献[30]中的实验装置主要由四通道数据存储示波器（TDS-2004B）、磁滞回线实验仪（TH-MHC）和 PC 机组成。磁滞回线实验仪将数据通过数据线传送给示波器，示波器可以用 USB 和 LabVIEW 程序实现数据交互。实验操作简单易行，数据准确。总体来说，利用示波器与 PC 的交互控制，添加了测量的数据细节，可以更系统地研究磁滞回线特性。

实验的具体细节为，将四通道示波器通过前面板 USB 端口与 PC 机相连接，从而实现实验测量数据的交互。示波器与 PC 机的交互主靠 LabVIEW 中 LC9420 波形读取编译模块实现，该模块能够实现从示波器上读取数据的功能，并将其编译成字符串数据。经过该模块的处理，簇数据变成十进制的信号数据，这样数据就能在程序的虚拟波形显示器上显示，并且将数据存储为电子表格。由此实现示波器显示磁滞回线图形的同时完成对数据的存储，以便于日后的分析[30]。

示波器相较于伏安法有了更直观的结果显示，它还能对磁性材料的磁滞损耗进行测算，并且磁滞损耗的计算在交流磁场中尤为重要。铁磁材料在直流磁场中磁化时，B 滞后于 H 的多少取决于材料的本征磁滞特性。而在交流磁场中磁化时，B 滞后于 H 的程度不仅与其本征磁滞特性有关，还与交变磁场的频率有关。其中本征磁滞特性是指其仅与物质的成分和结构有关，相对应的技术磁特性则还与磁化场的频率、幅度以及被测试样的形状有关[31]。在交变磁场中，由于电磁感应会产生与频率相关的涡流损耗，涡流损耗会使 B 滞后于 H 的程度进一步加剧，进而影响磁滞回线的形状以及由此标志的各类磁性参量，这就会造成同一份样品用不同的实验方法，如伏安法、示波器法、电桥法等所测量的磁性参数有所不同，正是因为对测量条件的严格限制，在不同条件下，磁特性可以呈现出多值性。

其中磁滞损耗是指铁磁体等在反复磁化过程中因磁滞现象而消耗的能量[32]。经一次循环，每单位体积铁芯中的磁滞损耗正比于磁滞回线的面积。这部分能量转化为热能，使设备升温，效率降低。当块状导体置于交变磁场或在固定磁场中运动时，导体内产生感应电流，这样引起的电流在导体中的分布随着导体的表面形状和磁通的分布而不同，其路径往往如水中的漩涡，直流电路中不考虑涡流。在交流电路中，电压、电流的大小及方向在周期性地变化着，导体内部就会有感应电流产生。导体在非均匀磁场中移动或处在随时间变化的磁场中时，因涡流而导致的能量损耗称为涡流损耗。涡流损耗的大小与磁场的变化方式、导体的运动、导体的几何形状、导体的磁导率和电导率等因素有关。涡流损耗与磁滞损耗是电气设备中铁损的组成部分，这在交流电机一类设备中是不希望的。所以在实际应用中有必要测量材料的磁滞损耗，涡流损耗的计算在此则不作赘述。

交流磁化损耗取决于一定磁场下的磁滞回线的面积。在示波器中利用求积仪测出磁滞回线的面积 S_0 以后，样品单位质量的损耗可以用式（6-69）计算[31]：

$$P_0 = \frac{S_0 K_H K_B f}{d} \tag{6-69}$$

式中，d 为样品的密度；f 为磁化场基波的频率；S_0 的单位为 mm^2；K_H、K_B 为式（6-63）、式（6-68）的斜率。

总体来说，用示波法来观察磁性材料的磁化曲线、居里温度等磁性参数，相对于伏安法，其具有相当程度的优越性，可以迅速地测得材料的磁滞回线与居里温度，而不需要额外的数据处理，特别适用于成批样品的性能检测。测试系统的搭建并不困难，相对来说，是一个比较好的方法，所以在大学物理实验中一般用示波器来测量磁性材料的磁化曲线与居里温度。不可否认的是，它的误差来源还是很多，所以从计量学的观点全面评价它的测量误差还是一件困难的工作。正常情况下，采用高分辨的示波器，其测量误差约为5%～7%。

6.2.3 电桥法

材料磁学参量中，复磁导率的测量是一个重要的部分，通常利用电桥法进行复磁导率的测量。

电桥法一般指电桥电路，又作桥式电路，是一种电路类型，是在两个并联支路当中各支路的中间节点（通常是两元器件之间连线的一点）插入一个支路，来将两个并联支路桥接起来的电路。最初，桥式电路是被发明用作实验室中的精确度量，其中一个并联支路中点旁的一个元器件在使用时是可调整参数的。而到现今，桥式电路被广泛应用于各式线性及非线性电路上，包括仪器仪表、电子滤波器及电能转换等场合[33]。

磁导率是表征磁性材料磁化难易程度的物理量，等于每单位磁场强度的磁感应强度的变化量。在交变磁场中，磁化状态往往在时间上落后于交变磁场的变化，如交变磁场的磁场强度为 $H = H_m \sin\omega t = H_m e^{j\omega t}$，由于磁场使磁性材料产生磁化，其磁感应强度 B 比 H 的相位落后一个 σ 角度，其磁感应强度是 $B = B_m \sin\omega t = B_m e^{j(\omega t-\delta)}$。磁导率 μ 表征导磁能力的同时还要体现 B 和 H 间存在的相位差，所以用复数来定义复磁导率，此相对复磁导率为：

$$\mu_r = \frac{B_m e^{j(\omega t-\sigma)}}{\mu_0 H_m e^{jwt}} = \frac{B_m}{\mu_0 H_m} e^{-j\sigma} = \frac{B_m}{\mu_0 H_m}(\cos\delta - j\sin\delta) = \mu_r' - j\mu_r''$$

式中，μ_r' 表示在磁场作用下产生的磁化程度，反映材料对电磁波能量的存储能力；μ_r'' 表示在外加磁场作用下材料的磁偶极矩重新排列引起的损耗，反映材料对电磁波产生损耗的能力。磁性损耗介质对电磁波的衰减能力通常用损耗正切值 $\tan\delta = \mu_r' / \mu_r''$ 来表示，其值越大，材料的衰减能力越强[34]。

在具体实验中，图 6-38 为交流四臂测量磁性能电桥原理示意。它一般由三部分组成：电源、指零仪和桥体。图中 Z_x 为被测磁芯线圈的等效阻抗，Z_2 和 Z_4 为标准量具（标准电阻、电容、电感等）构成的固定臂阻抗，Z_3 为可调的标准电容和电阻等的组合阻抗。电桥平衡时，即指零仪 D 两端处于相同电位时，则有：

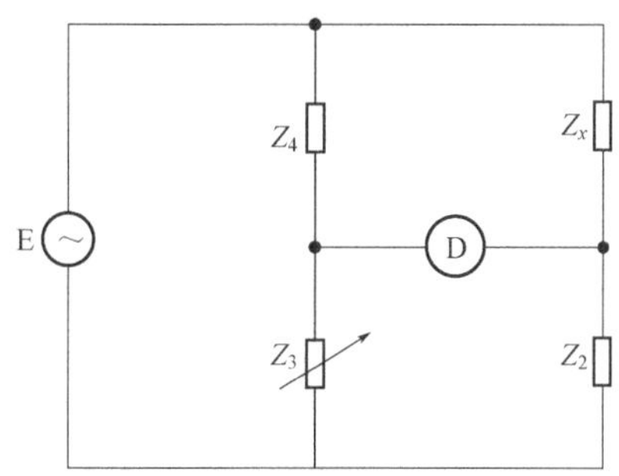

图 6-38　电桥交流四臂测量磁性能[31]电桥原理示意

$$Z_x = \frac{Z_2 Z_4}{Z_3}$$

由此可得未知阻抗 Z_x 。

在图 6-38 交流电桥中，将磁芯线圈等效为电感 L_x 和电阻 R_x 串联，它们与复磁导率 μ'和 μ''的关系是：

$$L_x = \frac{N^2 S}{\pi d} \mu' \mu_0 \tag{6-70}$$

$$R_x = \omega \frac{N^2 S}{\pi d} \mu'' \mu_0 + R_{x0} \tag{6-71}$$

式中，N 为线圈匝数；S 为样品的横截面积；d 为样品平均直径；R_{x0} 为绕组导线的铜电阻；ω 为电源的角频率；u_0 为真空磁导率。联立式（6-70）和式（6-71）可知，复数磁导率可由电学量 L_x 和 R_x 确定，并可由此计算该频率下的损耗角正切：

$$\tan\phi = \frac{\mu''}{\mu'} = \frac{R_x - R_{x0}}{\omega L_x}$$

电桥法不仅可以测量复数磁导率，还可以计算交流磁化损耗，但需要在电桥电路中增加其他仪表。

图 6-39 为麦克斯韦-维恩电桥原理图，是一种相对桥臂为异性阻抗的交流电桥。其中 D 为交流指零仪。如果试样的线圈被等效为 L_x 和 R_x 的串联电路，其品质因数为 Q_x，则电桥平衡条件为：

$$L_x = R_2 R_4 C_N$$

$$R_x = \frac{R_2 R_4}{R_N}$$

$$Q_x = \omega R_N C_N$$

由电压表 V 测得电源对角线的电压有效值为 U,则流经线圈的电流有效值为:

$$I = \frac{U}{\frac{R_2 R_4}{R_N} + R_2^2 + (\omega C_N R_2 R_4)^2}$$

试样中的交流磁化损耗为:

$$P_c = I^2 (R_x - R_{x0})$$

式中，R_{x0} 为线圈的铜电阻。

国产 CQS-1 型音频测磁电桥就是采用麦克斯韦-维恩电桥的基本电路。其频率范围为 50Hz～20kHz；最大磁化电流 1A；电感 L_x 的测量范围为 1μH～10H，准确度为 1%；有效电阻 R_x 的测量范围为 0.01～10^5Ω，准确度为 5%[2]。还可以采用 RL 交流电桥法来测量磁性材料的居里温度[35]。

实验电路图如图 6-40 所示，R_1 和 R_2 是 2 个定值电阻，可以根据实验电路中的其他参数选择阻值，L_1 和 L_2 是 2 个完全相同的电感线圈，其线性电阻分别为 r_1 和 r_2，不加样品时，r_1 和 r_2 相等，CD 间接入的是灵敏电压表。

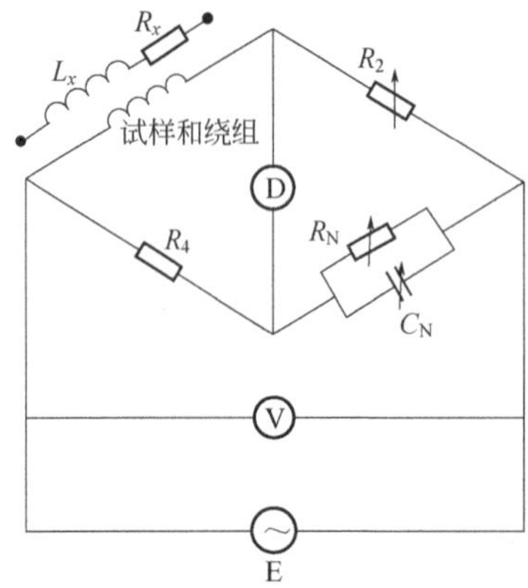

图 6-39　麦克斯韦-维恩电桥原理图[31]

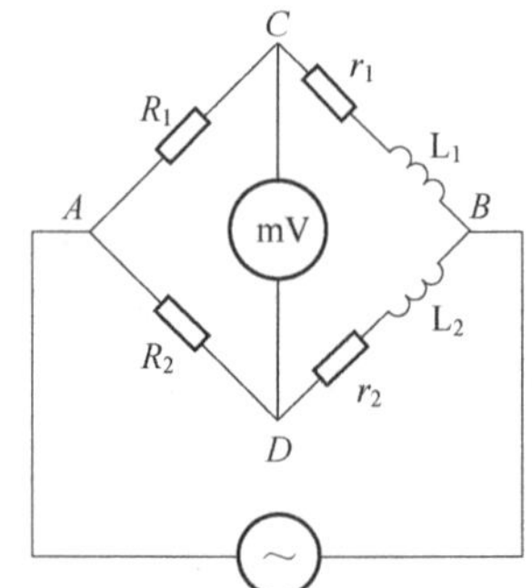

图 6-40　RL 交流电桥法原理图[35]

实验中一般选择铁磁性或亚铁磁性的材料，这样居里点附近材料磁学参数能有较大的变化。电桥法主要利用铁磁性和顺磁性材料对磁场响应的不同而引起外置线圈的电感变化进行测量。在实验中一般采用精度到 10^{-1}K 的温度传感器进行样品温度的测定，样品如上节表述那样，置于高温硅油中进行油浴，加热源也需要 10^{-2}K 的精度，使样品可以获得一个相对连续的温度变化，更好地测定居里温度。

具体的测试细节为电流源输出稳定的交变电流，由于定值 R_1 和 R_2，电感电阻 r_1 和 r_2 分别相等，电桥电路一定处于平衡状态，此时电压表示数为 0。此时在 L_2 中放置铁磁性样品，样品带有的磁场会直接影响电感线圈的等效电阻 r_2，此时电桥平衡被打破，电压表开始显示示数，且示数逐渐趋于稳定。对样品进行加热，此时电压表示数可能会有波动，但波动不大。当温度达到样品的居里温度时，样品变为顺磁性，电压表示数会突变至 0V 附近，电桥趋于平衡。电压表读数的突变被认为是由于在居里温度附近样品转变为顺磁性物质引起的，故电压表突变时的温度即被认为是样品的居里温度。

还可以采用电桥法来测量磁致伸缩系数[31]。磁致伸缩是指铁磁性物质在磁化时，沿着磁化方向发生的长度伸长或缩短的现象，磁致伸缩起源于材料自发磁化时晶格的自发形变。它是磁性材料的本征特性，同时也与磁场强度和温度有关。这种效应可以用磁致伸缩系数 λ 来表示。而且 λ 的大小等于沿着磁化方向的伸长量与总长度的比值。$\lambda>0$ 表示沿着磁化方向上的尺寸伸长，称为正磁致伸缩，例如铁；反之称为负磁致伸缩，例如镍。当磁化达到饱和时，磁致伸缩系数也趋于极限值，叫作饱和磁致伸缩系数，用 λ_s 表示。磁致伸缩系数的数值一般都很小，在 10^{-7} 至 10^{-4} 范围之内。

电桥电路可以探测比较微弱的信号，文献[31]介绍了一种在电桥电阻上加入应变电阻来测量物质的磁致伸缩系数的方法。其具体的测量原理是将应变电阻与样品用特制的黏结剂固定，在电桥电路中外加磁场时，样品由于磁致伸缩发生形变，产生应力施加于应变电阻片上，通过对应变电阻阻值的测量，来反应磁致伸缩的程度，实质上还是将形变量转化为电学量的过程，对比其他方法，如光学杠杆法，精度略有不足，但实验操作相对简单，并且实验设备并不贵重，在不需要高精度的测试中，该方法被广泛使用。其中作为转换元件的应变电阻，由直径为 0.003～0.05mm 的康铜丝粘在两层绝缘纸片之间制成。

形变电阻丝的特点是：电阻的相对变化与长度的相对变化成正比：

$$\frac{\Delta R}{R}=K\frac{\Delta L}{L}$$

式中，K 为应变电阻的灵敏系数，可由实验测定。在市面上流通的成品应变电阻一般会标定到一个非常精确的值，便于测量。应变电阻丝电阻值的相对变化是用非平衡电桥测量的，其测量原理比较简单，并且具有较高的灵敏度。铁磁体或者亚磁体的磁致伸缩系数一般为 10^{-5}～10^{-3}，若应变电阻的灵敏度系数 K=2，其电阻改变率仅为 2×10^{-5}～2×10^{-6}。如果形变电阻值为 100Ω，则电阻的绝对变化为 $\Delta R=2.0\times10^{-3}$～$2.0\times10^{-4}\Omega$。这是一个相当微弱的电阻变化，所以用能探测微弱变化的电桥电路进行实验。

图 6-41 所示是这种电桥的一种电路。为了更好地控制精度，在实验中还需要

对温度进行控制，温度的变化也会引起电阻的微弱变化，从而会在测试中引入噪声。具体实验细节为在样品上粘好的形变电阻接入电桥的一臂 R_1 上，在与臂 R_1 相邻的另一桥臂中再接入第二个形变电阻片 R_2，R_2 和 R_1 的值相等，R_2 粘在与样品形状大小相同的非磁性金属上面，它在磁化时并不形变，将它与样品并排放置在磁场之中，使处于相同温度之下。用非平衡电桥来测量电阻的改变时，可以证明，电阻的变化较小时，流经电流计 G 的电流强度正比于ΔR_1。根据直流电桥理论，流经电桥中电流计的电流为：

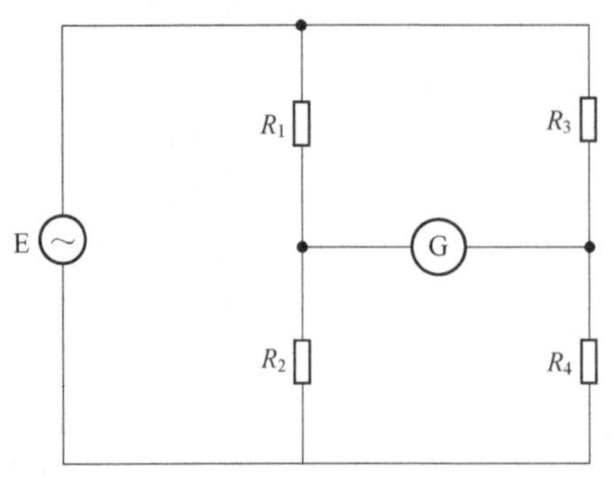

图 6-41　电桥法测磁致伸缩系数[31]

$$I_g = \frac{U(R_1R_3 - R_2R_4)}{R_g(R_1+R_2)(R_3+R_4) + R_1R_2(R_3+R_4) + R_3R_4(R_1+R_2)}$$

当电桥平衡后，I_g=0，这时 $R_1 = R_2 = R_3 = R_4 = R_0$，如果使 R_1 增加ΔR 变为 $R+\Delta R$，则：

$$I_g = \frac{U\left[(R+\Delta R)R - R^2\right]}{2RR_g(2R+\Delta R) + 2R^2(R+\Delta R) + R^2(2R+\Delta R)}$$

$$= U\frac{\Delta R / R}{4(R+R_g) + (3R+2R_g)\Delta R / R}$$

联立上式，略去小量得到：

$$\lambda = \frac{\Delta L}{L} = \frac{1}{K} I_g \frac{4(R+R_g)}{U}$$

式中，R_g 为电流计的内阻；U 为电源 E 的电压。图 6-41 中的 R_3、R_4 可由阻值相同的精密电阻箱充任。

以上为用电桥法测试磁致伸缩系数的实验方法，在实验中还应注意到电阻的变化极小，所以用电桥电路进行实验的过程中，必须保证电路中各个元器件的参数准确，相对应地，电路的供电电源必须稳定，避免电源电压的波动对实验结果的影响。其中最重要的是规避温度对实验的影响，可以考虑在极低温环境或者恒温油浴中进行，避免温度波动对应变电阻的影响。如果选择比较合适的电流计以及低零漂的直流放大器，理论上电桥法的精度还可以得到进一步的提升。

总体来说，电桥法的基本原理仍然是间接测量，把常规仪表不能直接测量的磁学量转换成易于测量的电学量。虽然电桥中电学量的调节更为复杂，如果调节平衡用的原件选择不当，难以找到电桥的平衡状态，会对测量精度有所影响，但由于其适用范围较广，且精度较高，所以电桥法依旧在广泛使用。

习 题

1．请简述铁磁材料的磁化过程。

2．某铁磁体具有剩磁 1.2T，矫顽力 H_c=50000A/m，当磁场强度为 100000A/m 时达到饱和，饱和磁感应强度 B_s=1.50T。根据上述数据，请画出磁场强度在 -100000～100000A/m 范围内的完整磁滞回线，并在轴上的相应位置标注符号。

3．用冲击法测量软磁材料和硬磁材料磁场的区别在哪里？

4．如果某种合金含有两种铁磁性相，用哪些测量方法能够证明？测量原理是什么？

5．某钢的淬火试样和经不同温度回火后的回火试样混在一起了，用什么方法可以将各不同温度的回火试样、淬火试样区分开来（不能损伤试样）？

6．比较静态磁化和动态磁化的异同点。

7．请简述弱磁物质磁化率的测试原理及方法。

8．在不同的磁场强度下，用磁天平测得的样品的摩尔磁化率是否相同？为什么？

9．振动样品磁强计测量样品磁性能是在开路还是闭路环境中，其优势体现在哪些方面？

10．软磁材料和硬磁材料的磁滞回线有什么区别？请画出示意图。这两种材料分别用在什么场合？

11．铁磁材料的动态磁滞回线与静态磁滞回线在概念上有什么区别？铁磁材料动态磁滞回线的形状和面积受哪些因素的影响？

12．在伏安法测量磁性能时，如何推导电学量与磁学量之间的函数关系？请给出详细的推导过程。

13．利用伏安法测量磁性能的主要的误差来源是哪里？如何改进？

14．某同学利用示波法测量磁性能时，样品采用开启磁路试样测量，这可能会对测试结果产生什么影响？

15．在示波器法测量磁性能时，如何推导 B 和 H 与示波器示数的函数关系？请给出详细的推导过程。

16．在利用电桥法测量材料复数磁导率时，电学量 L_x 和 R_x 与复数磁导率的函数关系如何推导？请给出详细的推导过程。

参考文献

[1] 王鑫．高压下铁磁性物质磁性测量系统的研究［D］．长春：吉林大学，2014．

［2］田莳．材料物理性能［M］．北京：北京航空航天大学出版社，2004．
［3］陈笃行．用零位冲击法测量金属玻璃窄带的饱和磁致伸缩常数［J］．仪器仪表学报，1984（2）：138-145．
［4］Gallagher P．Thermomagnetometry［J］．Journal of Thermal Analysis and Calorimetry，1997，49（1）：33-44．
［5］杨云，姜浩，罗慧，等．影响磁天平测量结果的因素［J］．上海计量测试，2017，44（5）：36-41．
［6］樊飞．7050 铝合金电阻率及 Al、Cu、Ti 磁化率研究［D］．沈阳：东北大学，2008．
［7］黄桂萍，张菊芳，叶丽莎，等．络合物电子结构的测定——古埃磁天平法（磁化率的测定）实验方法的讨论［J］．江西化工，2008（1）：80-81．
［8］李楠，梁秀满．古埃法测定物质的受力分析及测量装置的改进［J］．河北联合大学学报（自然科学版），2015，37（3）：64-68．
［9］刘付永红，曹东，叶晓靖．磁天平法测量磁流体磁化特性实验研究［J］．文理导航（中旬），2017（7）：35+37．
［10］常守威，张建锋，班春燕，等．弱磁性材料磁化率测量技术的研究［J］．实验室科学，2009（4）：145-147．
［11］李默涵．振动样品磁强计感应电动势随时间演化的完整分析［D］．呼和浩特：内蒙古大学，2019．
［12］李艳琴．大气压介质阻挡放电制备 ε-Fe_3N 磁性液体及其特性研究［D］．大连：大连理工大学，2014．
［13］杨素萍．1∶12 型稀土铁金属间化合物的结构与磁性［D］．南京：东南大学，2004．
［14］张莉．采用微接触印刷技术制备高度有序的表面微结构［D］．兰州：兰州大学，2009．
［15］隋文波，张昕，杨德政．振动样品磁强计的磁性表征测量［J］．实验科学与技术，2018，16（1）：22-25．
［16］Benjamin Buford，Pallavi Dhagat，Albrecht Jander．Measuring the inverse magnetostrictive effect in a thin film using a modified vibrating sample magnetometer［J］．Journal of Applied Physics，2013，115（17）．
［17］白琴，何建明，徐晖，等．振动样品磁强计在磁黏滞行为研究中的应用［J］．实验室研究与探索，2015，34（4）：5-7+12．
［18］王芳，许小红．振动样品磁强计在磁记录介质中的应用［J］．信息记录材料，2005（2）：55-59．
［19］Chun Feng B，Ojiyed Tegus，Ochirkhyag T，et al．Study of structural and magnetic properties of spinel Zn doped cobalt ferrites［J］．Solid State Phenomena，2020，5933．
［20］Shakil M，Usama Inayat，Arshad M I，et al．Influence of zinc and cadmium co-doping on optical and magnetic properties of cobalt ferrites［J］．Ceramics International，2020，46（6）．
［21］Fouad Es-saddik，Karoum Limame，Salaheddine Sayouri，et al．Magnetic properties of Sm-doped barium titanate （$Ba_{0.99}Sm_{0.01}TiO_3$）prepared by sol-gel route［J］．Journal of Materials Science:

Materials in Electronics，2020（prepublish）.
[22] 李长云，刘亚魁．直流偏磁条件下变压器铁心磁化特性的 Jiles-Atherton 修正模型 [J]. 电工技术学报，2017，32（19）：193-201.
[23] 韩波，孙晓华．软磁材料交流磁特性自动测试系统的设计 [J]. 电气电子教学学报，2018，40（2）：28-32.
[24] 钱晨．磁性液体热疗理论及实验研究 [D]. 北京：北京交通大学，2009.
[25] 张俊武，王红理，黄丽清．铁磁材料交流磁化曲线及磁滞回线的观测 [J]. 物理实验，2017，37（8）：17-21
[26] 刘昶丁，刘永生．伏安法测量交直流叠加磁化曲线的技术与方法 [J]. 仪表技术，1991（2）：35-36.
[27] 周卓作，杨晓非，李震，等．基于反常霍尔效应的薄膜磁滞回线测量系统的原理与设计 [J]. 磁性材料及器件，2011（2）：43-45.
[28] 姜寿亭．自旋电子学 [M]. 北京：科学出版社，2003.
[29] 胡健．尖晶石型磁性材料居里温度变大的实验机理探究 [J]. 上海应用技术学院学报（自然科学版），2015，15（4）：349-351.
[30] 樊慧敏．一种磁滞回线数据自动采集的实验方法 [J]. 实验室研究与探索，2020，39（9）：118-122.
[31] 周世昌．磁性测量 [M]. 北京：电子工业出版社，1994.
[32] 中国电力百科全书编辑部．中国电力百科全书 [M]. 北京：中国电力出版社，1995.
[33] Bureau of Naval Personnel. Basic Electricity [M]. New York：Dover Publications，1970.
[34] 艾明哲．短路微带线法测量磁性薄膜材料的复磁导率 [D]. 成都：电子科技大学，2013.
[35] 代伟．磁性材料居里温度的观察与测量研究 [J]. 绵阳师范学院学报，2006，25（5）：26-29.

第 7 章

电介质材料性能测试与数据分析

电介质材料（简称电介质）是一类具有电极化能力的功能材料，主要是通过正负电荷重心不重合的电极化方式来传递和储存电荷及其相互作用。广义来讲，只要在电场作用下存在极化效应的材料体系都属于电介质范畴，因此，压电体、热释电体和铁电体等都属于电介质。电介质材料的电学性能包括介电性、压电性、铁电性和热释电性等。本章着重对介电性、介电常数的测量方法，压电性、压电常数的测量方法，铁电性、电滞回线的测量方法和热释电性、热释电性系数的测量方法进行介绍。

7.1 介电性能测试原理与数据分析

介电性能主要体现在电场作用下材料中的静电能的储蓄和损耗的性质，通常用介电常数和介质损耗来表示。

介电常数（dielectric constant）又称电容率（permittivity），通常用相对介电常数（ε_r）来描述一个电介质材料的介电性能，是指某一电介质，如陶瓷、高分子聚合物等与电极构成电容器时，在某一定电场作用下，获得的电容量 C 与没有电介质材料，即仅由同样大小的电极构成的真空电容器的电容量 C_0 的比值。

$$\varepsilon_r = C / C_0$$

式中，C 为带有电介质电容器的电容；C_0 为不带电介质（真空）电容器的电容。

介电损耗（dielectric loss）：主要指电介质材料在外电场作用下，由于介质电导和介质极化的滞后效应，导致在其内部发热而引起的能量损耗。即，电介质材料在单位时间内因发热而消耗的能量称为电介质的损耗功率。通常，在直流电场作用下，介质电导和介质极化没有滞后效应，也就没有周期性损耗，主要是由稳态电流造成的损耗；在交流电场作用下，除了稳态电流损耗外，还有电场频繁转向导致的各种交流损耗。在交变电场作用下，通常将电介质内流过的电流相量和电压相量之间的夹角的余角（$\tan\delta$）称为介质损耗角。由于电介质中的交流损耗要比直流电场作用时大许多倍，因此介质损耗通常指交流损耗。

7.1.1　介电性能的影响因素与测试原理

（1）介电常数的影响因素

介电常数是表征电介质在电场下的极化行为或储存电荷能力的最基本参数之一。因此影响电介电常数的因素就是极化能力，而极化能力与形成偶极子的过程相关。通常极化是由于构成电介质材料的内部微观粒子（原子、离子和分子）的正负电荷在外电场作用下导致中心不重合，从而形成偶极子。极化过程与频率密切相关，主要有四种极化机制[1]：

① 空间电荷极化（space charge polarization）。空间电荷极化主要发生在不均匀介质中。通常由于这些介质材料中存在各种缺陷，包括气孔、杂质、元素空位、晶格畸变、晶界、相界等，这些缺陷区域能阻碍自由电荷的翻转和运动，从而在这些缺陷处导致自由电荷积聚，并形成空间电荷极化。由于空间电荷的累积需要较长的时间（几秒到数十小时不等），因此，空间电荷极化只对直流和低频（$<10^3$Hz）下的介电性质有影响。

②转向极化（orientation polarization）。转向极化主要有电介质材料中固有的电偶极矩随外电场方向转向而产生宏观的感应电偶极矩。通常情形下，未经外电场作用的电介质内部的固有的电偶极矩的取向是混乱的，宏观上的电偶极距总和为零，不显示电性。在外电场的作用下，各个电偶极子趋向于一致的排列，从而宏观电偶极矩不等于零，导致宏观上显示出电性。这种由电偶极距转向导致的极化可以在较高的频率（10^4～10^{12}Hz）实现。

③ 离子极化（ionic polarization）。离子极化主要是在离子化合物中，由正、负离子在外电场作用下发生电子云变形而导致的。离子极化在外电场作用下诱导的附加偶极矩，其大小与外电场强度有关，通常用诱导的附加偶极矩与外电场的比值来度量离子极化的大小。由于正、负离子在高频下能追随外电场的变化，因此离子极化在高频下（10^{12}～10^{13} Hz）对电介质有影响。

④ 电子极化（electronic polarization）。电子极化主要是指在外加电场作用下，构成电介质材料的分子、原子和离子中的外围电子云，相对于电子对应的原子核发生位移而产生偶极矩的现象。通常这种感应的偶极矩现象只在超高频率（$>10^{15}$Hz）下才对电介质有影响。

介电常数除了与电场频率有关以外，还与温度和材料本征特性密切相关。

（2）介电损耗的影响因素

介质损耗是应用于交流电场中电介质的重要品质指标之一。影响电介质材料的介质损耗的原因主要有以下四种：

① 漏导损耗：又称电导损耗。主要是由于电介质材料存在一些缺陷等不完美因素，导致在外电场的作用下，总有一些由带电粒子或空位在直流或交变电场作用下引发微弱的电流，称为漏导电流。由这些漏导电流流经介质时使介质发热而损耗电能，称为漏导损耗。

② 极化损耗：主要是电介质材料中的极化，包括空间电荷极化、电偶极距转向极化跟不上外电场变化而产生能量损耗。

③ 电离损耗：又称游离损耗，主要是由于含有气孔的电介质在外加电场作用下导致介质气孔中的气体电离，从而吸收能量所导致的能量损耗。

④ 结构损耗：跟电介质材料内邻结构密切相关，例如掺入杂质、试样淬火急冷处理等，使得其内部结构松散，导致能量损耗大大升高。

（3）介电常数的测量方法和原理

测量介电常数和介电损耗有多种方法，如：传输定向波法、谐振腔法、自由空间法、电桥法和矢量阻抗法。目前主要采用的电桥法和矢量阻抗法，下面来简要介绍一下常用的电桥法和矢量阻抗法[2]。

① 电桥法。电桥法是测量 ε、$\tan\delta$ 最广泛使用的方法之一，其主要优点是测量电容和损耗的范围广、精度高、频带宽以及可以采用三电极系统来消除表面电导和边缘效应带来的误差。按照频率范围来划分，电桥的种类可分为超低频电桥、音频电桥和双 T 电桥。超低频电桥的应用频率范围是 0.01Hz 到 200Hz，音频电桥一般从 20Hz 到 3MHz，而双 T 电桥则在 1～150MHz 频率下运行。

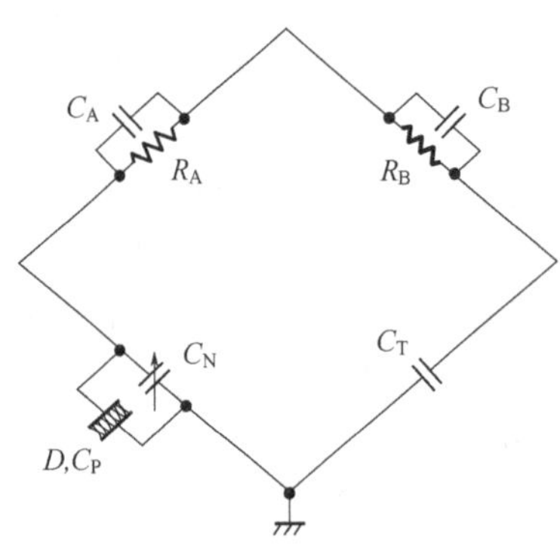

图 7-1 西林电桥原理示意

音频电桥测量采用西林电桥，其原理如图 7-1 所示。音频下测量介电常数的电桥有两种方式：电阻臂电容电桥和电感臂电容电桥。电阻臂电容电桥主要由等比例臂 R_A 和 R_B、标准可变空气电容器 C_N 和平衡电容器 C_T 组成。当电介质样品与标准可变空气电容器并联时，平衡电桥后可以获得一个标准电容 C_N。当不接样品时，重新平衡电桥后，可以再次获得一个标准电容，读数用 C'_N 来表示。因此，样品的并联等值电容 C_p 是标准电容器两次读数之差，C_p 可间接表示为：$C_p=\Delta C=C'_N-C_N$。与此同时，对于西林电桥，试样的损耗角正切为：$\tan\delta=(C'_N/C_p)\Delta D$，式中 $\Delta D=D-D'=R_B\,w(C_B-C'_B)$。其中读数用加“′”

来表示不接样品时的测试值。

② 矢量阻抗法。随着电子技术的进步，特别是集成电路技术的进展和计算机在仪器中的应用，矢量阻抗法得到了更快的发展和更多的应用。尤其是测量样品的复电容率，阻抗分析法被广泛使用，其测量的基本原理就是矢量阻抗法。下面简要介绍一下它在不同频段的测量原理。低频矢量阻抗测量的基本原理如图 7-2 所示。

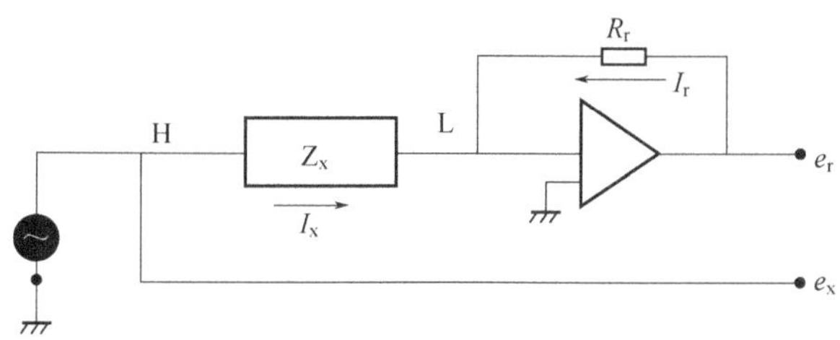

图 7-2　低频矢量阻抗测量原理示意

这里具有反馈电阻 R_r（即量程电阻）的高增益放大器作为电流-电压变换器使用。反馈放大器产生的流过电阻 R_r 的电流为 I_r，它的大小等于流经被测样品 Z_x 的电流 I_x。被测样品“H”端对地的电压为 e_x，放大器的输出电压为 e_r：

$$e_r=I_rR_r=I_xR_r$$

如果反馈放大器的增益足够高，那么，由于反馈电流 I_r 的作用，使“L”端为虚地，其电压值近似为零。这样 e_x 就等于被测样品两端的电压，因此有：

$$Z_x=e_x/I_x=e_x/I_r=R_re_x/e_r$$

由此可见，被测阻抗值决定于矢量电压比和量程电阻 R_r 值的乘积。这种电路配置具有电路简单、测量准确度较高的优点。

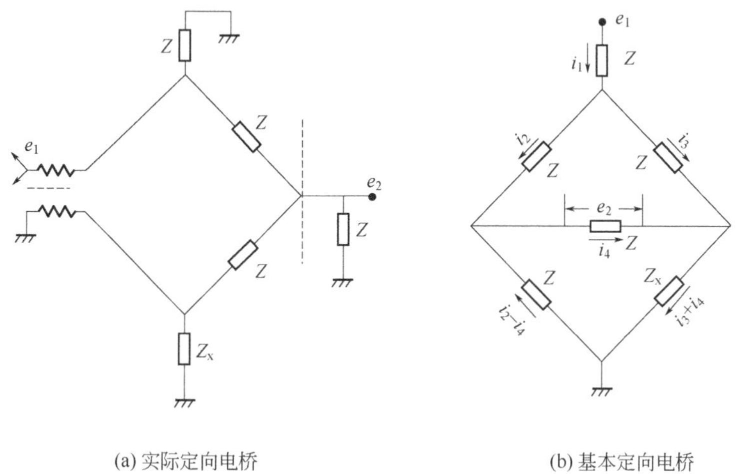

图 7-3　定向电桥原理图

在高频时，由于电路、器件不可避免地存在一些相移，此时流经量程电阻 R_r 的反馈电流 I_r 很难做到和流过 Z_x 的电流 I_x 大小完全相等，可采用半电桥方案和定向电桥方案来解决。一种高频定向电桥的原理如图 7-3 所示。一个“不平衡/平衡”高频变换器使输入信号进入两个通道，一个通向内部标准 Z 电阻器，另一个通向被测件端口。跨接在标准电阻器和被测件上的电压合成，形成测试通道输出。当被测件端口被确定为 Z 时，电桥平衡，测试通道输出为零。考虑到电桥的可逆性，将输入 e_1 和输出 e_2 进行互换，这样可将图 7-3（a）表示成（b）的基本定向电桥形式。根据基尔霍夫定律，可得到：

$$e_2/e_1=1/8(Z-Z_x)/(Z+Z_x)$$

即可以从测量电压矢量比来得到被测材料的阻抗 Z_x。

实验上，测试介电测量装置主要采用安捷伦公司的阻抗分析仪，如 HP4194A 等进行的，HP4194A 的测量范围为 100Hz～15MHz 或者 100Hz～40MHz，但是由于高频测量时存在由电路引起的 LC 谐振，一般测量过程中，电路谐振峰大约在几兆赫兹的位置，因而实际测量频率限制在 1MHz 以下。

7.1.2 介电常数测试数据分析

介电常数取决于极化，而极化又取决于电介质的分子结构和分子运动的形式。所以，通过介电常数随电场强度、频率和温度变化规律的研究，可以推断绝缘材料的分子结构、相结构随温度的变化关系，材料的弛豫特性等物理性能。下面我们将从以下几方面所对应的物理现象进行实例数据分析。

（1）介电常数与温度关系实例

$BaTiO_3$ 是最早发现的一种 ABO_3 钙钛矿型铁电体，在不同温度下，其相结构/晶胞结构有所不同，因此，不同相结构下的自发极化性能就有所不同，相结构或者极化与温度的关系能够通过测试介电常数与温度的关系很好地展现出来。图 7-4 所示为 $BaTiO_3$ 晶体的介电常数随温度的变化关系。

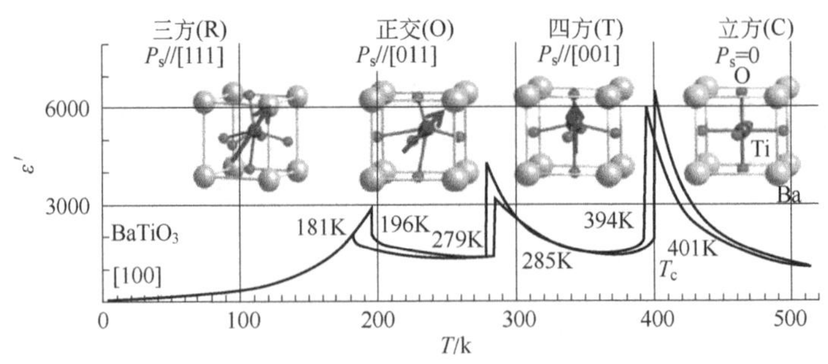

图 7-4 $BaTiO_3$ 晶体的介电常数随温度的变化关系及对应的晶体结构和极化取向[3]

从图 7-4 所示的介电温谱图中，能明显看出三个介电峰，实际上每个介电峰对应着 $BaTiO_3$ 晶体结构的转变，其结构相变和极化变化如图中的插图所示。下面对 $BaTiO_3$ 晶体结构的转变进行详细分析：首先以高温顺电相的 $BaTiO_3$ 晶胞来阐述其结构基元，即立方相 $BaTiO_3$，见图 7-4 中最右边的一幅图。在高温立方相中，$BaTiO_3$ 晶胞中较大的 Ba^{2+} 占据顶角，较小的 Ti^{4+} 占据体心，O^{2-} 占据六个面心，氧八面体由黑色圆球连接起来构成，整个晶体可看作钛氧八面体共顶点连接而成，Ba^{2+} 占据氧八面体之间的空隙。$BaTiO_3$ 的自发极化是由 Ti^{4+} 相对于氧八面体中心的相对位移导致的。在高温（＞401K）条件下，即居里温度以上，$BaTiO_3$ 晶体具有立方相结构，其空间群为 *Pm*-3*m*。由于中心对称的晶体结构正负电荷高度重合，从而不具有电偶极化或铁电性。随着降低温度，Ti^{4+} 沿[001]方向发生偏移，相对氧八面体中心，它们的正负电荷中心不重合，从而形成电偶极矩。同时，[001]方向的晶格常数被增加，从而导致结构相变发生，使 $BaTiO_3$ 转变为空间群为 *P*4*mm* 的铁电相结构。这种结构相变伴随介电常数在 394～401K 附近出现一个尖锐的介电峰。随着进一步降低温度，Ti^{4+} 沿[011]方向发生位移，形成电偶极矩。$BaTiO_3$ 结构变成正交晶系，空间群为 *Amm*2，出现了铁电-铁电的相变，导致其介电常数在相变温度（约 279K）附近出现一个明显的介电峰。再一次降低温度，会发现 Ti^{4+} 沿[111]方向发生位移，在该方向形成电偶极矩。$BaTiO_3$ 再次发生铁电-铁电的相变，结构变成三方晶系，空间群为 *R*3*m*，结果也导致在 181K 附近出现一个介电峰。可见这些介电峰对应着明显的结构相变，也就是极化来源于 Ti^{4+} 的位移变化，即极化方向分别为[001]、[011]、[111]轴向转变的相变过程[4]。利用介电温谱的峰位来表征电介质材料的相变只能是一个间接性或辅助性的证据，其直接的证据还需要利用变温 XRD 和 TEM 等得到晶体结构转变的微观证据。

（2）介电常数与频率关系实例

除了电介质材料的介电温谱上展示的明显的介电峰之外，实际上介电峰还跟介电常数测试的频率有着密切的关系，通过介电峰与频率的关系，可以揭示电介质材料的一些物理特性，比如弛豫特性。图 7-5 所示为镁铌酸铅（PMN）陶瓷的介电常数与温度和频率的关系[5]。该图为典型弛豫铁电体的介电温谱图，有三个主要特征：①在 T_m 温度以下很宽的温度区间都存在着介电色散（在 10～10^7Hz 范围）；②T_m 是频率的函数且随频率的增加而增加；③在 T_m 以下温度，介电损耗突然上升，介电损耗也出现频率的弥散，随频率的升高而升高，和介电常数的变化趋势相反。

有别于铁电体的介电温谱峰，弛豫铁电体的介电常数峰不对应于一个相变，应该怎样来理解它的介电的行为呢？下面给出一个简单的说明。首先，弛豫铁电体中存在介电弛豫行为，但不是简单的德拜弛豫行为，这个弛豫过程由许多具有不同弛豫时间的弛豫单元组成，并且它们的弛豫时间分布很广。具体地说，弛豫

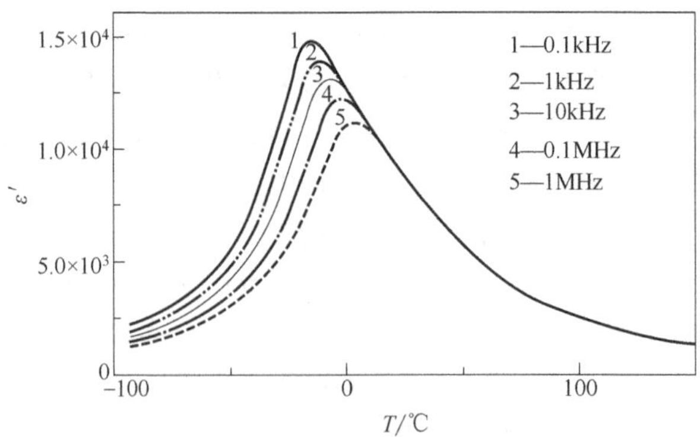

图 7-5 PMN 陶瓷样品的介电常数随频率和温度的变化[5]

铁电体中的极性纳米微畴是这些弛豫过程的主体，极性纳米微畴的反转和畴界对外信号的响应需要一定的时间，是一种弛豫过程。其次，还要注意弛豫铁电体微结构的变化对其介电性能的影响，在 PMN 中，极性纳米微畴首先出现在 620K（T_d）左右，随着温度的降低，微畴的数目增多并长大，此成核成长的过程一直持续到低温 160K 左右。但是，一个有趣的现象是，极性纳米微畴的尺寸不会无限制地长大，到很低的温度时也最多只能达到 5～10nm。T_m 附近是微畴生长最快的一个阶段。上述两个方面结合起来，决定了弛豫铁电体的介电行为。

在很多的实验研究过程中，希望通过掺杂调控电介质的物理特性。例如，钙钛矿型 $BaTiO_3$ 铁电体，通过 Bi（$Mg_{0.5}Zr_{0.5}$）O_3 弛豫铁电体的掺杂来调控陶瓷的物理特性。这类型的研究借助介电温谱的测试能很好地表征普通铁电体到弛豫铁电体的转变过程。下面以（1-x）$BaTiO_3$-xBi（$Mg_{0.5}Zr_{0.5}$）O_3 陶瓷系统掺杂前后[6]介电温谱的变化来说明，如图 7-6 所示。

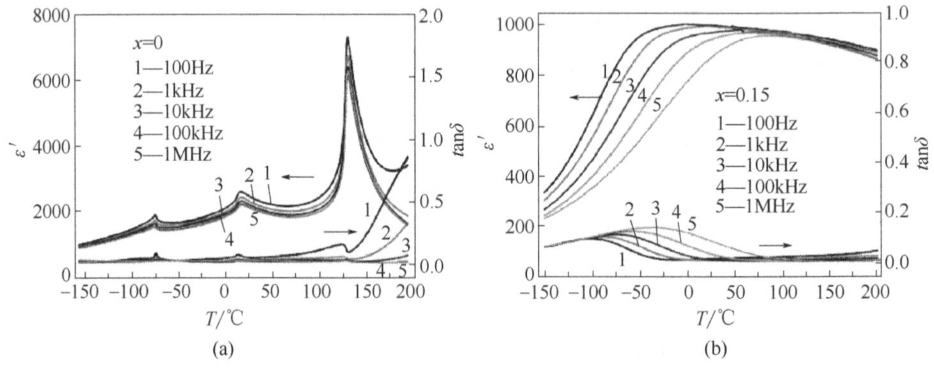

图 7-6 （1-x）$BaTiO_3$-xBi（$Mg_{0.5}Zr_{0.5}$）O_3 陶瓷样品的介电常数随频率和温度的变化[6]

图 7-6（a）显示为 $BaTiO_3$ 钙钛矿型铁电体的介电温谱图，其典型的特征是：

介电峰具有尖锐的峰，且介电峰不随频率变化而移动，即不存在介电色散；介电峰的介电常数随频率的升高而降低，且介电损耗和介电常数的变化趋势基本一致，这类介电峰对应着电介质相结构的转变。然而掺杂后的陶瓷体系出现显著不同的变化关系。从介电温谱图 7-6（b）上看，弛豫铁电体 $x = 0.15$ 的弱场介电常数在 T_m（约 70℃）附近达到它的最大值（约 1000）。这个值和 $BaTiO_3$ 钙钛矿型铁电体在临界点附近的介电常数相比要小一些。但是，可以看出这个介电常数的最大值并不代表一个铁电相变，因为介电常数的峰温随着频率的升高而向高温方向移动。另外，$x = 0.15$ 的介电损耗峰的温度也表现出同样的趋势。从图 7-6（b）还可以看到弛豫铁电体介电响应的另外几个有趣的特点。介电常数在峰值温度以下是频率相关的，具体的数值是随频率的升高而减小，也就是说存在“色散”，这种频率的依赖性直至极低温（约−150℃）一直存在；但是介电常数在高温下几乎与频率无关。介电损耗在峰温以下也是随频率的改变而变化的，不过变化的趋势和介电常数相反，即，它的值随频率的升高而增加。另外还可以注意到，同一频率下，介电损耗的峰温比介电常数的峰温要略低一些。此外，从对强的外交变电场的响应来看，弛豫铁电体在低温下是铁电体，因为它在低温下有电滞回线，具有铁电体的基本特征。但是，随着温度的升高，弛豫铁电体的电滞回线慢慢地变得细长，最终变成一条非线性的细线。这和普通的铁电体不同。对于普通的铁电体来说，如果发生一级相变，它的自发极化会在 T_c 点突然从一个有限值变为零；如果发生二级相变，它的自发极化会随着温度的升高逐渐减小，在 T_c 点也变成零。

通常，从介电峰的弥散程度可以大致定性判断电介质材料是否具有弛豫特性，然而如何定性地判断其弛豫特性的强弱，可以利用修正的居里-外斯定律来定义，正常铁电体或弛豫铁电体的相变，其方程如下[6]：

$$\frac{1}{\varepsilon_r}-\frac{1}{\varepsilon_m}=\frac{(T+T_m)^{\gamma}}{C},\ T>T_m \tag{7-1}$$

式中，ε_r 表示介电常数；ε_m 表示介电常数的最大值；T_m 表示 ε_m 的温度；γ 表示扩散度；C 表示居里-外斯常数。γ=1 表示正常铁电体，γ=2 对应理想弛豫铁电体。下面还是以（1−x）$BaTiO_3$-xBi（$Mg_{0.5}Zr_{0.5}$）O_3 陶瓷系统掺杂前后，介电温谱推演出来的 γ 值变化来说明。图 7-7 所示为该陶瓷样品的 $\ln(1/\varepsilon_r-1/\varepsilon_m)$ 对 $\ln(T-T_m)$ 的函数。通过式（7-1）的方程进行线性拟合，可以算出，在 x=0 时，γ 的值为 1.09，显示出铁电体行为；在掺杂 x=0.15 时，γ 值变为 1.81，近似理想的弛豫铁电体特征。γ 值的变化也表明，掺杂前后陶瓷从铁电性转变为弛豫铁电体。

此外，在一些复合电介质材料，即两种或两种以上不同材料构成的复合结构，如 0-3、1-3 复合结构，2-2 层状结构中，由于界面处会存在一些界面极化效应，如何区别基体材料的本征极化和界面电荷积累的界面极化，我们可以通过介电测量，利用界面极化［Maxwell-Wagner-Sillars（MWS）］相关理论来加以表征。通常电子传导效应与电极的性质和接触、空间电荷注入、吸收杂质的传导以及材料本征的介电性能等有着密切关系，为此，可以利用弛豫的虚电模量区分本征介电与干扰弛豫介电性能，复电模量的定义为[7]：

$$M^* = M' + iM'' = \frac{\varepsilon'}{\varepsilon'^2 + \varepsilon''^2} + i\frac{\varepsilon''}{\varepsilon'^2 + \varepsilon''^2}$$

式中，M^*为复电模量；M'和 M''分别为复电模量的实部和虚部；ε'和 ε''分别为介电常数的实部和虚部。

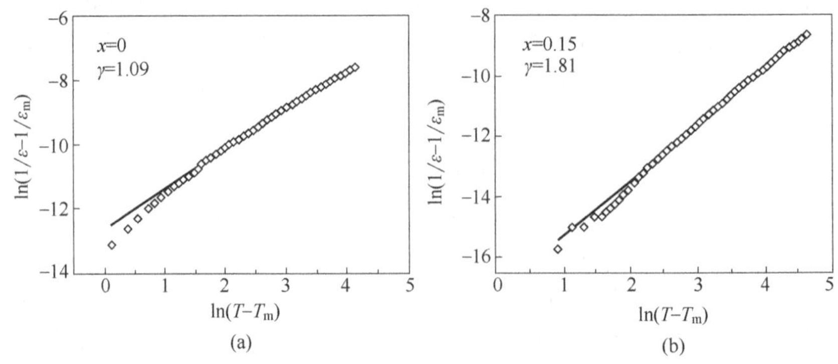

图 7-7 （1−x）$BaTiO_3$-xBi（$Mg_{0.5}Zr_{0.5}$）O_3陶瓷样品的居里-外斯拟合[4]

图 7-8（a）～（c）所示为 PVDF、PVDF/Ag（4/3）和 PVDF/Ag（6/5）复合材料的电模量虚部数（M''）在一定温度下与频率的关系。从图中可以看到，在较低温度（＜70℃）下，无法观察到三个样本的界面极化弛豫峰。通常，在室温、较低的频率下，出现界面极化弛豫峰值时，其界面极化的形成需要更多时间。随着温度升高，三种薄膜相关的弛豫过程与界面极化在超过 70℃时可以在测量的频率范围清楚地观察到，并且随着升高温度，界面极化弛豫峰移至更高频率。这种现象在许多复合材料中都有报道。通常，纯 PVDF 的界面极化来自层状晶体和层间非晶态之间界面处的电荷积累。而对于 PVDF/Ag 复合材料［图 7-8（b）和（c）］，我们可以看到弛豫强度与纯 PVDF 相比有所降低。复合材料中的界面极化包含两个部分，一部分是纯 PVDF 的界面极化，另一部分是 PVDF 和 Ag 之间的界面极化。值得注意的是，在 80℃时，纯 PVDF 的 M''曲线与复合材料有些不同。主要是由于 PVDF 的晶体结构在 80℃有一些相结构变化。在较高频率下，纯 PVDF 中观察到较大的 M''应归因于其结构相变相关的介电异常。而在复合材料中没有观测到明显的介电异常［图 7-8（b）和（c）］，这可能是由于复合材料的结晶性有所减少。

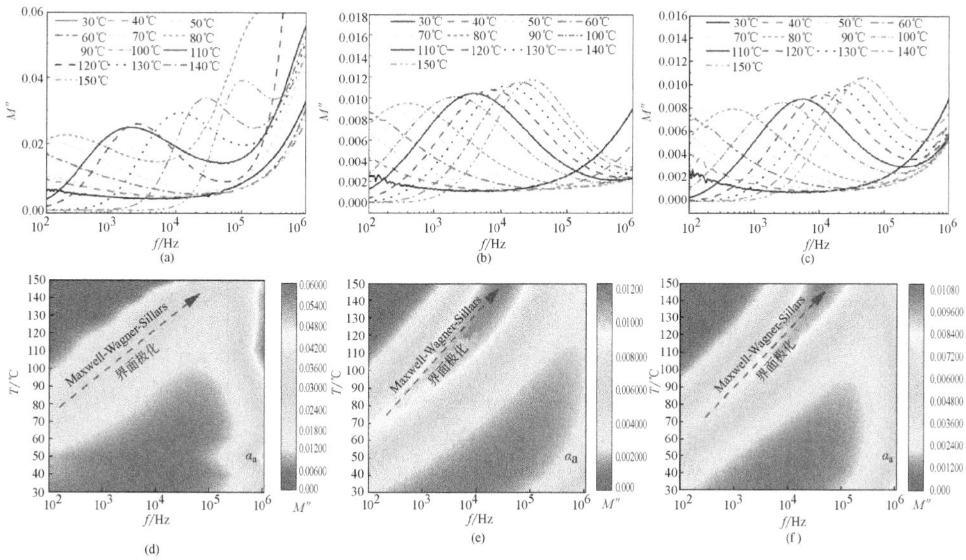

图 7-8　PVDF/Ag 复合材料的界面极化弛豫特征曲线[7]

图 7-8（d）～（f）显示为纯 PVDF、PVDF/Ag（4/3）和 PVDF/ Ag（6/5）三种材料的 M''的温度函数的等高线图。从图中可以观察到位于高频和低频的两个峰值，分别对应 PVDF 的本征介电弛豫和界面极化。随着温度升高，PVDF/Ag 复合材料中的界面极化弛豫峰的移动速度要比纯 PVDF 低，表明 PVDF/Ag 复合材料与纯 PVDF 的界面极化弛豫性能显著不同，也就是说 Ag 掺杂能导致 PVDF 的弛豫性能的显著变化。

为了进一步定性评价引入 Ag 层对 PVDF/Ag 复合材料介电弛豫的影响，可以通过 ln（f_{max}）与 1/T 的 Arrhenius 关系拟合（图 7-9），如公式（7-2）所示[7]：

$$\ln(f_{max}) = \ln(f_0) - \frac{E_a}{k_B T} \tag{7-2}$$

式中，E_a是活化能；k_B是玻尔兹曼常数；f_{max}是界面激化弛豫峰对应的频率；f_0是前指数因子。

通过式（7-2）可以计算得到纯 PVDF、PVDF/Ag（4/3）和 PVDF/Ag（6/5）的活化能分别为 1.035 eV、0.829 eV 和 0.883 eV。其中纯 PVDF 的活化能较高，表明空间电荷流动障碍时需要能量，并积聚在层状晶体之间的边界层间非晶区。而 PVDF/Ag 复合材料的活化能较低，表明空间电荷很容易在纯 PVDF 的层状晶体的边界，以及 PVDF 和 Ag 层之间的界面区域累积。因此，较低的活化能将导致更高的界面极化，从而导致介电常数增强。研究发现，PVDF/Ag 多层复合材料具有更高的介电常数和抑制介电损耗。考虑到这种具有高介电常数的电容击穿强度对实际应用更具吸引力，低频介电损耗略低的 PVDF/Ag 复合材料显示了其优越性。

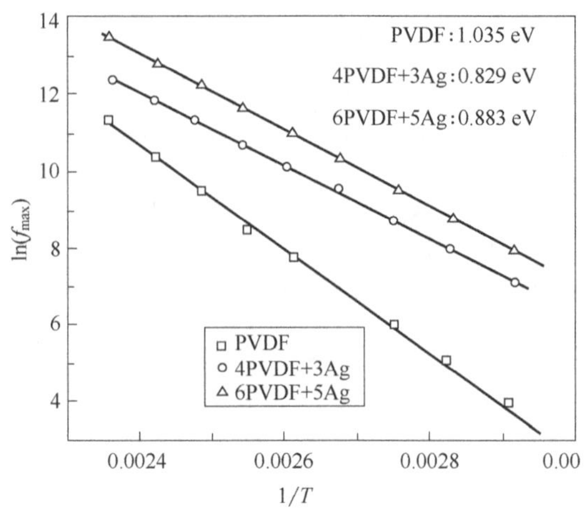

图 7-9 PVDF/Ag 复合材料的 ln（f_{max}）与 1/T 的线性拟合[7]

7.2 压电材料的压电参数测试原理与数据分析

压电材料是指受到压力作用时会在材料两端面间感应出电荷的一类材料。1880 年，法国物理学家 P·居里和 J·居里兄弟在研究石英晶体时发现，当把重物放在石英晶体上时，晶体某些表面会生长电荷，并且电荷的数量与外力的大小成正比，这一现象被称为压电效应。随即，居里兄弟又发现了逆压电效应，即在外电场作用下压电体会产生形变。

压电效应的机理可以通过石英晶体的原子极化结构示意图来阐明，见图 7-10。当晶体不受外力作用时［图 7-10（a）］，其晶胞内部正、负电荷的中心是重合的，因此晶体表面不带电荷。当施加压力或拉力时［图 7-10（b）、图 7-10（c）］，会导致晶体产生形变，其晶胞内部正、负离子的相对位移使正负电荷中心不再重合，晶体发生宏观极化，导致晶体内部正、负电荷的中心不再重合，从而在晶体（一些特定的方向上）表面产生剩余电荷（两端面出现异号电荷）。

反之，当把压电晶体或材料放入外电场中时，电场会引起晶体内部正、负电荷中心发生位移，从而使晶体产生一定的形变和机械应力，并且该形变与电场强度呈线性关系，这就是所谓的逆压电效应，产生的机械应力常被称为压电应力。

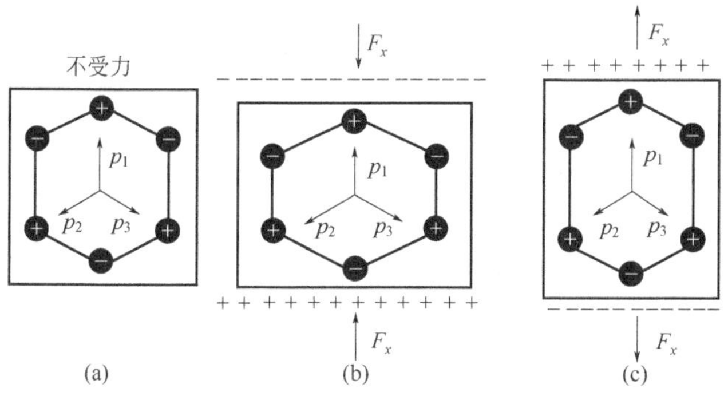

图 7-10　石英晶体的压电效应示意图

7.2.1　压电参数的影响因素

压电材料简单来说可以分为两类：压电晶体和压电陶瓷。压电晶体是一种具有自发极化的材料，在生长过程会自然而然地形成一定取向的电畴。通常认为整个晶体就是一个单畴，因而不需要极化处理就具有压电效应。压电陶瓷是一种人工多晶的材料，可以看成由无数细微的单晶组成。每个单晶形成单个电畴，然而由于陶瓷材料中每个晶粒的电畴是随机、混乱排列的，其大部分电畴的电偶极距或自发极化的相互抵消，使宏观上的极化强度很小，几乎为零，通常原始制备的压电陶瓷不具有压电效应。为使其具有压电效应，就必须在一定温度下对陶瓷样品做极化处理。

极化处理：压电陶瓷的极化过程如图 7-11 所示。通常在一定温度下，利用强直流电场迫使原始制备的压电陶瓷（极化前）中晶粒的所有单个电畴或自发极化的方向偏转到与外加电场方向一致，并使整个压电陶瓷的极化取向规则排列，如

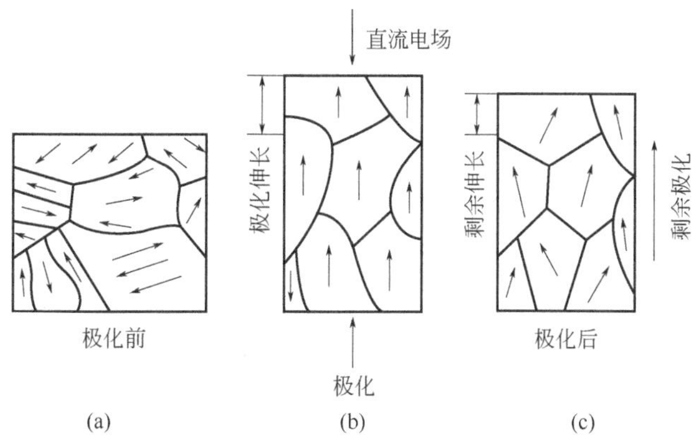

图 7-11　压电陶瓷的极化过程示意图

图 7-11（b）所示，此时压电陶瓷具有最大的极化强度。在一定极化时间后，把极化温度降低，到一定的温度（室温或稍高一点）后，再撤去电场，其压电陶瓷中电畴方向基本保持不变，宏观上剩余很强的极化强度，从而呈现压电性。

与压电材料物理特性相关的参数主要有压电常数、弹性常数、介电常数、机械品质因数、机电耦合系数、压电材料的绝缘电阻以及居里温度等，下面就常用的压电常数、机械品质因数、机电耦合系数做简单的介绍。

（1）压电常数 d_{33}

压电常数是表征压电材料在压力下产生极化强弱的常数（衡量压电效应强弱），即描述压电体的力学量（应力或应变）和电学量（电位移或电场）之间相互耦合的线性响应关系的比例常数。这里包含两种效应：一种是通过施加作用力等把机械能转变为电荷/电压等电效应的正压电效应；另一种是通过给压电材料施加电场让材料产生形变和机械应力的逆压电效应。因此，压电常数的表达形式有多种，是一种特有的张量。

当沿压电材料的极化方向（z 轴）施加压应力 T_3 时，在电极面上产生电荷，则有以下关系式：

$$D_3=Q/A=d_{33}T_3 \tag{7-3}$$

式中，d_{33} 为压电常数；T 为应力作用力；Q 为产生的电荷；A 为电极面积；D_3 为电位。d_{33} 为压电常数，下角标中第一个数字指电场方向或电极面的垂直方向，第二个数字指应力或应变方向。其中 $d_{33}/\varepsilon=g_{33}$，为压电电压常数。

（2）机械品质因数

压电陶瓷在振动时，为了克服内摩擦需要消耗能量。机械品质因数 Q_m 是反映能量消耗大小的一个参数。Q_m 越大，能量消耗越小。机械品质因数 Q_m 的定义式是：

$$Q_m=\frac{f_a^2}{2\pi f_r R(C_0+C_1)(f_a^2-f_r^2)}$$

式中，f_r 为压电振子的谐振频率；f_a 为压电振子的反谐振频率；R 为谐振频率时的最小阻抗 Z_{min}（谐振电阻）；C_0 为压电振子的静电容；C_1 为压电振子的谐振电容。

（3）机电耦合系数

机电耦合系数是衡量压电材料机电能量转换效率的一个重要参数，是反映压电陶瓷的机械能与电能之间耦合关系的物理量，其定义是：

$$K^2=\frac{\text{通过正压电效应转换所得的电能}}{\text{输入的总机械能}}=\frac{\text{通过逆压电效应转换所得的机械能}}{\text{输入的总电能}}$$

压电陶瓷振子（具有一定形状、大小和被覆工作电极的压电陶瓷体）的机械能与其形状和振动模式有关，不同的振动模式将有相应的机电耦合系数。

7.2.2 压电参数测量方法和原理

压电陶瓷材料的压电参数的测量方法有电测法、声测法、力测法和光测法，其中的最为普遍方法为电测法。在利用电测法进行测试时，由于压力体对力学状态极为敏感，因此，按照被测样品所处的力学状态，又可划分为动态法、静态法和准静态法等[1]。

（1）静态法

静态法是被测样品处于不发生交变形变的测试方法，主要用于测试压电常数，测试样品上加一定大小和方向的力，根据压电效应，样品将因形变而产生一定的电荷。由公式（7-3）可得知，若施加力为 F_3，则在电极上产生的总电荷为：

$$Q_3=d_{33}F_3$$

在这种测试过程施加的压力通常是固定频率的周期性力，这种方法又称为准静态法。这种测试方法广泛用于各种实验室场合，测试用的仪器为我国中科院声学所研制的 ZJ-2 型准静态 d_{33} 测量仪器。

由于压电常数 d 是一个矢量，与样品的尺寸、力的施加方向和极化电荷的测试方向都有关系，因此，压电常数 d_{31}、d_5 等都是通过公式计算出来的。详细相关的知识可参考肖定全撰写的《压电学》以及其他相关的书籍。

（2）动态法

动态法测量压电陶瓷材料的压电参数原理：当沿着陶瓷材料的某个极化方向上施加电场时，材料会发生由于压电效应引起的结构应力应变。如果这个电场是交变电场，则这个应力或者应变是交变的。每个具体的压电材料都有一个固有频率，当外加电场的频率与该方向压电材料的固有频率相同时产生谐振（或者反谐振）。这个谐振频率与压电陶瓷材料的该方向的压电参数相关联，通过用如图 7-12 所示的电路检测出谐振频率 f_r 和反谐振频率 f_a，根据它们与压电参数的关系，即可算出相应的压电常数的值。

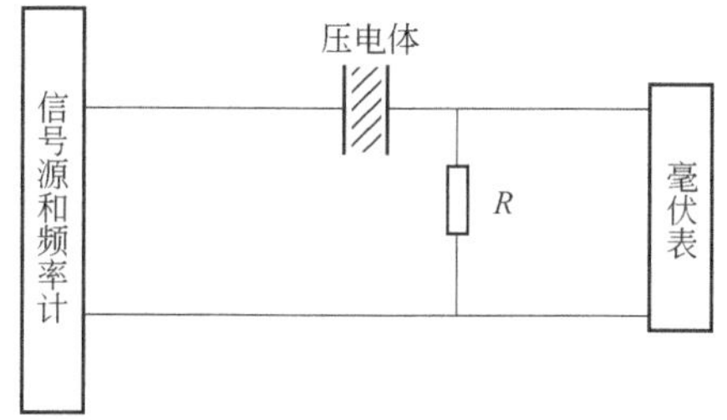

图 7-12 简易动态法测量

7.2.3 压电常数测试数据分析

压电材料作为一种功能材料，其应用领域十分广泛，主要应用于压电传感器、换能器、压电变压器、滤波器、压电驱动器、医学超声等众多领域。对压电材料的应用研究，除了系统集成以外，其研究主要集中在压电材料的各种参数，如压电常数、机电耦合系数及机械品质因数等物理参量。下面通过一些实例来进行说明。

锆钛酸铅，化学式为 Pb（Zr_xTi_{1-x}）O_3（简称 PZT），是一种二元系固溶体结构，图 7-13 所示为 $PbZrO_3$-$PbTiO_3$ 相图，图中表征了材料不同组分随温度变化的相状态。通常，PZT 陶瓷在准同型相界附近，即锆钛比为 53∶47 附近时，才具有良好的压电性能。同时在这个准同型相界处具有较大的介电常数及机电耦合系数。此外，PZT 压电陶瓷也具有很好的温度稳定性以及居里温度等，都大大优越于其他陶瓷。

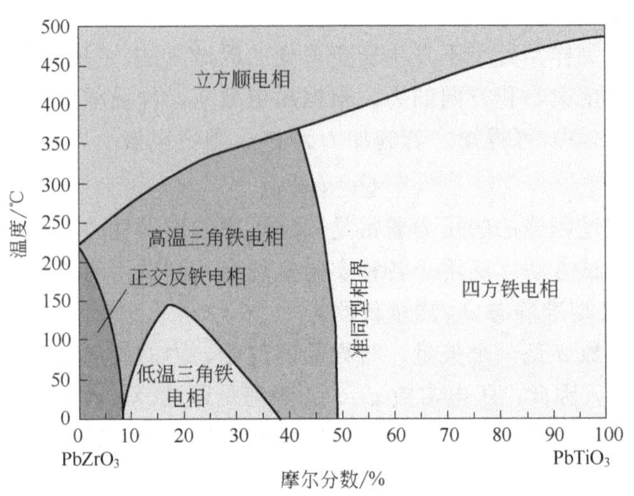

图 7-13　$PbZrO_3$-$PbTiO_3$ 二元相图

正是因为 PZT 压电陶瓷在准同型相界附近具有突出的压电性能 d_{33}，这样以 d_{33} 性能为指标为辅助证明和研究新材料体系的准同型相界（MPB）提供了有力的证据。这里以（1-x）（$K_{0.48}Na_{0.52}$）（$Nb_{0.95}Sb_{0.05}$）O_3-$x$$Bi_{0.5}Ag_{0.5}ZrO_3$ 陶瓷的压电性能研究为例来说明。图 7-14（a）所示为随着 $Bi_{0.5}Ag_{0.5}ZrO_3$（BAZ）含量的增加[8]，d_{33} 先急剧上升然后有所下降。在 x=0.0425 时，获得最大值 d_{33}，其值约为 490pC/N。相比其他 KNN 基陶瓷，这种陶瓷的 d_{33} 性能要大得多，同时也大于部分 PZT 陶瓷。与此同时，机电耦合因子 k_p 也显示了与 d_{33} 相同的组分变化关系。这种增强压电性能可能是由于陶瓷处于 O-R-T 相共存的相界处，其相图如图 7-14（b）所示。这种陶瓷所获得的巨大 d_{33} 的起源分析如下。首先，R-T 相界可以很大程度上导致巨大 d_{33} 的产生，同 PZT 超高压电性能起源也是由于 R 和 T 相共存一样。此外，d_{33} 也应该与其电介质和铁电性有关。例如，利用公式：

$$d_{33} \approx \alpha \varepsilon_r P_r$$

上式中 α 为比例常数根据该方程 $\varepsilon_r P_r$ 与陶瓷中 BAZ 含量的关系，可以发现在 R-T 相界处陶瓷的 $\varepsilon_r P_r$ 性能最优，即与 d_{33} 和 BAZ 含量的变化关系是一致的。总之，一些压电性能优异的陶瓷通常处在准同型相界（MPB），这为我们研究新材

料系统的相结构提供了有力的支撑。

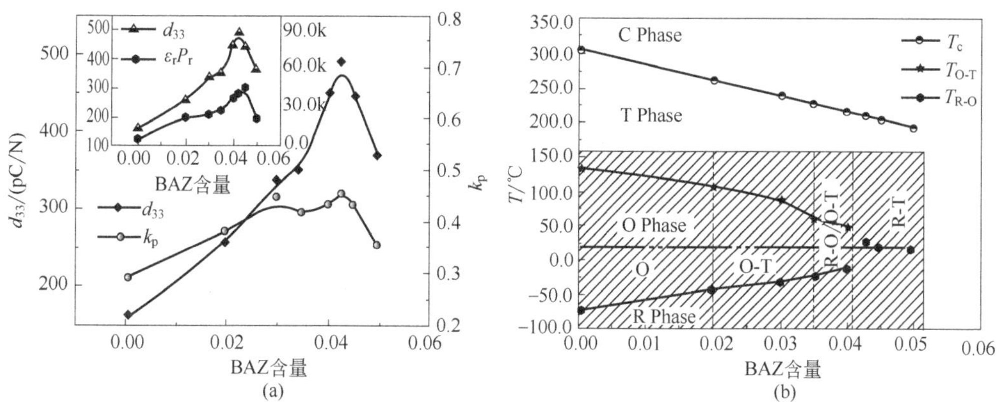

图 7-14　$(1-x)(K_{0.48}Na_{0.52})(Nb_{0.95}Sb_{0.05})O_3$-$xBi_{0.5}Ag_{0.5}ZrO_3$ 陶瓷的（a）压电性能与组分的关系及（b）二元相图

（C Phase：立方相；T Phase：四方相；O Phase：正交相；R Phase：三方相）[8]

在固溶体中，通过研究 d_{33} 的大小来分析和佐证 MPB 的存在是一种广泛使用的方式，例如在 $xBiFeO_3$-$(1-x)SrTiO_3$（STO）的二元系固溶体中，其 d_{33} 的大小与 $BiFeO_3$（BFO）含量的变化关系如图 7-15（a）所示，当 BFO 含量为 70%（摩尔分数）时，其 d_{33} 的值约为 60pC/N，随着降低 $BiFeO_3$（BFO）的含量，其 d_{33} 值有所增加，在 63%（摩尔分数）时达到最大值，其值约为 68pC/N；然后，进一步降低 BFO 的含量，其值进一步降低。这种最优化的 d_{33} 性能通常主要归因于组分处于菱形和伪立方的边界阶段。

除了探究 d_{33} 的性能参数之外，压电响应的老化行为也是应用中最为关注的性能之一。图 7-15（b）所示为 d_{33} 系数在 900h 内监测的老化行为，可以观察到

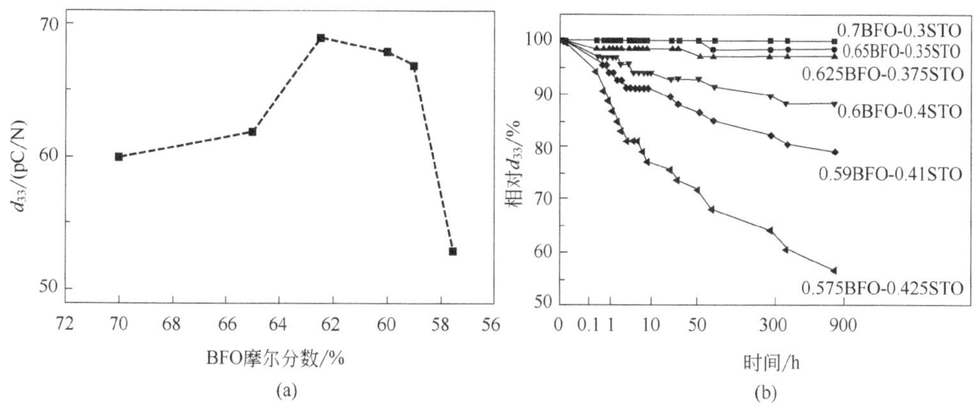

图 7-15　$xBiFeO_3$-$(1-x)SrTiO_3$ 的二元系固溶体的（a）压电性能 d_{33} 与 BFO 组分的变化关系和（b）压电性能 d_{33} 的老化行为[9]

xBiFeO$_3$-(1−x)SrTiO$_3$陶瓷在具有较高BFO含量（$0.7 \geqslant x \geqslant 0.625$）时表现出可忽略的老化水平，即$d_{33}$值在900h内几乎保持不变，其$d_{33}$的相对变化<3%。在较低BFO含量（$0.6 \geqslant x \geqslant 0.575$）时，其陶瓷压电常数表现出明显的老化。然而，在BFO含量最低的成分中（即0.575BFO-0.425STO），老化行为最为明显，其中d_{33}的相对变化达45%。实际上这种老化行为与结构的极化稳定性有着密切关系，通过d_{33}性能研究表明：赝立方的成分对称性（即菱形角α接近90°）的极化畴结构稳定性较低。在BTO含量较高的BFO-STO体系中也观察到d_{33}的稳定性现象被归因于铁电性较弱的长程有序化，防止极化过程中形成宏观畴。同样的机制可能导致BFO-STO中的极性降低，结构稳定性增加，导致老化行为是由于伪立方相成分偏多。

尽管优异的压电性能与准同型相界有一定的关系，然而也有一些材料体系并非绝对的对应关系。例如，在掺杂BiFeO$_3$（BFO）陶瓷的压电性能方面的研究，图7-16所示为淬火法制备Sm或Eu掺杂BFO陶瓷的相结构与压电性能的关系[10]。从图中能看出，优异的d_{33}压电性能（45～46pC/N）仅在具有（赝）C相的陶瓷中获得，而混合相或其他相的形成导致d_{33}较低。因此，用钐和铕对陶瓷中的BFO

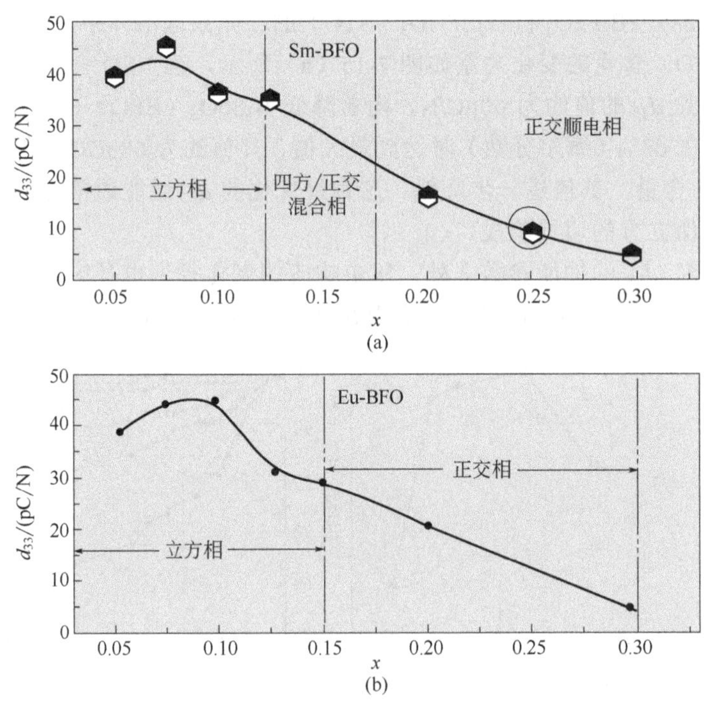

图7-16 淬火法制备Sm或Eu掺杂BFO陶瓷的相结构与压电性能的关系[10]

进行改性时，C 相确实表现出更好的压电活性形式。在这种情况下，改善 BFO 陶瓷的压电效应可能不需要“MPB”。因此，根据 d_{33} 数据很难构建一个类似于 PZT 的 A 位改性 BFO 陶瓷的 MPB。

总之，压电常数是力学量（应力或应变）与电学量（电位移或电场）间相互耦合性能强弱的一种反映。通常的研究过程只关注其数值的大小，在固溶体中，其 MPB 能导致异常高的压电性能，然而 d_{33} 的异常和最优化，不一定与 MPB 一一对应，只能作为一个间接佐证，直接证据还需要通过 XRD、TEM 等更为直接的表征手段来证实。

7.3 铁电材料性能测试原理与数据分析

铁电材料是一类具有自发极化，且极化矢量能随着外电场的取向变化而发生翻转的电介质材料。铁电材料又称为铁电体，其主要的物理特性是极化强度 P 与外电场 E 之间存在典型的电滞回线（hysteresis loop）的关系，如图 7-17 所示。通常通过测量铁电材料的电滞回线，可以得到铁电体的饱和极化强度 P_s、剩余极化强度 P_r、矫顽场 E_c 等重要物理参数。

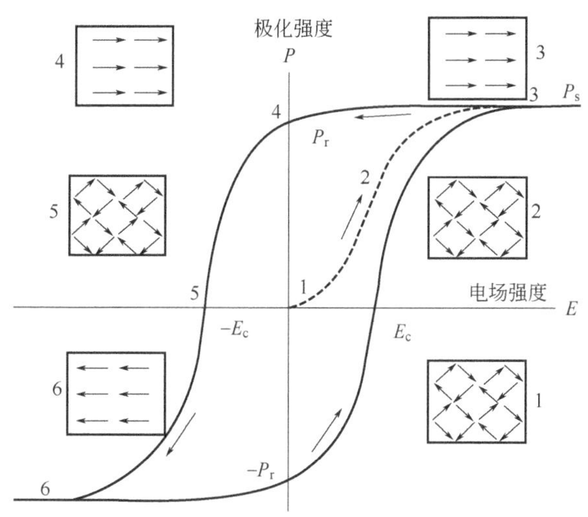

图 7-17　铁电材料的电滞回线

电滞回线是铁电体的重要特征之一，同时，它也反映了铁电畴极化翻转的动力学过程。初始制备的铁电材料，如图 7-17 中的 1 所示，包括各种不同的自发极化区域，其中具有相同自发极化方向的微区叫作铁电单畴。在铁电体未加电场时，由于自发极化（单畴）的取向是随机分布，宏观上不具有极化强度。随着施加外加电场，其自发极化（单畴）的取向开始沿着电场取向转动，且当外加电场大于铁电体的矫顽场 E_c 时，极化（单畴）开始迅速翻转，畴壁运动加剧，导致沿电场方向的电畴体积迅速扩大，而逆电场方向的电畴体积则迅速减小。随着电场的增加，最终整个晶体的所有极化（单畴）为同一方向，获得饱和极化强度 P_s，如图 7-17 的 2 所示。当外加电场撤回到零时，仍能保持一定的极化强度，被称为极化强度 P_s，如图 7-17 的 3 所示。同理，施加反向电场的畴翻转过程与正向电场的过程类似，只是自发极化的取向相反而已。因此，电滞回线呈现了极化强度 P（或表面电荷 Q）和外加电场强度 E（或电压 V）之间的变化关系。

铁电材料本身也是一种电介质，其测试也是基于铁电材料与两面电极构成电容器来表征。跟讨论介电材料的各种影响因素一样，存在着多种效应，主要包括电容效应和电阻效应，图 7-18 所示为铁电试样的等效电路[11]。其中：①Q_F 对应于铁电体的电畴翻转过程所提供的电荷，属于本征铁电效应，如图 7-18（a）所示。当 $E<E_c$ 时，铁电畴不发生翻转，电荷 Q_F 不发生改变；当 $E>E_c$ 时，铁电畴迅速翻转，电荷 Q_F 突变。当铁电畴全部翻转之后，继续增大电场强度，电荷 Q_F 保持不变，所以理想铁电材料的电滞回线为一矩形。②Q_D 对应于铁电电容器在外电场作用下产生的感应极化电荷，属电容效应，如图 7-18（b）所示。通常这种感应极化电荷 Q_D 和电压 V 成线性关系。③Q_C 对应于试样的漏电流和感应极化损耗所提供的电荷，属电阻效应。如图 7-18（c）所示，可以通过试样的漏电流对时间的积分来获得。由于材料中的漏电流与电压 V 成正比关系，导致电荷 Q_C 与电压 V 的关系为一椭圆。

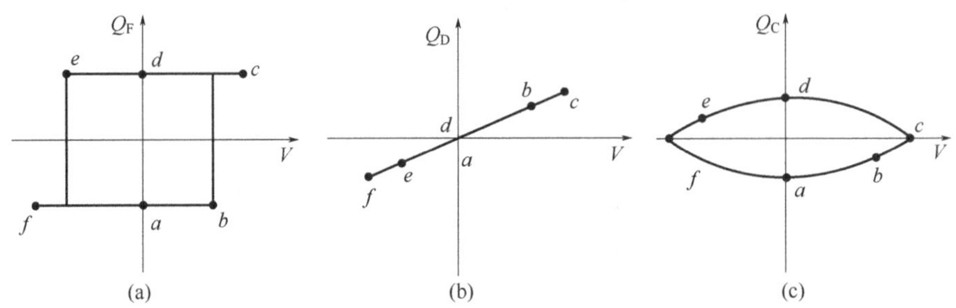

图 7-18　电荷 Q_F、Q_D、Q_C 与电压 V 的关系

因此，实际测量得到的电滞回线如图 7-17 所示，电极两端获得的电荷 Q（与极化强度对应）由 Q_F、Q_D、Q_C 三部分叠加而成。

7.3.1　铁电性能的影响因素

影响铁电性能或极化回线的因素主要跟极化特性有关，其主要因素有：①晶体结构；②温度；③极化时间和极化电压。

（1）晶体结构对电滞回线的影响

电滞回线的产生实际上跟电偶极子的形成、排列和翻转运动有关。电偶极子主要是由正负电荷重心不重合导致的，也就是说只有在一些非对性的晶体中才会产生电极化，图 7-4 反映了 $BaTiO_3$ 晶体在不同温度下的结构特性，四方相结构产生的饱和极化强度 P_s 比三方相结构产生的 P_s 值要大。

（2）温度对电滞回线的影响

温度对铁电材料的晶体结构有显著的影响，也就是说，只有在居里温度 T_c 以下，材料才具有铁电极化回滞特性。而在 T_c 以上，铁电极化回滞则变成一条直线。此外，在一些特殊的温度下，如使材料处于两者相结构的边界，即 MPB 处，极化特性也会变得异常显著。

（3）极化时间和极化电压

铁电材料通常可以分为单晶和多晶（陶瓷），在单晶中由于极化畴具有一定的取向，从而具有自发极化，并且由于缺陷较少，电滞回线基本接近矩形。而陶瓷是一种多晶的铁电体，由无数细微的单晶粒组成。由于晶粒（畴）的随机分布，极化相互抵消，从而不具有自发极化。为了使电畴曲向排列，需要极化处理，其极化时间和极化电压对其有显著的影响。为了使其实现每个晶粒中的单个电畴完全取向排列，就必须对陶瓷做极化处理，通常极化时间越长，单个电畴的取向排列就越充分，具有较高的饱和极化强度和剩余极化强度，同理，极化电压越大，电畴取向程度就越快，也越高，饱和极化强度就越大。

7.3.2　电滞回线测试方法和原理

测量电滞回线的最主要的方法是采用 Sawyer-Tower 回路，其测试原理如图 7-19 所示。将待测铁电样品 C_x 与一个标准感应电容 C_0 串联，加在待测试样和标准感应电容两端的电压与示波器的水平电极板上的电压 V_2 非常接近；而加到示波器的垂直电极板上的电压与 V_1 接近。加在待测样品上的电压 C_x 为电压降（V_2-V_1）。

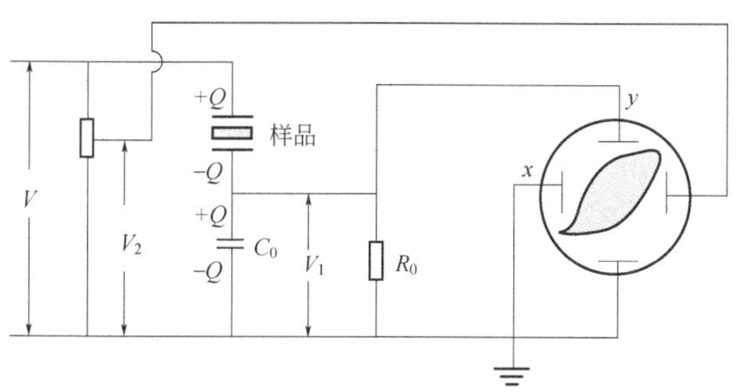

图 7-19　Sawyer-Tower 电桥原理电路图

同时，由于标准电容 C_0 的电容量远大于试样 C_x，加到示波器 x 偏向屏上的电压和加在试样 C_x 上的电压非常接近。因此可以得到铁电样品表面电荷随电压的变化关系，很容易证明铁电样品表面电荷与极化强度 P 成正比，从而就可以直接观测到 P-E 之间的关系曲线。

实验上测试铁电体电滞回线主要采用美国 Radiant Technology 公司生产的 RT Premier Ⅱ型标准铁电测试仪。该仪器基于 Radiant Technology 公司开发的虚地模式，如图 7-20 所示。待测的样品一个电极接仪器的驱动电压端，另一个电极接仪器的数据采集端。返回端与集成运算放大器的一个输入端相连，集成运算放大器的另一个输入端接地。集成运算放大器的特点是输入端的电流几乎为 0，并且两个输入端的电位差几乎为 0，因此，相当于返回端接地，称为虚地。样品极化的改变造成电极上电荷的变化，形成电流。流过待测样品的电流不能进入集成运算放大器，而是全部流过横跨集成运算放大器输入输出两端的放大电阻。电流经过放大、积分就还原成样品表面的电荷，而单位面积上的电荷即是极化。这一虚地模式可以消除 Sawyer-Tower 方法中感应电容产生的逆电压和测试电路中的寄生电容对测试信号的影响[11]。

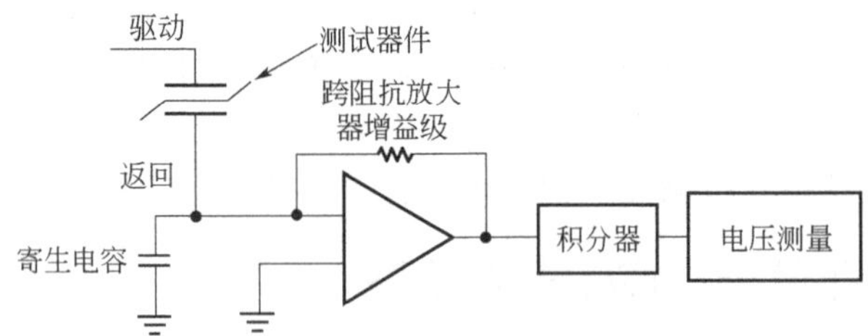

图 7-20　RT Premier Ⅱ铁电测试仪虚地模式电路示意

电滞回线测量通常采用三角脉冲波形式，如图 7-21 所示。第一个负脉冲为预极化脉冲，它只是将待测样品极化到负剩余极化（$-P_r$）的状态，并不记录数据。

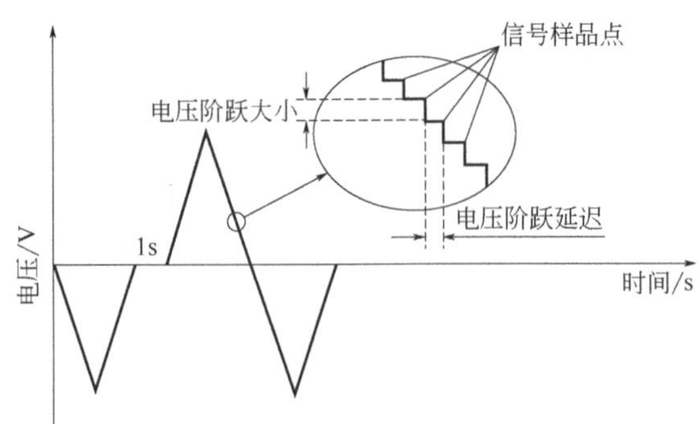

图 7-21　电滞回线测试脉冲

间隔 1s 后（可以自主设定），施加一个三角波来测试记录数据，整个三角波实际是由一系列的小电压台阶构成的，每隔一定时间（voltage step delay），测试电压上升一定值（voltage step size），然后测试一次，并通过积分样品上感应的电流可以算出电极表面的电荷，除以电极面积即可得到此电压下的剩余极化强度值。

除了通过电滞回线测量定性反应材料的铁电特性之外，随着科技的发展，还发展一种微区定性反应材料铁电特性的测试方法，即压电响应力显微镜（piezoresponse force microscopy，PFM）表征方法。该测试方法是基于接触模式原子力显微镜（atomic force microscope，AFM）技术的拓展应用，其主要用于表征铁电材料的压电性能和畴结构。原子力显微镜（AFM）测试原理可以参考第一章。这里仅对压电响应力显微镜（PFM）的测试原理做简单介绍。

PFM 的工作原理是通过逆压电效应探测电场诱导的机械形变，如图 7-22 所示，在导电的探针与样品底电极之间施加交流电压，被测样品在受到外加电场作用时发生形变：在外加电场和铁电极化方向平行时发生膨胀，反平行时收缩。样品的形变改变样品表面与探针针尖的相互作用力，探针发生形变，并被探测，以此判断铁电薄膜的极化方向。

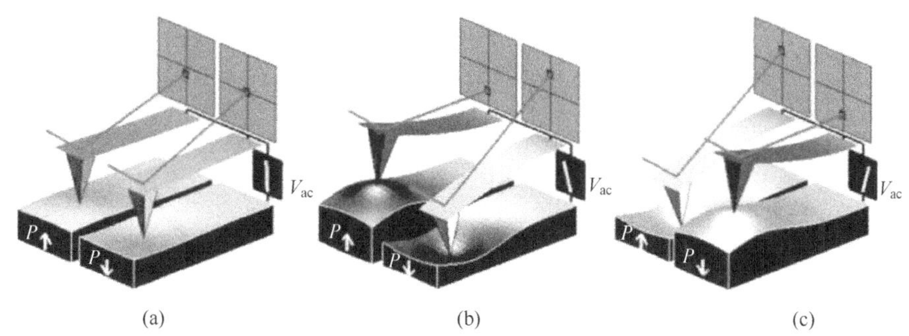

图 7-22　PFM 原理示意：探针上施加零电压（a）、负电压（b）和正电压（c）时，不同极化方向的铁电薄膜的形变及探针变化[12]

通常情况，纳米级厚度铁电薄膜的压电信号是比较微弱的，常规 PFM（装置示意图如图 7-23 所示）很难探测到这样微弱的信号，随后发展的双交流共振追踪（dual alternative resonance tracking，DART）技术很好地解决了这一问题。

DART 技术的测试原理如图 7-24 所示，在探针针尖上同时施加两个不同频率 f_1（低于接触共振频率 f_0）和 f_2（高于 f_0）的共振电压，通过两个锁相放大器采集 f_1 和 f_2 产生的压电信号，然后分解成两个振幅信号（分别记为 A_1 和 A_2）和两个相位信号（分别记为 φ_1 和 φ_2）。常规 PFM 利用相位作为输入反馈，而 DART 技术利用相位差 ΔA（$\Delta A = A_2 - A_1$）作为输入反馈，从而解决了共振频率不稳定以及信号串扰等问题。具体描述为：当频率向下移动时，A_1 向上移动到 A_1'、A_2 向下移动到

A_2'，ΔA 作为误差信号用于反馈回路，此反馈回路调整微悬臂驱动频率与共振频率匹配，直至ΔA 再次等于零，即始终保持共振频率的追踪。DART 技术可明显提高信号强度，提高 PFM 测试的稳定性和准确性，为一些压电响应较弱的样品提供了良好的测试方法。

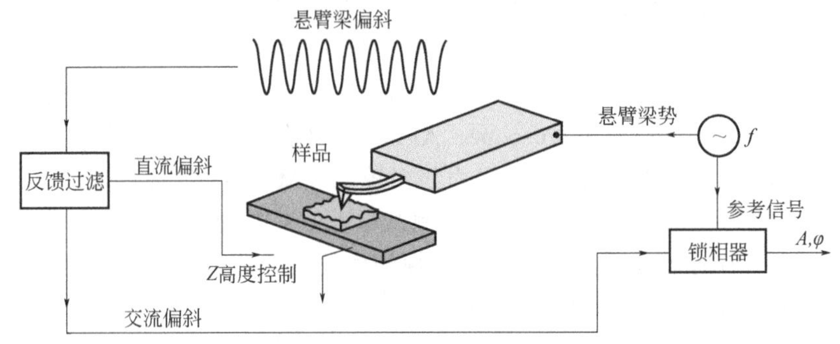

图 7-23　常规 PFM 装置示意图

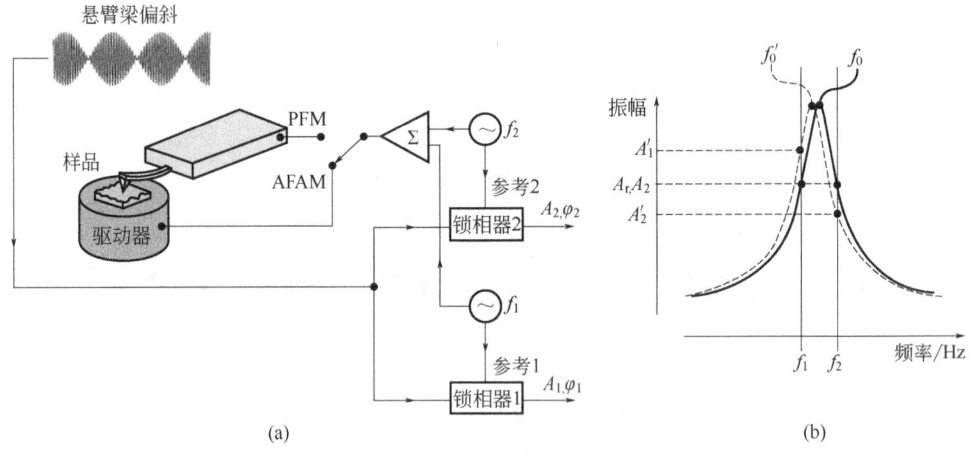

图 7-24　双交流共振追踪技术（DART PFM）的原理示意图

7.3.3　电滞回线测试数据分析

铁电材料具有优异的铁电、压电、介电、热释电及电光性能，在非挥发性铁电存储器、压电驱动器、电容器、红外探测器和电光调制器等领域有重要的应用。

（1）掺杂效应对电滞回线的影响

化学掺杂可以影响铁电材料的晶体结构或电子特性，从而影响其铁电性能。以经典的铁电材料 $BiFeO_3$（BFO）为例，BFO 具有菱方畸变偏心结构（*R*3c），A 位 Ca^{2+}掺杂将逐渐诱导其结构演化为四方结构，但其引入会导致漏电流增大。

Mn^{4+}具有很强的 Jahn-Teller 效应，部分取代 B 位的 Fe^{3+}会导致其结构向正交相演化。两者共掺会大大提高 BFO 薄膜的铁电性能，如图 7-25 所示。

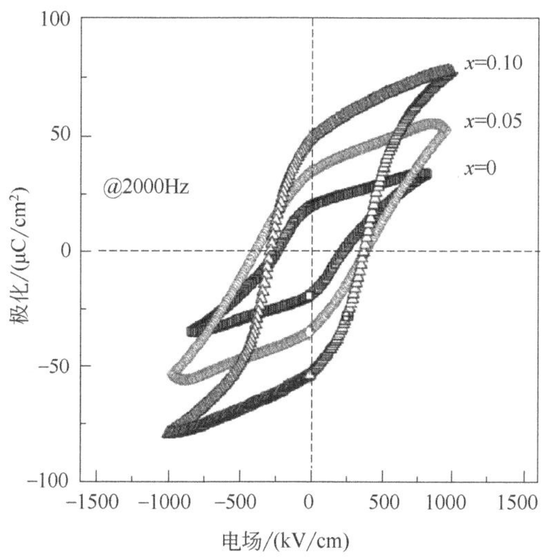

图 7-25 铁电 $Bi_{1-x}Ca_xFe_{0.95}Mn_{0.05}O_3$ 薄膜的 *P-E* 曲线[13]

通过 *P-E* 铁电回线可以看出，纯相的 BFO 薄膜的剩余极化值约为 50～60μC/cm²，而 5%的 Mn^{4+}引入，会削弱其铁电性，此时，在 A 位引入少量的 Ca^{2+}，其铁电性能又逐渐增强。当 Ca^{2+}的掺杂量 x 逐渐增大（0→5%→10%），$Bi_{1-x}Ca_xFe_{0.95}Mn_{0.05}O_3$ 薄膜的剩余极化值的变化为 19μC/cm²→33μC/cm²→53μC/cm²。Ca^{2+}掺入 10%，Mn^{4+}掺入 5%，掺杂的 BFO 薄膜与纯相的 BFO 薄膜铁电性相近，若将 Mn^{4+}的掺杂量提高到 10%，即 $Bi_{0.9}Ca_{0.1}Fe_{0.9}Mn_{0.1}O_3$ 薄膜，其铁电性将进一步提高，如图 7-26 所示，此时，其剩余极化值高达 89μC/cm²。由此可见，通过合适的掺杂改变 BFO 薄膜的晶体结构以调控其铁电性能，是一种有效的方法。

（2）固溶效应对电滞回线的影响

多数铁电材料都为钙钛矿 ABO_3 的结构，将两种或多种铁电材料混合烧结，形成固溶体，也可以调控材料的整体的铁电性能。我们以 $Bi_{0.5}Na_{0.5}TiO_3$（BNT）多晶陶瓷为例，BNT 也是一种铁电材料，理论上具有 38 μC/cm² 的剩余极化值，但这种材料的缺陷非常明显，电导率高，实际上很难实现其固有的铁电性能，而且不容易烧结。BNT 与少量的传统铁电材料 BTO 固溶，可以很好地解决上述问题。图 7-27 所示为（1−x）（$Bi_{0.5}Na_{0.5}$）TiO_3-$x$$BaTiO_3$ 多晶陶瓷的铁电性能。从图中可以看出，纯相 BNT 陶瓷因其漏电流大的原因表现出非常差的铁电性能，而随着 BTO 量的增多，其铁电性能逐渐显现。BTO 含量为 7%时，其剩余极化值可以

达到 16.4μC/cm²。尽管这个值要小于理论上 BNT 的极化值，但是通过形成固溶体结构的确可以提高 BNT 陶瓷的铁电性能，其原因还是归结于 BTO 的引入使整个固溶体陶瓷处于形貌边界相的位置。此时，正交相和四方相共存，导致结构弛豫，有利于铁电畴的运动。

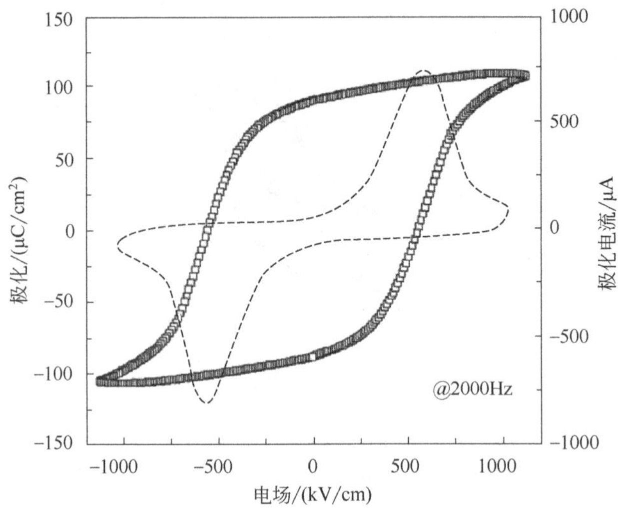

图 7-26　铁电 $Bi_{0.9}Ca_{0.1}Fe_{0.9}Mn_{0.1}O_3$ 薄膜的 *P-E* 曲线及其对应的极化电流与电场之间的关系[13]

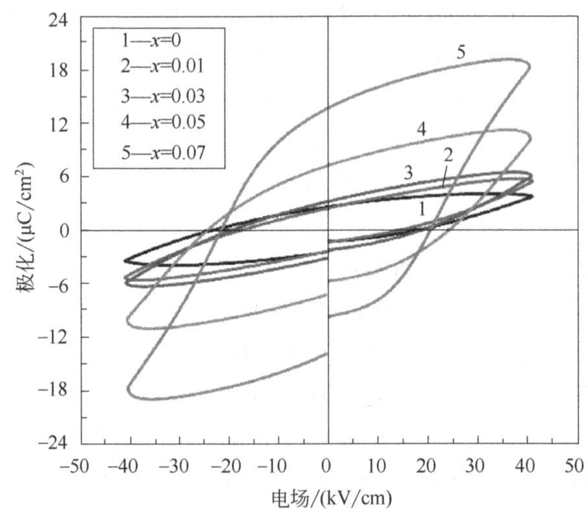

图 7-27　(1−*x*)($Bi_{0.5}Na_{0.5}$)TiO_3-*x*$BaTiO_3$ 多晶陶瓷的铁电极化与电场强度的关系[14]

（3）应力对电滞回线的影响

通过材料铁电滞回线的变化也可以研究铁电材料外在条件的一些演变关系，例如当铁电薄膜外延生长在另一种材料或者沉底上，由于两者晶格常数失配以及热膨胀系数差异较大，会导致这种超晶格中存在非常大的应力，这时铁电薄膜的性质会发生明显的改变。尽管大多数的应力调控会导致铁电薄膜性能的降低，但选取合适的衬底，也可使其性能大幅提高。以 $BaTiO_3$（BTO）为例，选择与其结构、化学性能以及热性能兼容的单晶基片 $GdScO_3$ 和 $DyScO_3$，利用脉冲激光沉积（PLD）的方法在两种单晶基片上生长厚度为 200nm 的 BTO，其铁电性能如图 7-28 所示。生长在 $GdScO_3$ 和 $DyScO_3$ 上的 BTO 的铁电滞回线往正电场方向移动，这是由于上下电极的不对称界面效应所导致。对 BTO/$GdScO_3$ 薄膜，其剩余极化约为 50μC/cm^2，矫顽场为 80kV/cm，而 BTO/$DyScO_3$ 薄膜，两者分别约为 70μC/cm^2 和 25kV/cm。对于纯相 BTO 单晶，其剩余极化仅为 26μC/cm^2，由此可见，正应力也能显著提高薄膜的铁电性能。

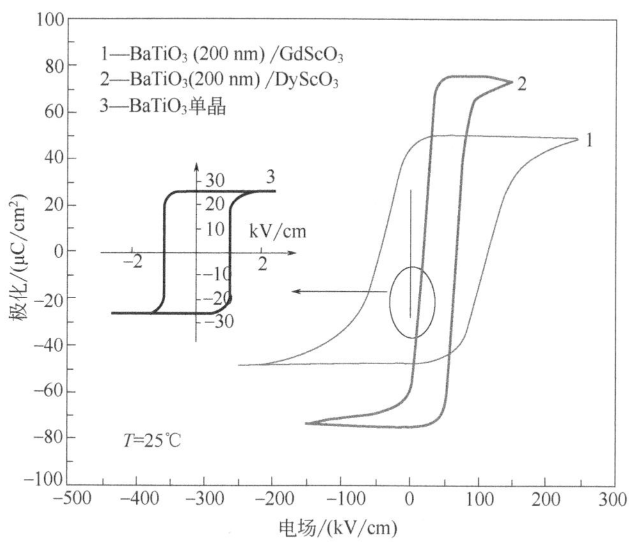

图 7-28　BTO 薄膜外延生长在 $GdScO_3$ 和 $DyScO_3$ 衬底上电滞回线的对比图[15]

（4）铁电材料的畴结构

铁电材料的电滞回线能反映材料极化大小，这些性质通常是宏观上的定性表征，然而探究微区，例如微米、纳米级微区的极化特性，以及极化纳米微区极化畴之间的取向关系、畴结构形式等，通常是利用 PFM 来表征，下面我们将从以下几个方面举例阐明。

① BFO 薄膜的畴结构。在众多的科研中，高质量 BFO 外延薄膜通常是利用

PLD 方法来制备的。需要选取适合的制备工艺参数（包括衬底温度、氧压、激光能量、脉冲频率、样品与靶材的距离等等）以及合适的衬底参数才能制备出高质量的 BFO 薄膜。图 7-29 是在各种优化实验参数及衬底选择下生长的 BFO 薄膜，其中包括 R-BFO、T-BFO 以及 R 相与 T 相混合的 BFO 薄膜。

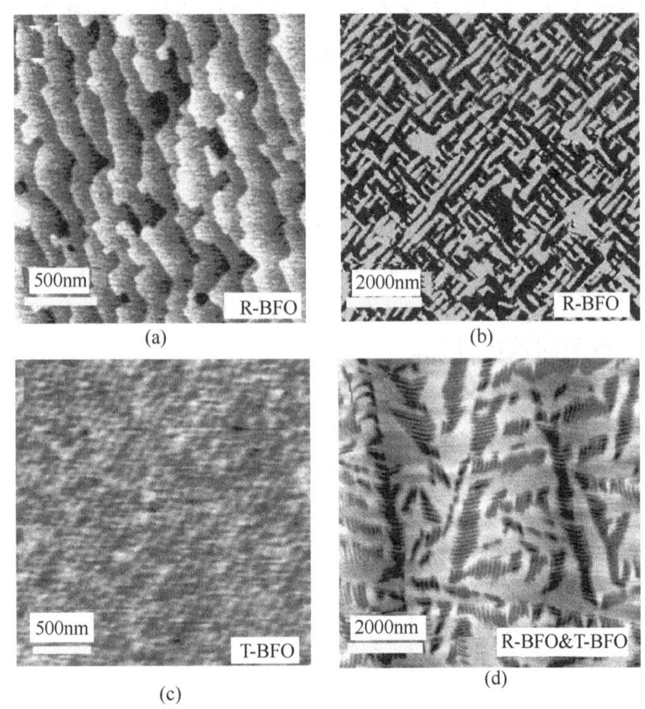

图 7-29　在合适的参数下生长的 BFO 薄膜

（a）R-BFO 薄膜的 AFM 形貌图；（b）R-BFO 的面内 PFM 图像，呈条带状；（c）较薄的纯 T-BFO 薄膜的形貌图；（d）较厚的 R-BFO 与 T-BFO 的混合相的形貌图[16]

② Sm 掺杂 BFO 陶瓷的畴结构研究。通过 PFM 表征手段可以直接观察 $Bi_{1-x}Sm_xFe_{0.95}Sc_{0.05}O_3$（$x$=0.0,0.15,0.17）的畴结构随着 Sm 掺杂含量的变化情况。如图 7-30 所示。纯相 BFO（x=0.0）表现出明显的条带状铁电畴，宽约 200nm，长约 1μm，印证其优良的铁电性，如图 7-30（a）所示。对于 x=0.15 的样品，如图 7-30（b）所示，仍然可以观察到条带状畴，不过畴的长度变短，说明铁电性减弱。对于 x = 0.17 的样品，如图 7-30（c）所示，难以发现均匀连续的条带状畴结构，但是观察到随机分布的迷宫状纳米畴区域，意味着实现了从铁电态到弛豫态的转变。课题科研时，畴结构演变能只能作为一个间接的证据，还需要辅助更多测试表征，如介电特性、铁电滞回线和 TEM 等测试结果。

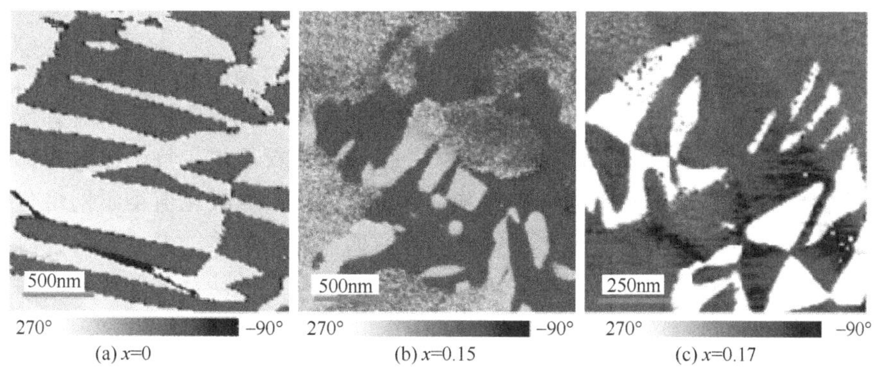

(a) x=0　(b) x=0.15　(c) x=0.17

图 7-30　$Bi_{1-x}Sm_xFe_{0.95}Sc_{0.05}O_3$ 陶瓷的 PFM 图像[17]

7.4　热释电性能测试原理与数据分析

热释电效应是指极化强度随温度改变而呈现出电荷释放现象，导致在材料两端出现电压或产生电流。热释电材料只有具有自发极化，才能体现热释电效应。通常，热释电材料的自发极化所产生的束缚电荷（电极上的表面电荷）被来自空气中附着在晶体表面的自由电荷中和，从而热释电材料对外并不显电性。当温度变化时，晶体结构中的正负电荷重心相对移位，引起自发极化大小发生变化，表面电荷随之发生改变，但束缚电荷来不及补偿表面电荷，从而显示出电性或电流。

热释电材料可以分为两大类。一类具有自发式极化，但自发式极化并不会受外电场作用而转向。另一类具有可为外电场转向的自发式极化晶体，即为铁电体。由于这类晶体在经过预电极化处理后具有宏观剩余极化，且其剩余极化随温度而变化，从而能释放表面电荷，呈现热释电效应。

7.4.1　热释电性能的影响因素

影响热释电材料的热释电性能的因素主要有两个方面[18]：一方面是热释电材料的自身特点，包括热释电特性的晶体结构和微观结构等；另一方面是热释电材料的外部制备和处理条件，如极化条件及工作温度。

（1）晶体结构

热释电体本身也具有自发极化现象，这就要求材料的晶体结构具有特殊的极性方向，目前只有 10 类晶体具有这样特殊的极性。自发极化强度随温度的变化是决定热释电系数的根本因素，可见，热释电材料的热释电性能与其晶体结构（自发极化）密切相关。

（2）微观结构

同样的材料组分，其微结构也存在明显的差异，如热释电晶体与其陶瓷。其中热释电晶体中的极化畴趋向一致，具有最高的自发极化强度，因而具有最优的热释电性能；然而热释电陶瓷属于多晶体，由许多晶粒组成，每个晶粒内部的极化畴随机分布，只有在强电场极化后才具有自发极化，且极化值小于同组分的晶体材料。其中陶瓷中的晶粒尺寸、各种缺陷，如气孔、杂质、晶界等都会对极化强度有一定的影响，因而不同程度地影响陶瓷的热释电性能及其他的物理性能。

（3）极化条件

通常热释电陶瓷在初始制备后，需要做极化处理，其目的陶瓷晶粒中的电畴沿电场择优取向排列，产生剩余极化，即宏观上具备极性，从而具有热释电效应。由于极化处理是在一定温度、一定直流电场作用下并维持一定时间后进行，这种极化工艺参数（电场、温度、时间）的使用，使得热释电陶瓷的极化性能会有所不同。只有优化极化条件，才可能获得最佳的极化强度及热释电效应。

（4）使用温度

跟铁电体一样，热释电体只在一定的温度范围内起作用，只有温度低于居里温度（T_c）时，才会有自发极化出现。因此，热释电材料必须具备较高的居里温度，确保热释电探测器的使用温度。

7.4.2 热释电系数测量方法和原理

热释电材料的性能主要表征其热释电系数，其测量方法有多种形式，如电反转法、静态法、等速加热法、电荷积分法、热动态电流法和介质加热法等。目前主要采用的是电荷积分法，该方法简单，测量数据准确，已被大多数人所接受。下面简单介绍电荷积分法的测量原理和测试系统[19]。

（1）电荷积分法的测量原理

当温度发生变化时，热释电材料的自发极化强度 P_s 随温度的变化率 dP_s/dT，一般称为热释电系数 P_i，即：

$$P_i = dP_s/dT \tag{7-4}$$

随着温度的变化，样品电极上所引起的电荷为：

$$\Delta Q_s = \int i_p dt = \int \left(AP_i \frac{dT}{dt} \right) dt = \int_0^{\Delta T} AP_i dT = AP_i \Delta T \tag{7-5}$$

式中，ΔT 为时间 Δt 内的温度变化；i_p 为热释电电流；A 为样品的电极面积。由式（7-5）可求出热释电系数：

$$P_i = \Delta Q_s / A\Delta T \tag{7-6}$$

由式（7-6）可以看出，只要测出温度 ΔT 范围内的热释电电荷 ΔQ_s，即可确定热释电系数 P_i。

（2）电荷积分法的测试系统

电荷积分法的测量电路如图 7-31 所示。

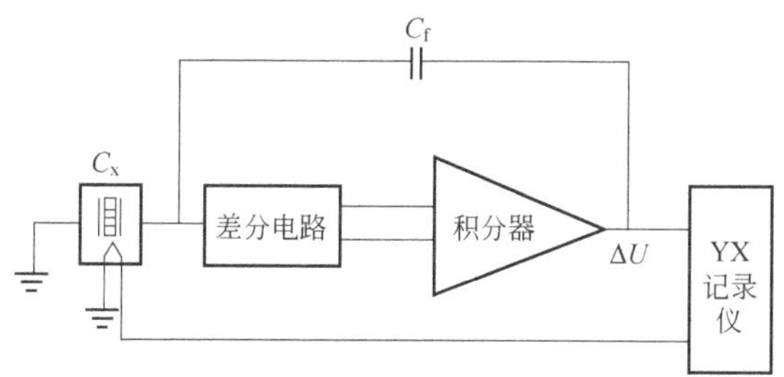

图 7-31　电荷积分法测试电路

图中 C_x 为待测样品，C_f 为经过校正的反馈电容。样品在加热过程中所产生的热释电电荷ΔQ_s将传输至反馈电容 C_f 上。

由于积分器的输出电压ΔU 为：

$$\Delta U=\frac{\Delta Q_s}{C_f}=\frac{AP_i\Delta T}{C_f}$$

因此，可得热释电系数：

$$P_i=\frac{C_f\Delta U}{A\Delta T}$$

将输出电压和热电偶的信号同时记录，可得输出电压与温度的关系曲线 $\Delta U(T)$，根据曲线斜率可以确定热释电系数 P_i 及其与温度的关系曲线 $P_i(T)$。为了减少运算放大器失调及漂移的影响，常常在运算放大器之前加一级差分电路，以提高积分器的输入阻抗及灵敏度。

这种热释电系数测量方法是由 Byer 和 Roundy 提出的，被称为 Byer-Roundy 法。在测量过程中，该测试方法以极缓慢的线性速率使样品加热或冷却，以实现热释电样品温度随时间的变化为已知恒量。为了减少压电噪声源或热电噪声源的影响，常常采用锁定分析仪或数字信号处理技术来提高信噪比。

7.4.3　热释电性能测试数据分析

将热信号变为电信号，可以利用热释电材料制造各种热电探测器件，可用于红外、激光等热释电探测领域，也可以用在各类热成像等辐射计、夜视光谱仪等军事设备方面。而热释电系数是热电探测器研究的主要参数之一。下面将通过一些研究实例来说明热释电系数的研究情况。

（1）锆钛酸铅（PZT）基热释电材料

PZT 具有优异的介电、压电、铁电以及热释电性能，是研究应用最广的一类铅基材料体系。随后对 PZT 进行了大量改性研究以及开发其他的铅基热释电体系，如铌镁酸铅-钛酸铅（PMN-PT）。此外，也研究了 PZT 与聚合物形成的薄膜材料体系等。例如，利用水热法合成的 PZT 粉体，与聚偏三氟乙烯（PVDF-TrFE）形成的复合材料的热释电性能研究。如图 7-32 所示为不同温度下煅烧的 PZT 粉体组成的复合厚膜的室温热电性能。研究表明：在使用 700℃煅烧 PZT 粉体的样品中获得的最高热释电系数为 96μC/（m^2 • K）[20]。

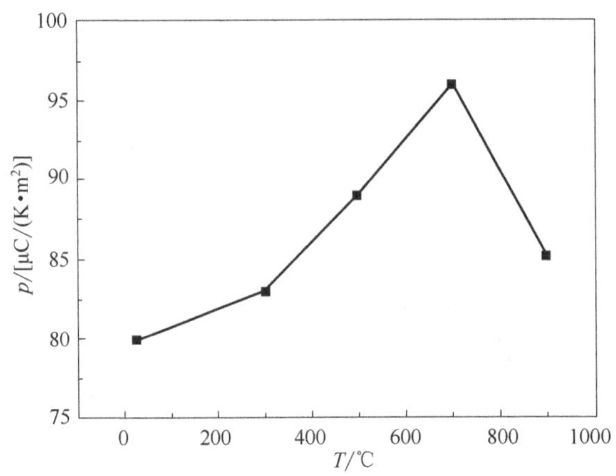

图 7-32　煅烧锆钛酸铅（PZT）粉体对 PZT/聚偏三氟乙烯电性能的影响[20]

正因为 PZT 具有最优异的极化特性，从而具有较高的热释电系数，然而铅基材料中 Pb 的挥发性对生态环境和人体健康造成极大危害，也是当前研究最为关注的问题。

（2）$BaTiO_3$（BTO）基铁电陶瓷

BTO 是最早研究热释电效应的一类无铅材料，在 20 世纪 50 年代，首次利用动态热辐射方法测得的室温热释电系数为 2.0×10^{-8}C/（cm^2 • K）。为了进一步提高其热释电性能，研究方法主要有两种形式：掺杂改性和构筑相界。其中构筑相界是采用最为广泛的方法，例如：$BaTiO_3$ 与 $CaTiO_3$ 和 $BaZrO_3$ 构建多元固溶体，在它们的准同型相界（MPB）处增强极化强度和电畴活性，从而增强 $BaTiO_3$ 基固溶体的热释电效应。当材料组分为 0.5Ba（$Zr_{0.2}Ti_{0.8}$）O_3-0.5（$Ba_{0.7}Ca_{0.3}$）TiO_3 时，其固溶体的热释电系数为 5.84×10^{-4}C/（cm^2 • K），如图 7-33 所示。

在掺杂改性体系中，如在 $BaTiO_3$ 中掺杂 Ca 和 Zr 元素，使其在室温下处于正交和四方相共存 [（$Ba_{0.85}Ca_{0.15}$）（$Zr_{0.1}Ti_{0.9}$）O_3]，在热释电陶瓷中发现了增强的热释电效应，如图 7-34 所示。该陶瓷粉体在合成温度 650℃的条件下，室温热释电系数高达 8.6×10^{-4}C/（cm^2 • K）。其原因在于 MPB 相界可以降低极化反转的势垒，自发极化更易发生转向。此外，该陶瓷粉体的最佳合成温度避免了晶格扭曲加剧和晶粒无序长大。

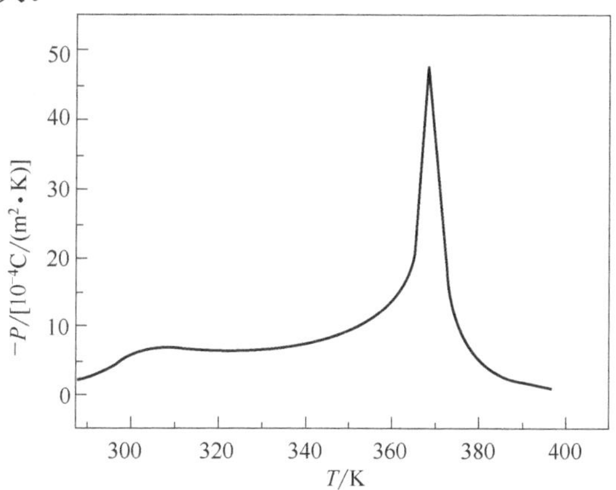

图 7-33　固溶体 0.5Ba（$Zr_{0.2}Ti_{0.8}$）O_3-0.5（$Ba_{0.7}Ca_{0.3}$）TiO_3 的热释电系数温谱图[21]

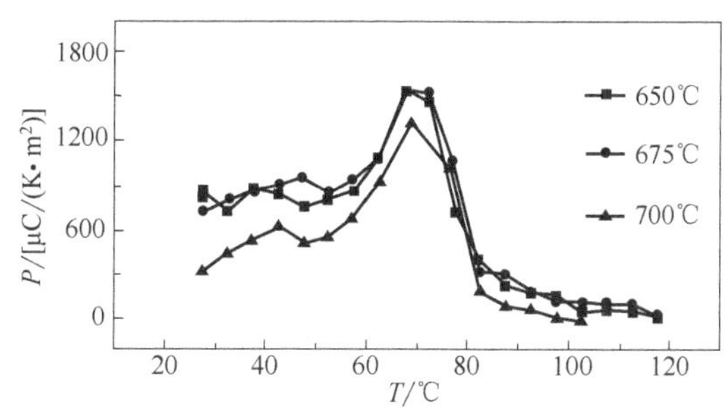

图 7-34　不同粉体制备温度下（$Ba_{0.85}Ca_{0.15}$）（$Zr_{0.1}Ti_{0.9}$）O_3 陶瓷的热释电系数温谱[22]

（3）（$Bi_{1/2}Na_{1/2}$）TiO_3（BNT）基铁电陶瓷

BNT 是复合钙钛矿型弛豫铁电体，A 位由 Bi 和 Na 离子共同占据，且无序分布，其陶瓷结构在室温时具有较大的剩余极化强度，$P_r \approx 38\mu C/cm^2$，相对介电常数$\varepsilon_r \approx 500$，这些性能参数表明 BNT 陶瓷在热释电应用方面颇具潜力。但 BNT 中的 Bi 和 Na 元素在烧结时易挥发，且存在吸潮的可能，这使其具有较大的漏电，稳定性和致密性降低，这使得纯 BNT 陶瓷的热释电系数仅为 $2.5\times10^{-4}C/(cm^2\cdot K)$。提高其热释电性能主要有两种方法：①构筑相界；②改善 BNT 的烧结性能和铁电性能。同理，构筑相界也是最为广泛采用的方法。例如 BNT 与 BTO 固溶可以形成丰富的 MPB 相界，相比于纯的 BNT 陶瓷，BNT-0.06BTO 固溶体的热释电系数有所提高，约为 $3.15\times10^{-4}C/(cm^2\cdot K)$，且通过调整 Bi/Na 比和 Ba 含量可以提高到约 $6.99\times10^{-4}C/(cm^2\cdot K)$，如图 7-35 所示。

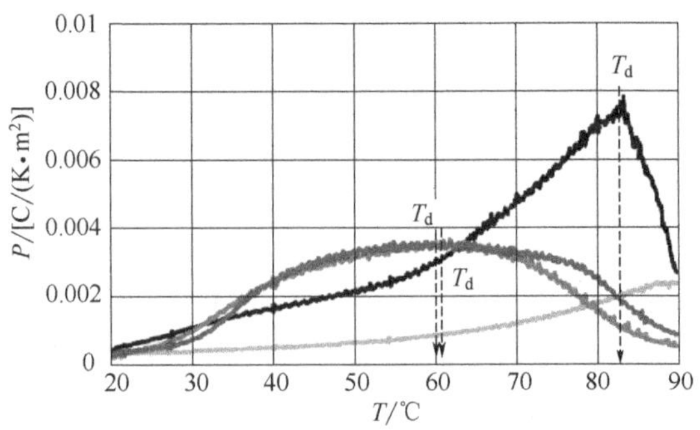

图 7-35 BNT-0.06BTO 固溶体的热释电系数温谱[23]

又如 BNT-BiAlO$_3$（BA）与 NaNbO$_3$（NN）构筑固溶体，不仅可以增强整个体系的剩余极化，如达到 52μC/cm^2，而且室温下的热释电系数也被增强至 3.87×10^{-4}C/（cm^2 • K），如图 7-36 所示。

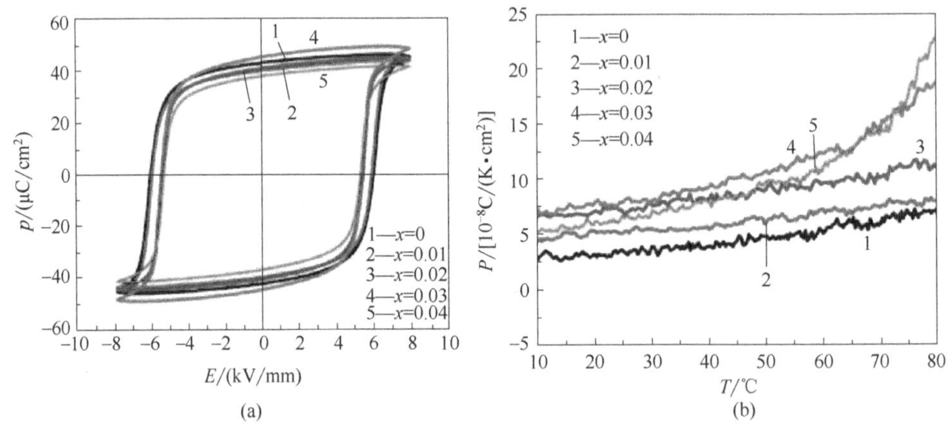

图 7-36 0.98BNT-0.02BA-xNN 固溶体的电滞回线和热释电系数温谱[24]

习 题

1．什么是电介质及极化？电介质分为哪几类？

2．电介质的极化机制有哪几类？各种机制存在的频率范围与电介质特性关系如何？

3．介电特征测量为什么能解释材料的结构相变过程？请查阅文献，以钛酸铋钠 BNT 介电材料的相结构演变为例来说明。

4．何为正压电效应和逆压电效应？它们的物理机理是什么？并举例说明。

5．影响压电性能的因素有哪些？这些因素与压电材料的应用有何关联？

6．什么是铁电体？什么是电畴？铁电体与电畴之间是什么关系？

7．电畴的大小及其翻转与极化性能的关系是什么？

8．什么是热释电效应？热释电效应产生的条件是什么？

9．介电体、压电体、铁电体及热释电体之间有什么关系？

10．某同学制备了各种元素掺杂的 $BaTiO_3$ 陶瓷，想知道掺杂后的压电性能，请问能用本章的哪几种测试技术来表征？

11．某同学制备了不同含量 Sm 元素掺杂 $BiFeO_3$ 陶瓷，请问用本章的哪种测试技术可以分析其相变特性？其原理是什么？

12．图 7-37 为 Sr/Ba 比（30/70～50/50）对（Sr_xBa_{1-x}）NbO_3（SBN）陶瓷的介电性能的影响规律，请说明 Sr/Ba 比不同对陶瓷介电特性的影响规律是什么？并说明其变化规律产生的原因是什么？

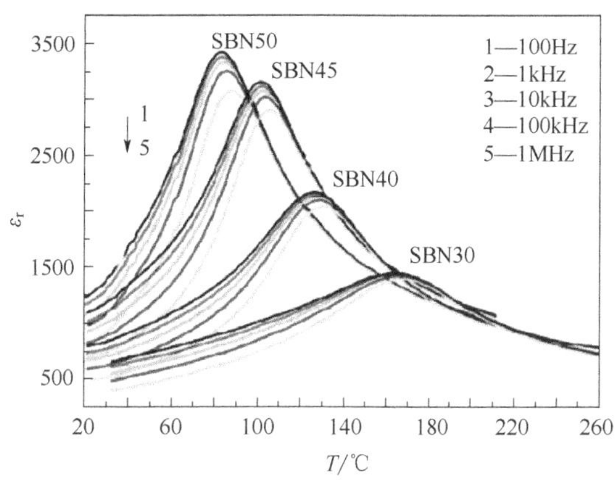

图 7-37　Sr/Ba 比（30/70～50/50）对（Sr_xBa_{1-x}）NbO_3（SBN）陶瓷的介电性能的影响规律

参考文献

[1] 高智勇，隋解和，孟祥龙．材料物理性能及其分析测试方法［M］．2 版．哈尔滨：哈尔滨工业大学出版社，2020．

[2] 李红旗．基于介电常数的车用润滑油在线监测方法研究［D］．长春：吉林大学，2007．

[3] Sanna S，Thierfelder C，Wippermann S，et al．Barium titanate ground and excited-state properties from first-principles calculations［J］．Physical Review B，2011，83：054112.1-054112.9．

[4] 张爱华．镧掺杂钛酸钡薄膜的导电、电荷输运机制以及铁电性的研究［D］．广州：华南师范大学，2020．

[5] 包鹏，戴玉蓉，李伟，等．弛豫铁电体 Pb（$Mg_{1/3}Nb_{2/3}$）O_3-$PbTiO_3$ 的相变［C］// 第七届全国内耗学术会议论文集．中国物理学会，2003．

[6] Yuan Q B，Li G，Yao F Z，et al．Simultaneously achieved temperature-insensitive high energy density and efficiency in domain engineered $BaTiO_3$-Bi（$Mg_{0.5}Zr_{0.5}$）O_3 lead-free relaxor ferroelectrics［J］．Nano Energy，2018，52：203-210．

[7] Feng Y，Li M L，Li W L，et al．Polymer/metal multi-layers structured composites：a route to high

dielectric constant and suppressed dielectric loss [J]. Applied Physics Letters，2018，112（2）：022901.

[8] Wang X P ，Wu J G，Xiao D Q，et al. New potassium-sodium niobate ceramics with a Giant *d*（33）[J]. ACS Applied Material and Interfaces，2014，6（9）：6177-6180.

[9] Makarovic M，Bencan A，Walker J，et al. Processing，piezoelectric and ferroelectric properties of（x）$BiFeO_3$-（$1-x$）$SrTiO_3$ ceramics [J]. Journal of the European Ceramic Society，2019，39：3693-3702.

[10] Wu J G，Fan Z，Xiao D，et al. Multiferroic bismuth ferrite-based materials for multifunctional applications：ceramic bulks，thin films and nanostructures [J]. Progress in Materials Science，2016，84：335-402.

[11] 张永成. 弛豫铁电体 PMNT 陶瓷的制备与回线动力学标度研究 [D]. 青岛：青岛大学，2010.

[12] 田国. 基于铁酸铋的高密度多铁外延纳米阵列制备、畴结构调控及相关物性探索 [D]. 广州：华南师范大学，2019.

[13] Huang J Z，Shen Y，Li M，et al. Structural transitions and enhanced ferroelectricity in Ca and Mn co-doped $BiFeO_3$ thin films [J]. Journal of Applied Physics，2011，110：094106.

[14] Parija B，Badapanda T，Panigrahi S，et al. Ferroelectric and piezoelectric properties of（$1-x$）（$Bi_{0.5}Na_{0.5}$）TiO_3-$x$$BaTiO_3$ ceramics [J]. Journal of Material Science：Material Electron，2013，24：402-410.

[15] Choi K J，Biegalski M，Li Y L，et al. Enhancement of ferroelectricity in strained $BaTiO_3$ thin films [J]. Science，2004，306：1005.

[16] Chen Z，Lu Y，Huang C，et al. Nanoscale domains in strained fpitaxial $BiFeO_3$ thin films on $LaSrAlO_4$ substrate [J]. Applied Physics Letters，2009，96（25）：252903.

[17] Gao X L，Li Y，Chen J W，et al. High energy storage performances of $Bi_{1-x}Sm_xFe_{0.95}Sc_{0.05}O_3$ lead-free ceramics synthesized by rapid hot press sintering [J]. Journal of the European Ceramic Society，2019，39（7）：2331-2338.

[18] 郭少波，闫世光，曹菲，等. 红外探测用无铅铁电陶瓷的热释电特性研究进展 [J]. 物理学报，2020，69（12）：127708.

[19] 黄文成. 热释电系数的测量方法 [J]. 电子元件与材料，1998（5）.

[20] Wu C G，Cai G Q，Luo W B，et al. Enhanced pyroelectric properties of PZT/PVDF-TrFE composites using calcined PZT ceramic powders [J]. Journal of Advanced Dielectric，2013，3（1）：1350004.

[21] Yao S，Ren W，Ji H，et al. High pyroelectricity in lead-free 0.5Ba（$Zr_{0.2}Ti_{0.8}$）O_3-0.5（$Ba_{0.7}Ca_{0.3}$）TiO_3 ceramics [J]. Journal of Physics D：Applied Physics，2012，45：195301.

[22] Liu X，Chen Z H，Wu D，et al. Enhancing pyroelectric properties of Li-doped（$Ba_{0.85}Ca_{0.15}$）（$Zr_{0.1}Ti_{0.9}$）O_3 lead-free ceramics by optimizing calcination temperature [J]. Japanese Journal of Applied Physics，2015，54：071501.

[23] Balakt A M，Shaw C P，Zhang Q. Large pyroelectric properties at reduced depolarization temperature in A-site nonstoichiometry composition of lead-free $0.94Na_xBi_yTiO_3$-$0.06Ba_zTiO_3$ ceramics [J] Journal of Materials Science，2017，52：7382-7393.

[24] Peng P，Nie H，Liu Z，et al. Enhanced pyroelectric properties in（$Bi_{0.5}Na_{0.5}$）TiO_3-$BiAlO_3$-$NaNbO_3$ ternary system lead-free ceramics [J]. Journal of American Ceramic Society，2018，101：4044.

第 8 章

材料变化的热力学与动力学过程监测以及数据分析

材料的物理性能与材料的微观结构、成分及相结构息息相关。而材料在不同的外界条件（如温度和压力）下可能呈现不同的微结构和相结构，甚至成分也会有所改变。一般情况下，自然的外界条件中，温度改变最常见，压力改变其次。同时，在外界条件（如温度）改变时，材料的成分、系统的焓可能会发生改变。成分的改变伴随着材料重量的改变，焓的改变伴随着放热或者吸热现象。我们用仪器监测温度改变时材料重量的改变、相结构的改变以及材料在此过程中的放热和吸热量，就可以知道温度变化时相结构的变化和材料的温度稳定性，以及可能发生的化学变化和物理变化。

为了获得某种性能，我们需要材料的某种相。知道了材料合成的相图，分析清楚获得材料中该相的条件，通过控制工艺参数就可以得到该种相。例如，如图 8-1 所示，要获得 Al_3Ni_5 化合物，必须让 Al 的原子含量控制在 0.6～0.735 之间，合成温度控制在 970K 以下。

一般采用热重分析（thermogravimetric analysis，TGA）测试材料在变温过程中的重量变化，利用差热分析（differential thermo-analysis，DTA）和差示扫描分析（differential scanning calorimetry，DSC）技术测试材料在变温过程中的吸热或者放热信息。DSC 是在 DTA 基础上发展起来的，克服了 DTA 的一些缺点，能更精确地分析材料在变温过程中的吸热或者放热的信息。材料随温度变化的相变温度测量除了采用 TGA、DTA 和 DSC，还可以通过变温 XRD、变温 Raman 光谱、变温热导率、变温 Seebeck 系数等测量获得近似值。变温 XRD、变温 Raman 谱、变温热导率等参数的测试设备和原理与普通的 XRD、Raman 光谱、热导率一样，只是在原来的常温测试设备中加一个控制样品变温的装置。故在介绍它们时不再介绍其测试原理，只是介绍其数据分析。

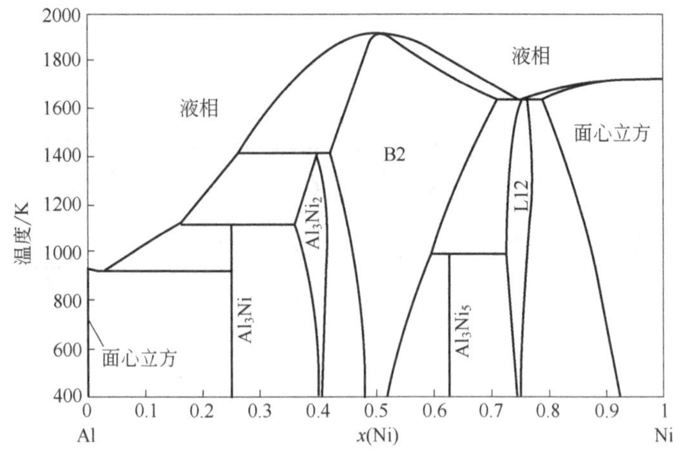

图 8-1　Al-Ni 合金相图

8.1　热重分析原理与数据分析

热重分析技术是在程序控温条件下研究物质质量变化与温度关系的一种技术 [$m=f(T)$]。进行热重分析的仪器称为热重仪，主要由三部分组成：温度控制系统、检测系统和记录系统。热重分析主要用于监测由于温度变化引起的固、液体物质的化学或者物理反应过程中的质量变化。这个反应过程的特点是伴随着气相介入（放出气体或者接收气体），从而引起固体、液体物质的质量变化，如升华、汽化、吸附、解吸、吸收和气固反应等过程会伴随质量的变化。具体来说，通过分析热重曲线，获得样品及其可能产生的中间产物的组成、热稳定性、热分解情况及生成的产物等与质量相联系的信息，用以指导产品合成、产品保管等应用。譬如说，某人想让 $CaCO_3$ 分解成 CaO，他通过测试 $CaCO_3$ 的热重曲线，知道分解温度在 625～766.6℃区间，于是他让 $CaCO_3$ 在 620℃缓慢升温至 800℃后保温一定时间，就可得到纯的 CaO。

热重分析可以很准确地获得物质的质量变化及变化的速率。所以，对于固体、液体物质表面或者内部受热时发生质量变化的物理或者化学过程都可以用热重分析来研究。

8.1.1　热重分析原理

物理过程或化学反应过程进行中质量守恒是热重分析的理论依据。许多物理过程或化学反应过程中可能伴随着气相物质的进入或放出，虽然整体过程质量守恒，但在称重天平上无法反映气相物质的质量信息。故可以通过天平称取的质量变化来分析反应过程气相的进入或者放出，以及进入或者放出的温度。

如图 8-2 所示为分析仪器的结构示意。热重仪测量待测物的热重时，将待测物置于一耐高温的容器中，此容器置于高温炉中，而高温炉的温度可以通过程序控制。待测物被悬挂在一个具有高灵敏度及精确度的天平上。在加热或冷却的过程中，待测物因为反应产生的质量变化可由天平读出。一组热电偶被置于靠近待测物旁但不接触，以测量待测物附近的温度，并将这个温度近似视为待测物温度。程序控制容器的环境温度，用天平实时测量固体/液体物质的质量，通过分析温度变化过程中固体及液体物质总质量的变化，获取反应过程信息。画出待测物的质量随待测物温度变化的关系曲线，此曲线称为 TG 曲线。

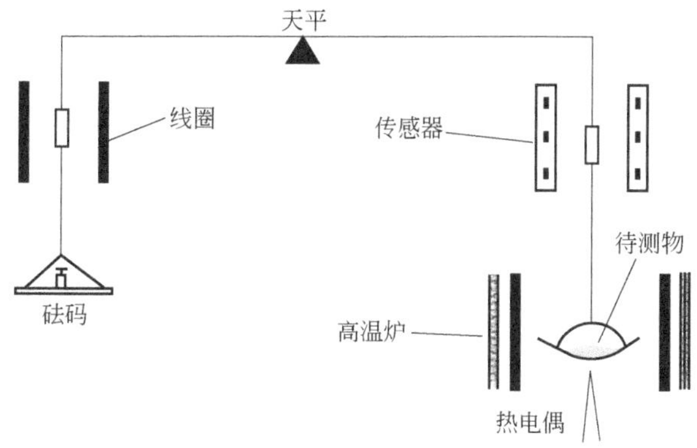

图 8-2　热重分析仪结构示意

图 8-3 是 MoS_2、UiO-66、UMS-0.15（UiO-66 与 MoS_2 的复合物）的 TGA 曲

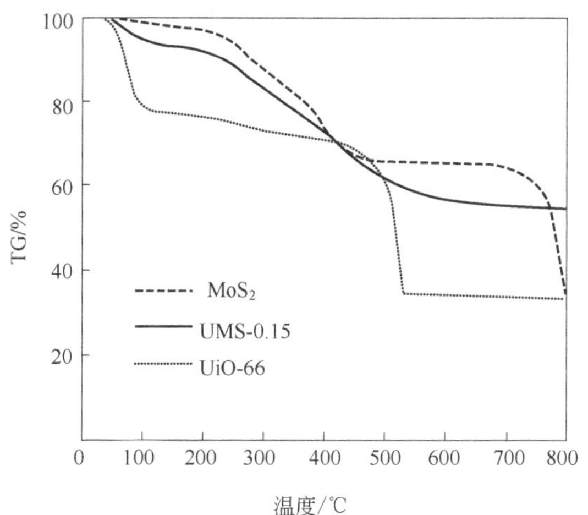

图 8-3　MoS_2、UiO-66、UMS-0.15 的 TGA 曲线[1]

线[1]。横坐标是温度，单位摄氏度（℃）；纵坐标是质量与室温开始测试时的质量的比值，单位一般是百分率（%）。从图 8-3 中可以看出，随着温度的升高，每个样品的质量都发生变化。从这些变化中我们可以得到样品随温度变化的一些信息。

8.1.2 热重分析的影响因素

主要包括仪器因素、实验条件因素和样品因素。

8.1.2.1 仪器因素

气体浮力和对流、坩埚、挥发物冷凝、天平灵敏度、样品支架和热电偶等，属于系统误差，可以通过质量校正和温度校正来减少或消除 。

（1）气体浮力和对流的影响

气体的浮力对热重测试有影响。图 8-2 所示的天平一端处于常温环境，一端处于高温炉。天平建立力矩平衡除了涉及砝码和托盘的重力，还要考虑空气浮力的影响。当高温炉温度与天平常温端温度相同时，浮力的影响相同。但气体的密度随高温炉的温度升高而变得稀薄，从而样品所在天平受气体的浮力变小，表现为称得的样品质量随温度升高而增加，这种现象称为表观增重。表观增重量可用公式进行计算。

气体的对流对热重测试也有影响。常温下试样周围的气体受热变轻形成向上的热气流，作用在热天平上，引起试样的表观质量损失。

为了减少气体浮力和对流的影响，试样可以选择在真空条件下测定，或选用卧式结构的热重仪进行测定。

（2）坩埚的影响

坩埚对热重测试结果的影响主要是指坩埚的大小和形状。测量过程中如果试样的传热速度太慢，试样旁的热电偶测量的温度就和试样的不同，引起误差。试样的热主要靠坩埚传递，故坩埚的形状和大小影响温度测量的精确度。另外，坩埚的形状则影响试样的挥发速率。因此，通常选用轻巧、浅底的坩埚，可使试样在埚底摊成均匀的薄层，有利于热传导、热扩散和气体挥发。

同时，如果坩埚的材质选择不当，容易与被测物反应，使得反应途径发生变化。原来只是测试温度变化情况下材料的化学或者物理过程，现在变成了这个过程同时伴随着被测物与坩埚反应的过程。故需要选择对试样、中间产物、最终产物和气氛没有反应活性和催化活性的惰性材料，如 Pt、Al_2O_3 等。

（3）挥发物冷凝的影响

样品受热分解、升华、逸出的挥发性物质常常在仪器的低温部分冷凝。这不仅污染仪器，且可能使测定产生偏差。若挥发物冷凝在样品天平支架上，则随温度升高，冷凝物可能再次挥发产生假失重，将污染物的 TG 曲线叠加在被测物的 TG 曲线上，使被测物的 TG 曲线变形。

可以采取如下措施减少这一类误差：在坩埚周围安装耐热屏蔽套管；天平的结构尽量是水平的；在天平灵敏度范围内，样品尽可能少；选择合适的净化气体流量。同时，充分了解样品的分解情况，以采取适当的测试参数避免分解物对仪器的污染。

8.1.2.2 实验条件因素

实验条件因素包括升温速率和气氛。

（1）升温速率的影响

升温速率对热重曲线影响较大，升温速率越高，产生的影响就越大。因为样品受热升温的传热途径是“介质-坩埚-样品”，因而存在传热滞后。除了准静态升温速率，其他升温速率下，在炉子、样品、坩埚之间形成温差，导致测量误差。升温速率越快，炉子和样品坩埚间的温差就越大，测量误差就越大。

升温速率对样品的分解温度有影响。升温速率快，造成热滞后大，分解起始温度和终止温度都相应升高。

升温速率不同，可导致热重曲线的形状改变。升温速率快，往往不利于中间产物的检出，使热重曲线的拐点不明显。升温速率慢，可以显示热重曲线的全过程。经验表明：升温速率为 5℃/min 和 10℃/min 时，对热重曲线的影响不太明显。

总之，升温速率慢和快各有其优缺点。慢速升温可以研究样品的分解过程，得到较准确的分解温度，但不能检出分解过程的中间产物。快速升温虽然影响热重曲线的形状和试样的分解温度，但不影响失重量；且当样品量很小时，快速升温能检查出分解过程中形成的中间产物。故可以根据测试目的选择升温速率的快慢。

（2）气氛的影响

测量热重最忌讳气氛参与反应，故一般采用惰性气体。但有时测试有一定的实验目的，需要氧化气氛、还原气氛或者别的气氛。

气氛对热重实验结果也有影响，它可以影响反应性质、方向、速率和反应温度，也能影响热重称量的结果。

热重实验可在动态或静态气氛条件下进行。所谓静态是指气体稳定不流动，动态就是气体以稳定流速流动。在静态气氛中，产物的分压对 TG 曲线有明显的影响，使反应向高温移动；而在动态气氛中，产物的分压影响较小。因此，我们测试中都使用动态气氛，气体流量为 20mL/min。

气体流速越大，表观增重越大，所以送样品做热重分析时，需注明气氛条件。

8.1.2.3 样品因素

样品因素包括样品量、样品颗粒和形状。

（1）样品量的影响

样品量对热传导、热扩散、挥发物逸出都有影响。过多的样品量导致可观的热滞后，从而造成大的温度梯度，也会使气体逸出受阻，导致温度和 TG 曲线的偏差。尤其样品在坩埚中厚度太厚更不好。原则上，在热天平灵敏度允许的范围内，样品越少越好。经验表明，5mg 样品量较为合适。

（2）样品粒度、形状的影响

样品粒度及形状同样会影响热传导和气体的扩散，导致反应速率和热重曲线形状的改变。粒度越大，导热越滞后，气体扩散越慢，热重曲线上的起始分解温度和终止分解温度往高温方向移动，分解反应要进行得完全需要更高的温度，反应区间更宽。同时气体扩散慢可能影响 TG 曲线形状。所以，粒度影响在热重分析中是个不可忽略的因素。

8.1.3 测试数据分析

利用 TGA 可以做如下工作：

（1）推测反应过程气相的产生或者掺进

简单的热重分析中，气相产生或掺进过程往往没有直接的证据，因而通常需要结合基本的物理过程或反应过程的合理的假设。以反应 A(s)⟶X(s)+Y(g)（其中 s 表示固相，g 表示气相）为例，若常压下反应温度达到 T 时方可进行，则在 T 温度前，反应物及生成物的总质量不变，当温度达到 T 时，反应物 A(s)开始分解，逐渐生成产物 X(s)和 Y(g)，A(s)物质损失的质量等于生成 X(s)和 Y(g)的质量之和，但由于 Y(g)为气相生成物，天平无法测其质量，因而当 A(s)物质开始分解，天平获得的质量开始下降，依据质量变化，可以对反应过程进行定性及定量分析。

（2）获取反应区间，为实验条件的设置提供参考

在普通实验中，也时常需要确认材料反应的温度范围，若反应温度过低，则反应进行不充分甚至无法进行；若反应温度过高，则容易引起材料过烧或发生副反应。对于高温反应而言，热重分析可以方便准确地确认反应温度区间，为实验条件的设置提供参考。图 8-4 是 5.0mg $CaCO_3$(s)分解反应过程的热重分析，其分解气氛为惰性氩气气氛，热重过程的升温速度为 16℃/min[2]。如图 8-4 所示，$CaCO_3$(s)分解的反应过程为：$CaCO_3$(s)⟶CaO(s)+CO_2(g)，其中 $CaCO_3$(s)的摩尔质量为 100.09g/mol，CaO(s) 的摩尔质量为 56.08g/mol，CO_2(g)的摩尔质量为 44.01g/mol。根据图 8-4 的 TGA 曲线，630℃之前，$CaCO_3$(s)材料没有分解，热重天平测得样品质量没有改变。当温度达到 630℃后，$CaCO_3$(s)开始分解，由于产生了 CO_2(g)，天平中样品质量开始下降。温度达到 770℃时，$CaCO_3$(s)分解完全，天平中样品质量保持不变。此外，$CaCO_3$(s)分解完全时，天平中物质剩余质量约为 2.8mg，约占原 $CaCO_3$(s)质量的 56%，这一结果又与 $CaCO_3$(s)分解方程式对应，也间接表明高温下 $CaCO_3$(s)⟶CaO(s)+CO_2(g)反应的正确性。若实验需要将一定量的 $CaCO_3$(s)分解，考虑到固体颗粒大小及热扩散等因素，再结合上述热重分析的结果，$CaCO_3(s)$分解温度设置在 800℃左右即可达到良好的分解效果。类似的热重分析方法还可以用来确认晶体材料结晶水的脱去温度、金属粉末的氧化温度等。

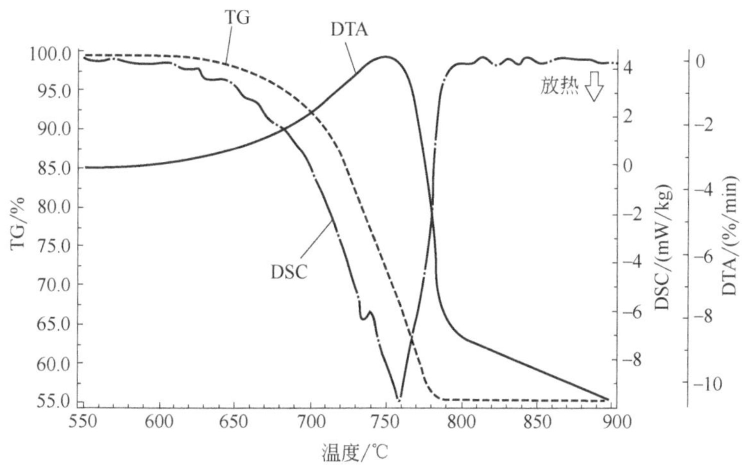

图 8-4　干燥的 Ar 中 16℃/min 加热 5.0mg $CaCO_3$ 的 TGA 曲线[2]

（3）帮助研究者分析反应过程

上述 $CaCO_3(s)$的分解实例中，反应进行到 770℃时，天平中物质质量剩余 56%，结合碳酸钙分解方程，这一结果已经可以确认分解产物固体部分为 CaO(s)。对于更加复杂的反应过程，热重分析也可以为定性分析提供相关证据。例如，图 8-5 是干燥的 N_2 中加热 MnO_2 的 TG 曲线。我们利用 TGA 曲线可以辅助确认 MnO_2 在氮气中的分解过程。惰性气氛下，由于缺少氧化环境，MnO_2 中 Mn 的价态由高价转向低价，其可能的分解过程如下：

$$MnO_2(s) \longrightarrow Mn_2O_3(s)+O_2(g) \longrightarrow Mn_3O_4(s)+O_2(g) \longrightarrow MnO(s)+O_2(g)$$

但 MnO_2 的实际分解过程是否按照上述假想的过程发生，每一步分解的温度又是多少，这些问题可以通 TGA 曲线的分析解决。让我们来分析一下图 8-5 中 MnO_2 在干燥 N_2 中反应的 TGA 曲线。MnO_2 样品质量约为 12mg，图 8-5 中四条曲线的加热速度分别为 5℃/min、10℃/min、15℃/min 和 20℃/min[3]。四种加热速度下 MnO_2 的热重曲线基本重合，可见，加热速度对 MnO_2 在氮气下的分解过程影响甚微。从图 8-5 中可以看出，材料的质量变化有两个明显的区间（400℃前，材料亦有一定质量的损失，但质量损失数值小于 1%，不是主要的。可能是由材料表面吸附的水分子和杂质分子所致），分别为：450～650℃，700～850℃。表明 MnO_2 在氮气中的分解过程可能由两个主要过程组成。根据图 8-5 可知，450～650℃区间内样品质量下降约 9%，根据反应过程方程 $4MnO_2(s) \longrightarrow 2Mn_2O_3(s)+O_2(g)$可知，由于氧气的生成，质量减少 9.2%。理论值与实验值较吻合，可以判断 450～650℃温度段发生的反应很可能为 $MnO_2(s) \longrightarrow Mn_2O_3(s)+O_2(g)$。700～850℃区间内样品质量下降约 3%，与理论反应过程为 $6Mn_2O_3(s) \longrightarrow 4Mn_3O_4(s)+O_2(g)$时减少 3.1% 的质量的情况基本吻合。故可以判断 700～850℃温度段发生的反应很可能为 $Mn_2O_3(s) \longrightarrow Mn_3O_4(s)+O_2(g)$。这一结果也表明，惰性氛围下，在 1000℃内，$MnO_2$ 逐渐向 Mn_3O_4 转化，但并不会向 MnO 转化。

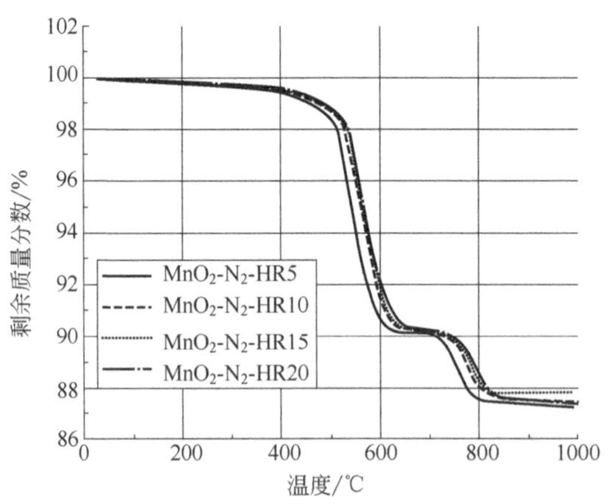

图 8-5　干燥的 N_2 中加热 MnO_2 的 TGA 曲线[3]

需要注意的是，上述实例原始材料组成及反应过程都较为简单，对于体系复杂或热反应过程复杂的材料，热重分析需要考虑诸多影响因素，不能单纯地依靠推断或经验来分析判断可能的反应过程。单纯的热重分析结果只能作为反应条件或过程分析的参考，其结果最好能够结合其他表征如 XRD、质谱等分析手段，确定中间或最终产物物相，从而获得更加系统、科学的结论。此外，热重分析测试过程中样品用量较少，一般低于20mg，测试过程样品受热均匀且受热速度快，因而程序升温速率快，常见的升温速率超过 10℃/min。但对于一般实验，样品质量相对较大，过快的升温速率易导致受热不均、反应不充分等问题，故实际实验中要依据材料性质、质量、密度及加热条件等酌情降低升温速率以获得良好的实验结果。

现在的材料很多是复合材料。复合材料的分析需要先分析出复合材料中单相组元的 TGA 曲线，以供复合材料的 TGA 曲线分析做参考。图 8-3 所示的 UMS-0.15 是 UiO-66 与 MoS_2 的复合物。为了合理分析出 UMS-0.15 的 TGA 曲线，得先分别分析图 8-3 中 UiO-66 与 MoS_2 的 TGA 曲线。UiO-66 有三个失重区域。第一个失重区在 33～95℃，失重 21%，对应材料中所含乙烯醇的挥发。第二个失重区在 96～482℃，对应材料中所含甲基甲酰胺的失去。第三个失重区是 483～528℃，对应材料里羧酸盐的分解。UMS-0.15 的 TGA 曲线和 MoS_2 相似，说明 UMS-0.15 中主要组分为 MoS_2。从图 8-3 可以看出 UiO-66 与 MoS_2 复合后热稳定性得到了提高。这样的结果可以同时用 EDS 和 EDX 去证实。

图 8-6 是 TiO_2 纳米颗粒、Ag 纳米颗粒与 TiO_2 纳米颗粒和纳米石墨烯平板的复合物（Ag/TiO_2/NGP）的 TGA 曲线[4]。从图 8-6 中可以看出，TiO_2 纳米颗粒在室温到 800℃温度范围内并无明显的重量变化，说明其热稳定性能好。而 Ag/TiO_2/NGP 在 600℃发生分解，主要是样品中碳材料的燃烧所致。

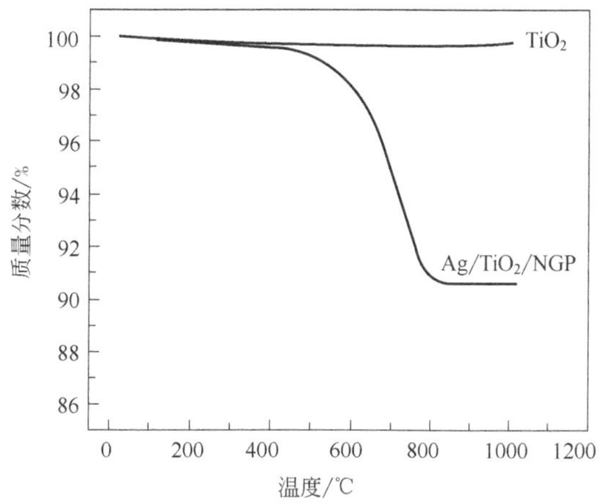

图 8-6　TiO_2（纳米颗粒）、Ag 与 TiO_2（纳米颗粒）和纳米石墨烯平板复合物的 TGA 曲线[4]

8.2　差热分析原理与数据分析

差热分析（differential thermal analysis，DTA）是在程序控温条件下，测量待测物与参比物（在相同温度及环境下不发生任何热效应的稳定物质，例如 α-Al_2O_3）的温差，分析该温差与温度关系的一种技术［$\Delta T = f(T)$］，测得的温差与样品温度的关系曲线叫作 DTA 曲线。待测物质若发生物理或化学上的变化，自身产生放热或者吸热，与和它处于同一环境中的参比物的温度相比较，其温度要出现升高或者降低。若温度降低，则对应为吸热；若温度升高，则对应为放热。差热分析是热重分析的补充。TGA 是分析物质质量的变化，DTA 是分析物质在温度变化时是否发生放热或者吸热。由于物质吸热或者放热是物质发生反应或者发生相变的标志，故结合 DTA 和 TGA 测试结果可以分析物质在变温过程中的化学反应或者相变。

使用热重分析方法分析待测物在升温过程中是否反应以及反应信息的前提条

件是物理过程或化学反应过程前后固体或液体组分的质量发生了变化，该变化能够反映在 TGA 谱图中。然而，一些过程的发生并不伴随固态或液态组分质量变化，如图 8-6 所示，TiO_2 从室温升温到 800℃的过程中，发生从锐钛矿相到金红石相的晶相转变过程，但由于该过程前后固体组分表达式都是 TiO_2，没有质量的差别。此时，使用热重分析，图谱为一条水平线，分析该图谱已无法获得过程信息，更无法确定相结构变化的温度区间或相变温度段。此时，利用差热分析则可以有效地确定相转变的温度段。

8.2.1 差热分析原理

物质在加热或冷却的过程中，当达到特定的温度时，会产生某些物理或化学变化，同时产生吸热和放热的现象，这反映了物质系统的焓发生了变化。在升温或降温时发生的相变过程是一种物理变化，一般来说由固相转变为液相或气相的过程是吸热过程，而其相反的相变过程则为放热过程。在各种化学变化中，失水、还原、分解等反应一般为吸热过程，而水化、氧化和化合等反应则为放热过程。总结来说，以上发生相变时有热量的吸收或者放出的相变属于一级相变，其能量的一阶导数不连续。差热分析就是利用这一特点，通过对温差和相应的特征温度进行分析，可以鉴别物质或研究有关的转化温度、热效应等物理化学性质，由差热图谱的特征还可以鉴别样品的种类、计算某些反应的活化能和反应级数等。

在差热分析中，为反映微小的温差变化，用的是温差热电偶。在做差热鉴定时，是将待测物与参比物等量、等粒级的粉末状样品分放在两个坩埚内，坩埚的底部各与温差热电偶的两个焊接点接触，与两坩埚的等距离等高处装有测量加热炉温度的测温热电偶，它们的两端都分别接入记录仪的回路中。在等速升温过程中，温度和时间是线性关系，即升温的速度恒定，便于准确地确定样品反应变化时的温度。若样品在某一升温区没有任何变化，既不吸热、也不放热，则在温差热电偶的两个焊接点上不产生温差，在差热记录图谱上是一条直线，叫作基线。若在某一温度区间样品产生热效应，在温差热电偶的两个焊接点上将产生温差，则在温差热电偶两端产生热电势差，经过信号放大进入记录仪中推动记录装置偏离基线而移动，反应完成后又回到基线。吸热和放热效应所产生的热电势的方向是相反的，所以反映在 DTA 曲线图谱上分别在基线的两侧，这个热电势的大小除了正比于样品的数量外，还与物质本身的性质有关。DTA 曲线上一般会标出放热或者吸热对应的方向。

如图 8-7 所示，试样 S 与参比物 R 分别装在两个坩埚内。在坩埚下面各有一个片状热电偶，这两个热电偶相互反接。对 S 和 R 同时进行程序升温，当加热到某一温度试样发生放热或吸热时，试样的温度 T_S 会高于或低于参比物温度 T_R，产生温度差 ΔT，该 ΔT 由上述两个反接的热电偶以差热电势形式输给差热放大器，经放大后输入记录仪，得到差热曲线，即 DTA 曲线。数学表达式为：

$$\Delta T=T_S-T_R=f(T)$$

式中　T_S——试样的温度；

T_R——参比物温度；

T——程序温度。

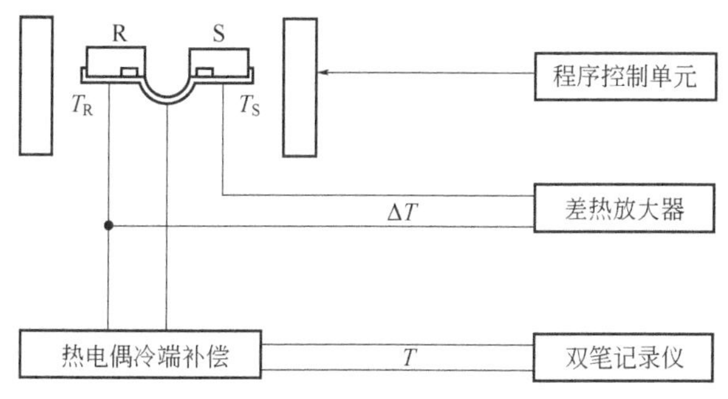

图 8-7　差热分析原理示意图

另外，从差热电偶参比物一侧取出与参比物温度 T_R 对应的信号，经热电偶冷端补偿后送记录仪，得到温度曲线，即 T 曲线。图 8-8 为完整的差热分析曲线，即 DTA 曲线及 T 曲线。纵坐标为 ΔT，吸热向下（左峰），放热向上（右峰），横坐标为温度 T（或时间）。现代差热分析仪器的检测灵敏度很高，可检测到极少量试样发生的各种物理、化学变化，如晶形转变、相变、分解反应、交联反应等。

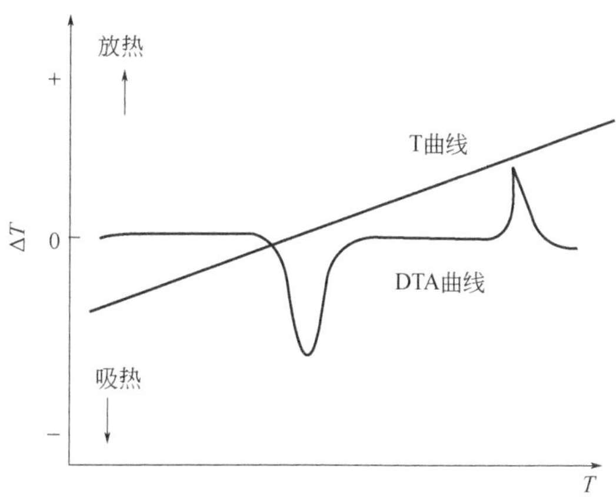

图 8-8　典型差热分析曲线

差热分析法是热分析中使用得较早、应用得较广泛和研究得较多的一种方法，它不但类似于热重法可以研究样品的分解或挥发，而且还可以研究那些不涉及重量变化的物理变化。例如结晶的过程、晶型的转变、相变、固态均相反应以及降解等。样品在加热或者冷却过程中常见的化学变化或者物理变化的热效应如表 8-1 所示。

表 8-1　差热分析物理变化与化学变化的热效应

物理现象	反应热		化学现象	反应热	
	吸热	放热		吸热	放热
晶型转变	有	有	化学吸附	没有	有
熔融	有	没有	去溶剂化	有	没有
蒸发	有	没有	脱水	有	没有
升华	有	没有	分解	有	有
吸附	没有	有	氧化降解	没有	有
解吸	有	没有	氧化还原	有	有
吸收	有	没有	固态反应	有	有

8.2.2　影响 DTA 测试结果的外在因素

影响 DTA 测试结果精确度的因素有很多，下面讨论几种主要因素。

（1）升温速率

升温速率是对 DTA 曲线影响最大的实验条件之一。较低的升温速率基线漂移小，曲线的分辨率高，但测定时间长；而较高的升温速率则使基线漂移较显著，曲线的分辨率下降，同时峰的大小和位置都会有变化。

（2）气氛及压力

不同性质的气氛（还原气氛、氧化气氛或惰性气氛）对 DTA 测定有很大影响。通常来说，气氛对 DTA 测定的影响主要是对那些可逆的固体热分解反应，而对不可逆的固体热分解反应一般影响不大。压力对 DTA 测定也有较大影响，对于不涉及气相的某些物理变化（熔融、晶型转变、结晶），转变前后体积基本不变，那么压力对转变温度的影响就会很小，DTA 峰温基本保持不变。相反，有气相变化的物理变化（汽化、氧化、热分解、升华）的 DTA 测试受压力的影响很大。对参加反应的物质中有气体物质的反应和有易被氧化的物质参与的反应，须选择适当的气氛及压力以便得到较好的实验结果。

（3）参比物

DTA 是对比参比物而建立的曲线。其前提是参比物性质稳定，在测量温度范围内不发生性质变化。故参比物必须选择在测定温度范围内热稳定性好的材料，通常采用 α-Al_2O_3、MgO、SiO_2 及金属镍等作为 DTA 测试的参比物。选择时，尽量采用与试样的比热容、热频率及颗粒度一致的物质，以减少 DTA 测试结果的偏差。

（4）试样颗粒尺寸

较小的试样颗粒尺寸可以使样品与测试容器底部更好地接触，从而改善导热条件；但太细可能由于纳米尺寸效应或者产生缺陷而改变样品的相关性能，同时因增加了样品活性而使其分解。试样用量与热效应大小及峰间距有关。一般用量不宜太大，否则由于放热或者吸热太多和热滞导致峰之间有重叠而降低曲线的分辨率。峰间距越小，测试样品用量越小。热效应越大，测试样品用量也越小。

（5）仪器影响

仪器的尺寸、炉子形状、加热方式等因素对 DTA 曲线都有影响。这些因素会一定程度上影响 DTA 曲线的基线稳定性和平直性。样品支持器对曲线也有较大的影响。譬如低热导率的材料制成均温块体对吸热过程有较好的分辨率，测得的峰面积会较大。同时，热电偶的相关因素，特别是大小、类型和接点位置会影响 DTA 曲线的峰形、峰面积及峰在温度轴的位置。由于不同材料的热电偶具有不同的塞贝克（Seebeck）系数，故同样的温度差响应出不同的电信号，表现为 DTA 峰高不同。而同一种材料制得的热电偶，其塞贝克系数也不会完全一致，与之对应的 DTA 曲线也会不同。另外，热电偶接点对于试样和参比物一般要对称配置，不对称配置会使 DTA 曲线的重复性变差。

DTA 的特点：

① DTA 只识别变化时是否有吸热或者放热，不能识别变化的性质，即不能识别该变化是物理变化还是化学变化，是一步完成的还是分步完成的，以及质量有无改变。这些问题的回答须采用其他方法才能完成。

② DTA 本质上仍是一种动态量热，测得的结果与温度和升温速率都有关系。

总而言之，影响 DTA 测量结果的因素是多方面的、非常复杂的，不少影响因素也是较难控制的。因此，如果要用 DTA 进行定量分析，一般误差很大，会比较困难。但如果只作定性分析，主要看峰形和要求不很严格的反应温度，则很多因素可以忽略，只考虑试样量和升温速率即可。

这里简单介绍 DTA 测试过程中需要注意的重要事项，以便能够得到较好的测试结果。

① 要做基线调整。调整平衡旋钮，令在使用温度范围内的时间坐标变成趋于平行的基线。

② 要选择合适的试样容器。通常来说预定温度在 500℃以下时一般用铝容器，超过 500℃则使用铂容器。根据试样的状态，也可加盖卷边或密封的盖子。

③ 注意取样。取样时尽量使试样内部的温度分布均一，试样容器与传感器的接触要良好，对于固相、液相、气相的反应（分解、脱水反应等）要注意控制其反应速率。

8.2.3 DTA 测试数据分析

热力学中，一般的化学反应过程通常伴随热量变化，该变量称为化学反应焓（或反应热），如反应：$aA(s)+bB(s)\longrightarrow xX(s)$

其反应焓$\Delta_r H=xH_X-aH_A-bH_B$

式中，H_x、H_A、H_B分别为物质 X、A、B 的焓。

对于凝聚态物质的一级相变过程，物质于特定温度 T 及该温度的平衡压力下发生相变时也往往伴随热量的变化，该变量称为相变焓（也称相变热），如相变：$A(\alpha)\longrightarrow A(\beta)$，其相变焓$\Delta H=H_{A,\beta}-H_{A,\alpha}$。

式中，下标 α、β 分别表示 α 相和 β 相；A、B 分别表示物质 A、B。

一般化学反应过程或相变过程，由于反应焓、相变焓的存在，物质温度会在短时间内发生变化。差热分析正是捕捉这一温度变化，从而获得化学反应过程或相变过程信息。

DTA 曲线的横坐标与热重曲线一致，一般为温度（或升温时间），其纵坐标则与热重曲线不同，为温度（或单位质量温度）。需要注意的是，在一些热重分析仪中，差热的温度信号通过电信号传递，因而一些 DTA 曲线的纵坐标为电压（或单位质量电压）。一般而言，差热分析主要辅助热重分析从而获得较为准确的过程或反应信息。对于简单的化学反应或相变过程，DTA 谱图也可单独用于过程分析。

图 8-9 是 TiO_2 凝胶加热反应过程的热重分析及差热分析，其反应气氛为空气，过程的升温速率为 20℃/min[5]。TiO_2 凝胶通过四异丙醇钛水解制备，凝胶中可能包含少量水和有机物异丙醇。如图 8-9 所示，TGA 图谱的横坐标为样品室温度，纵坐标为质量百分数；DTA 谱图的横坐标为样品室温度，纵坐标为差热电压信号。TGA 谱图上，25～250℃区间内样品质量下降约为 25%。该温度段的温度较低，

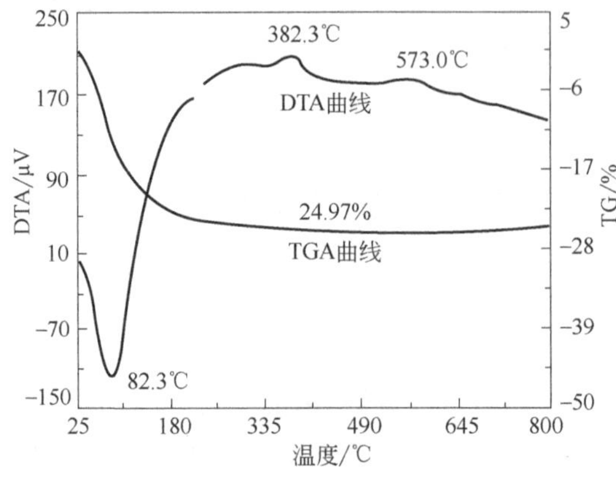

图 8-9 空气中以 20℃/min 升温速率加热 TiO_2 凝胶的 TGA 及 DTA 曲线[5]

此过程的质量下降对应 TiO_2 凝胶向无定形 TiO_2 转变的过程，涉及凝胶中溶剂的挥发。250～800℃区间内样品质量保持稳定，TGA 谱图呈现一条水平线。该段温度区间，无定形 TiO_2 是否发生变化从 TGA 曲线已无从获知。DTA 图谱上，25～250℃区间内样品在约 82℃有明显的负峰，表明样品在这一温度区间内发生了吸热反应，对应凝胶向 TiO_2 转变。后续的过程中，DTA 曲线在约 382℃和 573℃温度点分别有正峰产生，对应两处放热反应过程。因为在这两处温度点附近样品的质量没有改变，因而这两处分别发生两种不同的相转变过程：382℃温度点附近发生无定形 TiO_2 向锐钛矿型 TiO_2 转变、573℃温度点附近发生锐钛矿型 TiO_2 向金红石型 TiO_2 转变。结合拉曼光谱、X 射线衍射谱等表征，可以验证上述过程推理的可靠性。

一般情况下，TGA 曲线中如果存在质量变化的温度范围，DTA 曲线中存在吸热峰或放热峰的温度范围与之对应。但 DTA 过程中由于传热可能存在滞后性，其峰段的温度范围同样可能会存在滞后，即升温过程测得的温度偏高，降温过程测得的温度偏低。故参考分析过程应注意滞后带来的影响。此外，DTA 分析技术一般用于定性分析，判断反应是否发生，如果需要定量获得反应量等信息，可以使用更为精准的差示扫描量热技术（DSC），该技术由差热分析发展而来，是分析参比物和被测物的能量差随温度的变化［$\Delta Q = f(T)$］的一种技术，测试结果可以定量算出吸收或者放出的热量等参数。

DTA 能做如下工作：

（1）热稳定性分析

图 8-10 中曲线 a、b、c 分别为含有质量分数 3%、5%、10%的还原石墨烯（rG）/Fe：ZnO 纳米复合材料的 DTA 曲线。图 8-10 中曲线 a、b、c 表示的纳米复合材料分别在 422.2℃、430℃和 430.2℃开始失去热稳定性。这一现象说明石墨烯在纳米复合材料中的含量与热稳定性成正比。不断增加的热流则意味着更多的石墨烯燃烧了[6]。

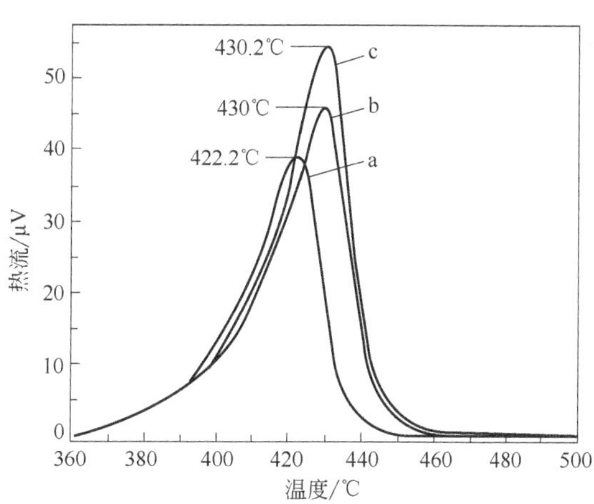

图 8-10　Fe：ZnO/rG 纳米复合材料的 DTA 曲线[6]

（2）分析结晶温度，制订合理的材料制备工艺

热重分析（TGA）和差热分析（DTA）常常一起使用来研究物质变化。

在如下例子中[7]，铝酸钆（$GdAlO_3$，简称 GAP）可由 Gd_2O_3、$Al(NO_3)_3·9H_2O$、柠檬酸和柠檬酸铵通过溶胶-凝胶法合成。为了找到合适的凝胶热处理工艺，测试了如图 8-11 所示的凝胶 TGA-DTA 曲线。测试条件为空气中加热速率为 10℃/min。从图 8-11 可以看出，样品中存在三个减重过程。第一个失重阶段发生在 0～240℃，样品的失重率为 16.67%。在 100℃和 230℃处有两个吸热峰，分别对应于结晶水的蒸发和硝酸铵在前体中的分解。第二阶段的失重发生在 240～600℃，样品的失重率为 52.23%，占总失重的 69.11%。在 445℃和 493℃处有两个强烈的放热峰，分别对应于前体中有机化合物（柠檬酸和柠檬酸铵）的氧化和燃烧放热。第三阶段失重发生在 600℃至 730℃之间，失重率仅为 6.68%。DTA 曲线在 782℃附近有一个急剧的放热峰，与体重减轻无关。该温度是 GAP 的结晶温度，其对应于从非晶态 GAP 到结晶态的转变过程。

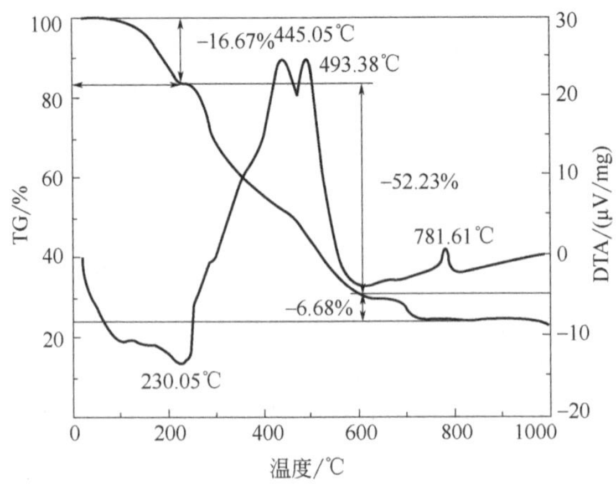

图 8-11　GAP 前驱体的 TG-DTA 曲线

（3）分析玻璃化转变温度 T_g 和结晶温度 T_c

图 8-12 所示为不同组分含 ZrO_2 和磷酸钙玻璃样品（ZrO_2 的摩尔百分比分别为 0.1%、0.3%、0.5%和 0.7%，分别标记样品号为 Z.1、Z.3、Z.5 和 Z.7）的 DTA 曲线[8]。表 8-2 中给出了各样品的详细组分。从图 8-12 得到各样品的相应特征温度值，玻璃化转变温度（T_g）、结晶温度（T_c）和熔化温度（T_m），并归纳在表 8-3 中。随着样品中 ZrO_2 的摩尔分数从 0.1%增加到 0.7%，T_g 由 262.21℃升高至 301.15℃，T_c 由 335.67℃升高至 386.32℃，T_m 由 672.67℃升高至 697.49℃。随着氧化锆含量的增加，T_g 值增加是由于非桥接氧离子（NBO）交联的平均密度和单

位体积键数的增加所致。此外，T_g的增加也可能是由于ZrO_2对玻璃网络的聚集作用增强，Zr^{4+}迁移速度减慢，导致玻璃网络刚性更强。随着ZrO_2的加入，放热T_c和吸热T_m峰也逐渐增加。另外，随着ZrO_2含量的逐渐增加，由于NBO的减少和高离子场强，玻璃的黏度也随之增加。

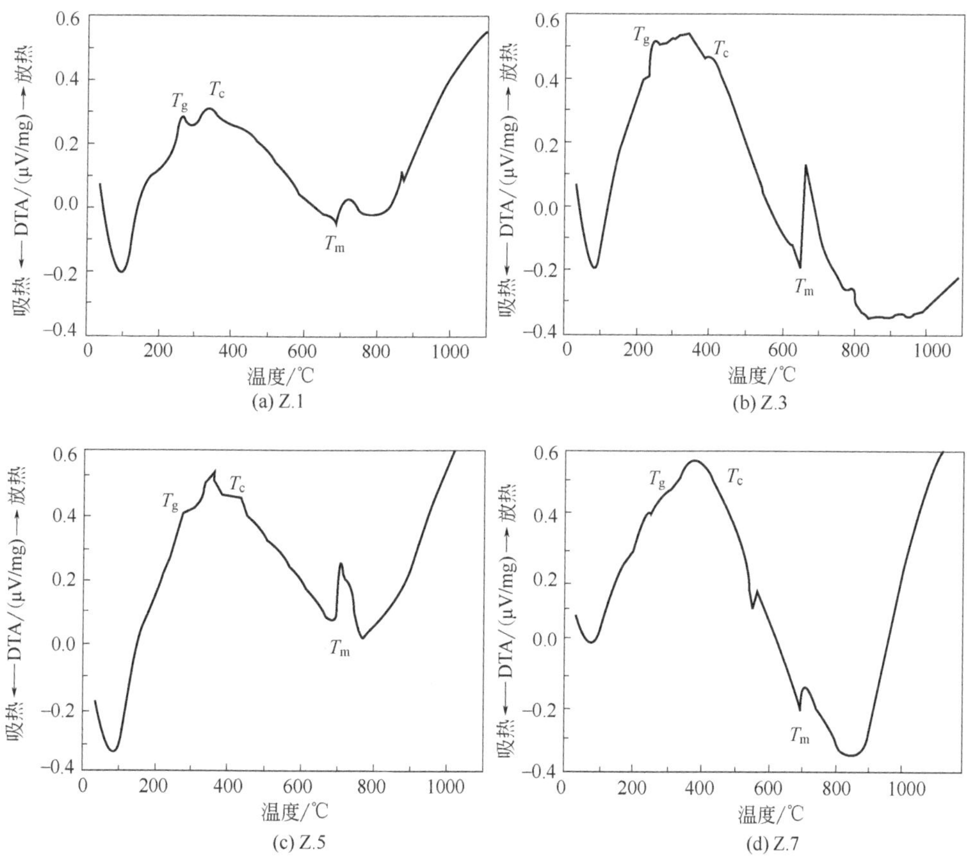

图 8-12　不同组分含ZrO_2和磷酸钙玻璃样品的DTA曲线[8]

表 8-2　含ZrO_2和磷酸钙玻璃样品Z.1、Z.3、Z.5和Z.7的组成成分[8]

样品编号	成分含量/%				
	ZnO	Na_2O	CaO	P_2O_5	ZrO_2
Z.1	8.0	22.0	23.9	46.0	0.1
Z.3	8.0	22.0	23.7	46.0	0.3
Z.5	8.0	22.0	23.5	46.0	0.5
Z.7	8.0	22.0	23.3	46.0	0.7

表 8-3　含 ZrO_2 玻璃的热性能[8]

样品编号	T_g/℃	T_c/℃	T_m/℃	ΔT/℃	K_H
Z.1	262.21（±1.11）	335.67	672.67	73.46（±0.45）	0.22
Z.3	271.10（±1.30）	349.21	686.92	78.10（±0.38）	0.23
Z.5	280.40（±1.24）	362.87	691.84	82.47（±0.43）	0.25
Z.7	301.15（±1.25）	386.32	697.49	85.16（±0.35）	0.27

8.3　差示扫描量热测试原理与数据分析

差示扫描量热法（DSC）是在程序控制试样和参比物温度相同的前提下，测量升温过程或者降温过程输入到试样和参比物的功率差；或者是在程序控制试样和参比物功率相同的前提下，测量升温过程或者降温过程输入到试样和参比物的温度差。前者叫作补偿型（power compensation）差示扫描量热法，后者叫作热流型（heat flux）差示扫描量热法。单位时间所必需施加的功率/热量与温度的关系曲线即为 DSC 曲线。DSC 曲线的纵轴为单位时间所加功率（补偿型）或者热量（热流型），即焓变 dH/dt；横轴为温度 T 或时间 t（此时控制升温或者降温过程与时间成正比关系）。曲线的面积正比于热焓的变化。DSC 与 DTA 原理相同，但性能优于 DTA，测定热量比 DTA 准确，而且分辨率和重现性也比 DTA 好。若被测样品在此温度范围内有相变，则仪器测得的功率（补偿型）或者热量（热流型）相对参比样有个变化。

DSC 曲线可以测量多种热力学和动力学参数以及其他相关参数，例如测量包括高分子在内的固体、液体材料的熔点、沸点、比热容、结晶温度、结晶度、纯度及混合物比例、反应温度、反应热、玻璃化转变等。该法使用温度范围（-175～725℃）宽、分辨率高、试样用量少。

下面分别从 DSC 分析的基本原理和数据分析做简要介绍。

8.3.1　DSC 分析基本原理

由于 DTA 存在如下两个缺点，发展了针对这些缺点改进的 DSC。

① 试样在产生热效应时，由于升温速率非线性，使校正系数 K 值不恒定而难以进行定量分析。

② 试样产生热效应时，由于受参比物、环境的影响使得温度的测量有偏差，降低了对热效应测量的灵敏度和精确度。故差热技术难以进行定量分析，只能进行定性或半定量分析。

为了克服 DTA 的缺点，发展了 DSC。补偿型和热流型的差示扫描仪的原理示意图见图 8-13。这里以补偿型为例简单说明 DSC 测试仪器的原理。DSC 和 DTA 仪器装置相似，所不同的是在试样和参比物容器下装有两组补偿加热丝，当试样在加热过程中由于热效应（物理或者化学反应引起的放热或者吸热）与参比物之间出现温差 ΔT 时，通过差热放大电路和差动热量补偿放大器，使流入补偿电热丝的电流发生变化来消除温差。比如，当试样吸热时，补偿放大器使试样一边的电流立即增大；反之，当试样放热时则使参比物一边的电流增大，直到两边热量平衡，温差 ΔT 消失。换句话说，试样在热反应时发生的热量变化，由于及时输入电功率而得到补偿，所以补偿型 DSC 实际记录的是试样和参比物下面两只电热补偿的热功率之差随时间 t 的变化关系。如果升温速率恒定，记录的也就是热功率之差随温度 T 的变化关系。曲线的面积正比于热焓的变化。

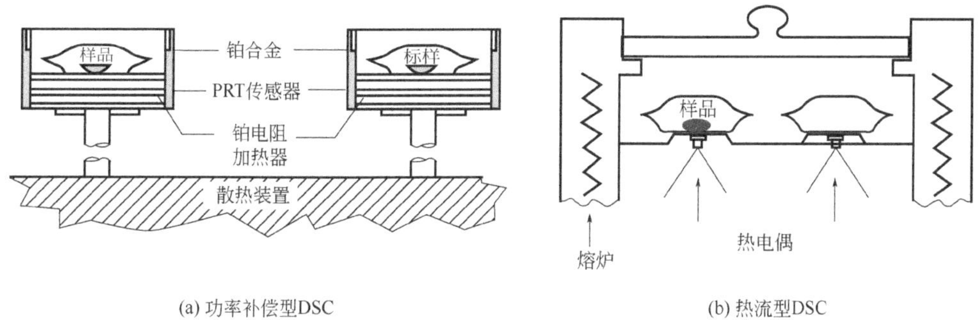

(a) 功率补偿型DSC　　(b) 热流型DSC

图 8-13　功率补偿型（a）和热流型 DSC（b）的量热仪内部结构示意图

这种补偿型让参比物容器、热电偶位置、温度、气氛等完全一样，消除了这些因素的影响，从而更能准确地进行定量分析。

8.3.2　DSC 测试数据分析

下面从 DSC 的各应用领域实例来分析数据。

（1）分析材料各种反应和相转变的温度、温度区间和材料比热容随温度的变化

图 8-14 为玻璃树脂的 DSC 曲线。在无定形聚合物由玻璃态转换为高弹态的过程中伴随着吸热和放热，也伴随着比热容变化。比热容变化在 DSC 曲线上表现为基线高度的变化（曲线的拐折）。DSC 基线高度变化是由于试样在加热过程中出现了热容变化（一般是玻璃化转变过程），而热容 Φ 随比热容ΔC 变化而发生的改变量$\Delta\Phi$ 的计算公式为：

$$\Delta\Phi=\beta\Delta C$$

式中，β 是指常数，可通过实验测得。

分析图 8-14 可得到材料的玻璃化转变温度与比热容变化温度。从图 8-14 所示 DSC 曲线中可以看出，该树脂样品在 53.8℃到 62℃之间有一个玻璃化转变。起始温度为 53.8℃，终止温度为 62℃，中间温度为 57.9℃。

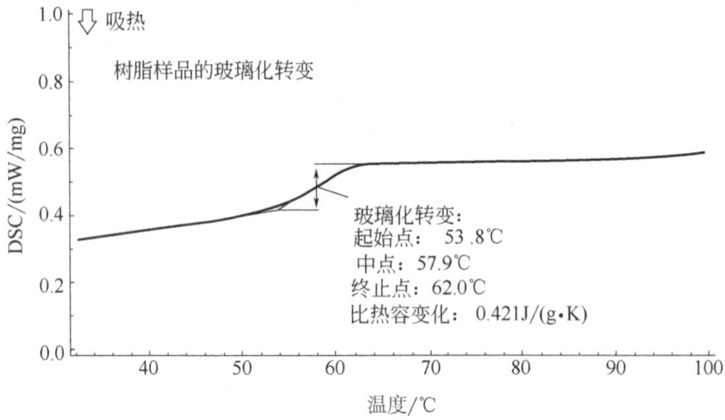

图 8-14　玻璃树脂的 DSC 曲线

图 8-15 为丁苯橡胶（SBR）、烟酰胺核糖苷（NR），乙烯、丙烯以及非共轭二烯烃的三元共聚物（EPDM），氯丁橡胶（CR）、丁腈橡胶（NBR 28）和氟橡胶（FPM）的 DSC 曲线，其相应测试质量分别为 20.32mg、16.90mg、28.68mg、31.55mg、21.56mg 和 21.64mg。从图 8-15 可以看出，SBR、NR、EPDM、CR、NBR28 和 FPM 的 T_g 分别为−61.1℃、−62.7℃、−51.7℃、−48.8℃、−36.7℃和−19.9℃。玻璃化温度都低，说明这些材料可以应用于较低的温度环境。

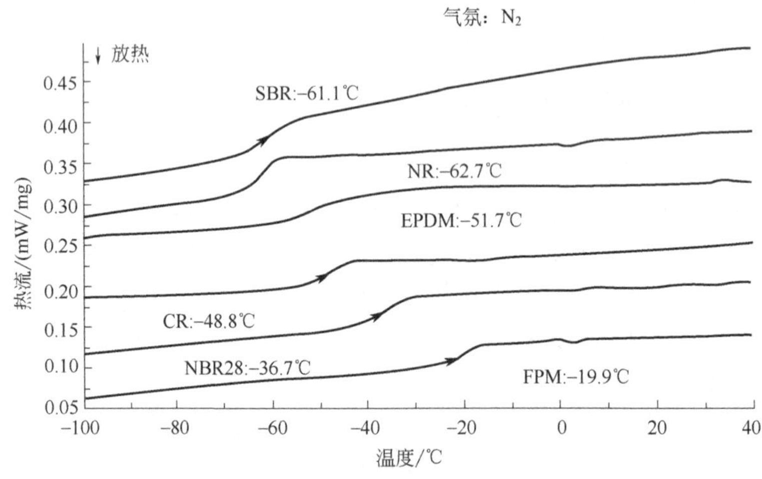

图 8-15　弹性橡胶的 DSC 曲线

（2）计算部分高分子材料的结晶度

结晶度是指晶体区域在材料内部所占百分比。

DSC 方法计算结晶度公式：

结晶度=（熔融峰面积-冷结晶峰面积）/100%结晶的理论熔融热焓　（8-1）

下面举例说明如何通过这个公式计算出部分高分子材料的结晶度。图 8-16 是涤纶树脂（PET）的 DSC 曲线。图中面积 A_1 表示加热时 PET 熔融峰面积，A_2 表示冷却时结晶峰面积；100%结晶的 PET 理论熔融热焓可以从有关资料中查找，约为 140.1J/g。故式（8-1）变为：

$$结晶度=(A_1-A_2)/140.1 \quad (8-2)$$

140.1J/g 是一个参考值，这个值有时会由于不同测试条件、不同仪器而有所不同，A_1 和 A_2 的值可以用 DSC 仪器软件自动算出来。算得图 8-16 所示 PET 的结晶度为 12.21%。

值得注意的是：测量的熔融焓的数值与升温速率有关。

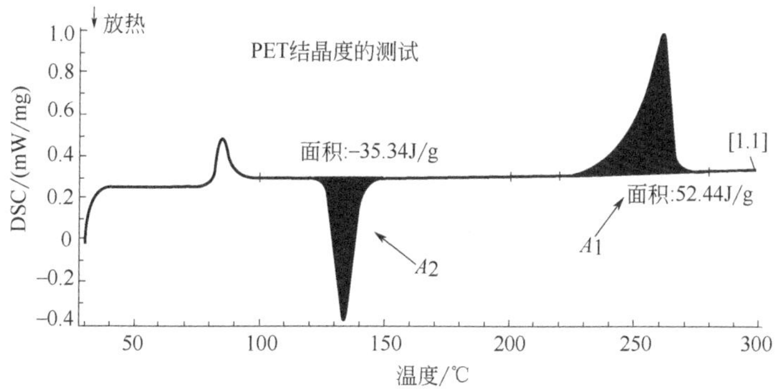

图 8-16　涤纶树脂（PET）的 DSC 曲线

（3）测量材料的熔点和熔融热焓

我们一般将吸热峰对应的温度作为材料的熔点，将冷却过程固化的放热峰对应的温度作为材料的结晶温度。对于准静态变温条件（升温速率趋于零），测量到的熔点和结晶温度应该很接近。但由于实际测量中升温速率远大于零，故常出现升温中测试得到的熔点比降温过程测试得到的结晶温度高，存在 ΔT（>0）。升温速率越快，ΔT 越大。从 DSC 曲线中确定材料的熔点、结晶点、玻璃化温度和分解气化温度见图 8-17。

从 DSC 曲线获得热焓变化的方法如下：由扣除基线之后所得到的峰面积 A 乘以一个系数，即ΔH：

$$\Delta H=\int_{t_1}^{t_2}\frac{\mathrm{d}H}{\mathrm{d}t}\mathrm{d}t=\int_{t_1}^{t_2}\frac{\mathrm{d}H}{\mathrm{d}T}\times\frac{\mathrm{d}T}{\mathrm{d}t}\mathrm{d}t=\int_{t_1}^{t_2}\frac{\mathrm{d}H}{\mathrm{d}T}V_{\mathrm{T}}\mathrm{d}t$$

式中，V_T为测试时的升温速率。若升温速率V_T恒定，则

$$\Delta H = V_T \int_{t_1}^{t_2} \frac{dH}{dT} dt = V_T S_{DSC}$$

式中 S_{DSC}——DSC 曲线中温度T_1到T_2段吸热或者放热峰的面积；

T_1——DSC 曲线中反应的起始温度，对应式中时间t_1时的温度；

T_2——DSC 曲线中反应的结束温度，对应式中时间t_2时的温度；

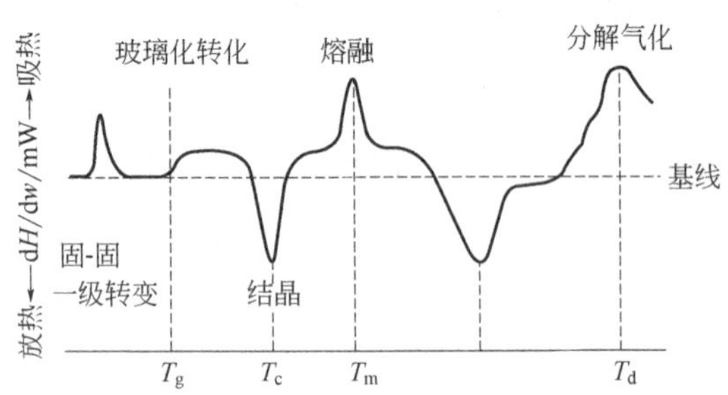

图 8-17 从 DSC 曲线中确定材料的熔点、结晶点、玻璃化温度和分解气化温度

利用测得的 DSC 曲线计算某个伴随吸热或者放热峰的反应的单位质量焓变ΔH的具体步骤如下：

① 确定基线类型；

② 选择结果形式，如对样品归一化的积分、起始点、峰高；

③ 定义计算的积分和界限。

DSC 峰面积的确定首先涉及基线的确定，而不同峰形的基线的确定方法往往不同，此过程往往需要考虑热变化过程中的热容变化。

① 直线型基线。多用于峰两侧基线在同一水平线上且高度相等，或者两侧基线虽然有一定斜度，但在一条直线上，此时基线选该直线。如图 8-18（a）所示的线 2。图 8-18 中的图题给出了各个图合适的基线形状，从这些形状可知，可以平滑连接峰两侧的曲线或者直线才能作基线。

② 曲线型基线。如图 8-18（b）～（e）所示，曲线型基线不在一条直线上，但能用一条平滑的曲线将吸热峰或者放热峰两侧平滑连接。如图 8-18（b）～（e）中的线 2。

以如图 8-19 所示的 HDPE 辐射接枝膜的 DSC 曲线为例，DSC 吸热峰位对应于基线围城的面积为 198.8J/g，升温速率为 20℃/min，则其单位质量熔融焓ΔH=198.8×20=3976（J/g）。

下面介绍一些物理转变过程所表现的 DSC 曲线的特征和解释。

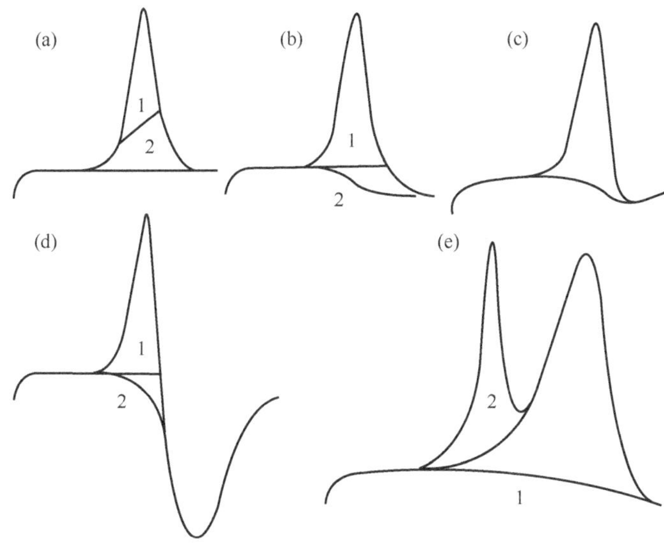

图 8-18　DSC 图谱中基线选取

（a）直线型；（b）线 1 不适合作基线，线 2 适合作基线；（c）合适的曲线型基线；（d）线 1 适合作吸热峰基线，线 2 适合作放热峰基线；（e）线 1 适合作整个的基线，线 2 适合作第一个峰的基线

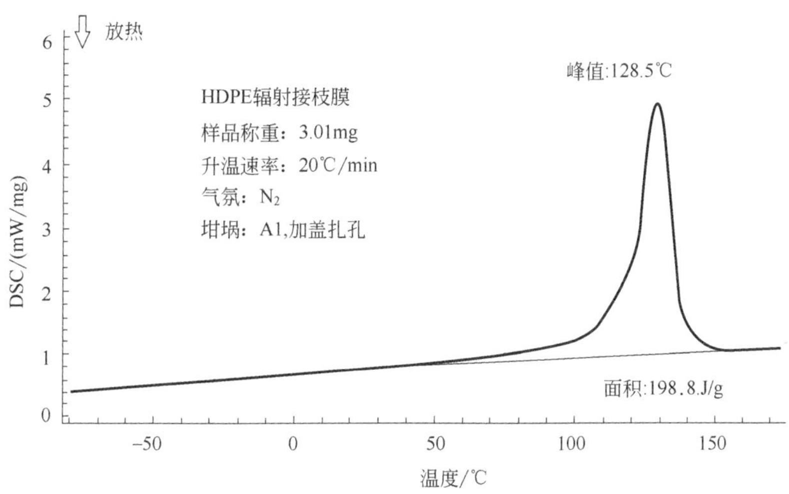

图 8-19　HDPE 辐射接枝膜的 DSC 曲线

如图 8-20 所示，图中 a 曲线为非聚合物纯物质的降温过程的典型 DSC 曲线，其热导率在相变前后基本不改变，基线为直线。b 曲线为含共熔杂质的样品固化过程的典型 DSC 曲线，基线为直线；低温端有一个额外杂质吸放热峰。c 曲线为半结晶塑料典型的降温过程 DSC 曲线，其热导率在相变前后基本不改变，基线为

直线。d 曲线为有分解的熔融时的 DSC 曲线，其热导率在相变前后基本不变，基线基本为直线；熔融吸热，熔融后分解又放热。e 曲线为有分解的熔融时的 DSC 曲线，其热导率在相变前后基本不变，基线基本为直线；熔融吸热，熔融后分解也是吸热。

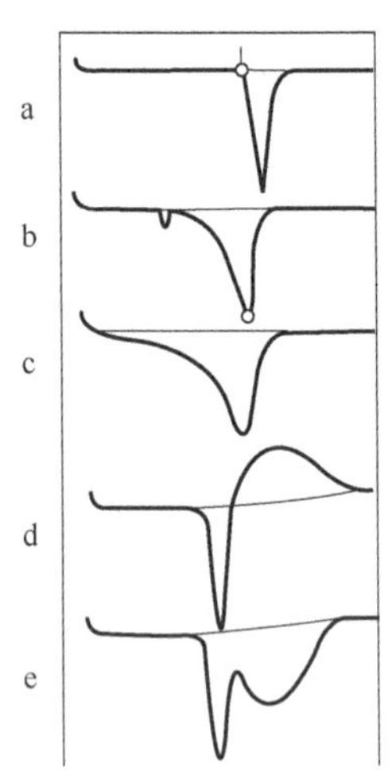

图 8-20 一些物理转变过程所表现的 DSC 曲线的特征和解释

a—非聚合物纯物质；b—含共熔杂质的样品固化；c—半结晶塑料；d—有分解的熔融；e—有分解的熔融

DSC 曲线包含很多综合因素，不能单从 DSC 曲线分析出确切的信息，需要结合其他的性能测试对具体的曲线形式加以解释。这个读者可以自己去总结。另外，材料科学的发展近年来很迅猛，新材料不断涌现。新材料的 DSC 的分析需要大家具有很扎实的材料方面的知识，尤其是材料的热力学和动力学知识，分析时无参考资料。需要大家学好 DSC 的基本原理，从基本原理出发，结合材料的结构变化特征加以分析，看看存在哪些可能的变化过程，这些过程是吸热还是放热，以此判断 DSC 曲线中包含的材料变化的信息。

8.4 变温物理量获得材料相变信息

8.4.1 变温物理量获得材料相变信息原理

如前所述，材料的物理性能与材料的相有很大关系，故我们需要在制备材料时控制各种制备参数，获得所需要的材料相。为此，我们需要知道材料的相存在的条件，或者说材料发生相变的条件。在自然使用条件下，影响材料相的重要参数是相变温度，故测试材料的相变温度很重要。

如果相变是一级相变，相变时会有热量的吸收或者释放，此时可以采用 DTA、DSC 和变温比热容、热导率的测量来获得。但有时候相变是二级相变，相变时没有比热容、热导率等的变化，故相变时不放热；但总是有至少某个物理参数发生变化，比如晶格类型发生了变化，此时采用能反映该物理量发生变化的测试方法，加上变温条件，比如测量晶格类型变化的变温 XRD 和变温拉曼谱。

这里介绍变温 XRD、变温拉曼谱、变温电导率、热导率和 Seebeck 系数的数据分析。由于 XRD、拉曼谱和比热容的测试原理前面已经做了介绍，在此不再赘述，这里只简单介绍如何从数据中获得相变温度和相关的信息。

变温 XRD 和变温拉曼谱的测量只是在相应测试仪器的样品池多加了一个变温装置，其他都一样。很多场合下，变温 XRD 和变温拉曼谱的温度变化不是连续的，故测得的相变温度是个近似值。

8.4.2　变温物理量获得材料相变信息数据分析

图 8-21 是尼龙从室温到 190℃的 XRD[9]。从图 8-21 中可以看出，20℃时尼龙有一个在 2θ=12°的弱峰和在 20°与 24°的强峰。随着温度的升高，2θ=20°与 24°的两个峰逐渐靠拢。在 120℃时，这两个峰合并成一个峰（2θ=23.2°）；且随着温度的继续升高，这个合并峰向小角度方向移动。从 20℃到 190℃温度范围，2θ=12°的弱峰逐渐向 2θ 变小的方向移动。以上两个峰随温度的变化 2θ 变小是由于热膨胀引起。两个峰合并成一个峰是晶体结构发生了变化，即发生了相变，相变温度在 120℃附近。

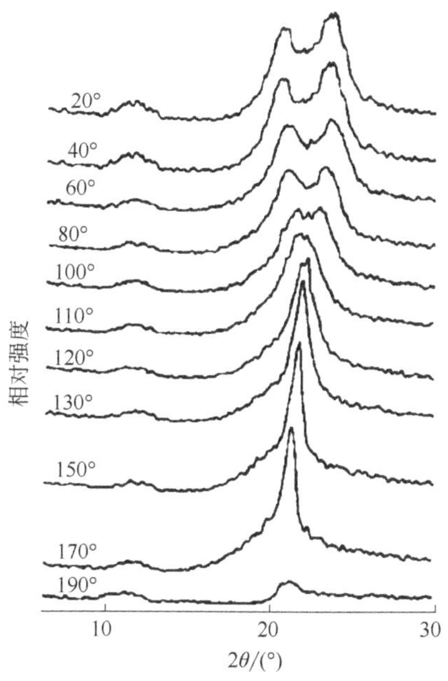

图 8-21　尼龙从室温到 190℃的 XRD

图 8-22 是将 Ag_2Se 纳米晶从 25℃升温到 150℃，再从 150℃降温到 25℃过程中记录的 XRD 谱[10]。从图 8-22 中可以看出，从 25℃升温到 150℃，Ag_2Se 纳米晶发生了从四方相到立方相的转变，转变温度在 115℃附近。当环境温度从 150℃再降回 25℃时，其又从立方相变回四方相。

图 8-23 是将 200μm 的 VO_2 晶体从升温再降温时在温度区间 45～85℃记录下的变温拉曼谱[11]。从图中可以看出，从 45℃开始，随着温度的升高在波数为 268cm^{-1}处的振动模逐渐消失，到 70℃该振动模完全消失，说明 70℃附近 VO_2 晶体发生了相变。当温度升高到 85℃再降温到 55℃时，此模不再出现。说明 VO_2 晶体的热力学途径不可逆。

拉曼谱对材料的微结构和晶格变化很敏感，图 8-24 是氟（F）掺杂 VO_2 薄膜的变温拉曼谱[12]。从图中可以看出，随着温度的升高，晶格振动模的强度明显比图 8-23 的弱很多，而且振动峰也少了很多。这是因为薄膜的晶格完整性比 VO_2 晶粒差很多，加上 F 掺杂破坏了 VO_2 晶格的周期性。

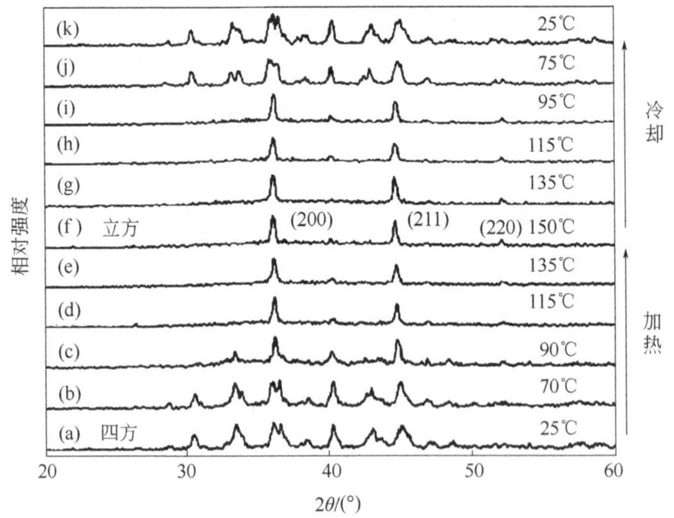

图 8-22　将 Ag_2Se 纳米晶从 25℃升温到 150℃，再从 150℃降温到 25℃过程中记录的 XRD 谱

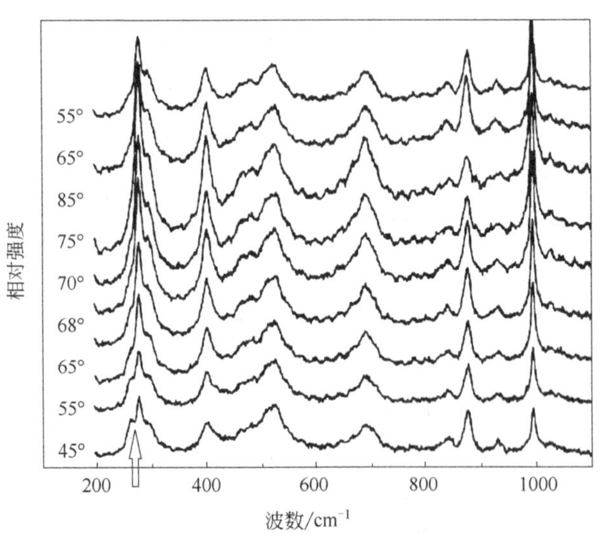

图 8-23　200μm 的 VO_2 晶体从升温再降温时在温度区间 45～85℃记录下的变温拉曼谱

我们有时需要探测得到样品在室温时存在某个相所需的热处理温度或者压力。此时需要测试不同处理条件下得到的样品的常温 XRD、常温拉曼谱等。测试时无需变温，只是让样品在不同温度或者压力下处理。然后对比不同温度处理的 XRD，看看大概的相变温度在哪里，温度或者压力变化时从什么相变到什么相。

注意：这种方法得到的相变热处理温度也是一个近似值。

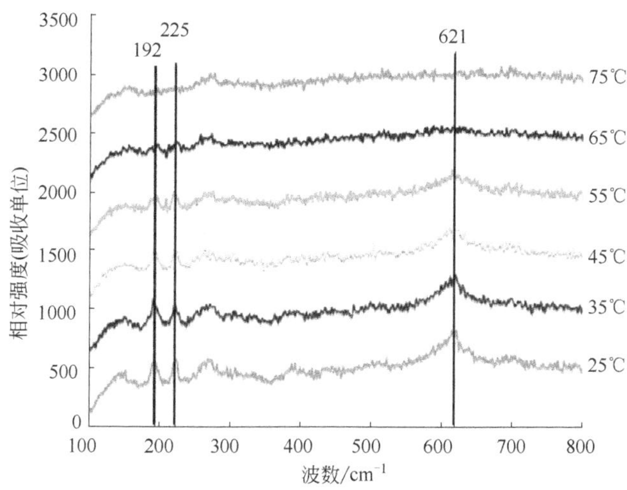

图 8-24　F 掺杂 VO_2 薄膜的变温拉曼谱

例如，图 8-25（a)、(b）分别是不同处理温度下得到钛酸钡（BT）样品的

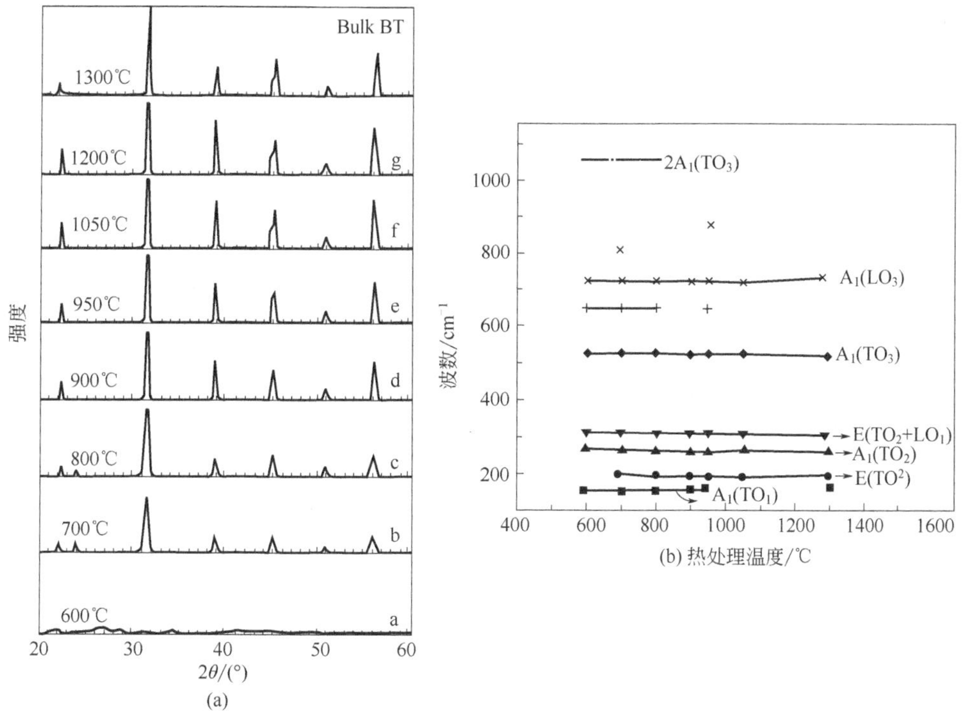

图 8-25　不同处理温度下 $BaTiO_3$ 陶瓷的（a）XRD 和（b）拉曼谱振动模[13]

XRD 谱和拉曼谱的振动模[13]。从图中可以看出，在热处理温度大于等于 950℃时，BT 的 XRD 在 45°～46°之间的峰开始分裂成两个峰，从一个峰变成两个峰时的温度就是热处理时参考的温度 950℃。两个峰对应的相是 BT 的低温相——四方相，一个峰对应的相是 BT 的高温相——立方相。从图 8-25（b）给出的拉曼谱的振动模也可以观察到大于或者等于 950℃时，振动模频率有明显的变化。说明在 950℃附近发生了相变。精确的相变温度可以用 DSC 来确定。

图 8-26（a）、（b）是含孔洞 $Co_{0.8}Ni_{0.2}Sb_3$、不含孔洞 $Co_{0.8}Ni_{0.2}Sb_3$、含孔洞 $Co_{0.9}Ni_{0.1}Sb_3$、不含孔洞 $Co_{0.9}Ni_{0.1}Sb_3$ 的 Seebeck 系数（S）和热导率（k）的温度依赖性[14]。从图 8-26（a）可以看出，虽然在整个测量温度范围内 $Co_{0.9}Ni_{0.1}Sb_3$ 的 S 和 k 曲线随温度变化而连续变化，但都在 300℃有个拐点，这个拐点温度可能是相变温度。而 $Co_{0.8}Ni_{0.2}Sb_3$ 则没有拐点。说明掺杂 Ni 能稳定 $CoSb_3$ 的低温相。但是图 8-26（b）中所有样品的 k 曲线都有拐点，且 k 的拐点在 350℃。从这里可以看出，单纯将 S 或者 k 的拐点作为相变温度会存在很大的误差。所以精确的相变温度还是需要 DSC 测试。也就是说，如果单纯想测试样品的相变温度，变温 S 和 k 曲线不是一种精确的测试手段，应该采用 DTA 或者 DSC 测试。

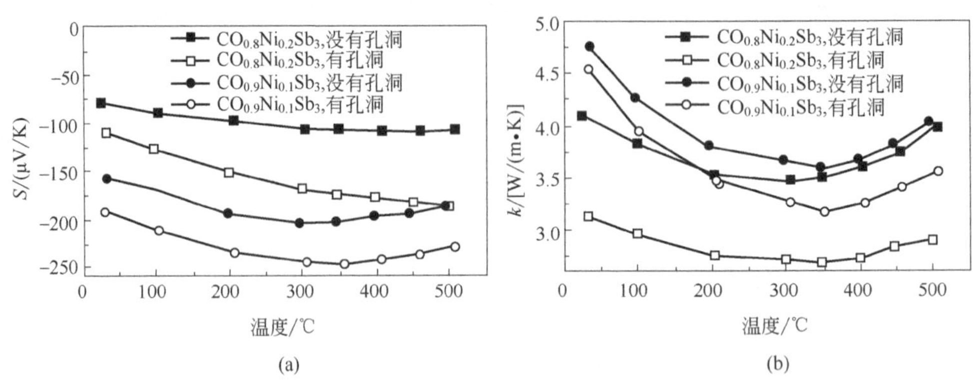

图 8-26　含孔洞 $Co_{0.8}Ni_{0.2}Sb_3$、不含孔洞 $Co_{0.8}Ni_{0.2}Sb_3$、含孔洞 $Co_{0.9}Ni_{0.1}Sb_3$、不含孔洞 $Co_{0.9}Ni_{0.1}Sb_3$ 的 Seebeck 系数（S）和热导率（k）的温度依赖性[14]

总之，要知道材料的相变及其相变温度，可以结合用变温 XRD 测试其相变前后相的类型；要知道较准确的相变温度可以用 DSC 测试；要知道材料的反应过程结合热重和 DTA。

习　题

1．总结测量材料的相变温度的方法，并说明哪种方法更精确。

2．某同学想知道锐钛矿相的 TiO_2 向金红石相 TiO_2 转变时的相变温度，他该采用什么测试技术？若他同时想知道该相变是一级相变还是二级相变，他该采用什么测试技术？

3.影响热重和热差分析的因素有哪些？这些影响因素在差示扫描量热分析技术中还存在吗？为什么？

4.图 8-27 为溶胶-凝胶法制备的油酸改性的 TiO_2 从室温到 800℃的 TG 和 DTA 曲线。请从这两条曲线中分析出相关的信息（越详尽越好）。

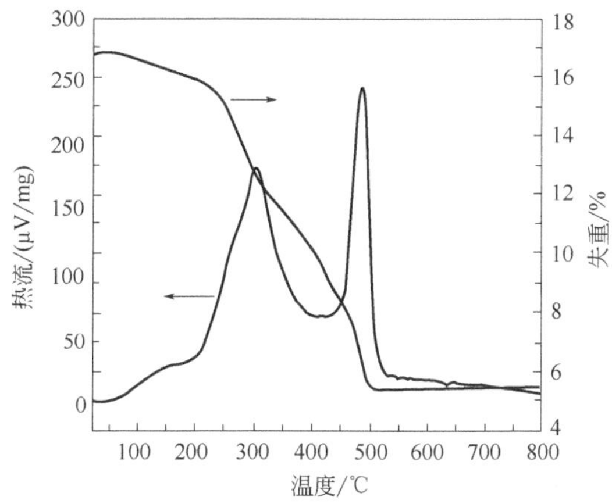

图 8-27　溶胶-凝胶法制备的油酸改性的 TiO_2 从室温到 800℃的 TG 和 DTA 曲线

5．图 8-28 是 $AlO_{3/2}$-SiO_2-环氧树脂有机-无机复合材料的 DSC 曲线。请画出基线，并给出大约的放热峰的起始和终点温度。已知升温速率为 5℃/min，请估算出在 322℃附近相变的单位质量焓。在 400～460℃之间放热是由什么引起的？

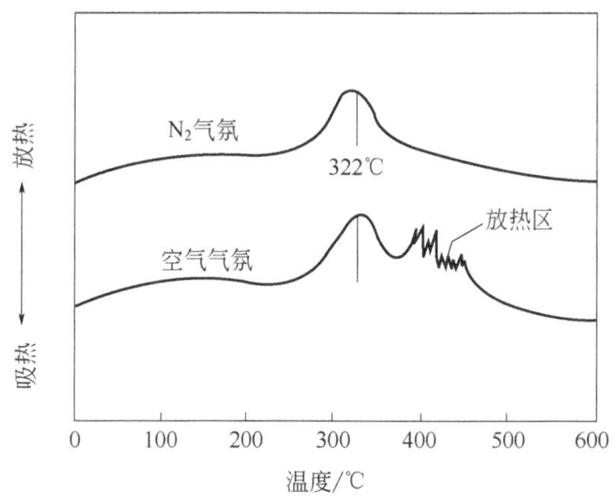

图 8-28　$AlO_{3/2}$-SiO_2-环氧树脂有机-无机复合材料的 DSC 曲线

6．就你所知，材料如果成分相同，相不同，则可能有哪些物理性质不同？

参考文献

[1] Gao D，Zhang Y，Yan H，et al. Construction of UiO-66@MoS_2 flower-like hybrids through electrostatically induced self-assembly with enhanced photodegradation activity towards lomefloxacin [J]. Separation and Purification Technology，2021，265：118486.

[2] Sanders J P，Gallagher P K. Kinetic analyses using simultaneous TG/DSC measurements Part Ⅰ：decomposition of calcium carbonate in argon [J]. Thermochimica Acta，2002，388：115.

[3] Kelzenberg S，Eisenreich N，Knapp S，et al. Chemical kinetics of the oxidation of manganese and of the decomposition of MnO_2 by XRD and TG measurements [J]. Propellants Explosives pyrotechnics，2019，44：714.

[4] Fauzian M，Taufik A，Saleh R. The influence of Ag in TiO_2/NGP composites as a high performance photocatalyst under UV and visible light irradiation [J]. Journal of Physics：Conference Series，2021，1725 ：012004.

[5] Huang P J，Chang H，Yeh C T，et al. Phase transformation of TiO_2 monitored by Thermo-Raman spectroscopy with TGA/DTA [J]. Thermochimica Acta，1997，297：85.

[6] Pratiwi M I，Afifah N，Saleh R. Synthesis and characterization of Fe-doped ZnO/Graphene nanocomposites and their photocatalytic efficiency to degrade methyl orange[J]. Journal of Physics：Conference Series，2021，1725：012007.

[7] Dai S，Wang G，Qi P，et al. Study of gadolinium aluminate nanoparticles with perovskite structure prepared by citric acid chelation method [J]. Materials Research Express，2020，7（12）：125008.

[8] Babu M M，Prasad P S，Rao P，et al. Influence of ZrO_2 addition on structural and biological activity of phosphate glasses for bone regeneration [J]. Materials，2020，13（18）：4058.

[9] Yan D Y，Li Y J，Zhu X Y. Brill transition in Nylon 1012 investigated by variable temperature XRD and real time FT-IR [J]. Macromolecular Rapid Communications，2000，21：1040.

[10] Wang J L，Feng H，Fan W L. Solvothermal preparation and thermal phase change behaviors of nanosized tetragonal-phase silver selenide（Ag_2Se）[J]. Advanced Materials Research，2014，850-851：128.

[11] Ian S Butler，Beattie J K. Surface-enhanced Raman scattering of the bariandite oxide layer on a vanadium dioxide crystal [J]. Australia Journal of Chemistry，2011，64：1621-1623.

[12] Kiri P，Warwick M E A，Ridley I，et al. Fluorine doped vanadium dioxide thin films for smart windows [J]. Thin Solid Films，2011，520：1363.

[13] He Q Y，Tang X G，Zhang J X，et al. Raman study of $BaTiO_3$ system doped with various concentration and treated at different temperature [J]. Nanostructured Material，1999，11（2）：287.

[14] He Q Y，Hu S J，Tang X G，et al. The great improvement effect of pores on ZT in $Co_{1-x}Ni_xSb_3$ system [J]. Applied Physics Letters，2008，93（4）：042108.